DIE LUNGENPHTHISE

ERGEBNISSE VERGLEICHENDER RÖNTGENOLOGISCH=ANATOMISCHER UNTERSUCHUNGEN

VON

SIEGFRIED GRÄFF
A. O. PROFESSOR DER PATHOLOG. ANATOMIE
HEIDELBERG

LEOPOLD KÜPFERLE
A. O. PROFESSOR DER INNEREN MEDIZIN
FREIBURG I. B.

MIT 221 BILDERN
10 PHOTHOGRAPHISCHEN TAFELN
UND 8 STEREOSKOPENBILDERN
IN BESONDEREM BANDE · SOWIE
3 FARBIGEN BILDERN IM TEXT

TEXTTEIL

BERLIN · VERLAG VON JULIUS SPRINGER · 1923

ISBN-13: 978-3-642-98632-1   e-ISBN-13: 978-3-642-99447-0
DOI: 10.1007/978-3-642-99447-0

Geleitwort.

Der Gedanke, die morphologischen Vorgänge, welche der Lungenschwindsucht zugrunde liegen, vergleichend röntgenologisch und anatomisch an dem gleichen Objekte zu ergründen, war zu verlockend, als daß nicht von den verschiedensten Seiten aus der Versuch gemacht worden wäre, ihn in die Tat umzusetzen. Sollten aber sichere, für die Klinik fruchtbare Ergebnisse erzielt werden, so mußten die Untersuchungsmethoden auf beiden Seiten an der Erfahrung gereift und einwandfrei sein. Auch mußte zwischen Kliniker und Anatom das nötige Einverständnis über die Benennung, Einteilung und Wertung der verschiedenen phthisischen Lungenveränderungen bestehen. Endlich verlangte das überaus bunte Bild der Phthise die Untersuchung eines recht großen Materials und dieses wieder die nötige Ausdauer und Geduld.

Wenn ich dem gemeinsamen Werk der beiden Verfasser ein Geleitwort mitgeben soll, weil die anatomischen Arbeiten den Ausgangspunkt desselben bildeten, so kann ich dasselbe sehr kurz fassen, indem ich der aus eigenster Anschauung gewonnenen Überzeugung Ausdruck gebe, daß alle vorgenannten Bedingungen für das Gelingen einer solchen Untersuchung hier in bester Weise erfüllt waren. Nur wer selbst solche angestellt, wird die darauf verwendete Mühe zu schätzen wissen. Möge der Erfolg ihr entsprechen!

Ludwig Aschoff.

Vorwort.

Die Klinik der Lungenphthise hat es von jeher als ihre wichtigste Aufgabe betrachtet, Art und Ausdehnung der Erkrankung möglichst klar und eindeutig zu erkennen und insbesondere eine Vorstellung zu gewinnen von den anatomischen Zustandsbildern im Beginn und im Ablaufe der Erkrankung. Die prognostische Beurteilung und Aufstellung des Heilplanes knüpfen sich in erster Linie an die Erkenntnis von der Art und der Ausdehnung der Krankheitsvorgänge in den Lungen. Mit diesen stehen auch die neuerdings wieder in den Vordergrund gestellten immun-biologischen Vorgänge örtlicher und allgemeiner Art im engsten Zusammenhang. Jede Erkenntnismethode, die uns eine Vorstellung vermittelt von den anatomischen Vorgängen der erkrankten Lunge, beeinflußt und fördert also unser diagnostisches Können und das therapeutische Handeln. Die Beziehung der optischen Dichtigkeits-differenzierung des Röntgenverfahrens zu den anatomischen Veränderungen der Lungen hat schon vor Jahren eine Anzahl Forscher veranlaßt, auf dem Wege vergleichender röntgenologisch-anatomischer Untersuchungen eine anatomische Deutung der Schattenerscheinungen des Röntgenbildes anzustreben. Von den Ergebnissen dieser Arbeiten ausgehend haben wir an einer großen Anzahl von Krankheitsfällen, bei denen eine ausreichende klinische Beobachtung, eine sorgfältige röntgenologische Untersuchung und die spätere Möglichkeit des anatomischen Vergleiches vorlag, systematische vergleichende Untersuchungen vorgenommen. Die Arbeiten wurden gemeinsam in dem Pathologischen Institut und in der Medizinischen Klinik der Universität Freiburg i. B. durchgeführt.

Im Laufe von 4 Jahren wurde ein großes Material gesammelt und es konnten die ersten Untersuchungsergebnisse im Jahre 1920 in den Brauerschen Beiträgen mitgeteilt werden. In der Folgezeit wurde nach mehrfacher Durcharbeitung des gesamten Untersuchungsmaterials eine Anzahl von 52 Fällen für die Zusammenstellung und bildliche Darstellung in diesem Atlaswerke ausgewählt.

Beträchtliche äußere Schwierigkeiten mehrfacher Art haben das Erscheinen des Werkes unliebsam verzögert. Die praktische Durchführung der Untersuchungen wurde uns erleichtert durch Unterstützungen seitens der Robert Koch-Stiftung und der wissenschaftlichen Gesellschaft in Freiburg i. B. Herrn Geheimrat Schwalbe, der sich um die Zuwendung aus der Robert Koch-Stiftung besonders bemühte, danken wir an dieser Stelle für seine Mühewaltung.

Nicht zuletzt gebührt unser Dank der Verlagsbuchhandlung Julius Springer in Berlin, die keinerlei Mühe gescheut hat, das Atlaswerk in bester und schönster Weise auszugestalten.

S. Gräff, Heidelberg.   **L. Küpferle,** Freiburg i. B.

Inhaltsverzeichnis.

I. Einleitung.

Lange Zeit vor der Entdeckung des Kochschen Phthise- oder Tuberkelbazillus [1]) bestand das Bestreben, der klinischen Beurteilung der Lungenphthise pathologisch-anatomische Gesichtspunkte zugrunde zu legen. Man versuchte durch die physikalischen Untersuchungsmethoden der Perkussion und Auskultation im Zusammenhang mit anderen klinischen Beobachtungsergebnissen bestimmte Verlaufsformen der phthisischen Lungenerkrankung voneinander abzugrenzen. In dieser Weise haben vor allem Bayle und Laënnec und späterhin eine Anzahl anderer Autoren (Beneke, A. Fränkel, Sokolowski, L. Bard) bestimmte Verlaufsformen der Phthise aufgestellt und dabei auf pathologisch-anatomische Veränderungen Bezug genommen (E. Meißen). Alle diese Autoren bringen die Gestaltung der Krankheitsbilder in Beziehung zu äußeren Einflüssen und insbesondere zu solchen der morphologischen Konstitution. In der ersten Zeit nach Entdeckung des Krankheitserregers brachte man Art und Stärke der Infektion in Zusammenhang mit der Vielgestaltigkeit der Krankheitsbilder; dieser Standpunkt kann heute als aufgegeben gelten. Von größerem Einfluß blieb die konstitutionelle Frage, bei welcher neben und innerhalb der „ererbten" konstitutionellen Gesamtanlage die morphologischen lokalen Dispositionen (Freund, v. Hansemann, Hart und Harras u. a.) in den Vordergrund traten. Endlich zwang die experimentelle Immunitätsforschung (v. Behring, Römer) auch beim Menschen dem Immunitätsproblem größere Aufmerksamkeit zu widmen. Heute wissen wir aus den wertvollen Arbeiten von Kretz und besonders von K. E. Ranke, daß Art und Ausbreitung der Krankheit weniger durch die Konstitution und Disposition als durch immunbiologische Vorgänge bestimmt werden, die mit Art, Grad der Infektion, mit dem zeitlichen Auftreten derselben und schließlich mit den Ausbreitungswegen des Infektionserregers in engstem Zusammenhange stehen.

Wenn es auch verständlich erscheint, daß man nach Bekanntsein des Krankheitserregers geneigt war, die Vielgestaltigkeit der Krankheitsbilder in Zusammenhang zu bringen mit der Art und Stärke der Infektion, so muß es doch auffallen, daß man in dieser Zeit viel weniger Gewicht legte auf die besondere Art der anatomischen Veränderungen im Bereich des erkrankten Gebietes, als auf die mit der Schwere des Krankheitsbildes verknüpfte Vorstellung von der Ausdehnung der Erkrankung. Diese Tatsache findet beredten Ausdruck in der aus dieser Zeit stammenden sogenannten Stadieneinteilung nach Turban und Gerhardt. Obzwar auch bei dieser auf anatomische Veränderungen Rücksicht genommen wird, so stellt sie doch das quantitative Prinzip, d. h. die Ausdehnung der Erkrankung in den Vordergrund. Ihr Anwendungsbereich für praktisch-statistische Zwecke ist unbestreitbar. Sie erweist sich aber als unzulänglich, wenn es gilt, im Einzelfalle prognostisch-therapeutische Fragen zu erörtern und zu beantworten. „Für die Beurteilung des einzelnen Kranken bildet die Ausdehnung der Tuberkulose nur den äußeren Rahmen, der das wirkliche Bild begrenzt. Sein maßgebender Inhalt wird nur durch die Art des Zustandes bestimmt" (E. v. Romberg). Erneut ist die Forderung zu erheben, daß die Aufstellung klinischer Gruppen in erster Linie auf qualitative pathologisch-anatomische Grundlagen zu beziehen ist. Diese schon am Krankenbette auf Grund der klinischen Beobachtung und klinischer Untersuchungsmethoden zu erschließen, ist in jedem Falle anzustreben.

---

[1]) Wir folgen der Nomenklatur Aschoffs: Phthisebazillus, Phthise usw.

Vor allem sind es die physikalischen Untersuchungsmethoden der Perkussion, Auskultation und im Verein mit diesen die optische Dichtigkeitsdifferenzierung des Röntgenbildes, die berufen sind, in gegenseitiger Ergänzung uns Aufschluß zu verschaffen über das anatomische Geschehen im Körperinnern. Daß es schon lediglich durch die älteren physikalischen Untersuchungsmethoden gelingt, die Erscheinungsformen von Lungenphthise klinisch abzugrenzen, das haben die Arbeiten A. Fränkels in Gemeinschaft mit E. Albrecht gezeigt. In jüngster Zeit hat E. v. Romberg dieses Verfahren noch weiter ausgebaut und darauf hingewiesen, wie die durch Perkussion und Auskultation zu erschließenden anatomischen Veränderungen durch die Ergebnisse der Röntgenuntersuchung ergänzt und vervollständigt werden. Mit Recht betont er die Bedeutung, die in der gegenseitigen Ergänzung der durch die Perkussion gewonnenen akustischen und durch das Röntgenbild erstrebten optischen Dichtigkeitsdifferenzierung liegt für die Beurteilung anatomischer Veränderungen der Lungen. Die Perkussion hat dabei den Vorzug, daß sie Dichtigkeitsdifferenzen auf beliebige Stellen der Brustkorboberfläche zu beziehen vermag, während die durch Dichtigkeitsdifferenzen der Lungen bedingten Schattenerscheinungen des Röntgenbildes auf eine Ebene projiziert werden. Dem Röntgenbilde gebührt aber der unbestreitbare Vorzug, die einzelnen Herderscheinungen der Lungen in einer klaren und plastischen Weise zur Darstellung zu bringen, wie es durch die Perkussion niemals möglich ist. Vor Jahren schon hat Turban gelegentlich einer Diskussion über die Bedeutung des Röntgenverfahrens für die Diagnose der beginnenden Lungenphthise die Ansicht ausgesprochen, daß man mit Hilfe des Röntgenverfahrens wohl zu einer Differenzierung der pathologisch-anatomischen Arten der Lungenphthise gelangen werde, wie sie durch physikalische Untersuchungsmethoden nicht möglich sei. Die Beurteilung des Röntgenbildes darf sich jedoch nicht mit einer Bewertung der Schattenerscheinungen als Maß für Sitz und Ausdehnung der Erkrankung begnügen, sondern sie muß Beziehung gewinnen zu bestimmten anatomischen Zustandsänderungen der Lunge. Die Bedeutung dieser Tatsache hat auch Kennon Dunham[1]) in seinem Werke hervorgehoben. An die Stelle einer rein spekulativen Betrachtungsweise der vielgestaltigen Schattenerscheinungen des Röntgenbildes muß eine auf vergleichend-anatomische Untersuchungen sich stützende anatomische Deutung des Röntgenbildes treten. Der Vergleich des Röntgenbildes mit dem anatomischen Präparate muß zunächst darauf gerichtet sein, bestimmte, ihrem anatomischen Charakter nach vollständig verschiedene Erscheinungsformen der Phthise voneinander zu trennen. In jüngster Zeit hat besonders L. Aschoff mit Nachdruck darauf hingewiesen, daß für die Ausheilung phthisischer Krankheitsveränderungen nicht so sehr die Ausdehnung der Erkrankung maßgebend ist, als der anatomische Charakter des Krankheitsvorganges. Wenn es also gelingt, nach dieser Richtung die grundsätzlich verschiedenen Reaktionserscheinungen der produktiven und exsudativen Phthise schon am Lebenden aus den Schattenbildungen des Röntgenbildes zu erkennen, so liegt darin ein wichtiger Fortschritt für die prognostische und therapeutische Beurteilung des Einzelfalles. Denn für die Prognose sowohl wie für das therapeutische Handeln ist der anatomische Charakter des Krankheitsvorganges von richtunggebender Bedeutung. Aus dieser Erkenntnis heraus haben wir uns die Aufgabe gestellt, auf Grund systematischer vergleichender Untersuchungen des Röntgenbildes mit den anatomischen Veränderungen eine anatomische Analyse des Röntgenbildes zu schaffen.

---

[1]) Kennon Dunham, Cincinnati Ohio, „The X Ray Examination of the chest for pulmonary Tuberculosis". Southworth Company, Troy, New York.

II. Methoden und Fehlerquellen vergleichender röntgenologisch-anatomischer Untersuchungen.

A. Methoden der Untersuchung.

Systematische vergleichende Untersuchungen des Röntgenbildes mit anatomischen Befunden wurden erstmals durch Ziegler und Krause (1910) unternommen. Späterhin haben Schut, van Dehn und Aßmann ähnliche Vergleichsuntersuchungen ausgeführt. Alle diese Autoren sind in der Weise vorgegangen, daß sie in der Hauptsache Leichenaufnahmen, ganz vereinzelt nur Aufnahmen, die am Lebenden gemacht worden waren, in Vergleich brachten mit den Ergebnissen der durch die übliche Sektionstechnik erschlossenen anatomischen Veränderungen. Auf diese Weise versuchten sie eine anatomische Deutung der verschiedenartigen Schattenbildungen des Röntgenbildes herbeizuführen.

Diesen Untersuchungen fehlt jedoch insgesamt das Bestreben einer Unterscheidung bestimmter anatomischer Erscheinungsformen der Lungenphthise. Sie beziehen sich im wesentlichen auf grobe anatomische Zustandsänderungen der Lunge, ohne eine Zergliederung der vielgestaltigen Schattenerscheinungen des Röntgenbildes mit Bezugnahme auf die vielfältigen pathologisch-anatomischen Veränderungen zu versuchen. Vor allem aber konnte es auf dem Wege dieser vergleichenden Methode niemals gelingen, eine topographische Beziehung zu gewinnen zwischen den vielgestaltigen, in eine Ebene projizierten Schattenerscheinungen des Röntgenbildes und den in den verschiedenen Körpertiefen liegenden pathologisch-anatomischen Herdveränderungen. Es mußte also eine Methode gefunden werden, die eine einwandfreie topographische Beziehungsmöglichkeit der in den Lungen sich findenden Krankheitserscheinungen zu den Schattenerscheinungen des Röntgenbildes gestattete. In dieser Richtung bot das von Brauer und Beneke beschriebene Verfahren schon wesentliche Vorzüge.

Diese Autoren gingen in der Weise vor, daß sie die intrathorakal von der Pulmonalis aus mit Formalin gehärtete Lunge nach Abbindung der Trachea herausnahmen und in Serienschnitte zerlegten. Dieses Verfahren hatten auch wir zunächst für unsere vergleichenden Untersuchungen angewandt und vereinzelte so gewonnene anatomische Schnittbilder aus der ersten Zeit unserer vergleichenden Untersuchungen sind hier mit aufgenommen. Es zeigte sich jedoch bald, daß auch die nach der Brauerschen Methode gewonnenen anatomischen Präparate nicht allen Anforderungen entsprachen, die für eine mehrfache, zu verschiedenen Zeiten vorzunehmende vergleichende Untersuchung gefordert werden mußten. Die Lungen begannen nach einiger Zeit zu schrumpfen, mehr oder weniger ausgedehnte Pleuraverwachsungen führten bei der Herausnahme der Lungen zu Zerreißungen des Präparates und erschwerten so vielfach die anatomische Beurteilung.

1*

Um diese für eine vergleichende Beurteilung aus Pleuraverwachsung und Lungenschrumpfung sich ergebenden Fehler auszuschalten, suchten wir ein Verfahren anzuwenden, wobei die Topographie der Lungen im Brustkorbraume tunlichst gewahrt wurde. Diese Forderung erschien uns am besten erfüllt, in der ursprünglich von Hauser und dann von Loeschcke zu anderen Untersuchungszwecken angewandten Härtungsmethode des Brustkorbes. Durch Injektion von etwa 8—10 l warmer 10%iger Formalinlösung in die Schenkelvene gelang es, die Lungen intrathorakal zu härten und in ihrer Lage zum Brustraum zu erhalten. Das zu den vergleichenden Untersuchungen zu verwertende Präparat wurde dann in der Weise gewonnen, daß Hals- und Brustorgane im Zusammenhang mit dem ganzen Brustkorb der Leiche entnommen wurden. Nach 12—24 Stunden war gewöhnlich die Härtung so weit vorgeschritten, daß die Lungen nach Abnahme der vorderen Brustwand die durch Formalin fixierte Lage behielten. Die Brustkorbwand konnte dann weiterhin beiderseits mittels Knochenzange bis zur mittleren Frontalebene entfernt und die Brustorgane konnten auf diese Weise für beliebig viele Frontalserienschnitte freigelegt werden.

Die vergleichende Untersuchung zwischen dem Originalröntgennegativ und dem anatomischen Präparate erfolgte dann in der Weise, daß die in Frontalserienschnitte zerlegte Lunge ventro-dorsalwärts systematisch nach anatomischen Veränderungen durchsucht und diese mit den Schattenerscheinungen des Röntgenbildes in Vergleich gebracht wurden. Die Klärung feiner anatomischer Reaktionserscheinungen erfolgte vielfach durch die Entnahme kleiner Gewebsstückchen zur Herstellung eines mikroskopischen Präparates. Auf diese Weise gelang es einerseits, die in verschiedenen Tiefen des Brustkorbraumes liegenden phthisischen Herd- und Gewebsveränderungen in Beziehung zu bringen zu fraglichen Schattenbildungen auf der Röntgenplatte und andererseits bestimmte Schattenerscheinungen durch Aufsuchen entsprechender zugehöriger pathologisch-anatomischer Zustandsänderungen der Lungen zu deuten.

Von jedem einzelnen Falle wurden aus der großen Anzahl der Serienschnitte nur die für die Klärung des Röntgenbildes wichtigsten Teile ausgewählt und für die bildliche Darstellung photographisch aufgenommen. Die anatomische Beschreibung dieser Serienschnittbilder wurde an Hand des anatomischen Präparates mit dem Röntgenbefunde in Vergleich gebracht und auf diese Weise gewissermaßen eine anatomische Auflösung der vielfach komplizierten Erscheinungen des Röntgenbildes angestrebt. Die wichtigsten Vergleichsergebnisse sind im epikritischen Sinne als „vergleichende Beurteilung" der ausführlichen röntgenologischen und anatomischen Beschreibung angegliedert.

Von den 110 systematisch untersuchten Fällen wurden 52 ausgewählt. Von diesen 52 Fällen sind jeweilen ein oder auch mehrere Röntgenbilder wiedergegeben, und aus der Zahl der Serienschnitte sind die für die vergleichende Beurteilung wichtigsten Bilder zusammengestellt worden. Aus äußeren Gründen mußte eine Beschränkung auf durchschnittlich drei anatomische Bilder eintreten. Selbstverständlich ist die Zahl der in jedem einzelnen Falle gemachten Serienschnitte erheblich größer.

Zum Vergleich mit dem anatomischen Präparat wurde ausschließlich das auch sonst zu diagnostischen Zwecken regelmäßig zur Anwendung gelangende dorso-ventrale Röntgenbild herangezogen. Es war naheliegend, zur Vervollständigung der topographischen Tiefenvorstellung auch eine anatomische Analyse des in umgekehrter Richtung aufgenommenen Bildes, der ventro-dorsalen Aufnahme, mit zu verwerten.

Einige Versuche in dieser Richtung zeigten jedoch, daß die plastische Tiefenvorstellung von Herderscheinungen innerhalb der Lungen durch solche Bestrebungen nicht wesentlich gefördert wird. Ein Heranziehen von stereoskopischen Brustkorb-Röntgenaufnahmen war aus technischen Gründen nicht möglich. Diese und andere äußere Gründe zwangen uns zur Beschränkung auf das dorso-ventrale Bild zu Vergleichszwecken mit dem anatomischen Präparate.

Mehrfache Versuche hatten uns belehrt, daß die von der Leiche hergestellte Röntgenaufnahme recht wenig geeignet ist zu vergleichenden Untersuchungen. Einmal ist die Blutfüllung der Leichenlunge eine andere als am lebenden Organ, worauf Aßmann schon hingewiesen hat. Die nach dem Tode hergestellte Röntgenaufnahme ist aber insbesondere deshalb ungeeignet zu Vergleichszwecken, weil agonale und postmortale Lungenveränderungen vielfach die charakteristischen anatomischen Herderscheinungen im Röntgenbilde verwischen, undeutlich machen oder auch ganz auslöschen können. Aus dieser Überlegung heraus wurde der Vergleich mit Leichenplatten zugunsten von Aufnahmen, die während des Lebens hergestellt waren, aufgegeben.

Bei Fällen, die längere Zeit in klinischer Beobachtung standen, wurden in größeren Zwischenräumen mehrfache Röntgenaufnahmen hergestellt. Das im Röntgenbild dargestellte Fortschreiten der Erkrankung konnte so vielfach aus dem Studium des anatomischen Präparates eine anatomische Beziehung und Klärung gewinnen.

Die beste Übereinstimmung der Veränderungen des Röntgenbildes mit denen des anatomischen Präparates in qualitativem und quantitativem Sinne ergab naturgemäß das in den letzten Krankheitstagen aufgenommene Röntgenbild. Vielfach gelang es jedoch nicht mehr, in dieser Zeit eine Röntgenaufnahme zu machen, und es mußte eine schon früher während des Krankheitsablaufes hergestellte Aufnahme zum Vergleiche herangezogen werden. Der zeitliche Zwischenraum zwischen Röntgenaufnahme und Tod, bzw. Herstellung des anatomischen Präparates ist deshalb bei den verschiedenen Fällen ein verschieden großer. Er beträgt meist nur wenige Tage, bei einzelnen Fällen einige Wochen oder auch einige Monate. Die diesbezügliche Zeitdifferenz ist bei jedem anatomischen Befunde angegeben.

B. Fehlerquellen.

Für die vergleichende Beurteilung des Röntgenbildes mit den anatomischen Befunden kommen eine Anzahl von Fehlerquellen in Betracht, die besondere Berücksichtigung verdienen, um irrtümliche Schlußfolgerungen von vornherein auszuschalten.

Schon die verschieden lange Zeit, die zuweilen zwischen Röntgenaufnahme und Herstellung des anatomischen Präparates lag, brachte es mit sich, daß im Präparat Veränderungen manchmal sich vorfanden, die auf dem Röntgenbilde nicht dargestellt sind.

Insbesondere waren es dreierlei Veränderungen, die sich bei einer Anzahl von Fällen in der Zwischenzeit ausgebildet hatten. Einmal frische Aussaaten produktiver oder auch exsudativ-käsiger Art besonders in den unteren Lungenteilen, weiterhin kurz vor dem Tode eingetretene hypostatisch pneumonische Veränderungen und schließlich Pleuraergüsse, die in den letzten Tagen vor dem Tode sich ausgebildet hatten. Das Fehlen solcher auf zwischenzeitlich eingetretene anatomische Veränderungen zu beziehenden Schattenbildungen der Röntgenplatte ist bei der vergleichenden Beurteilung in einem jeden einzelnen Falle besonders erwähnt. Die geringe Einschränkung, welche die vergleichende Bewertung des Röntgenbildes dadurch erfährt, beeinträchtigt jedoch die anatomische Analyse der wichtigsten phthisischen Herderscheinungen der Lungen in keiner Weise.

Das fast immer in maximaler Inspirationsstellung aufgenommene Röntgenbild zeigt die topographische Lage der Herdbildungen in der Phase der Inspiration; das anatomische Präparat stellt meist die in Exspirationsstellung erstarrte Topographie anatomischer Veränderungen dar. Auch aus dieser Tatsache ergeben sich vielfach für die vergleichende Beurteilung kleine Differenzen in der topographischen Lage des Zwerchfells, des Mediastinums und hilusnaher Herdveränderungen. Auf die sich ergebenden Unterschiede in der Topographie des Zwerchfells, des Mediastinums und solcher Herderscheinungen, die dem Mediastinum naheliegen, ist in jedem einzelnen Falle besonders hingewiesen.

Die für die Beurteilung des Röntgenbildes zu beachtenden Fehlerquellen ergeben sich einmal aus der Technik der Röntgenaufnahme und zweitens aus den im Objekt begründeten Bedingungen der Strahlenabsorption. Zunächst ist ein scharf konturiertes Röntgenbild erforderlich, das in Bruchteilen von Sekunden (0,1—0,3 Sekunden) hergestellt ist. Eine durch Atembewegung während der Aufnahme oder sonstwie bedingte Unschärfheit der Konturen, schränkt die anatomische Bewertung der Schattenbildungen ganz erheblich ein. Denn möglichste Konturschärfe ist eine wichtige Voraussetzung, wenn man auf die Verschiedenartigkeit der Umgrenzung von Schattengebilden anatomisch-diagnostische Unterschiede gründen will.

Die dem Lungenwurzelgebiet durch die Pulsation des Herzens mitgeteilte Bewegung läßt sich nicht ganz ausschalten. Sie kommt auch nur für die hilusnahen Gebilde in Betracht und ist so gering, daß sie praktisch vernachlässigt werden kann. Ferner erfordert die anatomische Deutung des Röntgenbildes eine ausreichende Kontrastwirkung zwischen Licht- und Schattenverteilung. Die Grenzen des sog. harten und zu weichen Bildes dürfen nicht erreicht werden. Das zu harte Bild unterdrückt die Schattendarstellung wenig Strahlen absorbierender anatomischer Veränderungen, das zu weiche Bild übertreibt sie. Ein überweiches Thoraxbild, das eine über die Lungenfelder in Gestalt vielfach sich durchkreuzender feiner streifiger Schattenbildungen ausgebreitete Gefäßzeichnung aufweist, kann die Bewertung kleinherdiger, besonders vereinzelter Schattenbildungen erheblich erschweren, oder ganz unmöglich machen.

Der Vergleich verschiedener Röntgenaufnahmen erfordert naturgemäß eine gleiche Anordnung, d. h. gleiche Brennpunkt-Plattenabstände und gleiche Einstellung (auf den 4.—5. Brustwirbel). Die bei jedem Röntgenbild in Betracht zu ziehende Verzeichnung durch zentral-projektivische Darstellung fällt dann außer Betracht, weil der Fehler, gleiche Weichteilschicht vorausgesetzt, ungefähr gleich groß ist.

Die größte Schwierigkeit einer anatomischen Analyse des Röntgenbildes ergibt sich aus der schon oben erwähnten Tatsache, daß im Röntgenbilde Schattenerscheinungen der in verschiedenen Ebenen der Thoraxtiefe hintereinander liegenden Herdveränderungen auf eine Ebene projiziert werden.

Die anatomische Analyse des Röntgenbildes wird demgemäß um so schwieriger, je zahlreicher und komplizierter die intrapulmonalen anatomischen Veränderungen sind. Am besten und am schärfsten stellen sich die der Platte am nächsten liegenden Herderscheinungen dar, auch wenn sie in relativ großer Anzahl innerhalb begrenzter Lungenteile vorkommen. Die Art der einzelnen Herdumgrenzung steht in bestimmter Beziehung zum anatomischen Bau des Herdes, und es hängt die Schattendichte, d. h.

die spezifische Strahlenabsorption mit der zellulärhumoralen Zusammensetzung des Herdes aufs engste zusammen. Schwierigkeiten ergeben sich für die Differenzierung insbesondere dann, wenn dichte und weniger dichte Herderscheinungen in axialer Richtung hintereinander liegen und nicht durch genügend lufthaltiges Gewebe voneinander getrennt sind. Es kann dann zu einer summierenden Schattenwirkung kommen und eine Differenzierung von Schattenkomplexen hintereinander liegender Herde sehr erschwert oder zuweilen auch unmöglich werden. Die in großer Zahl durchgeführten Vergleichsuntersuchungen von Frontalserienschnitten mit dem Röntgenbilde zeigen jedoch, daß eine anatomische Deutung und Auflösung komplizierter Schattenkomplexe vielfach auch möglich ist, bei denen sie zunächst nicht durchführbar erschien. Die anatomische Analyse mehrfach übereinander projizierter Schattenerscheinungen gelang uns deshalb, weil das von uns durchgeführte Serienschnittverfahren beliebig viele Schnitte hintereinander zu legen erlaubte, und auf diese Weise jede in beliebiger Tiefe liegende Neuveränderung dem vergleichenden Studium zugänglich wurde. Unser Verfahren gestattete zum Studium einer Röntgenplatte nicht nur ,,bestenfalls zwei Ebenen dazugehörender Leichenschnitte darzustellen" (M. Cohn), sondern beliebig viele Schnitte in jeder gewünschten Thoraxtiefe. Nur so konnten wir im Gegensatz zu allen Voruntersuchern zu einer systematischen anatomischen Analyse des Röntgenbildes gelangen.

III. Das normale Thoraxbild.

Seine Beziehung zu Lappengrenzen; Einteilung nach Feldern.

Bild 1
im Atlas
u. Tafel IVDie röntgenologische Beurteilung phthisischer Lungenveränderungen setzt die Kenntnis des durch normale anatomische Verhältnisse entstehenden Röntgenbildes voraus.

Die stark lufthaltigen Lungen erzeugen die auf dem Bilde ohne weiteres erkennbaren, den sog. Mittelschatten umgebenden aufgehellten Felder. Diese sind beiderseits von den scharf abgesetzten Schatten der Rippen und des Schlüsselbeins quer durchzogen. Der Mittelschatten setzt sich bekanntlich zusammen aus den Schattengebilden der Mediastinalorgane, den Schatten des Brustbeins und der Wirbelsäule. Seitlich und oben werden die Lungenfelder umgrenzt durch die Umbiegungsstellen der Rippen, deren längs aneinander gereihte Schattenbildungen die Umgrenzung darstellen. Nach unten hin werden die Lungenfelder durch die bogenförmig verlaufende Linie der Zwerchfellkuppen abgeschlossen. Seitlich vom Brustkorbrand liegen beiderseits die Weichteilschatten. Diese bedingen vielfach in den Randzonen der Lungenfelder eine ganz leichte Verschattung, die abhängig ist von der Dicke der Weichteilschicht. Auch innerhalb der Lungenfelder tritt zuweilen eine durch Brustkorbweichteile bedingte Verschattung zutage; in den basalen Teilen sind es bei Frauen die Schattenbildungen der Mammae, bei Männern vielfach die Musculi pectorales beiderseits, die eine Verschattung der basalen und mittleren Randzonen erzeugen. Oben seitlich reichen beiderseits die Schatten der Schulterblätter mehr oder weniger in das Lungenfeld hinein. Im medialen Teil der Spitzenfelder besteht vielfach eine seitlich gut begrenzte Verschattung, die durch die Weichteile des Halses bedingt wird. Die Weichteilschattengrenze verläuft vertikal, biegt oberhalb des Schlüsselbeinschattens um und ist oft als Begleitschatten des Schlüsselbeins an dessen oberer Begrenzung bis zum Brustkorbrande sichtbar.

Vom Lungenwurzelgebiet erstreckt sich die vielfach verzweigte und sich überkreuzende peripherwärts an Intensität abnehmende Schattenzeichnung der sog. normalen Lungenzeichnung in die Lungenfelder hinein. Sie wird in erster Linie bedingt durch die vom Hilus aus beiderseits in die Lungen hinein sich verzweigenden Blutgefäße. Diese, in verschiedener Brustkorbtiefe liegenden Gefäße erscheinen als streifenförmige Schattengebilde in eine Ebene projiziert. In gleicher Weise werden die in verschiedener Tiefe liegenden krankhaften Herdbildungen auf dem Röntgenbilde nebeneinander bzw. ineinander projiziert.

Die Zugehörigkeit von den Teilen des Lungengewebes zu bestimmten Lappenabschnitten ist aus den Schattenerscheinungen des Röntgenbildes nicht zu erschließen. Es decken sich beiderseitig Ober- und Unterlappen bekanntlich derart, daß die Oberlappen die der vorderen Thoraxwand anliegenden Teile des Brustkorbraumes einnehmen. Die Unterlappen haben in den basalen Teilen ihre größte Tiefenausdehnung; sie erstrecken sich entlang der hinteren Brustkorbwand nach oben und haben hier ihren geringsten Tiefendurchmesser. Ein Blick auf die Skizze der Lappeneinteilung (vgl. Deckblattzeichnung zu Bild 1) läßt erkennen, daß aus der Lage eines Schattens auf der Röntgenplatte nicht ohne weiteres dessen Sitz in einem bestimmten Lungenlappen erschlossen werden kann. In dieser Beziehung ist die perkussorische Dichtigkeitsdifferenzierung dem Röntgenbilde in mancher Hinsicht überlegen.

Auch die frontale Projektion der Topographie der Lungenlappen auf eine Ebene zeigt die Schwierigkeit einer klinischen Lappendiagnostik. In der Textabb. 1[1]) ist die sagittale Deckung der Lappen veranschaulicht (Oberlappenrot, M-L. grün, U-L. blau); in Textabb. 2 sind 4 Frontalebenen in eine Ebene gelegt, die Lappenbegrenzung jedes Schnittbildes ist jeweils in gleicher Farbe eingetragen. Hierdurch kommt zum Ausdruck, daß die horizontale Höhe der Lappengrenzen einem dauernden Wechsel in sagittaler Richtung unterworfen ist. Gelb zeigt die weitest ventrale Ansicht der Lungen, der Unterlappen ist hier manchmal überhaupt noch nicht sichtbar, dann folgt rot, grün und blau; letztere Linie als weitest dorsaler Schnitt, auf welchem der Mittellappen nicht mehr getroffen wird; dieser berührt also nicht die dorsale Parietalpleura.

Die beschreibende Beurteilung von Schattenerscheinungen des Röntgenbildes muß sich also unter Verzicht auf die Lappenzugehörigkeit lediglich auf den Sitz solcher Herdschatten in bestimmten Anteilen der Lungenfelder beschränken. Um eine Bestimmung in dieser Richtung vorzunehmen, kann man die Lungenfelder in verschiedene Zonen einteilen und von oberen, mittleren und unteren Abschnitten bzw. Teilen des rechten und linken Lungenfeldes sprechen. Aus dem oberen Teil des Lungenfeldes läßt sich bei Benützung der Schattenumgrenzung der 1. Rippe zur genaueren Lokalisation ein sog. Spitzenfeld noch abgrenzen. Man muß sich bei der Benützung der Feldereinteilung zum Zwecke der Ortsbestimmung von Herderscheinungen immer bewußt bleiben, daß die in einem Felde liegenden Schattenbildungen als Summationserscheinung zu verstehen sind, von anatomischen Veränderungen, die in verschiedenen Ebenen hintereinander liegen. So können beispielsweise Herdschatten im Spitzenfeld dem Ober- und Unterlappen angehören, solche in den mittleren und unteren Teilen dem Ober- und Unterlappen oder auch dem Mittellappen, bei Herdveränderungen auf der rechten Seite.

In der zusammenfassenden Bewertung des Röntgenbildes wird man aus dieser Überlegung heraus nicht mehr Bezug nehmen auf die Lappen- und Feldereinteilung; es ist richtiger für die diagnostische Schlußbeurteilung der Schattenerscheinungen des Röntgenbildes die topographische Lage der Herdveränderungen zu berücksichtigen und in diesem Sinne vom Sitze der Herderscheinungen in den oberen, mittleren und unteren Teilen der Lungen zu sprechen.

In dieser Weise ist bei den hier mitgeteilten 52 Fällen die Schlußbeurteilung des Röntgenbildes vorgenommen worden. Die im pathologisch-anatomischen Sinne gedeuteten Schattenkomplexe der Lungenfelder sind unter Bezugnahme auf ihre Lage in den entsprechenden Lungenteilen beschrieben.

---

[1]) Nach S. Gräff, Zeitschr. f. Tuberk. Band 34, 1921.

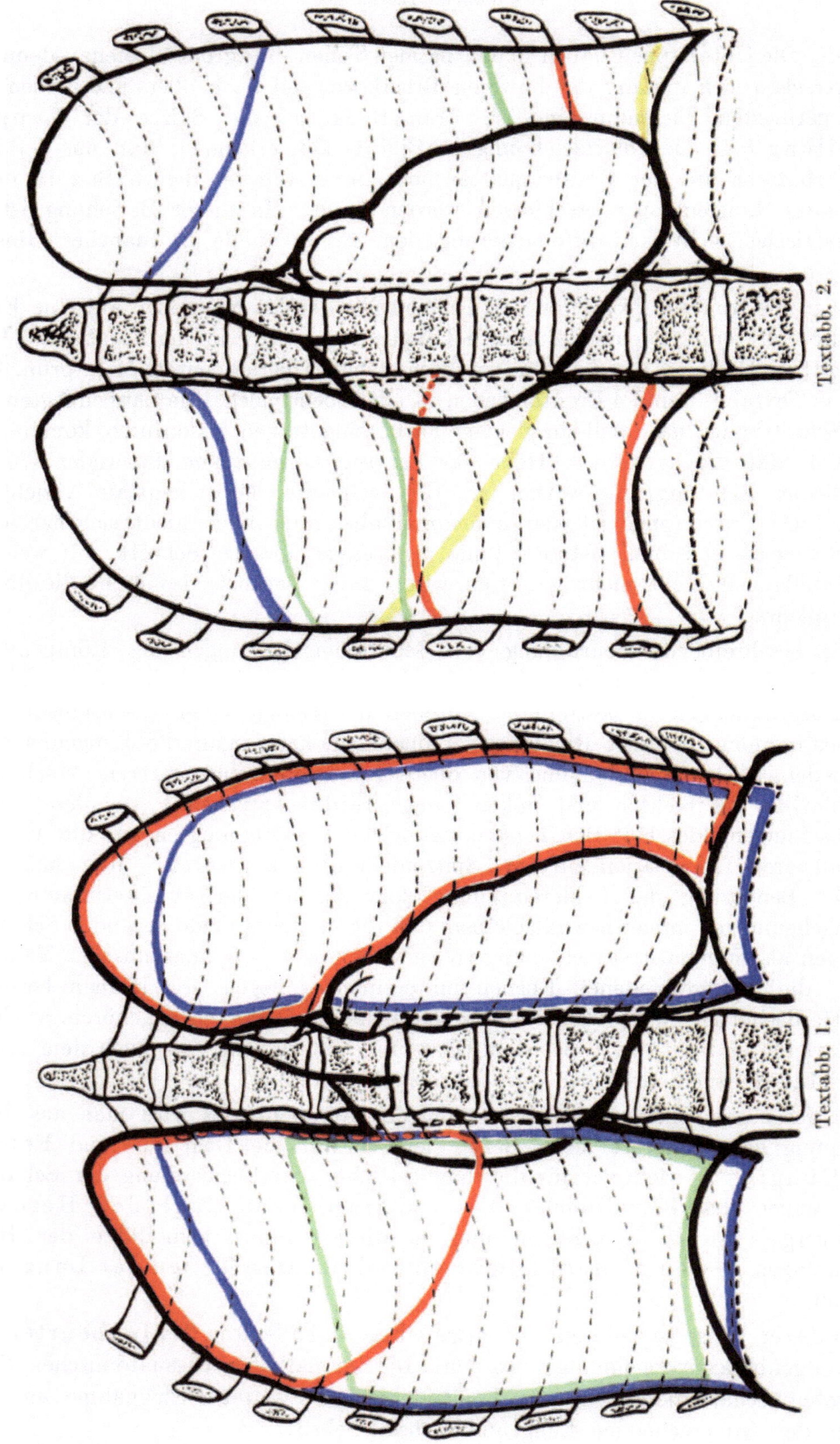

Textabb. 2.
Textabb. 1.

IV. Allgemeine Gesichtspunkte für die Beurteilung des Röntgenbildes und des anatomischen Bildes.

Die Schattenerscheinungen des Röntgenbildes sind nach ihrer Dichtigkeit, nach ihrer Umgrenzung, nach Form und Größe und weiterhin nach ihrer Lage zueinander zu beurteilen. Es differenzieren sich im allgemeinen innerhalb der Lungen alle herdförmigen Gebilde entsprechend ihrem Dichtigkeitsgrade, d. h. ihrem Vermögen Strahlen zu absorbieren; mit zunehmender Strahlenabsorption wächst die Schattendichtigkeit und umgekehrt. In dieser Tatsache liegt vor allem die Möglichkeit begründet, pathologisch-anatomisch verschiedenartige Schattenbildungen auf der Platte zu erkennen. Mit zunehmender Dichtigkeit des anatomischen Herdes wächst im allgemeinen die Dichtigkeit der Schattenbildungen. Die mit flüssiger Exsudation einhergehenden Herdbildungen der Lungen werden weniger dichte und fleckige Schattenbildungen mit unscharfer Umgrenzung erzeugen. Zellenreiche Herde werden mehr festere, gewebsähnliche dichte, besser gegeneinander abgesetzte Schattenflecke hervorrufen; saftarme, bindegewebig-narbige und kalksalzhaltige Herde werden sich als besonders dichte und scharf umrissene Schattenbildungen darstellen. Aus Dichtigkeit und Umgrenzung der Schattenbildung ergibt sich daher zunächst die Möglichkeit, die vorherrschende Grundform der phthisischen Herdreaktion zu erkennen und festzustellen. Die Stellungsdichte der Herdbildungen zeigt im allgemeinen die Ausdehnung der Erkrankung innerhalb begrenzter Lungenteile an. Die gruppenweise Anordnung von Herderscheinungen spricht für bronchogene Ausbreitung, während die mehr weniger verstreute, disseminierte Herdverteilung meist eine hämatogene Ausbreitung verrät. Ferner ergeben sich aus Form, Größe und Lagebeziehung von Schattenerscheinungen bestimmte, immer wiederkehrende Beziehungen zu anatomischen Veränderungen.

Vielfach allerdings werden die uns im Röntgenbilde entgegentretenden Schattenerscheinungen als Summationswirkung aufzufassen sein von in verschiedenen Tiefen der Lunge hintereinander gelagerten anatomischen Herdveränderungen bzw. Krankheitserscheinungen. Eine Auflösung solcher Schattenkomplexe in anatomische Einzelheiten ist aber an Hand des anatomischen Präparates bzw. bei sorgfältigstem Durchsuchen und Betrachten der Serienschnittbilder in nahezu allen Fällen durchführbar. Für die bildliche Darstellung in diesem Atlas konnten nur eine beschränkte Zahl der wichtigsten Serienschnittbilder von jedem einzelnen Falle ausgewählt werden. Die zu einem jeden Röntgenbilde hinzugehörenden anatomischen Bilder können also keine restlose Klärung sämtlicher Schattenerscheinungen des Röntgenbildes bringen. Zur Ergänzung anatomischer Vorstellungen der Schattengebilde ist deshalb das Studium der anatomischen Beschreibung erforderlich.

Eine gewisse Einschränkung erfährt diese lediglich auf die ausgewählten anatomischen Schnittbilder sich beziehende anatomische Beschreibung im Gegensatz zum Studium des anatomischen Präparates dadurch, daß die bildliche Darstellung, die Herdveränderungen vielfach nicht so klar und deutlich erkennen läßt, wie das Präparat selbst.

Eine sichere Unterscheidung kleinster exsudativer und produktiver Veränderungen ist lediglich auf Grund der Betrachtung der bildlichen Darstellung nicht immer möglich. Es liegt dies jedoch nicht ausschließlich in der Art der bildlichen Darstellung begründet, sondern beruht zum geringeren Teile auch darauf, daß bei der Besichtigung des makroskopischen Präparates insbesondere nach der Formolhärtung eine sichere Bestimmung mancher Einzelherde schwierig sein kann. Deshalb wurden Herdbildungen, die auf Grund der makroskopischen Betrachtung nicht mit voller Sicherheit nach ihrer Form bestimmt werden konnten, mikroskopisch nachgeprüft.

Auch größere und zusammengesetzte Herde sind in den anatomischen Abbildungen nicht immer nach ihrer Grundform zu bestimmen. Frische Exsudationen treten auf dem Bilde manchmal nicht mit der gewünschten Deutlichkeit vor. Indurierte Herde lassen sich zuweilen schwer von frischen azinös-nodösen Herdbildungen unterscheiden. Der pathologische Anatom, der zunächst am makroskopischen Präparate seine Diagnose zu stellen hat, benutzt ja auch hierzu nicht nur den Gesichtssinn, sondern sucht auch durch die Betastung die Art der Herdbildungen näher zu bestimmen.

Für die Betrachtung der anatomischen Bilder sind weiterhin einige Veränderungen zu beachten, die in der Herstellung des Präparates und in der Gewinnung der photographischen Abbildungen begründet liegen. Infolge der Formolinjektion tritt zuweilen eine starke Dehnung des venösen Gefäßsystems und besonders des rechten Herzens ein, die für die Beurteilung der Herzgröße usw. an Präparat und Bild beachtet werden muß.

In der Beschreibung der anatomischen Befunde sind die durch technische Fehler bei der Aufnahme entstandenen Veränderungen als Kunstflecken bezeichnet. Als solche sind vor allem unregelmäßige weißliche Aufhellungen in den Lungenfeldern aufzufassen, die nicht mit exsudativen Herdbildungen verwechselt werden dürfen.

Für die anatomische Analyse des Röntgenbildes kommt es nicht darauf an zu entscheiden, wie groß die einzelnen Herderscheinungen sein müssen, um auf dem Bilde in die Erscheinung zu treten. Diese Frage ist überhaupt nicht einheitlich zu beantworten, weil die Darstellbarkeit eines einzelnen intrapulmonalen Herdes nicht nur von dessen Dichtigkeit und Lage in der Lunge, sondern auch von der Dichtigkeit der die Lungen umgebenden Weichteilschicht abhängt. Sie gewinnt auch nur eine gewisse Bedeutung im Rahmen der Beurteilung des Röntgenbildes für die Diagnose der beginnenden Lungenphthise. Bei dieser können feinste Herdveränderungen auf dem Röntgenbilde die Diagnose sichern und klären. Unter ungünstigen differenzierenden Bedingungen können aber zweifellos sicher vorhandene anatomische Herdbildungen der röntgenologischen Darstellung entgehen. Dafür haben uns die vergleichenden Untersuchungen einiger Fälle beginnender Phthise, bei denen Schattenerscheinungen sicher vorhandener Herde auf der Platte fehlten, den Beweis erbracht. Aber auch das nur geringfügige Schattenveränderungen zeigende Röntgenbild der beginnenden Phthise erfordert nicht nur eine quantitative Bewertung, sondern vor allem eine qualitative Deutung im anatomischen Sinne. Dabei ist zu beachten, daß charakteristische Schattenbildungen typisch phthisischer Herderscheinungen sich nicht aus dem Verhalten des einzelnen Herdes ergeben, sondern aus dem Vergleiche mehrerer Herde gleicher oder verschiedenartiger Schattengestalt und Dichtigkeit. Die außerordentlich kompliziert zusammengesetzten Schattenbildungen der fortschreitenden Lungenphthise bieten zahlreiche Beziehungsmöglichkeiten bestimmter Schattenerscheinungen zu anatomischen Veränderungen.

Da der aus dem Röntgenbilde zu erschließende anatomische Befund nur Wert und Bedeutung gewinnt im Rahmen klinischer Betrachtungsweise, ist in den Einzelergebnissen vergleichender röntgenologisch-anatomischer Untersuchungen einem jeden Falle ein Auszug aus der Krankengeschichte beigegeben. Das Studium des Einzelfalles soll deshalb mit dieser beginnen. Dann erst folgen Röntgenbefund und anatomische Beschreibung der Schnittbilder. Für die vergleichende Betrachtung des Röntgenbildes mit den anatomischen Darstellungen der Schnitte gibt die jedem Einzelfalle angegliederte vergleichende Beurteilung wegweisende Richtlinien.

Um das Verständnis für die meist zusammengesetzten Bilder, wie sie uns auf der Röntgenplatte und im anatomischen Präparate entgegentreten, zu erleichtern sind den Einzelergebnissen der vergleichenden röntgenologisch-anatomischen Untersuchungen zunächst Ausschnitte unserer Bilder und Präparate als sog. Einheitsbilder vorangestellt, die in möglichster Reinheit aus unseren Fällen ausgesucht wurden. Von einer jeden dieser Einheiten ist ein Ausschnitt aus dem Röntgenbilde, aus dem makroskopisch-anatomischen Präparat und aus dem histologischen Bilde [1]) wiedergegeben. Um die grundlegenden Unterschiede der produktiven und exsudativen Herdbildung hervorzuheben sind diese zuerst in der genannten Weise zur Darstellung gebracht. Dann folgen die Bilder des indurierten Herdes, wie er sich vorwiegend bei der zirrhotischen Phthise als Ausheilungszustand meist azinös-nodöser Herde vorfindet. An diese schließen sich die Vergleichsbilder der Kavernenwand an, und zwar zunächst ein Bild beginnender Kavernenbildung mit rasch erfolgendem Zerfall des verkästen Lungengewebes bei der sequestrierenden Lungenphthise und zuletzt eine Kavernenwand, welche Ausheilungsvorgänge aufweist und das Endstadium der Kavernenbildung und -umwandlung langsam verlaufender Phthisen darstellt.

---

[1]) Die histologischen Bilder wurden teilweise zum Zwecke einer gewissen Vollständigkeit aus mehreren Schnitten zusammengestellt.

V. Die pathologische Anatomie der Lungenphthise.

Inhaltsverzeichnis.

A. Die histologische Reaktion auf das erfolgreiche Eindringen des Phthisebazillus.

Dem erfolgreichen Eindringen des Phthisebazillus (oder Tuberkelbazillus) in den menschlichen Organismus folgt eine Reaktion zellulär-humoraler Art, und zwar reagieren alle Gewebe des menschlichen Körpers, welche in irgendeiner Form ein röhrenförmiges (Lunge, Genitalapparat, Darm usw.) oder spaltförmiges (Lymphknoten) System aufweisen oder die Oberfläche irgendeines Organs (Meninx, Pleura, Peritoneum usw.) bilden, durch eine je nach den Bedingungen wechselnde Bildung der flüssigen und zellulären Bestandteile; wir unterscheiden deshalb eine vorwiegend **exsudative** und eine vorwiegend **produktive** Reaktion jedes einzelnen Herdes. Die Art der Reaktion läßt sich meist schon makroskopisch feststellen; Einzelheiten deckt erst das Mikroskop auf.

Die Durchsicht der Korrekturen pathologisch-anatomischer Teile hat Herr Assistenzarzt Dr. Gonnermann, Mannheim in dankenswerter Weise für den inzwischen nach Japan abgereisten Herrn Professor Dr. Gräff übernommen.

Für den Verlauf der phthisischen Erkrankung innerhalb der Lunge ist die Unterscheidung einer vorwiegend [1]) exsudativen oder produktiven Reaktion der kleinsten Herdbildungen besonders bedeutsam. Sie bildet eine wesentliche Grundlage für die anatomische (und deshalb auch röntgenologische) Einteilung der verschiedenen Formen der Lungenphthise insbesondere deshalb, weil sehr oft das Gesamtbild einer oder mehrerer anatomischer Krankheitsphasen das ausschließliche Vorhandensein oder zum mindesten das Überwiegen solcher produktiver oder exsudativer Herdbildungen erkennen läßt [2]).

a) Die (vorwiegend) exsudative Reaktion und ihre Folgezustände.

Die exsudative Reaktion des Einzelherdes beginnt mit der Ansammlung einer mehr weniger fibrinhaltigen Flüssigkeit, welcher zellige Elemente beigemischt sind. Diese Zellen sind im wesentlichen die als sogenannte Exsudatzellen bezeichneten, sowohl dem Blute als auch dem Gewebe entstammenden Lymphoidzellen; sie werden von verschiedenen Seiten als Lymphozyten, histiozytäre Wanderzellen, Polyblasten u. dgl. aufgefaßt; ihnen beigemischt sind die von der Wand der Lungenalveolen abgestoßenen und gequollenen Alveolarzellen, ferner in wechselnder Menge Leukozyten und rote Blutkörperchen. Die Reihenfolge des Auftretens dieser verschiedenen Zellformen wechselt; oft findet man eine einleitende Leukozytenemigration.

Dieses zellreiche Exsudat kann nun verschiedene Wandlungen eingehen. Es kann — so müssen wir annehmen — ausgehustet bzw. resorbiert werden, indem die geronnenen Massen wieder verflüssigt und durch die Lymphbahnen abgeführt werden; es kommt hiernach zu einer völligen Ausheilung des erkrankten Lungengewebes und zu seiner funktionellen Wiederherstellung. Man kann vielleicht diesen Verlauf mit der Lösung einer lobären Diplokokken-Pneumonie vergleichen.

An das Auftreten des Exsudats können sich jedoch auch weitere Veränderungen regressiver Art anschließen. Das im Lumen der Alveolen liegende Exsudat beginnt von der Mitte eines exsudativen Herdes, wohl von der Stelle der stärksten Giftbildung her zu verkäsen. Die Zellen wandeln sich durch Karyorrhexis und Karyolyse sowie durch Auflösung und Zerfall des Protoplasmas zu formlosen Massen um, so daß schließlich das ganze Exsudat zu einer gleichmäßig krümeligen, mehr weniger homogenen Masse wird; damit hat die Verkäsung eingesetzt. Sie schreitet nun von der Mitte des Exsudates nach der Peripherie hin fort, wobei auch die Alveolarwandungen des exsudaterfüllten Lungengewebes durch die Giftbildung ebenfalls geschädigt und in die Verkäsung miteinbezogen werden. Kennzeichnend für diese exsudativ-käsigen Vorgänge ist jedoch ein weitgehendes Erhaltenbleiben der elastischen Fasern, welche dem Lungengewebe zum Aufbau dienen.

---

[1]) In den weiteren Ausführungen wird das Wort: vorwiegend in der Zusammensetzung der exsudativen und produktiven Reaktion des Einzelherdes im allgemeinen weggelassen; der Sinn der Unterscheidung dieser beiden Reaktionsweisen bleibt der gleiche.

[2]) Die Anhänger und Gegner der dualistischen Auffassung bezüglich der Reaktionsweise des Organismus bei der Lungenphthise unterscheiden sich bekanntlich nicht dadurch, daß die einen die Verschiedenheit der Reaktion bejahen, während die anderen sie etwa leugnen, sondern nur darin, daß letztere den Unterschied der anatomischen Bilder für nicht wesentlich genug halten, um ihn zur Grundlage einer anatomischen Einteilung zu machen. Der Kliniker jedoch, welcher die Vielheit seiner Fälle anatomisch geordnet haben will, verlangt nach einer Einteilung; kommt sie in der dualistischen Fassung seinen praktischen Bedürfnissen und diagnostischen Möglichkeiten mehr entgegen als in der unitarischen Mischung der Fälle, dann entscheiden sich wohl für ihn die Streitfragen der pathologischen Anatomie von selbst.

Mit dem Eintritt der Verkäsung ist im allgemeinen eine Wiederherstellung des ehemaligen Aufbaus und damit der Funktion des befallenen Lungengewebes unmöglich geworden, weil, wie gesagt, die Verkäsung des Exsudats sehr rasch auf das Lungengewebe selbst übergreift und dieses somit ebenfalls zerstört wird.

Die weitere Entwicklung kann wiederum verschieden sein. Als den günstigeren Verlauf, welcher immer noch zu einer Art der anatomischen Ausheilung führen kann, müssen wir die Eintrocknung des verkästen Herdes durch allmähliche Wasserabgabe ansehen. Die Käsemassen werden immer krümeliger, fester; unter besonderen Bedingungen lagern sich Kalksalze in ihnen ab; in seltenen Fällen kann sich auch Knochenbildung einstellen. Gleichzeitig werden solche Herde von Granulationsgewebe spezifischer oder unspezifischer Natur eingeschlossen. Von seiten der wuchernden Zellen kommt es zu Faserbildung und zur Bildung hyaliner Substanzen, so daß ein solcher Herd im Endzustand von einer mehr weniger festen Kapsel von fibrös-hyalinem Gewebe umgeben ist. Damit ist nun der Möglichkeit einer weiteren Verschleppung der Bazillen in gewissem Umfang vorgebeugt. Solche bindegewebigen Kapseln können stark von Ruß durchsetzt sein.

Der ungünstige Verlauf ist durch den weiteren Zerfall der käsigen Massen und durch die Auflösung des gleichfalls erkrankten Lungengewebes wohl nach vermehrter Flüssigkeitsaufnahme gekennzeichnet; insbesondere spielt hier die Zuwanderung von Leukozyten eine Rolle, welche durch ihre Fermente eine Verflüssigung des Käses herbeiführen. Die erweichten Massen werden allmählich gelockert und in kleineren oder größeren Teilen ausgestoßen. Die Folge ist die Höhlenbildung innerhalb der Lunge. Mit den Käsemassen werden auch das noch erhaltene Gerüstwerk der Lunge, insbesondere die elastischen Fasern ausgestoßen; sie sind dementsprechend im Sputum nachweisbar. Je rascher die Verkäsung einsetzt, um so mehr pflegt das elastische System den Zusammenhang bewahrt zu haben; erfolgt nunmehr die Ausstoßung eines größeren Herdes, so sind auch im Sputum die netzförmig angeordneten Systeme der elastischen Fasern nachweisbar.

b) Die (vorwiegend) produktive Reaktion und ihre Folgezustände.

Die produktive Form der histologischen Reaktion führt zu dem Bilde des miliaren (hirsekorngroßen) Tuberkels oder zur Bildung des verschieden gestalteten oder angeordneten phthisischen Granulationsgewebes.

In den frühesten Stadien besteht der makroskopisch als hirsekorngroßes, graues, über die Oberfläche vorspringendes Knötchen erkennbare Tuberkel aus oft in radiärer Richtung angeordneten Zellen, den Epitheloidzellen, welche ebenfalls von histiozytären Wanderzellen, Lymphoidzellen, Adventitiazellen, zum Teil auch von Alveolarepithelien und Gefäßendothelien hergeleitet werden. Durch Zusammenfluß des Protoplasmas einzelner Epitheloidzellen bilden sich die Langhansschen Riesenzellen unter typischer Anordnung der Kerne an der Peripherie in Hufeisen- oder Ringform. Je stärker der produktive Charakter eines Herdes hervortritt, um so mehr sind die Riesenzellen entwickelt; sie sind besonders groß, die Kerne sind sehr zahlreich, stehen besonders dicht und füllen teilweise oder vollkommen den Rand der Zelle aus. Von den Rändern dieses Epitheloidzellentuberkels her treten Lymphozyten, auch Leukozyten in wachsender Menge hinzu und durchsetzen den Tuberkel bis zur Mitte. Eine Gefäßbildung findet innerhalb des Tuberkels nicht statt. Hingegen zerstört dieses neugebildete Gewebe das Wirtsgewebe mehr weniger vollständig, und zwar — in einem gewissen Gegensatz zur exsudativen Form der phthisischen Erkrankung — unter weitgehender Zerstörung der elastischen Fasern; somit ist das Gewebe, in welchem sich phthisische Tuberkel entwickelt haben, endgültig vernichtet, eine Restitutio ad integrum ist unmöglich. Der weitere Verlauf ist wohl wiederum abhängig von der Lebensfähigkeit und der Ausbreitungsmöglichkeit der dem Tuberkel eingelagerten Phthisebazillen und von ihrer Giftbildung. Eine Ausheilung kann durch fibröse Umwandlung erfolgen, indem manche Zellformen des Tuberkels faserige Substanzen bilden, die Zellen selbst mehr weniger zerfallen und das Gewebe durch Homogenisierung der Plasmasubstanzen eine Art der Hyalinisierung eingeht. Vom Rande her kann auch durch Bildung unspezifischen Granulationsgewebes oder vermehrter Fasersubstanz eine verstärkte Abkapselung des Tuberkels herbeigeführt werden. Um eine solche hyalin-fibröse Narbe bildet sich in der Regel ein Mantel aus nicht spezifischem Granulationsgewebe, welches aus gewöhnlichem fibrillärem Bindegewebe aufgebaut ist (Aschoff); damit ist die Vernarbung dieses Herdes vollständig geworden.

In andern Fällen kommt es im Innern des Tuberkels in ähnlicher Weise wie bei der exsudativen Form zu einer Verkäsung, welche mehr weniger bald sich nach der Peripherie hin ausdehnen kann; aber auch dann noch ist eine hyalin-fibröse Abkapselung in der beschriebenen Weise möglich; oder aber, die Verkäsung befällt den ganzen am Einzeltuberkel bestehenden Herd, und es schließen sich auch hier die Vorgänge der Quellung, Auflösung und Ausstoßung des erkrankten und zerstörten Gewebes an.

Der Ablauf der Veränderungen, welche der miliare Tuberkel zeigt, kommt in gleicher Weise den zu Haufen angeordneten Tuberkeln und dem phthisischen Granulationsgewebe zu.

Die exsudative Reaktion ist wohl mit die Folge einer besonders massiven oder hochvirulenten Infektion, während die produktiven Veränderungen durch spärliche Bazillen ausgelöst werden. Sicherlich ist aber — wie neuere Untersuchungen zeigen (Kretz, Ranke u. a.) — die Art der Reaktion nicht allein abhängig von der Stärke des einwirkenden Erregers, sondern ebenso sehr von den Abwehrkräften, welche im Lungengewebe selbst und in dem menschlichen Organismus allgemein auf Grund erworbener Immunität zur Verfügung stehen. Das Vorkommen humoraler Schutz- oder Abwehrstoffe ist allerdings bis heute noch in keiner Weise bewiesen worden; hier beginnt die Hypothese.

B. Entwicklung und Gestaltung der histologischen Veränderungen im Lungengewebe.

Die geschilderten Vorgänge einer vorwiegend exsudativen und produktiven Reaktion bilden die Grundlage jeder Art der Infektion des Lungengewebes mit dem Phthisebazillus, einerlei ob es sich um eine hämatogene, bronchogene oder sonstwelche Phthise handelt. Jedoch ist die Art der Entwicklung und der Gestaltung der Herdbildungen innerhalb des Lungenparenchyms weitgehend davon abhängig, ob die Infektion der betreffenden Lungenteile hämatogen oder bronchogen erfolgt ist.

Eine kurze Darstellung des Aufbaus des Lungengewebes erleichtert das Verständnis dieser Vorgänge. Ein Lungenlappen setzt sich aus einer großen Zahl von Läppchen zusammen, deren Durchlüftung jeweils durch einen intralobulären Bronchus vermittelt wird. Das von diesem Bronchus abhängige Lungengewebe stellt eine Einheit dar und wird als **Lobulus** bezeichnet.

Der Bronchus teilt sich innerhalb des Läppchens mehrfach dichotomisch; seine engsten Äste von etwa 0,5 mm Durchmesser besitzen in ihrer Wand keinen Knorpel mehr, sind aber noch mit Flimmerepithel und einzelnen Becherzellen versehen. Jeder einzelne Ast (Bronchiolus terminalis) ist von einer Arterie begleitet und teilt sich dichotomisch in ungefähr einem rechten Winkel. Diese beiden Äste (Bronchiolus respiratorius I. Ordnung) sind noch mit Flimmerepithel ausgekleidet, besitzen aber schon einzelne, mit flachen Zellen und kernlosen Platten ausgestattete, sinusartig sich ausbuchtende Alveolen; auch der Bronchiolus respiratorius I. Ordnung ist noch von einem Arterienast begleitet. Seine dichotomische Teilung ergibt die Bronchioli respiratorii II. Ordnung, deren Alveolen an Zahl und Größe zunehmen; die Alveolen sind hier nur einseitig angeordnet, und zwar an der dem Teilungswinkel zugewandten Seite; aus dem Bronchiolus respiratorius II entstehen wiederum dichotomisch die Bronchioli respiratorii III. Ordnung. Hier findet sich fast nur noch Zylinderepithel ohne Wimpern oder kubisches Epithel; die Alveolen der Wand nehmen weiter zu. Jeder Bronchiolus respiratorius III geht nun endlich in ein System von mit Alveolen ausgekleideten Alveolargängen über, welche sich wieder teilen können oder in Alveolarsäcke (Infundibula) als Endsäcke ausgehen. Die letzte **Einheit des respiratorischen Systems** stellt der Bronchiolus respiratorius I. Ordnung mit seinen sämtlichen, Alveolen tragenden Verzweigungen dar und wird als **Azinus** bezeichnet [1]).

Die Nomenklatur Hustens entspricht den Definitionen Köllikers, welcher alle alvolentragenden Bronchioli als Bronchioli respiratorii bezeichnet und auch die Alveolargänge anders umschreibt als Loeschcke. Um Mißverständnissen vorzubeugen, sei hier die Nomenklatur von Husten und Loeschcke nebeneinandergestellt.

Nomenklatur.

Kölliker — Husten   Loeschcke
Bronch. resp.   I. Ord. = Bronchiolus terminalis
Bronch. resp. II. Ord. = Bronchiolus respiratorius
Bronch. resp. III. Ord. = Alveolargänge
Alveolargänge   = Weitere Teilungen der Alveolargänge
Alveolarsäcke (muskelfreies respiratorisches Parenchym).

a) Die Erkrankung des Parenchyms.

1. Bei bronchogener Entwicklung.

Die Entwicklung eines bronchogenen Herdes ist an die Aspiration von Bazillen gebunden, welche entweder von außen oder von irgendeiner schon erkrankten Stelle (autogene Infektion) der Respirationswege aus weiter verschleppt werden.

Der azinös-produktive, azinös-nodöse und nodös-indurierte Herd.

Da die Bronchioli respiratorii wegen des Schwindens des Flimmerepithels und der Buchtenbildung der Alveolen für jede Art von Erregern und Schädlichkeiten eine

---

[1]) Diese Darstellung der feineren Histologie und der Bestimmung des Azinus folgt den Untersuchungen Hustens. Eine andere Benennung und Einteilung gibt Loeschcke, indem er den Bronchiolus respiratorius I. Ordnung Hustens (Bronchiolus respiratorius Köllikers) als Bronchiolus terminalis bezeichnet. Ein jeder Lobulus umfaßt also mehrere Azini. Ob die einzelnen Azini etwa würfelförmig nebeneinander liegen oder sich zwischeneinander einschieben, ist eine noch offene Frage.

besonders günstige Anhaftestelle abgeben, so pflegen die Veränderungen hier ihren Anfang zu nehmen und sich von hier aus in die Endverzweigungen auszudehnen. Dieser Vorgang läßt sich nach Aschoff-Nicol bei der produktiven Form, also bei der Bildung eines phthisischen Granulationsgewebes durch Vergleich von Serienschnitten nachweisen. Das Granulationsgewebe entwickelt sich in der Wand eines Bronchiolus respiratorius, breitet sich in dem angeschlossenen Bronchiolus respiratorius sowie in den Alveolargängen weiter aus, geht einerseits unmittelbar auf benachbarte Alveolen über und ergreift andererseits retrograd den benachbarten Bronchiolus respiratorius und den Bronchiolus terminalis, um von hier aus weitere Azini zur Erkrankung zu bringen. Diese Art des Beginns und der Ausbreitung ist wohl vorherrschend. In anderen Fällen kann aber auch der Prozeß auf einzelne Teile des Azinus beschränkt bleiben. Es läßt sich dann nur in einzelnen Alveolen phthisisches Granulationsgewebe nachweisen, oder auch der Bronchiolus terminalis und seine beiden Bronchioli respiratorii sind allein befallen.

Das **makroskopische** Bild dieser gewöhnlichen Art der Verteilung des Granulationsgewebes ist nun außerordentlich bezeichnend. Man erkennt auf den Schnitten (s. die kaudalen Lungenteile der Bilder der azinös-nodösen Form) kleeblattartige, zwei- oder dreifach verzweigte, röhrenförmige Herdchen von graugelblicher Farbe, welche ungefähr die Breite eines Tuberkels und die Länge mehrerer Tuberkel besitzen; sie stellen die **makroskopisch wahrnehmbaren Ausgüsse der Azini** und ihrer Bronchiolen dar. Wir bezeichnen diese Form der Erkrankung als **azinösproduktive Herde.**

Bild 53, 48 links, 86

Durch retrograde Weiterentwicklung solcher Herde bzw. durch Neuinfektion benachbarter Bronchioli terminales, Bronchioli respiratorii und Azini kommt es zur Entwicklung weiterer azinöser Herde. Gleichzeitig überschreitet das Granulationsgewebe die interalveoläre Begrenzung (Kontaktwachstum); es kommt zur Verbindung der einzelnen azinösen Herdbildungen und damit zur Ausbildung umschriebener Knoten, welche unter Betonung ihrer Genese und Form als **azinös-nodöse** Herde zu bezeichnen sind. Ein solcher Herd zeigt im Zentrum eine im wesentlichen gleichmäßig feste Konsistenz und graugelbe Färbung; das Lungengewebe ist hier kaum mehr zu erkennen. Gewöhnlich weisen die zentralen Teile eine geringgradige Verkäsung auf; in seinen Randteilen löst sich der Herd auf in mehr weniger reichlich azinöse Herdchen. Er setzt sich — seiner histologischen Zusammensetzung entsprechend — gegen die Umgebung scharf ab, springt auf dem Schnitt etwas über die Oberfläche vor und ist in reinen Fällen von gut lufthaltigem Lungengewebe umschlossen.

Bild 178 rechts (stereoskopisch)

Die weiteren Veränderungen, die ein azinös-nodöser Herd eingehen kann, ergeben sich aus der obigen Darstellung der Entwicklung des phthisischen Granulationsgewebes. Ein solcher Knoten kann einerseits zur anatomischen Ausheilung gelangen und wird hierbei noch fester, derber, zeigt auf dem Schnitt eine durch mehr weniger starken Rußgehalt bedingte schiefrige Verfärbung und infolge der Abkapselung durch hyalinfibröses Gewebe eine noch schärfere Abgrenzung gegen das umgebende, normal lufthaltige Lungengewebe. Wir bezeichnen ihn nunmehr als **nodös-indurierten** Herd. Besteht die Neigung zur Verkäsung, so zeigt er zentral eine mehr gelbliche Farbe und kann schließlich Erweichung und zentralen Zerfall aufweisen und, nachdem die Verbindung mit einem Bronchus hergestellt ist, durch eine Höhle ersetzt werden (siehe später S. 22). Besonders azinös-nodöse Herde können hauptsächlich in ihrer ersten Entwicklung von exsudativen Prozessen begleitet sein; in diesen Fällen finden wir in den Alveolen, welche den azinös-nodösen Herd umgeben, ein geringes

Bild 24, 95, 113

Exsudat, welches nun wiederum die verschiedenen, oben beschriebenen Veränderungen
eingehen kann, meist aber zur Rückbildung neigt.

Der lobulär-exsudative und -käsige Herd.

Bei der exsudativen Form findet sich das flüssig-zellige Exsudat vorwiegend
innerhalb der Azini. Man spricht also auch hier von einem azinös-exsudativen
und — im Falle der Verkäsung — von einem azinös-käsigen Herd. Indessen
pflegt sich das Exsudat nur selten auf wenige Azini zu beschränken; es
zeigt, dem flüssigen Zustand entsprechend, eine schnellere Neigung zum Übergreifen auf das Nachbargewebe und damit zu weiterer Ausbreitung. Wir
finden dementsprechend im anatomischen Präparat nur selten solche azinös-
exsudativen Herde, sondern häufiger schon das Exsudat über kleine Lobuli
ausgebreitet, so daß die pathologisch-histologische Einheit der exsudativen
Form als **lobulär-exsudativer,** bzw. als **lobulär-käsiger** Herd zu bezeichnen ist
Lobulär-exsudative Herde können nach Verflüssigung durch Aushustung oder
Resorption zur Restitutio ad integrum gelangen; der Befund kleiner Blutstreifchen
im Sputum (Hämoptyse) weist auf solche exsudative Herdbildungen hin, andernfalls
kommt es zur Verkäsung des infiltrierten Herdes und weitere Umwandlungen schließen
sich, wie oben ausgeführt, an. In einem Teil der Fälle werden solche Herde abgekapselt,
verlieren ihren Flüssigkeitsgehalt, werden damit ebenfalls derber und fester, sind dann
in ihrem Endzustand nodös-indurierten Herden gleichzustellen und als **käsig-indu-
rierte** Herde zu bezeichnen. Im andern Teil der Fälle tritt jedoch Zerfall ein, und es
kommt zur Höhlenbildung, zur **Kaverne** (S. 33 u. 43).

Um solche lobulär-käsige Herde können sich nun phthisische Veränderungen
beider Reaktionsweisen peripherwärts anschließen. Wir finden dann entweder die
benachbarten Azini mit frischem, zellreichem Exsudat gefüllt oder ein phthisisches
Granulationsgewebe mit all den Folgezuständen, die sich hieraus ergeben können.

2. Bei hämatogener Entwicklung.

Bei der **hämatogenen** Infektion werden die Bazillen von den Arterienendästen
aus in das Interstitium ausgeschieden und verursachen hier die Bildung eines
miliaren Tuberkels, also einer vorwiegend produktiven Neubildung. Meist bleiben
die Tuberkel nicht lange auf das interalveoläre Gewebe beschränkt, sondern sie
brechen in die Alveolen selbst ein, das Granulationsgewebe breitet sich nunmehr
in ähnlicher Weise wie bei bronchogen entstandenen Herdbildungen intraazinös
aus. Damit verwischen sich nicht selten die Unterschiede im Aussehen solcher kleiner
Herdbildungen, so daß oft nur der allgemeine Überblick über den Gesamtaufbau
der Lungenerkrankung ein Urteil über die hämatogene oder bronchogene, manchmal
auch lymphogene Entstehung der fraglichen Herde ermöglicht. In manchen Fällen
sicherer hämatogener Ausbreitung werden fernerhin die Bazillen in das Alveolar-
lumen selbst ausgeschieden, so daß sich nun hier in den Endverzweigungen des
Lungengewebes entweder ein exsudativer oder ein produktiver Prozeß anschließt.
Da es sich um Ausscheidungen in die Azini handelt, so nehmen diese Herdbildungen
wiederum die Gestalt der Azini an. Wir bezeichnen solche Herde dementsprechend als
hämatogene azinös-produktive, bzw. als **azinös-exsudative** Herde.

Endlich können sich an die Bildung interstieller miliarer Tuberkel exsudative
Prozesse in der Umgebung dieser Tuberkel innerhalb der Alveolen anschließen, so daß
wir es in diesen Fällen mit einem **hämatogenen tuberkulär-exsudativen Herd** zu tun

haben; sie sind vorwiegend bei Kindern anzutreffen (anaphylaktisches Stadium Rankes?).

Während die hier geschilderten Herdbildungen ihre Entstehung gewöhnlich einer Infektion verdanken, welche von Bazillen des Blutes der Vena cava, des rechten Herzens und der Arteria pulmonalis stammen, erklären sich manche seltener vorkommende, infarktartig gestaltete Verdichtungen aus der embolischen Verschleppung zahlreicher Keime einer verkästen Arterienwand innerhalb des Lungengewebes selbst. Man findet solche Herde gewöhnlich als Nebenbefund einer sonst bronchogenen Phthise, bei welcher irgendein käsiger Prozeß auf die Arterienwand übergegriffen und dann zum Durchbruch in das Lumen geführt hat; in der Regel handelt es sich hierbei um exsudativ-käsige Veränderungen des mit Bazillen überschütteten Gebietes; die Größe des Herdes entspricht dem Versorgungsgebiet des Gefäßes; es liegt keilförmig irgendwo der Pleura an (käsiger Infarkt).

b) Folgezustände des azinös-nodösen und lobulär-käsigen Herdes.

Narbenzustände und Kavernenbildung.

Die Veränderungen, welche bei einer phthisischen Erkrankung des Lungengewebes zurückbleiben, stellen, wie schon angedeutet, einerseits Narbenzustände und andererseits Höhlenbildungen dar. Die ersteren führen zum anatomischen Stillstand der Erkrankung und ergeben klinisch die Bilder der Ausheilung; mit den letzteren ist die Gefahr einer weiteren Ausbreitung des Prozesses verbunden. Im allgemeinen neigen die produktiven Formen zur Ausheilung, die exsudativen zum Zerfall[1].

Als Zustand der Ausheilung gilt die fibrös-hyaline Umwandlung sowie die bindegewebige Abkapselung des erkrankten Gebiets, Vorgänge, welche zur Bildung des vollkommen indurierten Knotens führen. Ferner sind hier zu nennen der verkalkte und der Kreideherd, welcher ebenfalls im Zustande der Vernarbung von

---

[1] Der exsudativen und produktiven Reaktion kommt wegen der verschieden gearteten Weiterentwicklung ein wesentlicher Unterschied für die klinische Prognose der einzelnen Herdbildung und dementsprechend u. U. der Lungenerkrankung und des Falles zu, insofern der Endzustand der anatomischen Reaktionen in verschieden hohem Maße die morphologische Erhaltung und damit die Funktion des gesunden Gewebes der Lunge selbst und der anderen Organe gefährdet. (Gräff, Zeitschr. f. Tuberkul., Bd. 34.) Das narbig umgewandelte Granulationsgewebe der produktiven Gewebsbildung bedingt erst bei großer Ausdehnung eine funktionelle Störung oder Einstellung der Atmung; der Ausfall kleiner Teile des atmungsfähigen Gewebes ist in dieser Hinsicht so gut wie bedeutungslos; es ist hierbei ohne Belang, ob innerhalb einer phthisischen Narbe das zentral liegende Gewebe sich in verkästem oder fibrös umgewandelten Zustande befindet, wenn nur die Umkapselung ausreichend gefestigt ist. Eine wesentliche dauernde Gefährdung nach verschiedenen Richtungen hin liegt demgegenüber in dem Zerfall des verkästen Gewebes, mag nun diese Verkäsung sich einer ursprünglich vorwiegend produktiven oder, wie häufiger, einer exsudativen Reaktion anschließen. Der weitaus größte Teil der bronchogenen Phthisen verdankt die Unmöglichkeit eines anatomischen Stillstandes und somit das tödliche Ende dem Eintreten solcher Zerfallserscheinungen durch Erweichungs- und Ausstoßungsvorgänge und trägt hierdurch die Ungunst der Prognose in sich. Da nun die Quellung und Auflösung des geschädigten Gewebes im wesentlichen ausgelöst wird durch die Fermenttätigkeit der polymorphkernigen Leukozyten, und da somit die Zerfallsvorgänge eine Folge der Zuwanderung und Tätigkeit der Leukozyten darstellen, so dürfte diejenige Therapie begründete Aussicht einer bestmöglichen anatomischen Dauerheilung bieten, welche unmittelbar oder mittelbar die Zuwanderung der Leukozyten zu hindern vermag. Wenn es sich bewahrheitet, daß, wie Gräff meint, die Anwanderung der Leukozyten auf einem Gefälle der Wasserstoffionenkonzentration beruhe, wobei die Leukozyten jeweils der sauren Seite zuwandern, dann wäre die theoretische Forderung, diese Übersäuerung des geschädigten (verkästen) Gewebes in irgendeiner Weise zu verhindern. Ähnliche Überlegungen gelten auch für die Phthise anderer Organe (Gräff).

einer fibrösen Kapsel umgeben zu sein pflegt; dieser Verkalkung muß eine Verkäsung — meist im Anschluß an einen exsudativen Prozeß — vorausgegangen sein.

Der Verkäsung folgt die Höhlenbildung, welche sich vorwiegend an exsudative Vorgänge, aber auch an produktive Veränderungen anzuschließen pflegt. Nach klinischen Befunden bei sog. geschlossenen Phthisen muß man annehmen, daß Höhlenbildung im Sinne einer Kaverne ausschließlich durch Resorption des zerfallenen Gewebes zustande kommen kann. Weitaus in der Mehrzahl der Fälle ist jedoch die Kavernenbildung die Folge der Quellung, Verflüssigung und Aushustung des verkästen Gewebes. Der erste Zerfall vollzieht sich meist in unregelmäßiger Form, derart daß die dem abführenden Bronchus nächstliegenden verkästen Lungenteile sich aus dem Zusammenhang ablösen und damit einen unregelmäßig gestalteten, durch Buchten nach den verschiedenen Seiten hin gekennzeichneten Hohlraum zurücklassen. Die weitere Ausstoßung erfolgt in dem Umfange, als das erkrankte Gebiet völlig verkäst und damit seines Zusammenhangs mit dem Nachbargebiet beraubt ist. Entsprechend der kugel- bzw. eiförmigen Gestalt der produktiven und exsudativen Erkrankungsherde pflegt auch die Höhlenbildung nach Ausstoßung des gesamten, zugrunde gegangenen Gewebes die gleiche Gestalt anzunehmen. Es ist wahrscheinlich, daß auch andere Einflüsse, z. B. die Respiration, die Gewebsspannung und besonders der Narbenzug auf die Formgestaltung einer Kaverne von Einfluß ist. Solange die Einschmelzung und Ausstoßung des Käses noch nicht vollständig ist, oder der Prozeß in den Wandungen der Höhle noch im Fortschreiten begriffen ist, ist der Hohlraum begrenzt durch ein weiches, zerfallendes, bröckliges Gewebe, welches durch besonders starken Gehalt an Phthisebazillen ausgezeichnet ist.

Sind aber die käsigen Massen im wesentlichen zur Entleerung gekommen, dann können in der Wand Ausheilungsvorgänge einsetzen. Wir finden ein phthisisches Granulationsgewebe als ihre Auskleidung. Dieses kann nach und nach ersetzt werden durch unspezifisches gefäßreiches Granulationsgewebe. Auch hier schließen sich Faserbildungen von seiten der Zellen, Hyalinisierungen des ganzen Gewebes und fibröse Umwandlungen an. Die Innenwand der Kaverne kann von seiten des einmündenden Bronchus aus mit Epithel, meist Plattenepithel überzogen werden, so daß in den allerdings seltenen Stadien der vollkommenen Ausheilung einer solchen Kavernenwand der spezifisch phthisische Charakter auch histologisch kaum mehr zu erkennen ist. Eine solche Kaverne mit spezifisch ausgeheilter Wand ist dann anatomisch und klinisch (Turban) bezüglich ihrer Symptomatologie und Folgeerscheinungen einer unspezifischen Bronchiektasie gleichzustellen. Meist aber bleiben diese Ausheilungsvorgänge auf Teile der Wand beschränkt, während an anderen Stellen entweder die Verkäsung weiterschreitet oder zum mindesten die Begrenzung durch phthisisches Granulationsgewebe erhalten bleibt. An diesen Stellen sind dementsprechend noch Phthisebazillen in der Wand nachweisbar, eine Neuinfektion von einer solchen Kaverne aus ist immer wieder möglich.

Die Ausstoßung zerfallenen und verkästen Lungengewebes unmittelbar im Anschluß an die Bildung und Verkäsung vorwiegend frischer exsudativer Herde ist wohl die häufigste Form der Kavernenbildung. Es besteht jedoch auch noch eine andere Möglichkeit, welche durch klinisch-röntgenologische Beobachtung gesichert erscheint. Ein älterer nodös-indurierter oder fibrös abgekapselter verkäster Herd kann nach wechselnd langer Ruhezeit (Latenz) zur Erweichung und Verflüssigung kommen; die erweichten Massen können unter Durchbrechung der Kapsel an irgendeiner Stelle mit einem Bronchus in Verbindung treten, wobei wohl der infolge Quellung erhöhte

Druck innerhalb des erweichten Gebiets seinen Ausgleich sucht in der Richtung des geringsten Widerstandes, also nach dem Lumen eines benachbarten Bronchus. Die eingeschmolzenen Massen werden dann, unter Umständen innerhalb kürzester Zeit (sehr reichlich eitrig-käsiges Sputum!) in toto nach außen entleert. An Stelle des indurierten Knotens sieht man in diesen Fällen röntgenologisch eine sofort scharf abgesetzte Höhle, deren Wand die Kapsel des vormals indurierten Herdes darstellt. Es wäre von Bedeutung, festzustellen, ob solche Späterweichungen auf Misch- oder Sekundärinfektionen mit Eitererregern zurückzuführen sind, oder ob hier an eine Wirkung therapeutischer Immunisierungsversuche gedacht werden muß.

Eine klinisch beachtenswerte Folgeerscheinung der allgemeinen Ausheilung ist das Kleinerwerden der Kaverne. Dieser Vorgang ist bedingt durch die Austrocknung des in Reinigung befindlichen Gewebes der Wand sowie durch den Narbenzug des strafferen Bindegewebes, welches das mehr locker gefügte phthisische Granulationsgewebe ersetzt. In Fällen mit ausgesprochener Neigung zur Schrumpfung kann die Wand eine breite, schwielenartige Kapsel darstellen. Zweifellos können Kavernen von geringer Größe völlig verschwinden, indem der ganze Hohlraum einschließlich des in ihm enthaltenen Sekret zu einer festen, mehr weniger bindegewebig vernarbten Masse wird. Damit ist natürlich der bestmögliche Ausheilungszustand[1]) erreicht. Von großem Interesse bezüglich der Frage des therapeutischen Vorgehens wäre es zu wissen, wie groß eine Kaverne werden und doch noch durch Vernarbung völlig verschwinden kann. Die Beantwortung dieser Frage läßt sich wohl nur durch Vergleich einer fortlaufenden Reihe von Röntgenplatten, unter Umständen mit dem anatomischen Prä-

---

[1]) Dem pathologischen Anatomen muß auffallen, daß er bei seinem Sektionsmaterial zwar überaus häufig phthisische Narben findet, daß jedoch — von Fällen frühzeitiger Unterbrechung des Lebens durch interkurrente Krankheiten abgesehen — der Befund einer älteren Kaverne als Nebenbefund zum mindesten zu den größten Seltenheiten gehört. Diese Tatsache (Gräff) ist bis jetzt noch von keiner Seite bestritten worden; eine Erklärung ist nur auf zweierlei Weise möglich. Entweder kann eine Kaverne restlos unter Narbenbildung verschwinden, oder eine Kaverne bedingt in einem wechselnden zeitlichen Abstand vom Beginn ihrer Entwicklung oder von einer bestimmten Größe an den vorzeitigen Tod des Phthisikers, und zwar auf Grund irgendwelcher Folgeerscheinungen einer solchen Kaverne. Daß kleine Kavernen spontan ausheilen können, ist wohl als sicher anzunehmen. Es fragt sich nur, bis zu welcher Größe eine solche Verödung noch möglich ist; hierüber fehlen ausreichende klinische oder anatomische Angaben. Nimmt man also auf Grund allgemeiner pathologisch-anatomischer Erfahrungen und in gewissem Umfange gestützt auf klinische und röntgenologische Beobachtungen (Küpferle) an, daß Kavernen von Walnuß- bis Zwetschengröße noch ausheilen können, dann scheiden Kavernen bis zu dieser Größe möglicherweise für die Festlegung einer ungünstigen Prognose im Sinne einer Lebensverkürzung aus. Mit zunehmender Größe und damit auch zunehmender Wahrscheinlichkeit der klinischen Erkennung nimmt aber ebenso bestimmt die Möglichkeit einer spontanen Kavernenverödung ab; diese größeren, nicht verödeten Kavernen zeigen zwar Ausheilungsvorgänge in ihrer Wand, sie veröden aber nicht und fehlen, wie gesagt, als Nebenbefund auf dem Sektionstisch. Es dürften also von den Fällen mancher röntgenologisch diagnostizierbarer kleiner, verödender Kavernen abgesehen — nur wenige Fälle übrig bleiben, bei welchen eine Kaverne klinisch diagnostiziert worden ist, ohne daß zum mindesten eine gewisse Verkürzung der Lebensdauer eingetreten ist. Wie wäre sonst bei der Häufigkeit kavernöser Phthisen das Fehlen von nachweislich älteren Kavernen als Nebenbefund der Sektion zu erklären? Oder sollten gerade solche Fälle, welche nach der herrschenden Auffassung gar nicht so selten sein sollen, „zufälligerweise" nie oder nur ausnahmsweise zur Sektion gekommen sein? Damit ist die Bedeutung der Kaverne von gewisser, insbesondere mit den Methoden der Perkussion und Auskultation diagnostizierbarer Größe als lebensverkürzende Erscheinung für die Prognose gekennzeichnet. Daß die Verkürzung des Lebens häufig eine erhebliche ist, zeigt allein schon der verhältnismäßig frühzeitige Tod der meisten kavernösen Phthisiker. Hierin liegt die theoretische Begründung der Forderung, gegen die Kaverne chirurgisch vorzugehen (Gräff).

parat lösen; meines Wissens stehen entsprechende Untersuchungen noch aus. Vermutlich dürften solche Kavernen die Größe einer Walnuß bis Zwetsche nicht wesentlich überschreiten; anders natürlich bei künstlicher Kompression bzw. Kollaps einer Kaverne Pneumothorax, Plombierung u. dgl.; über die histologischen Vorgänge bei einer durch solchen vollständigen Heilung ist noch wenig bekannt.

Der Inhalt einer Kaverne ist in dem Stadium des Beginns und des Fortschreitens flüssiger Eiter und weiche, käse- oder mörtelartige Masse, welche sich — je nach der Geschwindigkeit des Zerfalls — meist in kleineren Krümeln, selten in größeren Bröckeln vorfindet (Sputumbefund). In späteren Stadien pflegen solche Höhlen meist leer zu sein oder nur geringe Partikel noch zu enthalten.

Die Kaverne stellt nicht immer einen einheitlichen Hohlraum dar, sondern ist von kleineren oder größeren, nach den verschiedensten Seiten oder radienartig zum Hilus ziehenden Balken durchzogen. In diesen Balken finden sich gewöhnlich die Bronchien und besonders die Arterien, da gerade diese auf Grund der elastischen Systeme ihrer Wand dem Zerfall besonderen Widerstand entgegensetzen. Auf Querschnitten findet man in der Wand dieser Balken die gleichen Bilder des Zerfalls und der Ausheilung wie in der Kavernenwand allgemein. Die Größe der Höhle kann schwanken zwischen kleinsten, fast nur mikroskopisch nachweisbaren Zerfallsherden und Höhlen, welche einen ganzen Lappen oder auch mehrere Lappen einheitlich einnehmen können.

c) Unspezifische Folgeerscheinungen der phthisischen Herdbildungen.

Die Entwicklung des lobulär-käsigen und azinös-nodösen Herdes führt zu Folgeerscheinungen unspezifischer Art auf die Nachbarschaft. In der Umgebung besonders der lobulär-käsigen Herdbildungen, seltener um azinös-nodöse Herde herum, kann man gelegentlich ein eiweiß- und zellärmeres Exsudat nachweisen, welches als akutes kollaterales Ödem bezeichnet wird. Die spezifischen, durch den Phthisebazillus selbst hervorgerufenen exsudativen Vorgänge lassen sich hier von den unspezifischen oder z. T. nur durch die Giftfernwirkung hervorgerufenen Ausschwitzungen schwer voneinander trennen. Diese Vorgänge sind aber wichtig, weil gerade dieses perifokale Ödem, welches bisweilen oft beträchtlichen Umfang annimmt, wieder zur Resorption gelangen kann, so daß sich die klinisch nachweisbaren Herdbildungen auf Grund dieser Rückbildung dem Nachweis wieder entziehen, während gleichzeitig die zentral gelegenen produktiven oder exsudativen Herde mit dem Verschwinden des Ödems Veränderungen im Sinne der Ausheilung (indurierter Herd) eingehen.

Das angrenzende Lungengewebe kann durch den Druck von seiten eines Infiltrats eine gewisse Einengung der lufthaltigen Alveolen und schließlich einen Kollaps zur Folge haben. Dieser Zustand tritt besonders dann ein, wenn dieses lufthaltige Lungengewebe zwischen mehreren azinös-nodösen Herden und besonders auch indurierten Knoten sich befindet. Es können sich im kollabierten Gewebe — von der Einwucherung spezifischen Granulationsgewebes abgesehen — unspezifische Prozesse durch Bildung von Granulationsgewebe anschließen, welche zu einer völligen Verödung des komprimierten Gewebes führen; diese Vorgänge lassen sich in den Endstadien kaum noch von den spezifischen Veränderungen unterscheiden. In ähnlicher Weise sind Infiltrate der Lungenalveolen mit zelligem oder fettreichem Exsudat aufzufassen, welche als Begleiterscheinung älterer, stark fibröser Herdbildungen aufzutreten pflegen. Sie werden als chronisches kollaterales Ödem gedeutet und zeichnen sich bisweilen schon makroskopisch durch eine zierliche gelbe Tüpfelung aus, welche auf die Anwesenheit lipoider Substanzen und fettbeladener Zellen zurückzuführen ist (Buhlsche Desquamativpneumonie).

An anderen Stellen kann das Lungengewebe eine besondere Blähung der Lungenalveolen in Form des vikariierenden Emphysems aufweisen. Es ist manchmal auf kleine, zwischen indurierten Herden befindliche Teile beschränkt, unter Umständen nur mikroskopisch deutlich nachweisbar; bei ausgedehnten Schrumpfungsvorgängen kann es größere Teile der Lungen oder auch das ganze, noch respirationsfähige Lungengewebe einnehmen.

d) Die Erkrankung der Bronchien und Gefäße.

Bei der innigen Verbindung des Lungengewebes mit den Bronchien und den Gefäßen ist es verständlich, daß bei den verschiedenen Formen der Lungenphthise reaktive Veränderungen auch an den Bronchien und Gefäßen einsetzen. Es ist deshalb zum Verständnis der einzelnen Krankheitsbilder notwendig, auch die verschiedenen Formen der Erkrankung der Bronchien und der Gefäße zu schildern. Diese sind z. T. spezifisch phthisischer Art, z. T. lediglich eine reparative Folgeerscheinung der Erkrankung des anliegenden Parenchyms.

Die phthisische Erkrankung der Bronchien und der Bronchiolen erfolgt ebenfalls in einer vorwiegend exsudativen oder produktiven Form. Wir finden in der Schleimhaut der Bronchien ein großzelliges, mit Leukozyten vermischtes Exsudat, welches bald in umschriebener Form, bald in größerer Ausdehnung zum Zerfall und damit zur Geschwürsbildung der Schleimhaut führt. Gleichzeitig findet eine Ausscheidung jener Zellen sowie eine Abstoßung der Epithelbekleidung in das Lumen der Bronchien und Bronchiolen statt; der Inhalt kann unter Umständen mit der Wand einheitlich verkäsen und dementsprechend auf dem Schnitt als gelblicher, röhrenförmiger Streifen zu erkennen sein. Die Verkäsung kann auf die tieferen Schichten bis auf die Adventitia der Bronchien und darüber hinaus vordringen; es schließt sich somit an die Endobronchitis eine Peribronchitis caseosa an. Durch Ausstoßung dieses verkästen Gewebes ergibt sich wiederum eine Höhlenbildung.

Bei den produktiven Formen der Entzündung der Bronchialwand bilden sich mehr weniger umschriebene phthisische Tuberkel, welche sowohl innerhalb der Schleimhaut als auch im peribronchialen Gewebe innerhalb der hier befindlichen Lymphbahnen liegen. Diese Tuberkel können durch hyaline und fibröse Umwandlung zur Ausheilung gelangen; sie können aber auch verkäsen und dann zu ähnlichen Umwandlungen führen wie bei der exsudativen Form.

Die Bedeutung der peribronchialen (lymphogenen) Ausbreitung der Lungenphthise wurde früher stark überschätzt. Man glaubte, daß die Lungenphthise allgemein formalpathogenetisch als eine Bronchitis und Peribronchitis tuberculosa anzusehen sei. Diese Auffassung kann auf Grund der Untersuchungen von Aschoff und Nicol als widerlegt gelten. Die sog. peribronchitischen Herde sind in der weitaus überwiegenden Mehrzahl intraalveoläre, also azinöse Herdbildungen und sind aerogen, u. U. hämatogen, aber nicht lymphogen entstanden.

Auch die Gefäße, sowohl die Lymphgefäße als auch die Venen und Arterien zeigen exsudative und produktive Veränderungen ihrer Wand. Man findet Verkäsung der inneren Schichten und der ganzen Wand, wobei die elastischen Fasern der Lamina elastica interna und externa der Arterien dem Zerfall besonders lange Widerstand entgegensetzen, ebenso auch produktive Wucherungen im Innern der Gefäße, in der

Adventitia und im umgebenden Bindegewebe. Auch hier schreiten die Veränderungen besonders leicht in den adventitiellen Lymphspalten der Gefäße fort. Die Zerstörung der Gefäßwand der Venen und Arterien kann infolge der Lockerung der elastischen Systeme zu einseitigen Ausbuchtungen besonders in den Arterien führen. Der dauernd einwirkende Blutdruck führt zu Dehnungen der Wand, welche aneurysmatische Erweiterungen bis über Kirschgröße zur Folge haben können. Solche Erweiterungen entstehen naturgemäß fast nur im Bereich von Höhlenbildungen. Der Blutdruck oder die weiterschreitende Verkäsung der verdünnten Wand führt schließlich zum Platzen des Aneurysmas und damit zur Hämoptoe. Abgesehen von der Gefahr der Verblutung ist mit der Hämoptoe die Möglichkeit der Aspiration und damit der multiplen Bronchopneumonie spezifischer oder unspezifischer Art gegeben.

Diese Gefahr der Blutung als Folge der Gefäßwandzerstörung ist nun nicht mit der Bildung jeder Kaverne verbunden, bei welcher es zur Zerstörung von Blutgefäßen kommt. Dies hat seine Ursache in vorgreifenden Veränderungen der Gefäße bzw. in der frühzeitigen Verlegung der Gefäßlichtung.

Erwähnt ist schon die Bildung eines spezifischen Granulationsgewebes innerhalb der Wand des Gewebes (Endarteriitis und Endophlebitis phthisica productiva), welches das ganze Lumen verschließen kann und somit die Gefäße vom Kreislauf ausschaltet. In andern Fällen kommt es zu Gefäßkompressionen oder zu unspezifischen Wucherungen der Intima, welche ebenfalls zu einem Verschluß des Gefäßes führen können, und endlich zu Thrombenbildung mit sekundärer Organisation des Gefäßinhalts; nun folgender, durch Verkäsung bedingter Zerfall solcher Gefäßbahnen kann naturgemäß keine Blutung mehr nach sich ziehen. Dieser Zustand des Verschlusses pflegt in den Gefäßen der Kavernenwand und der Kavernenbalken meist vorzuliegen, insbesondere dann, wenn die Höhlenbildung im langsamen Fortschreiten vor sich gegangen ist.

Wenn auch mit der Darstellung dieser Veränderungen die Möglichkeiten der Erkrankung des Lungengewebes selbst zusammengefaßt sind, so werden sich die klinischen und anatomischen Krankheitsbilder der Lungenphthise nicht verstehen lassen ohne eine Erörterung der Veränderungen spezifischer und unspezifischer Natur, welche sich an den, der Lunge innig verbundenen Anhangsgebilden, an der Pleura und den bronchialen Lymphknoten im Verlauf einer Lungenphthise abspielen können. Es soll dieser Organe nur insofern Erwähnung getan werden, als es zum Verständnis der Lungenerkrankungen selbst notwendig erscheint.

e) Die Erkrankung der Pleura.

Auch die Pleura läßt eine vorwiegend produktive und exsudative Form der Erkrankung unterscheiden. Wir finden auf der einen Seite die viszerale und parietale Pleura mehr weniger besetzt mit miliaren Tuberkeln oder diffusem phthisischem Granulationsgewebe; auf der andern Seite finden sich die verschiedensten Formen der phthisischen Exsudatbildung. Der Erguß kann serös oder serofibrinös und fibrinöshämorrhagisch sein; in anderen Fällen ist er vorwiegend eitrig oder fibrinös-eitrig. Das Exsudat kann reichlich sein oder nur einen fibrinösen oder fibrinös-eitrigen Überzug der Pleura bilden. So finden sich von dem fast klaren Exsudat und der fibrinös-eitrigen Pleuritis zum reinen Empyem alle Übergänge.

Die Formen der Ausheilung richten sich nach dem Zustand der erkrankten Pleurahöhle. Ein rein seröser Erguß kann völlig resorbiert werden. Fibrinöse und fibrinös-eitrige Beläge können ebenfalls zur Resorption gelangen, werden aber wohl in der Mehrzahl der Fälle durch spezifisches Granulationsgewebe ersetzt oder von unspezifischem Granulationsgewebe eingenommen. Aus den ursprünglichen Verklebungen der Pleurablätter wird ein zuerst zartes, mit den Jahren immer festeres Granulationsgewebe und schließlich derbes Narbengewebe, welches die Pleurablätter strang- und bandförmig oder je nach der Ausdehnung flächenhaft miteinander verbindet. Bei stärkerer Fibrinbildung kommt es im Anschluß an die Verwachsung der Pleurablätter zu oft mehrere Millimeter dicker, manchmal sehr derber Schwartenbildung; solche Schwarten pflegen aus einem zellarmen, hyalin-fibrösen Gewebe zu bestehen. Bei Rückbildungsvorgängen von Empyemen kommt es zur Resorption der Flüssigkeit, zu mörtelartiger Eindickung des Eiters und zu Kalkablagerungen, so daß sich manchmal innerhalb der Schwarten harte, kalkreiche Platten nachweisen lassen. Auch diese können mehr weniger flächenhafte Ausdehnung annehmen. Alle diese Veränderungen finden sich nicht nur zwischen der viszeralen und parietalen Pleura, sondern in gleicher Weise zwischen den viszeralen Blättern der einzelnen Lungenlappen.

Strang- und bandförmige Verwachsungen können bei sekundär hinzukommendem Exsudat und ebenso bei Pneumothorax gedehnt werden, so daß aus dicken Strängen dünne Fäden werden, welche schließlich einreißen und von den Enden her resorbiert werden; flächenhafte Obliterationen können in gleicher Weise allmählich abgelöst *Bild 76* werden. Neben dem Exsudat spielt bei der Phthise der Pneumothorax als Folge der Perforation einer Kaverne eine Rolle. Er kann rein vorkommen, insbesondere auch als künstlicher Pneumothorax, oder mit mehr weniger zell- und fibrinreicher Exsudatbildung oder mit Empyem verbunden sein.

Der Einfluß einseitiger Druckerhöhung im Pleuraraum auf das Herz und die großen Gefäße.

Von besonderem Einfluß auf das Herz und die großen Gefäße sind einseitige, ungewöhnlich starke Druckerhöhungen im Pleuraraum, welche bei der Phthise in dem Bestehen eines Exsudats (oder Empyems) und eines Pneumothorax ihre Ursache haben können.

Die Einwirkung eines erhöhten Druckes von seiten einer Pleurahöhle auf das Mediastinum ist ganz verschieden, je nachdem es sich um rechts- oder linksseitige Druckvermehrung handelt. Bei rechtsseitigem Druck wird das Herz mehr weniger weit nach links verschoben und gleichzeitig werden damit die Vena cava superior und inferior nach links gedrängt. Die Folge ist die Er- *Bild 202 (stereoskopisch)* schwerung der Blutzufuhr in die Cavae, besonders in die Cava inferior, welche im Zwerchfelldurchtritt durch den, infolge des Zwerchfelltiefstandes noch verstärkten Knickungswinkel der Cava in besonders hohem Maße undurchgängig werden kann. Wenn auch die Abknickung wohl niemals vollständig sein wird, so wird doch durch das relative Stromhindernis — entsprechend der Stärke des Druckes von seiten der Pleurahöhle — eine Erschwerung der Blutströmung sich ergeben, um so mehr als die relativ zarte Wand der Venen dem Druck keinen sehr starken Widerstand entgegensetzen kann.

Bei linksseitigem Exsudat oder Pneumothorax wird das Herz in mehr minder starkem Grade nach rechts verlagert und gleichzeitig etwas gedreht, derart daß die linke Kammer mehr nach vorn zu liegen kommt; die Herzspitze scheint immer nach links gelagert zu bleiben. Durch diese Drehung kann eine gewisse Strangulation *Bild 206 (stereoskopisch)* im Abgang der Aorta und Pulmonalarterien erfolgen; doch braucht diese Ein-

engung des Lumens von keiner wesentlichen Bedeutung zu sein. Allgemein wird der
Einfluß eines linksseitigen Exsudates bei gleichem Druck immer geringer bleiben
als der auf der rechten Seite. Die Cavae werden durch Verlagerung des Herzens
Bild 209 nach rechts gerade gestellt.

Stärker kann der Einfluß linksseitiger Exsudate bei Schwartenbildung werden;
durch eine medial gelegene Schwartenbildung der linken Pleura wird die Pulmonal-
Bild 189 arterie und weiterhin die Aorta säbelscheidenförmig eingeengt. Man darf wohl
annehmen, daß hier tatsächlich nur eine verminderte Blutmenge durchgetrieben
werden kann, so daß sich in dem von diesen Gefäßen versorgten Gebiet durch eine
relative Anämie bedingte Folgezustände ergeben könnten.

f) Die Erkrankung der Lymphknoten.

Die phthisische Erkrankung der Lymphknoten beginnt gewöhnlich mit einer
Schwellung und starken Durchfeuchtung und histologisch mit der Bildung von
besonders typischen Epitheloidzelltuberkeln, welche im Beginn meist in den Randsinus gelegen sind. Gleichzeitig besteht ein Sinuskatarrh, welcher durch die
Wucherung und Abstoßung der Sinusendothelien in die Randsinus und abführenden
Lymphbahnen gekennzeichnet ist. Der Prozeß kann zur Verkäsung überleiten und
schließlich zu einer völligen käsigen Umwandlung des Lymphknotens führen. Es
können aber auch in früheren Stadien Ausheilungsvorgänge in ähnlicher Weise sich
anschließen wie im Lungengewebe selbst einerseits durch Resorption des Exsudats,
anderseits durch hyalin-fibröse Umwandlung des phthisisch erkrankten und
auch des gesunden Lymphgewebes. Unter Umständen besteht in der Umgebung
erkrankter Lymphknoten eine zellulär-humorale Infiltration (perifokale Entzündung),
welche im Falle der Ausheilung des Herdes selbst besonders schnell und vollständig
zur Rückbildung gelangt, in anderen Fällen zu festen Verlötungen des nunmehr geschrumpften Lymphknotens mit der Umgebung führt.

Im Falle der Verkäsung eines Lymphknotens kann es einerseits zu Durchbrüchen
des verkästen Materials in die Nachbarschaft kommen, andererseits kann durch Kalk-
ablagerung und Wasserentziehung ähnlich wie im lobulär-käsigen Herd eine Art der
Ausheilung erfolgen, welche durch die Umkapselung des Lymphknotens mit fibrös-
hyalinen Massen noch vervollständigt wird. Meist pflegen nur einzelne Teile solcher
verkäster Lymphknoten eine mörtelartige Verkalkung aufzuweisen.

Die histologischen Veränderungen der Lymphknoten laufen, wie vor allem K. E.
Ranke gezeigt hat, in nach Intensität und Extensität verschiedener, aber für bestimmte Stadien des Immunzustandes des Organismus bezeichnenderweise ab.

C. Die pathologische Anatomie bezeichnender Krankheitsbilder der Lungenphthise, ihre Entwicklung und ihr Ausgang.

In den vorhergehenden Abschnitten sind die verschiedenen Möglichkeiten der
Reaktionsweise der Lungen auf das Eindringen des Phthisebazillus und die Folgeerscheinungen der Herdveränderungen geschildert. Die getrennte beschreibende Behandlung der morphologisch-histologischen Einheiten der Lunge, der verschiedenen
Röhrensysteme und der Anhanggebilde ermöglichte eine systematische Darstellung
der Entwicklung der verschiedenen Reaktionsweisen bis zu dem Endstadium der Ausheilung oder des Zerfalls, sowie eine Erörterung der unspezifischen Folgeerscheinungen

außerhalb des spezifisch erkrankten Herdes. Die Kenntnis dieser Vorgänge bedeutet jedoch nur eine, allerdings notwendige Unterlage für das Verständnis der verschiedenen Formen der phthisischen Lungenerkrankung, welche sich jeweils aus einem wechselnden Komplex der geschilderten Einzelvorgänge zusammensetzen.

Im folgenden sollen nun eine Reihe bezeichnender anatomischer Krankheitsbilder geschildert werden. Es ist hierbei nicht beabsichtigt, rein deskriptiv die Verschiedenheiten des anatomischen Präparates letal endigender Phthisen zu schildern, es liegt vielmehr im Zweck der Sache, vorwiegend die Entwicklung der einzelnen Formen, wie sie gerade der Röntgenologe auf der Platte verfolgen kann, zur Darstellung zu bringen. Dieser Versuch bringt allerdings die Schwierigkeit mit sich, daß der Anatom über Vorgänge und Stadien der Erkrankung berichten muß, welche er am seltensten sieht. Die Beobachtungen „nicht ausgereifter" Phthisen auf dem Sektionstisch sind meist Zufallsbefunde, — und nicht gerade allzu häufig. Aber wenn auch der pathologische Anatom in der Mehrzahl der Fälle nur die Endstadien der Erkrankung beobachten kann und nur verhältnismäßig selten als Nebenbefund eine phthisische Erkrankung im Frühstadium zu Gesicht bekommt, so kann er sich doch in gewissem Umfang auf Grund der makroskopischen und mikroskopischen Bilder seiner Fälle sowie auch auf Grund der am Tier gewonnenen experimentellen Erfahrungen eine gewisse Vorstellung machen von jenen Fällen der Lungenphthise, welche für den Kliniker die wichtigste Rolle spielen, nämlich von denjenigen, welche einer Therapie noch zugänglich sind. Auf dieser Unterlage dürfte es wohl möglich sein, den Verlauf der wichtigsten Formen im Überblick wiederzugeben, welche der Kliniker unter dem Bilde der akuten, subakuten und chronischen Erkrankung kennt; kaum eine Lungenphthise gleicht in ihrer Entwicklung und ihrem anatomischen Bild der andern. Hieraus ergibt sich naturnotwendig ein gewisser Zwang eintöniger Zusammenfassung, welche dem bunten Wechsel der Bilder niemals gerecht werden kann; aber nur die Schematisierung ermöglicht eine Gliederung. Sie erfolgt nach Gesichtspunkten, welche zum Teil schon früher erörtert worden sind.

Ein gut umschriebenes anatomisches Krankheitsbild stellt der Primärkomplex der Lungenphthise dar; in gleicher Weise die sekundären und tertiären Stadien (Ranke) auf Grund anatomisch bezeichnender Lungenveränderungen voneinander zu trennen, ist bis heute nicht möglich. Eine solche Einteilung ginge auch von falschen Voraussetzungen aus. Da diese Einteilung die Scheidung des wechselnden Reaktionszustandes des Gesamtorganismus zum Ziel hat, so liegt ihr wesentlicher Inhalt und ihre Stärke nicht mehr ausschließlich auf morphologischem Gebiet, sondern ordnet — weiteren klinischen Bedürfnissen entsprechend — morphologische Merkmale der Allgemeinbeurteilung des Falles unter. Die Einteilung, welche hier zugrunde gelegt werden muß, bezieht sich nur auf das morphologische Substrat der Lunge und ihrer Anhangsgebilde, bleibt also für den Kliniker nur eine **Teil-Diagnostik** des Gesamtbildes. Die besondere Bedeutung der morphologischen Veränderungen für den klinischen Verlauf einer Lungenphthise (Gräff) rechtfertigt aber an sich schon eine weitergehende Gliederung der anatomischen Prozesse, als diese lediglich durch eine Kennzeichnung durch Stadien zum Ausdruck käme.

Die weitere Scheidung muß deshalb nach anderen Gesichtspunkten erfolgen; entsprechend der Bedeutung des pathologisch-anatomischen Zustandsbildes für die röntgenologische Diagnostik muß daher die **formal-**pathogenetische Verschiedenheit der (vorwiegend) bronchogenen und der rein hämatogenen disseminierten Phthise als wesentlich herangezogen werden. Die Trennung der bronchogenen Formen erfolgt endlich nach der histologischen Reaktionsweise vom (vorwiegend) exsudativen zum produktiven Typus und — damit gleichlaufend — unter dem klinisch-prognostischen Gesichtspunkt von den mehr akuten Formen zu jenen subakuten und chronischen Verlaufs.

a) Der Primäraffekt (Primärkomplex) und seine Folgezustände.

Die erste phthisische Erkrankung, welche der Mensch durchmacht, der Primäraffekt fällt in der Mehrzahl der Fälle in die Zeit der Kindheit. In irgend einem Lappen, oft in den oberen Teilen des Unterlappens entwickelt sich subpleural oder seltener mehr im Innern des Lungengewebes (Kuß, Ghon, Hedren u. a.) ein erbsen- bis kirschgroßer lobulär-exsudativer Herd, welcher in Verkäsung überzugehen pflegt. Dieser Herd ist die erste, morphologisch nachweisbare Manifestation des erfolgreichen Haftenbleibens des Phthisebazillus und stellt als solche den phthisischen **Primärinfekt** der Lunge dar. Im günstigen Falle wird er umwachsen von phthisischem Granulationsgewebe, und schließlich kapselt er sich fibrös-hyalin ein, wobei der verkäste Herd in Verkalkung und oft in Verknöcherung übergeht; gegen das umgebende Lungengewebe setzt er sich scharf ab. In der Mehrzahl der Fälle pflegt dieser Primärinfekt als einzelner Herd aufzutreten; es können sich aber auch 2 und 3 solcher Herde finden.

Mit dieser Erkrankung des Lungengewebes ist häufig eine gegen den Hilus der Lunge ziehende Lymphangitis verbunden, und an diese schließt sich die Erkrankung der dem befallenen Lappen zugehörigen Hiluslymphknoten an. Der Befund, wie er sich in diesen Knoten in der Regel findet, ist eine starke Schwellung und Durchfeuchtung mit mehr weniger starker Verkäsung; oft sind ein oder mehrere Lymphknoten stark geschwollen und einzelne davon vollkommen verkäst. Auch die zwischen den Hauptbronchien gelegenen Lymphknoten können ergriffen werden, so daß in zeitlicher Hinsicht eine vom Hilus ausgehende Verbreiterung und Ausdehnung des erkrankten Lymphknotenbezirks angenommen werden muß. Ein Übergreifen der phthisischen Erkrankung von diesen Lymphknoten aus auf das anliegende Lungengewebe und eine etwa auf diesem Wege erfogende Kontaktausbreitung der phthisischen Erkrankung auf die Lungen selbst ist bis jetzt nicht erwiesen und wird auch von seiten der pathologischen Anatomen nicht angenommen.

Der Primärkomplex der Lungen- und regionären Lymphknotenerkrankung kann unmittelbar zu sekundären Folgeerscheinungen phthisischer Art überleiten. Sehr oft kommt es im Anschluß an die Verkäsung der regionären pulmonalen Hiluslymphknoten zu einem Weiterschreiten der Infektion im Gebiet der Hilus- und Bifurkationslymphknoten; oder die ganze Kette der Knoten, welche die paratracheal gelegene Abflußbahn der Lymphe bis etwa zum unteren Schilddrüsenrand begleiten, schwillt an und verkäst. So kann man besonders bei Kindern dicke konfluierende Pakete verkäster Lymphknoten finden, welche rechts paratracheal (Röntgenbild!) die Cava superior einscheiden. Es sei auch auf die Kommunikation der bronchialen Lymphgefäße mit den Supraklavikulardrüsen der anderen Seite hingewiesen sowie auf die Verbindung, welche zwischen den Unterlappen- und den im hinteren unteren Mediastinum gelegenen Lymphknoten (Beitzke) besteht; hierdurch wird erst die Möglichkeit der phthisischen Erkrankung dieser Lymphknoten im Anschluß an primäre Lungenherde verständlich.

Eine völlige Verkäsung der Lymphknoten und des benachbarten Bindegewebes birgt weiterhin die Möglichkeit des massigen Einbruchs in die anliegenden Bronchien und Gefäße in sich; nach Durchbrechung der bindegewebigen Kapsel der Lymphknoten kann die phthisische Erkrankung und damit auch die Verkäsung sich auf die Wand der Gefäße und besonders der Bronchien ausdehnen; diese werden schließlich durchbrochen und das käsige, an Phthisebazillen reiche Material entleert sich in das Röhrensystem hinein, woraus sich einerseits die Bilder des käsigen Infarktes (bei arteriellem Einbruch) oder der hämatogenen, disseminierten miliaren Phthise (Miliartuberkulose) (beim Einbruch in das venöse System) und anderseits durch Aspiration die Bilder der lobulären und lobär-käsigen Pneumonie ergeben.

Im Falle der Ausheilung dieser primären Affektion kommt es ebenso wie in den Lungen auch im Gebiet dieser Lymphknoten zur Verkalkung, Verkreidung und fibrösen Abkapselung. In diesem Zustand lassen sich noch nach Jahren, und deshalb auch noch im Röntgenbilde oder anläßlich der Autopsie des Erwachsenen die entsprechenden Anzeichen und Reste jenes früheren, ersten phthisischen Krankheitsanfalls anatomisch nachweisen in Gestalt von kleinsten bis erbsen- oder bohnengroßen, bindegewebig abgekapselten Kreideherdchen der Lunge und der zugehörigen Lymphknoten. Hierbei kann der Lungenherd verschwindend klein, vielleicht auch gar nicht nachweisbar sein, während die Narben der Lymphknoten auf Grund ihres, durch den Umfang erleichterten Nachweises als einzige phthisische Erkrankung der damaligen Zeit erscheint; in der Regel sind die Kreideherde innerhalb der Lymphknoten umfangreicher als jener des Primärinfektes der Lunge selbst. Diese Veränderungen von seiten der Lungen und Lymphknoten können verbunden sein mit einer umschriebenen fibrinösen Pleuritis, welche sich wohl in der Regel über dem Primäraffekt der Lunge befindet. Im Falle der völligen Resorption der Ausschwitzung entgeht diese Erkrankung einem späteren Nachweis. Die Pleuraverwachsungen der Spitze, welche sich neben und manchmal auch ohne die Zeichen des Primärinfekts der Lunge vorfinden, werden wohl, soweit sie phthisischer Natur sind, — z. T. ebenfalls von einer Pleuraerkrankung zur Zeit der phthisischen Primäraffektion abzuleiten sein.

b) Die bronchogenen Formen der Lungenphthise.

Als Grundformen bronchogen fortschreitender Lungenphthise und ihrer Ausheilungszustände können gelten die

> lobär-exsudative und -käsige Phthise,
> lobulär-exsudative und -käsige und käsig-ulzerierende Phthise,
> azinös-nodöse und nodös-kavernöse Phthise,
> nodös-zirrhotische kavernöse Phthise,
> zirrhotische Phthise.

Die Bezeichnung dieser Formen als bronchogen ist insofern gerechtfertigt, als sie z. T. schon in ihrer Entstehung, im wesentlichen aber in ihrer weiteren Entwicklung und Ausbreitung gänzlich oder vorwiegend an eine aerogen-bronchogene Infektion gebunden sind. Die Frage, auf welchem Wege man sich die Entstehung der ersten Veränderungen dieser Phthisen zu denken hat, soll hierbei offen bleiben; möglich ist eine exogen bedingte Erstinfektion oder sekundäre Reinfektion, möglich aber auch eine endogene Reinfektion (im Sinne v. Behrings u. a.) von einem innerhalb der Lunge oder sonstwo gelegenen Primärinfekt usw. aus. Soweit es sich, wie bei manchen Formen der lobären und lobulären Pneumonie, um eine Erstinfektion handelt, entwickeln sie sich unmittelbar aus dem Primärkomplex heraus oder stellen selbst den Primärinfekt dar; die überwiegende Mehrzahl der Fälle gehören dem zweiten und dritten Stadium Rankes an. Zwischen diesen Krankheitsperioden und der Zeit des Primärinfekts liegt dann vielfach ein Intervall anatomischer Latenz von wenigen oder vielen Jahren. Die experimentellen Untersuchungen v. Baumgartens und anderer Autoren lassen für manche der bronchogen fortschreitenden Formen an eine hämatogene Entstehung des ersten Lungenherdes im Sekundär- oder Tertiärstadium denken; Beobachtungen an menschlichen Lungen sprechen aber auch für eine bronchogene oder vielleicht auch lymphogene Infektion vom Primärinfekt aus.

Zwischen den Primärinfekt und die Stadien der chronischen Lungenphthise schieben Aschoff-Puhl den **Reinfekt** ein. Er stellt die zweite exogen (bronchogen) bedingte Infektion der Lungen dar und wird von diesen Autoren bis jetzt nur in seiner Entwicklung zur Narbe bei einer sonst fortschreitenden Lungenphthise beschrieben. Nicht vom Primärinfekt, sondern von einer zweiten exogenen Infektion aus sollen sich die chronisch fortschreitenden Stadien herleiten. Im Falle der Ausheilung ist dieser Ausgangsherd als Reinfekt **neben,** also unabhängig von dem Primärinfekt nachweisbar. Er sitzt im Gegensatz zum Primärinfekt vorwiegend in den apikalen Teilen der Lungen, hat eine unregelmäßige Gestalt und eine unscharfe, meist breite, schwielige Begrenzung gegenüber der Umgebung; er ist weniger oft verkalkt und läßt während seiner Entwicklung die zugehörigen Lymphknoten unbeeinflußt (Puhl). Eine röntgenologische Prüfung aller Fragen, welche sich aus der Aufstellung des Begriffes: Reinfekt ergeben, kann bei der Art der morphologischen Beschaffenheit dieses Reinfekts im Stadium der Vernarbung kaum Schwierigkeiten bereiten.

Ist die Infektion in der Spitze oder sonstwo erfolgreich geworden, dann ist die weitere Ausbreitung, — von dem Kontaktwachstum abgesehen, — in der Hauptsache an bronchogene Neuinfektion geknüpft. Damit soll jedoch nicht geleugnet werden, daß gleichzeitig auch lymphogene und hämatogene Metastasierung eine Rolle spielt, bzw. nebenher laufen kann. Sie tritt jedoch in ihrer Bedeutung gegenüber der bronchogenen Ausbreitung zurück.

Wenn bei den bronchogenen Phthisen die Art der Ausbreitung im wesentlichen als kranial-kaudal angesehen wird, so beruht diese Auffassung einerseits auf Beobachtungen der Klinik selbst, anderseits auf der Rekonstruktion des anatomischen Verlaufs aus dem Zustandsbild des Sektionsmaterials. Es soll aber nicht unterlassen werden, ganz allgemein darauf hinzuweisen, daß diese Annahme keinen Anspruch auf volle Gesetzmäßigkeit machen kann. Möglicherweise ist eine Ausbreitung von mittleren oder auch unteren Abschnitten aus häufiger als wir bis heute vermuten; es wäre denkbar, daß eine besondere Disposition der kranialen Herdbildungen zu kavernösem Zerfall zu Irrtümern Anlaß gibt über die zeitliche Entwicklung dieser Herde, ob sie vor oder nach den weiter kaudal gelegenen, langsamer fortschreitenden Veränderungen entstanden sind. Fortlaufende Reihen von Röntgenbildern können hier Klarheit bringen.

1. Die lobär-exsudative und -käsige Phthise (exsudative bzw. käsige Pneumonie).

Diese Erkrankung stellt in vielen Fällen ein selbständiges anatomisches Krankheitsbild dar, kann aber in andern Fällen auch das Endstadium einer irgendwie gemischten Lungenphthise bedeuten. Die Erkrankung ist die Folge der Aspiration besonders reichlicher Bazillen, welche entweder von außen oder von einem, in einen Bronchus eingebrochenen verkästen Lymphknoten her in die Lungen gelangt sind. Die lobäre Pneumonie findet sich dementsprechend als selbständige Erkrankung meist bei Kindern; in den späteren Lebensaltern pflegt eine solche massige Aspiration auch von seiten schon erkrankter Lungenteile, insbesondere von Kavernen mit stark verkäster Wand aus zu erfolgen.

Die lobäre Pneumonie kann auf einen Lappen beschränkt sein oder mehrere Lappen gewöhnlich der gleichen Seite umfassen; einzelne Abschnitte der befallenen Lappen können mehr weniger frei bleiben. Das erkrankte Gewebe fühlt sich verdichtet an, wird mehr und mehr fest und erreicht bald die Konsistenz der Leber (Hepatisation). Auf dem Schnitt sind die frühen Stadien (lobär-exsudative Pneumonie) gekennzeichnet durch völlige Luftleere des Gewebes und Füllung der Azini und der Gewebe selbst mit einem phthisischen Exsudat, welchem oft reichlich rote Blutkörperchen beigemischt sind. Mit zunehmender Verkäsung zeigen die Schnitte eine Gelbfärbung, bis dann in den späteren Stadien das ganze befallene Gebiet eine gleichmäßige gelbe, trockene Oberfläche besitzt (lobär-käsige Pneumonie). Die Pleura ist hierbei von Fibrin überzogen; die Hiluslymphknoten bleiben im Stadium der frischen Schwellung und Verkäsung.

Die klinische Scheidung eines lobär-exsudativen und -käsigen Stadiums der Pneumonie hat insofern Bedeutung, als rein exsudative Infiltrate wieder verschwinden können, und demnach ein klinischer Stillstand oder eine Heilung der lobär-exsudativen Pneumonie denkbar ist; nach Eintritt ausgedehnter Verkäsung ist eine anatomische Rückbildung oder Vernarbung kaum mehr möglich. Nicht immer pflegt jedoch schon im vollentwickelten Zustand der exsudativ-käsigen Pneumonie der Tod einzutreten, besonders wenn die Erkrankung nur auf eine Seite oder einzelne Lappen beschränkt ist. Wir sehen deshalb auch Fälle, in denen der Verkäsung ein Zerfall und die Ausstoßung des toten Gewebes folgt, wobei in ganz wahlloser Weise bald hier, bald dort unregelmäßig gestaltete, kleinere und mittelgroße Höhlenbildungen aufzutreten pflegen. Die Bronchien sind mit käsigem Inhalt gefüllt und weisen ihrerseits Ulzeration der Wand auf (akut-ulzeröse käsige Pneumonie).

Auch Exsudatbildungen sowie Perforation solcher verkäster phthisischer Herde in die Pleurahöhle mit Pneumothorax oder Empyem können sich anschließen.

2. Die lobulär-exsudative und -käsige und käsig-ulzerierende Phthise (exsudative bzw. käsige Bronchopneumonie).

Zwischen der lobär-käsigen und lobulär-käsigen Phthise finden sich anatomisch alle Übergänge; auch die lobulär-käsigen Erkrankungsformen können sich akut entwickeln und im Verlaufe des ersten Anfalls zum Tode führen; oft pfropfen sie sich auf eine schon bestehende subakute oder chronische Phthise auf. Es können nur eine einzige (z. B. das akute Stadium des Primärinfekts) oder mehrere Herdbildungen vorhanden sein. In diesem Falle handelt es sich wohl meist um eine Reinfektion von seiten Affektionen der oberen Luftwege oder einer Kaverne aus. In reinen Fällen finden wir — von der Infektionsquelle abgesehen — ausschließlich lobulär-käsige Herde über eine oder beide Lungen verteilt, manche Herdbildungen auch noch in dem Frühstadium der Exsudation.

Als besonders reine und nicht nur vorwiegend exsudative lobuläre Pneumonie sind mir zwei Fälle in Erinnerung; der eine betraf eine Krankenschwester, welche sich vergiftet hatte; es wurde lange Zeit künstliche Atmung gemacht, sie starb nach einigen Tagen. Bei der Sektion fand sich eine kleine verkäste Spitzenkaverne und eine über beide Lungen ausgedehnte frische lobulär-exsudative und -käsige Phthise als Folge der massigen Bazillenaspiration. Das gleiche Bild bot ein Mann in mittleren Jahren, welcher — ohne Kenntnis des phthisisch-kavernösen Spitzenbefundes — anläßlich einer Laparatomie längere Zeit in Chloroformnarkose gehalten worden war.

Meist bildet die lobulär-käsige Phthise die Grundlage zu einem mehr subakuten Verlauf der bronchogenen Lungenphthise. Entsprechend der Neigung der Herdbildungen zur Verkäsung zeigt sie besonders reichlich Kavernenbildung.

Die größeren Verdichtungsherde sitzen vorwiegend in den kranialen Teilen, die kleineren kaudal; liegen schon Kavernen vor, so finden sich diese nicht nur in der Spitze, sondern auch in den unteren Teilen der Lunge; jedoch pflegen die Kavernen in dem kranialen Teil meist größer zu sein als kaudal. So sieht man z. B. in manchen Fällen den ganzen linken Oberlappen von einem vielfachen System von kleinen bis mittelgroßen Höhlen durchsetzt, wobei diese Höhlen bis nahe zum Zwerchfell, — der Ausdehnung des linken Oberlappens entsprechend — herabreichen können. Auch im kranialen Teil des bis zur 2. Rippe hinten heraufreichenden Unterlappens können sich weitere Höhlenbildungen finden. Das Gewebe zwischen diesen Kavernen ist meist verkäst oder von entzündlichem Exsudat eingenommen. Hie und da können sich auch noch lufthaltige und unter Umständen auch noch emphysematös geblähte Lungenteile finden. Den besten Luftgehalt weisen aber immer wieder die kaudalen Teile auf.

Spielt sich ein phthisisch-kavernöser Prozeß vorwiegend einseitig ab, so können von hier aus durch massige Aspirationen Lungenteile der andern Seite sekundär exsudativ-käsig erkranken; in diesem Falle braucht die Ausbreitung in die andere Lunge nicht unbedingt in kranial-kaudaler Richtung zu erfolgen; sondern man sieht dann isolierte lobulär-käsige oder konfluierende Herdbildungen im Mittel- oder Unterlappen ohne stärkere Beteiligung des Oberlappens. Bemerkenswert ist, daß solche isolierten Herde sich nicht selten in den Randteilen und in den Berührungsstellen der Lungenlappen, auch in den Zipfeln der Unterlappen anzusiedeln pflegen (s. S. 42). Von Bedeutung für die röntgenologische Lappendiagnostik ist die nicht seltene Lokalisation lobulär-käsiger Herde in den kaudalen Teilen des rechten Oberlappens, welcher im ventralen Gebiet in horizontaler Ebene an den Mittellappen angrenzt.

Der zunehmenden Höhlenbildung schließen sich die Erkrankung, besonders Ulzerationen der Bronchien an in ähnlicher Form wie bei der lobär-käsigen Phthise. Auch die Schwellung und Verkäsung der Hiluslymphknoten ist hier eine häufige Begleiterscheinung, ebenso die fibrinöse Pleuritis über dem erkrankten Gebiet. Pneumothorax und Empyem folgen nicht selten und können im Vordergrund auch des anatomischen Gesamtbildes stehen.

Die lobulär-exsudative und -käsige Phthise kann fernerhin eine Begleiterkrankung einer chronisch verlaufenden, vorwiegend produktiven (azinös-nodösen und zirrhotischen) Phthise sein. Sie kann in einzelnen Fällen sich noch deutlich als selbständige Erkrankung (letzter klinischer Anfall) aus dem anatomischen Gesamtbild herausheben, indem die Herde relativ selbständig neben den andern bestehen oder — und damit kommen wir zu den häufigen und schwerer unterscheidbaren Fällen — die exsudativ-käsigen Veränderungen gehen die innigste Verbindung mit den anderen Herdbildungen ein und sind dann in die Reihe der gemischten exsudativ-produktiven Formen zu stellen.

Frühere Anfälle lobulär-käsiger Phthisen können, wie beschrieben, in Gestalt mehr weniger abgekapselter, verkäster Herdbildungen als Neben- oder Begleitbefund chronisch verlaufender Phthisen nachweisbar sein.

3. Die azinös-nodöse und nodös-kavernöse Phthise.

Die azinös-nodöse Phthise: Die Umgrenzung des anatomischen Krankheitsbildes einer azinös-nodösen Phthise ist schwierig; wir kennen einen azinös-nodösen Herd als häufige Teilerscheinung langsam verlaufender Phthisen und können auch annehmen, daß im Verlauf einer chronischen Lungenphthise manche oder, abgesehen vom Primärinfekt, — alle klinischen Phasen der Erkrankung sich anatomisch vorwiegend produktiv in Gestalt solcher Herdbildungen abspielen; jedoch kann wohl eine rein azinös-nodöse Phthise nicht wie die lobulär-käsige unmittelbar zum Tode führen, ohne in anderer Weise kompliziert zu sein. Der Anatom sieht somit diese Form der Erkrankung entweder nur als Nebenbefund oder vergesellschaftet mit anderen phthisischen Veränderungen der Lunge in Gestalt von Kavernen, lobulär-käsigen Prozessen u. dgl.

Da jedoch gerade für den Kliniker das Krankheitsbild der azinös-nodösen Phthise von besonderer Wichtigkeit zu sein scheint, so sei der Versuch gemacht, die vermuteten anatomischen Vorgänge anzudeuten. Es wird die besondere Aufgabe der röntgenologischen Diagnostik sein, diesem Krankheitsbild, welches die relativ gutartigen Formen der bronchogenen Lungenphthise umfaßt, eine feste und gesicherte anatomische Unterlage zu geben.

Als Primärinfekt kommt die azinös-nodöse Phthise nicht in Betracht; jener ist nach den Untersuchungen Rankes u. a. im Kern jeweils exsudativ-käsiger Natur und mantelförmig von Granulationsgewebe eingeschlossen; indessen kann die weitere Ausbreitung der Erkrankung durch Kontaktwachstum oder bronchogene Nachbarinfektion den Charakter einer azinös-nodösen Phthise annehmen. Heilt jedoch der Primärinfekt ab, so finden wir die azinös-nodösen Herdbildungen wieder im tertiären Stadium als isolierte Phthise. Gleichgültig ob der Reinfekt exogener oder endogener Natur ist, und unabhängig von der noch unbeantworteten Frage, ob er im letzteren Falle hämatogen, lymphogen oder bronchogen entstanden zu denken ist, treten meist im kranialen Teil der einen oder beider Lungen vorwiegend azinöse und azinös-nodöse Herde auf, oft begleitet von einer käsigen Bronchitis. Mit zunehmender Dauer pflegen sich neue Herdbildungen der gleichen Art kaudalwärts anzuschließen. Die Beteiligung der Lymphknoten ist bei diesen Formen gering.

Die Erkrankung kommt entweder zum Stillstand dadurch, daß Ausheilungsvorgänge in der oben beschriebenen Weise einsetzen und die Herdbildungen sich umwandeln oder abkapseln, oder sie führt zur vermehrten Neubildung solcher Herde und zum Zerfall des langsam verkäsenden Gewebes und zur Kavernenbildung.

Diese Fälle leiten somit einerseits über zu dem klinisch so häufigen, auch autoptisch gut bekanntem Bild der langsam verlaufenden azinös-nodösen kavernösen Phthise, anderseits ergibt sich aus ihrer Ausheilung das Bild der zirrhotischen Phthise. Und gerade diese Fälle sind es wohl, welche, — abgesehen von der Narbe des Primärkomplexes — die Mehrzahl der klinisch und anatomisch völlig ausgeheilten Erkrankung darstellen.

Die nodös-kavernöse Phthise: Eine reine azinös-nodöse kavernöse Phthise — frei von ausgesprochenen Narbenzuständen oder mehr exsudativ-käsigen Prozessen — gehört als hauptsächlicher Sektionsbefund zu den Seltenheiten, ist aber als Nebenbefund hie und da anzutreffen. Naturgemäß zeigt auch diese Phthise gewöhnlich eine Ausbreitung in kranial-kaudaler Richtung.

In den kranialen Teilen des Oberlappens, dann auch der anderen Lappen insbesondere in der Spitzengegend finden sich die Kavernen. Liegen mehrere solcher

Höhlenbildungen vor, so sind die kranialen im allgemeinen die größten; Kommunikationen der einzelnen Höhlen sind manchmal nachweisbar. Die Wand der Höhle zeigt meist nicht eine solche ausgedehnte Verkäsung wie bei jenen Fällen, die sich aus den exsudativ-käsigen Formen entwickeln. Kavernenbalken sind mehr weniger reichlich vorhanden; von ihren Gefäßen aus kann es zur Aneurysmabildung kommen. Unterhalb der Kavernen finden sich die größten azinös-nodösen Herde, welche kaudalwärts in kleinere ebensolche und endlich in azinöse (produktive) Herdchen übergehen. Die einzelnen Knoten sind mehr weniger scharf gegen die Umgebung abgegrenzt, können aber auch konfluieren; zwischen ihnen befindet sich gut lufthaltiges Gewebe.

Auch hier kann der Prozeß im wesentlichen auf eine Seite beschränkt sein und von hier aus sekundär auf einzelne Lungenteile der andern Lunge übergegriffen haben. In andern Fällen zeigen die kranialen Teile beider Lungen fast gleichmäßig vorgeschrittene Veränderungen in Gestalt von einzelnen oder mehreren Höhlenbildungen. Die Zahl und Stellungsdichte der azinös-nodösen Herde der kaudalen Teile kann dann wiederum verschieden sein.

Im Gebiet der Kavernen weisen die abführenden Bronchien ebenfalls wieder Zeichen der phthisischen Erkrankung auf, ohne daß jedoch die Ulzeration die Stärke zu erreichen pflegt wie nach exsudativ-käsigen Prozessen. Eine frische Erkrankung der Hilus-lymphknoten ist nur selten nachzuweisen (Ranke); man findet nur Narbenzustände früherer Anfälle; akute Schwellungen einzelner Lymphknoten werden im allgemeinen auf Mischinfektionen von seiten der Kavernen oder Bronchien usw. zurückgeführt. Eine Pleuritis braucht überhaupt über dem azinös-nodösen Herd nicht nachweisbar zu sein; meist aber weisen strang- und bandförmige, auch flächenhafte Verwachsungen auf eine Beteiligung der Pleura bei früheren Krankheitsanfällen hin.

Bei den azinös-nodösen kavernösen Phthisen müssen wir in der Regel schon mit mehreren klinischen Krankheitsphasen rechnen, welche vielleicht durch Zeiten eines relativen Wohlbefindens unterbrochen gewesen sein können. Da jedoch nicht anzunehmen ist, daß im einzelnen Falle jede Krankheitsphase immer wieder vorwiegend produktiv (oder exsudativ) ist, sondern in der gleichen Lunge sich — zeitlich wechselnd — exsudative und produktive Vorgänge abspielen können, so werden bei einer letal endigenden Phthise mit Vorherrschen der produktiven Herdbildungen meist auch Zeichen früherer oder frischer vorwiegend exsudativ-käsiger Erkrankung nachzuweisen sein. Die Verbindung von azinös-nodösen Prozessen mit exsudativen Vorgängen in Form des kollateralen Ödems, die Begrenzung exsudativ-käsiger Herde mit phthisisch-produktivem Granulationsgewebe, die gleich starke Beteiligung exsudativer und produktiver Vorgänge im gleichen Herd können das Bild der reinen nodös-kavernösen mehr und mehr verwischen.

4. Die nodös-zirrhotische kavernöse Phthise.

Je länger ein Phthisiker der Ausbreitung einer nodös-kavernösen Phthise Widerstand entgegensetzen kann, bzw. je langsamer der Prozeß sich ausbreitet, um so ausgiebiger können neben den Veränderungen des Zerfalls und der neu entstandenen Proliferationen Vorgänge der Ausheilung, der Reinigung von Kavernen und ein sekundärer Ausgleich von seiten der nicht spezifisch erkrankten Gewebe stattfinden. In diesem Zustand trifft der Anatom einen großen Teil der Fälle an; es sind die zur Zirrhose neigenden azinös-nodösen kavernösen Phthisen. Sie stellen die klinisch relativ gutartigen Fälle der chronischen Lungenphthise dar.

Die anatomische Todesursache ist meist nicht wie bei den mehr akut verlaufenden Formen vorwiegend in der Lungenerkrankung zu suchen, sondern in der chronischen Kachexie, in der Sekundärerkrankung von Kehlkopf und Darm oder anderer Organe, in der Inanition oder chronischen Überlastung des Herzens, in Mischinfektion, Amyloid usw.; in seltenen Fällen kann die starke Zerstörung und Verödung des respirierenden Lungengewebes als Ursache einer inneren Erstickung aufgefaßt werden. Hierdurch unterscheiden sich diese Formen wesentlich von den mehr akut und subakut verlaufenden Fällen der vorwiegend exsudativ-käsigen Reihe, bei denen der Tod meist schon im Lungenbefund selbst im Sinne einer toxischen Erlahmung des Herzens oder einer Schädigung des Zentralnervensystems begründet ist.

Das Bild der nodös-kavernösen, zur Zirrhose neigenden Phthise bietet die stärkste Mannigfaltigkeit. Der Komplex der Veränderungen kann während der klinischen Krankheitsdauer den verschiedensten Umfang besitzen; er kann auf einen Lappen oder Teile desselben beschränkt sein, er kann mehrere Lappen und endlich beide Lungen umfassen. Stehen die Vorgänge der Ausheilung und Schrumpfung gegenüber den spezifisch fortschreitenden Veränderungen im Vordergrund, so bezeichnen wir den Zustand als zirrhotisch-nodös, im andern Falle als nodös-zirrhotisch.

Wir finden also in wechselnder Stärke und Ausdehnung azinös-nodöse, zur Induration neigende oder indurierte Herde, mehr weniger stark gereinigte oder sich reinigende Kavernen in verschiedenster Größe, meist kranial-kaudal kleiner werdend, dazwischen Ausheilungsvorgänge jeder Art, wie sie mehrfach (S. 21) beschrieben sind, sodann atelektatisches oder emphysematöses Gewebe und chronisches Ödem. Die Einwirkung auf die Nachbargewebe und -organe (S. 38) ist hier naturgemäß besonders bedeutend. Die kaudalen Abschnitte zeigen oft besonders schön frische azinöse Herdchen. Die Abbildungen und Beschreibungen der Sektionsfälle erübrigen eine eingehende Darstellung der vielfach wechselnden Gesamtbilder.

Daß ein solcher nodös-zirrhotischer Prozeß mehr weniger stark vermischt sein kann mit exsudativen Vorgängen, ist mehrfach angedeutet; ein aufgepfropfter lobulär-käsiger Herd kann sehr wohl für eine zirrhotisch-kavernöse Phthise die Todesursache bedeuten. Es erscheint selbstverständlich, daß in solchen Fällen auch klinisch-(röntgenologisch)-diagnostisch die interkurrente lobulär-käsige Phthise von dem Komplex der Veränderungen der langsam fortschreitenden Phthise getrennt werden muß.

5. Zirrhotische Phthise (Komplex der Vernarbung) als (spezifisch) ausgeheilte Phthise.

Am reinsten sieht man den Komplex der Vernarbung als Nebenbefund bei Fällen, welche auf Grund anderer Todesursachen als durch eine Lungenphthise zur Sektion gekommen sind.

Die Ausdehnung der Veränderungen im narbig umgewandelten Lungengewebe weist auf die Stärke der früheren Erkrankung hin. Meist finden sich die Narben- und Schwielenzustände im Gebiet eines oder zweier Lappen; die dauernde Ausheilung einer im akuten Stadium noch stärker ausgedehnten Phthise dürfte unter Berücksichtigung der Sektionsbefunde zu den Seltenheiten gehören.

Die Form der früheren Erkrankung ist im Zustand der Narbe in vielen Fällen oder wohl meist nicht mehr festzustellen; jedoch kann die histologische Untersuchung unter Umständen je nach der Art der Zusammensetzung des narbig veränderten oder abgekapselten Gewebes sowie auf Grund der Anordnung und des Vorhandenseins der elastischen Fasersysteme einen gewissen Rückschluß ermöglichen, ob der Prozeß zur Zeit der frischen Erkrankung ein vorwiegend exsudativer oder produktiver gewesen ist.

Neben den beschriebenen Ausheilungszuständen des Primärkomplexes (S. 31) findet man meist in den kranialen Teilen der Lungen Herdbildungen, welche in ihrem makroskopischen Aussehen der Narbe des Primärinfekts sehr ähneln (Reinfekt), sich aber oft mikroskopisch von jenem unterscheiden lassen (Puhl); es sind dies in Ein- oder Mehrzahl vorkommende erbsen- bis kirschgroße Knoten, welche zentral verkäst und wechselnd stark verkalkt und peripherwärts fibrös abgekapselt sind; sie sind mehr weniger stark durch zarte oder derbere Bindegewebszüge mit dem gesunden Lungengewebe der Nachbarschaft verbunden. In andern Fällen oder neben diesen typischen Reinfekten kann man nodös-indurierte, u. U. anthrakotisch durchsetzte Herde wechselnder Größe und Zahl, getrennt gelagert oder konfluierend nachweisen; die zentrale Verkäsung tritt hier zurück oder fehlt gänzlich. Nicht immer ist mikroskopisch der phthisische Charakter einer solchen Herdbildung nachweisbar. Dies gilt besonders für die so häufigen Indurationen der Lungenspitze, welche dem gesunden Lungengewebe kappenförmig aufsitzen oder sonstwie eingelagert sind (Aschoff).

Besonders wichtig sind die durch Narbenzug oder Ausheilung der Wand bedingten Bronchiektasien, welche sich recht häufig innerhalb oder im Anschluß an solche phthisische Narben nachweisen lassen; sie neigen zu Schleimretention und zu unspezifischen Katarrhen und sind deshalb differentialdiagnostisch bedeutungsvoll.

In Verbindung mit der Erkrankung des Lungengewebes finden sich sodann in wechselnder Weise die Veränderungen der Pleura (S. 27) in Gestalt von strang- und bandförmigen oder flächenhaften Verwachsungen insbesondere der kranialen Teile, wobei die Stärke der Verwachsung, ob zart, fest oder schwartig einen Rückschluß zulassen kann auf das Alter der bestehenden Veränderungen. Auch in den Lymphknoten werden sich phthisische Veränderungen in den verschiedensten Stadien der Ausheilung (S. 28) nachweisen lassen. Je älter der Prozeß, um so schwieriger kann der Nachweis der früheren phthisischen Infektion sein.

Der Narbenzug von seiten der Lungenherde selbst und der Pleura oder kontinuierliche Verwachsungsstränge können je nach dem Sitz und der Stärke der Veränderungen auf die Lage der Nachbarorgane einwirken. Das Mediastinum, die Trachea und der Ösophagus werden mehr weniger stark nach der kranken Seite verzogen, ein Vorgang, der um so deutlicher sein wird, wenn der Ausfall des respirierenden Parenchyms größerer Teile eines ganzen Lappens oder mehrerer Lappen so groß ist, daß die andere Lunge durch vikariierendes Emphysem für jene ausgeschalteten Teile einzutreten versucht. Hinzu kommt die Schrumpfung der erkrankten Seite, welche meist mitbedingt ist durch besonders starke Schwartenbildung und schon äußerlich wahrnehmbar ist durch enge Interkostalräume, leichte Skoliose der Wirbelsäule und Atrophie der Muskulatur.

Diese Verziehung der Nachbarorgane ist jedoch in der Regel an den gleichzeitigen Bestand von größeren Höhlenbildungen geknüpft. Bei der hohen Bedeutung einer — auch anscheinend reaktionslosen — Kaverne für den weiteren Verlauf des Falles wäre hier von einer kavernös-zirrhotischen Phthise zu sprechen.

Die anatomischen Veränderungen, welche das ausgesprochene Bild der zirrhotischen Phthise ausmachen, können in wechselndem Grade und verschiedener Vollkommenheit jeder fortschreitenden Form der Lungenphthise beigemischt sein und haben dann natürlich diagnostisch und prognostisch eine geringe Bedeutung; therapeutisch ist ihr Nachweis insofern bedeutungsvoll, als besonders die Narbenzustände der Pleura, aber auch der Lunge den Erfolg eines chirurgischen Eingriffes (Pneumothorax) in Frage stellen können, m. a. W. ein künstlicher Pneumothorax hat um so mehr Aussichten auf den anatomischen Erfolg eines Gewebekollappses, je früher er angelegt wird.

c) Die hämatogene disseminierte Phthise (Miliartuberkulose) der Lungen.

Eine hämatogene disseminierte Phthise der Lungen kommt zustande durch eine Überschüttung des Lungenarterien- und Kapillarblutes mit Phthisebazillen. Diese entstammen gewöhnlich einem verkästen Intimatuberkel, welcher sich in der Wand irgend einer Vene oder auch des Ductus thoracicus im Anschluß an das Haftenbleiben einzelner Bazillen an jener Stelle ausgebildet hat und nach seinem Zerfall in das Gefäßlumen durchgebrochen ist.

Anatomisch (und röntgenologisch) entscheidend für die Annahme einer hämatogenen Entstehung dieser Formen der Lungenerkrankung ist die annähernd gleichmäßige Verteilung und die Gleichartigkeit der gesetzten Lungenveränderungen innerhalb sämtlicher Lungenlappen. Es ist hierbei bemerkenswert, daß man als Begleitbefund einer hämatogenen disseminierten Phthise nur selten ältere oder frische Lungenveränderungen einer bronchogenen Phthise oder etwa Kavernen nachweisen kann, abgesehen vielleicht von einzelnen Fällen des höheren Alters.

Die Folge des Haftenbleibens der Bazillen in den Endverzweigungen der Lungenarterien ist die Entwicklung kleinster phthisischer (hämatogener, siehe S. 20) Herdbildungen. In einem Teil der Fälle finden wir an der Leiche die Lungen von oben bis unten übersät mit Tuberkeln, welche innerhalb der Wand der Alveolen (interstitiell) gelagert sind und vorwiegend produktiven Charakter besitzen (hämatogene disseminierte tuberkuläre Phthise).   Bild 69

Im Anschluß an diese Aussaat kann sich sekundär eine exsudative Reaktion um diese Tuberkel herum einstellen, meist gleichmäßig über beide Lungen hinweg oder unter Bevorzugung einzelner Teile. In diesem Falle liegt eine hämatogene disseminierte   Bild 66 tuberkulär-exsudative Phthise vor.

Eine weitere Möglichkeit ist die, daß die miliaren Tuberkel nach anfänglichem Vortreiben der Wand in das Lumen der Alveolen durchbrechen oder daß die Phthisebazillen aus den Kapillaren sofort in die Alveolen ausgeschieden werden, so daß sich nunmehr eine produktive intraalveoläre Erkrankung anschließt. Es kommt dementsprechend zur Bildung azinös-produktiver[1]) Herde in gleichmäßiger Verbreitung über sämtliche Lungenlappen hinweg, so daß man hier von einer hämat.-diss.   Bild 20 u. 71 azinös-produktiven Phthise sprechen kann. Sie ist beim Erwachsenen wohl die häufigste Form der hämatogenen disseminierten Phthise. In seltenen Fällen können — bei entsprechend langsamem klinischen Verlauf — diese azinös-produktiven Herdchen weiter auswachsen zu azinös-nodösen Herden, welche ihrer Histo-   Bild 26 u. 72 genese entsprechend ebenfalls wieder im wesentlichen gleichmäßig über beide Lungen verteilt sind. Obwohl diese azinös-nodösen Herde in ihrer Form und ihrem Aufbau makroskopisch und mikroskopisch kaum von solchen bronchogener Herkunft unterschieden werden können, weist doch das Gesamtbild der annähernd

---

[1]) Es sei hier nochmals darauf hingewiesen, daß der Begriff: azinös (azinös-produktiv oder azinös-exsudativ lediglich besagt, daß eine Infiltration sich im Lumen eines Lungenazinus (S. 18) befindet, daß er aber nicht darüber entscheidet, ob diese Infiltration bronchogen, hämatogen oder sonstwie entstanden zu denken ist. Der erstgenannte Infektionsweg mag wohl der häufigste der azinösen Herdbildung sein; indessen können die Untersuchungen hierüber noch nicht als abgeschlossen gelten.

gleichmäßigen Verteilung auf eine (annähernd) gleichzeitige hämatogene Entstehung aller dieser Herde hin (hämat.-diss. azinös-nodöse Phthise).

Auch bei den hämatogenen Infektionen der Lunge gibt es reine exsudative Formen. Sie finden sich gewöhnlich bei jugendlichen Individuen, und zwar nach Ansicht mancher Autoren dann, wenn die Bazillen sofort in die Alveolen ausgeschieden werden; es entwickeln sich nunmehr azinös-exsudative, und in der Folgezeit azinös-käsige Herdchen (miliare Pneumonie). Auch diese können wieder zu größeren Herdbildungen sich entwickeln (hämat.-diss. azinös-exsudative bzw. lobuläre Phthise).

Ich zweifle nicht, daß die weitgehende Unterscheidung der einzelnen Formen der hämat.-diss. Phthise oder Tuberkulose von relativ geringem praktischen Wert ist. Der Kliniker kommt praktisch gewiß mit der klinischen Bezeichnung: akute bzw. subakute oder chronische Miliartuberkulose (milium, das Hirsekorn trotz der u. U. Kirschgröße der Herde!) aus. Die genauere Benennung hat jedoch m. E. einen besonderen Wert für den Forscher; diese Formen der Lungenphthise sind röntgenologisch relativ leicht zu erkennen, meist leichter als die bronchogenen Formen. Es ist somit Gelegenheit gegeben, die Art und Stärke der anatomischen Reaktion, ob exsudativ oder produktiv, ob kleinbleibend oder großknotig mit anderen bezeichnenden Merkmalen, welche durch klinische Untersuchungsmethoden (Blutbefund, Immunreaktionen, Temperatur usw.) gewonnen worden sind, in Vergleich und Zusammenhang zu bringen. Damit ergibt sich der Wert einer Einteilung von selbst.

Das wichtigste Merkmal der hämatogenen Allgemeininfektion ist die gleichmäßige Aussaat über beide Lungen hinweg, welche in grundsätzlichem Gegensatz steht zur kranial-kaudal abnehmenden oder sonstwie besonders angeordneten Verteilung der Herdbildungen bei bronchogenen Infektionen. Diese gleichmäßige Verteilung erfährt aber wohl bei allen Formen der hämatogenen Phthise bestimmte, fast gesetzmäßige Einschränkungen:

1. Die kleinen Herdbildungen nehmen an Zahl und Größe in kranial-kaudaler Richtung ab.

2. Sie nehmen in gleicher Weise in ventro-dorsaler Richtung ab.

3. Sie nehmen in den mittleren Teilen der Lunge gegenüber den Randteilen an Zahl und Größe ab.

Nicht nur die Größe der Herdbildungen, sondern auch die weitere Entwicklung ist manchmal abhängig von der Lage, wenn z. B. die runden miliaren Tuberkel sich zu azinös-produktiven Herdchen (S. 20) entwickeln oder exsudative Vorgänge sich hinzugesellen. Bei langsam verlaufenden Fällen finden sich in den genannten, mehr bevorzugten Teilen bereits azinös-nodöse Herde gegenüber den kleinen azinösen Herdchen in den andern Lungenteilen.

Diese eigenartige Bevorzugung bestimmter Lungenteile findet sich in der gleichen Weise bei den bronchogenen Formen der Lungenphthise; sie ist also nicht bedingt durch die Art der Infektion, ob hämatogen oder bronchogen. Die Deutung dieser örtlichen Disposition des Lungengewebes bei der hämatogenen Infektion ist noch unsicher; möglich ist ein späterer Beginn oder eine langsamere Entwicklung der Herde in den anatomisch geringgradig erkrankten Abschnitten der Lunge; vielleicht kann die Röntgenplatte hier Aufklärung bringen.

d) Prädilektionswege und Prädilektionsstellen der Ausheilung und des Zerfalls.

Die Schilderung der Entwicklung der verschiedenen Formen der Lungenphthise ergab die Notwendigkeit des Hinweises, daß manche Formen eine gewisse Regelmäßigkeit zeigen in der Topographie und Ausbreitung ihrer Herdbildungen. Es ist hier beispielsweise zu erinnern an die Bevorzugung bestimmter Gebiete bei den hämatogenen disseminierten Phthisen (Miliartuberkulose) oder an das Überwiegen der kranial-kaudalen Ausbreitung mancher langsam verlaufenden, bronchogenen Formen. Aber nicht nur das Gesamtbild einer Lungenphthise läßt solche Gesetzmäßigkeiten aufstellen, sondern auch die einzelnen Herdbildungen der produktiven und exsudativen Phthisen und ihre Folgezustände zeigen eine Bevorzugung bestimmter Lungenabschnitte.

Unser Material, welches auf Grund der Konservierung des Brustkorbs und seines Inhalts in toto ein genaues Eingehen auf die Topographie jedes Herdes ermöglichte, war zur Prüfung dieser Frage besonders geeignet; die Möglichkeit, jeweils eine große Zahl von Fällen vergleichend einander gegenüberzustellen, erleichterte die Aufgabe. Die hier mitgeteilten Feststellungen beruhen sowohl auf eigenen Wahrnehmungen als auch auf den Ergebnissen der mühevollen systematischen Untersuchungen, welche Herr Dr. Gonnermann auf meine Anregung hin angestellt hat.

Es ist leicht verständlich, daß eine genauere Kenntnis über die Prädilektionsstellen bestimmter Herdbildungen unsere Vorstellungen über die formale Pathogenese der phthisischen Lungenerkrankungen wesentlich erweitern könnte; auch die Therapie kann aus solchen Untersuchungen Nutzen ziehen, indem sie ihre Grundsätze den Bedingungen anpaßt, welche die phthisisch erkrankte Lunge auf natürlichem Wege als Ursache der Vernarbung oder des Zerfalls erkennen läßt. An dem Präparat einer letalen Phthise sind Feststellungen der Prädilektion naturgemäß schwierig. Es wird eine besonders dankbare und durchaus lösbare Aufgabe einer einwandfreien röntgenologischen Diagnostik sein, eine breitere und gesicherte Grundlage zu schaffen für unsere Kenntnis von den Prädilektionsstellen der einzelnen Herdbildungen. Schlußfolgerungen, welche auch hier kurz anzudeuten sind, ergeben sich dann von selbst.

Für die Lokalisation des Primärinfekts gibt Puhl an, daß dieser vorzugsweise in den unteren und bestbeatmeten Abschnitten der Lunge sich finde, und zwar meist subpleural.

Von besonderer Bedeutung ist die Frage, an welcher Stelle diejenigen Herdbildungen vorzugsweise zu finden sind, welche — nach Abklingen bzw. nach der Ausheilung des Primärinfekts — als erste anatomische Veränderung den Beginn einer bronchogenen Lungenphthise (im Sinne der Ausführungen S. 18) einzuleiten pflegen. Die ehemals ersten anatomischen Herdbildungen lassen sich an der Leiche aus ihrem Alter heraus entweder als Narben (Reinfekte usw.) oder als älteste Zerfallsherde durch Vergleich einigermaßen beurteilen. Prädilektionsstellen solcher erster bzw. ältester Herde sind — der Häufigkeit nach geordnet — nach Gonnermann

1. die seitlichen Lungenteile in Höhe der ersten bis zweiten Rippe. Bild 49 u. 83

Auf diese Tatsache hat auf Grund röntgenologischer Prüfung zuerst Schut aufmerksam gemacht; seine Angaben lassen sich somit am anatomischen Präparat bestätigen.

2. Nicht ganz so häufig die Spitze der Oberlappen; bei produktiven Formen besonders dorsal, seltener ventral oder lateral.

Bild 30 u.
109

3. Die Spitze der Unterlappen; stellt der hier gefundene Herd eine Kaverne dar, so teilt sie sich im Falle größerer Ausdehnung gewöhnlich in einen längeren lateralen und einen kürzeren medialen (paravertebralen) Ast, welcher bis in Hilushöhe reichen kann. Diese Topographie der Kaverne ist besonders für die röntgenologische Diagnostik bedeutsam. Das röntgenologische Bild einer anscheinend auf den Hilus abgrenzbaren Kaverne könnte die Vermutung aufkommen lassen, daß diese Kaverne in sagittal mittlerer Tiefe, also im Gewebe der Lungenwurzel liege; diese Lage findet sich anatomisch nur äußerst selten; klinisch muß daher immer zuerst an eine im oberen Teil des Unterlappens, dorsal der Brustwand anliegende (bzw. bei mehr exsudativen Formen an eine ventral liegende) Kaverne gedacht werden.

4. Die Lappenwinkel oder -zipfel, welche das subpleurale Lungengewebe an den kantigen Umbiegestellen der Pleuren bildet; es kommen hier sämtliche Lappen in Betracht, die lateralen Winkel sind gegenüber den medialen bevorzugt.

So unübersehbar im allgemeinen die Bedingungen einer bronchogenen Ausbreitung sein können, so läßt dennoch auch die Ausbreitung einer Phthise auf Grund der Aspiration von verkästen Herden oder von Kavernen aus gewisse Prädilektionsstellen der Herdneubildung nachweisen. Es läßt sich dabei zeigen, daß die Ansiedlung neuer Herde tatsächlich von der für die Aspiration besonders günstigen Verlaufsrichtung einzelner Bronchialäste abhängig ist; geeignete topographische Unterlagen geben die Abbildungen der Ausgüsse des Bronchialbaums von Orsós; Aspirationen von den oben angeführten Prädilektionsstellen der ersten, dem Primärinfekt nachfolgenden Herdbildungen aus finden sich zumeist und der Häufigkeit nach geordnet:

Bild 49, 139,
134

1. Im seitlichen unteren Winkel des Oberlappens (axillar in Höhe der 3.—4. Rippe!) derselben oder der andern Seite; solche Herde verjüngen sich dorsal und ventral. Der dieses Gebiet versorgende Bronchus zeigt fast geraden Verlauf und zweigt von dem Stammbronchus des Oberlappens ohne schärfere Knickung in einem stumpfen Winkel ab.

Bild 49 u.
140

2. In der Spitze des Oberlappens derselben oder der anderen Seite; solche Herde finden sich entsprechend dem Verlauf des hinteren Spitzenbronchus, mehr dorsalwärts als ventral, doch nicht unmittelbar subpleural.

Bild 48, 113
u. 198

3. In der Peripherie der Mittel- und Unterlappen, besonders seitlich und vorn, aber auch medial und hinten derselben und der anderen Seite, unter Umständen unter anfänglichem Freilassen bzw. schwächerem Befallensein des zwischenliegenden Lungengewebes.

Bild 36, 55,
98, 133

4. In der Lingula des linken Oberlappens und in dem der linken Herzwand anliegenden Lungengewebe.

Bild 57

5. In weit geringerem Maße medial im Oberlappen dicht oberhalb des Hilus, wo der zuerst von Orsós beschriebene mediale Nebenast des Spitzenbronchus in Kreisform verläuft; die an dieser Stelle sich findenden Kavernen pflegen kaum über nußgroß zu sein.

Über Unterschiede in der Bevorzugung bestimmter Lungenteile für produktive oder exsudative Herdbildungen lassen sich keine sicheren Angaben machen; dagegen läßt wiederum der Vergleich der Topographie der Kavernen einerseits, der indurierten und Narbenherde anderseits gewisse Regelmäßigkeiten erkennen.

Weitaus die meisten Kavernen finden wir nahe der Peripherie bzw. unmittelbar subpleural. Die mehr weniger zentral gelegenen Kavernen sind stets ganz klein und finden sich nur in Fällen mit großer peripherer Kavernenbildung. Die erste Kaverne entwickelt sich in weitaus der Mehrzahl der Fälle, vor allem bei den langsam fortschreitenden Phthisen häufiger von der dorsalen, seltener von der ventralen Seite der

Lungenspitze aus, wobei aber der alleroberste Teil des Lungengewebes gewöhnlich frei zu bleiben pflegt. Von hier aus dehnt sie sich aus in dem, zwischen den fächerförmig sich ausbreitenden Bronchial- und Arterienästen liegenden Parenchym in einer nach vorn unten geneigten Ebene, bisweilen sogar in mehreren, stockwerkartig übereinander liegenden Schichten (Bild 156, 174, 178), wobei die einzelnen Höhlen durch schräg nach vorn unten geneigte Platten derb indurierten Gewebes voneinander getrennt sind. Über die Prädilektionsstellen der Kavernenbildung gibt beifolgende, von Herrn Dr. Gonnermann ausgeführte Zusammenstellung (Textabb. 3) Auskunft. Ort, Größe und Zahl geben die Häufigkeit an, mit welcher bei 40 Fällen unserer Thoraxsammlung Kavernen in annähernder Größe an einer bestimmten Stelle gefunden worden sind. Die Pfeilrichtung gibt die Neigung der Kaverne zu weiterer Ausbreitung an.

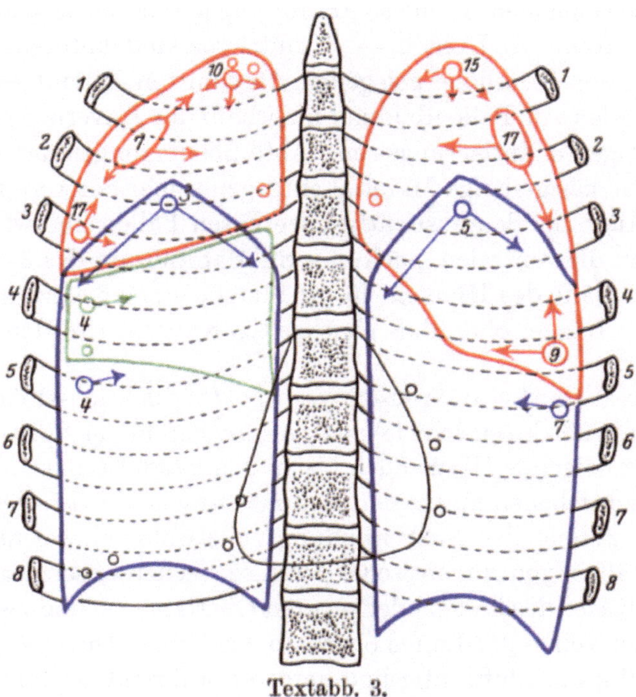

Textabb. 3.

Liegen mehrere Kavernen vor, so finden sich sehr oft Verbindungen der einzelnen Höhlen, manchmal breit, manchmal nur durch enge Fistelkanäle, welche durch Injektion von Flüssigkeit nachgewiesen werden können. Dies weist auf die Entwicklung solcher Kavernen hin. Nehmen wir an, daß ursprünglich nur eine apikale Kaverne bestanden hat, und der gewöhnlichen Ausbreitung entsprechend sich anschließend daran ein lobulär-käsiger Herd sich befindet, so wird dieser sich nach der Seite des geringsten Widerstandes, also gegen diese Höhle zu am leichtesten vergrößern. Wegen des infolge vermehrter Flüssigkeitsaufnahme und Aufquellung erhöhten Innendrucks wird der käsige Herd schließlich in die Höhle einbrechen und sein erweichtes Material in diese hinein entleeren. Weitere lobulär-käsige Herde werden immer wieder den gleichen Verlauf des Zerfalls zeigen. Auf diese Weise ergibt sich dann das häufige Bild der vielseitigen Kommunikation von Kavernen bei kranial-kaudal abnehmender Größe.

Hierbei braucht die Lappengrenze keine Rolle zu spielen. Eine Kaverne, welche an der unteren Begrenzung des linken Oberlappens liegt, löst schon im Vorstadium des lobulär-käsigen Herdes eine interlobäre fibrinöse Pleuritis aus, welche den Unterlappen diesem Herd anhaften läßt. Beim Überschreiten der Erkrankung auf dieses Gewebe durch Kontaktinfektion kann nun nach genügend starker Verklebung der beiden Pleuren der Zerfall sich unmittelbar auf den Unterlappen fortsetzen; so kann es schließlich zu großen gemeinsamen Höhlenbildungen der Lappen kommen, ohne daß die Pleurahöhle damit eröffnet worden ist.

Weniger häufig kommt es bei langsam verlaufenden Fällen zur Ausdehnung einer Kaverne auf den anliegenden Lappen, da die interlobäre Pleura genügend Zeit hat, sich schwartig umzuwandeln. Auf einer derartig schwartig verdickten Lappengrenze rutscht die Kaverne gleichsam nach vorn unten, ohne mit einer etwa darunterliegenden Unterlappenkaverne zu kommunizieren.

Bild 136   Die Kavernen, welche sich aus den mehr akuten Formen der lobulär-käsigen Phthise entwickeln, zeigen eine mehr wahllose Anordnung und finden sich auch häufig — gleichaltrig mit den kranialen Höhlen — in mittleren und unteren Teilen der Lunge; in den unterhalb der Hilushöhe gelegenen Abschnitten kommt es dann seltener als in den kranialen Teilen zur Balkenbildung innerhalb der Kavernen; dies erklärt sich wohl aus den ungünstigeren Entleerungs- und Abflußbedingungen der Inhaltsmassen solcher Höhlen, da ja das käsig-eitrige Material entgegen seiner Schwere nach aufwärts bewegt werden muß. Auch bei den exsudativ-kavernösen Fällen überwiegt die Zahl der peripheren Kavernen die zentralen, nach unserm Material um das 3—5fache; selten sitzen Kavernen in der Nähe des Hilus, nicht oft findet sich eine einzige Kaverne in den kaudalen Teilen der Lunge, ohne daß gleichzeitig Kavernen in den kranialen Teilen der Lunge vorliegen.

Auch die Narbenherde weisen gewisse Prädilektionsstellen auf. Sie sind am häufigsten und am stärksten schwielig ausgesprochen in der Spitze zu finden; doch gibt es zur Abheilung neigende Herde auch bis zu den kaudalsten Teilen der Lungen. Wenn wir von den umschriebenen Spitzenindurationen absehen, so ist vielleicht noch besonders eine Prädilektionsstelle der Narbenbildung zu erwähnen, welche fast regelmäßig bei ausgedehnten Fällen von zirrhotischer Phthise nachzuweisen ist; es handelt sich um den medialen Rand des linken oder rechten Oberlappens, und zwar in den, der Wirbelsäule anliegenden Teilen der Lunge oberhalb des Hilus. Dieses Gebiet findet sich überhaupt recht häufig noch lufthaltig und herdfrei, während lateral von ihm am stärksten an der ventralen Brustwand zahlreiche dichtstehende nodös-zirrhotische Herde sitzen. Ist jedoch auch dieser mediale Lungenteil an der Erkrankung beteiligt, dann besteht hier allermeist Induration, während das lateral anliegende Gewebe in eine Kaverne umgewandelt ist (Bild 156, 157). Es kommt nur selten vor, daß eine Kaverne, die sich ja sehr oft in Kombination mit diesen Indurationen im Oberlappen findet, auch das Gebiet dieses eben genannten, meist 2—4 cm breiten Gewebsstreifens einnimmt, sondern sehr häufig läßt die Kaverne, welche sonst nach den anderen Seiten hin die ganze Breite des Oberlappens umfaßt, diesen medialen Streifen frei, den sie dann oft von vorne und hinten umfaßt und nur sehr langsam zu zernagen beginnt. Man sieht also eine besondere Bevorzugung der medialen Lungenteile für indurierende Vorgänge, während Kavernen sich mit Vorliebe im lateralen Teil zu entwickeln pflegen.

Dieser Befund, welchen wir oft genug erheben konnten, scheint mir von besonderem Interesse zu sein. Wir wissen, daß die paravertebralen Teile durch die Respirationsbewegungen eine geringere Lageverschiebung erleiden als die mehr lateralen; die ersteren neigen zur Ausheilung, die letzteren zum Zerfall, eine bemerkenswerte Gesetzmäßigkeit des Verlaufs, welche der ruhigstellenden Therapie die innere, aus natürlichen Vorgängen zu begründende Berechtigung verleiht.

e) Die anatomischen Unterlagen der sog. Hilustuberkulose und Hilusausbreitung.

Der Kliniker, welcher von Hilustuberkulose oder Hilusausbreitung einer Lungenphthise spricht, ist zu diesem Begriff gekommen einerseits auf Grund fortlaufender physikalischer Untersuchung (im engeren Sinne) besonders der Auskultation, andererseits, und zwar hauptsächlich, durch Auslegung von Befunden der Röntgenplatte, welche in Hilushöhe, einseitig oder doppelseitig Schattenbildungen entweder in der Umgebung des Hilus oder in Gestalt etwa von Schmetterlingsflügeln zeigte, um so mehr wenn die Schatten in fortlaufender Plattenreihe eine kontinuierliche Zunahme und Verbreiterung der seitlichen Teile nachweisen ließen. Diesem Befund wurde die anatomische Deutung unterlegt, daß ein phthisischer Prozeß im Hilusgebiet — im Lymphknoten — oder vielleicht auch schon im Lungenbereich — beginne und nun in bezeichnender Weise sich von hier aus nach den Seiten hin ausbreite. Diese vermutete anatomische Verlaufsform wurde sogar zur Unterlage eines klinischen, „gut abgrenzbaren" Krankheitsbildes benutzt.

Der Vorgang der „Hilusausbreitung" soll einen Gegensatz darstellen zur kranial-kaudalen Entwicklung der Lungenphthise, steht aber gleichzeitig der Annahme der bronchogenen (oder auch hämatogenen) Entstehung neuer Herdbildungen entgegen und setzt eine kontinuierliche, durch Kontaktwachstum bedingte oder retrograd lymphogene Weiterentwicklung voraus. Als Ausgangspunkt werden gewöhnlich die Lymphknoten des Hilus angenommen, von welchen aus die Infektion auf das Lungengewebe kontinuierlich überspringen soll. Derartige Vorstellungen über anatomische Vorgänge werden nun in keiner Weise durch Sektionsbefunde gestützt. Man mag einwenden, daß das anatomische Präparat nur den Endzustand einer Lungenphthise wiedergibt, also ein Urteil über den anatomischen Verlauf während der Dauer der klinischen Erkrankung nicht gestatte; indessen ist dieser Einwand insofern nicht stichhaltig, als man doch auch an der Leiche die ehemals fortschreitenden Veränderungen am Hilus als alte indurierte Herde usw. im unmittelbaren Übergang zu jenen Lymphknoten vorfinden müßte; dies ist jedoch nicht der Fall. Man kann, wie schon betont, sehr wohl der Meinung sein, daß nicht alle Fälle bronchogener Phthise sich kranial-kaudalwärts ausbreiten, sondern manchmal ein- oder vielleicht auch doppelseitig in Lungenteilen mittlerer oder unterer Höhe zur Entwicklung und Ausbreitung kommen; aber auch dann handelt es sich um eine vorwiegend bronchogene Ausbreitung, welche in keiner unmittelbaren Beziehung zum Hilus steht. So sind z. B. frische Herdbildungen im Mittelteil einer Lunge als Folge der Aspiration einer andersseitigen, vielleicht kavernösen Phthise gar nichts seltenes.

Der auskultatorische Befund von Katarrhen in der Hilusgegend, welche peripherwärts an Ausdehnung gewinnen, berechtigt natürlich noch nicht zur Vorstellung, daß der Katarrh den Weg und die Entwicklung phthisischer Veränderungen anzeige. Mag auch der Katarrh tatsächlich von einer Erkrankung der größeren, hilusnahen Bronchien herrühren, so ist damit über seine anatomischen Unterlagen nichts ausgesagt; wir wissen vielmehr, daß mit einer Lungenphthise beliebiger Lokalisation sehr oft eine schleimige oder eitrige Bronchitis unspezifischer Art verbunden sein kann. Es geht somit nicht an, aus solchen Befunden einen Schluß auf die Ausbreitungsweise spezifischer, im Gewebe selbst gelegener Herdbildungen zu ziehen.

Wenn nun also diese Auffassung der Ausbreitung einer Lungenphthise vom Hilus aus grundsätzlich als eine anatomisch unmögliche Vorstellung abgelehnt werden muß,

so wird der Kliniker vielleicht die Plattenbefunde für beweiskräftiger halten, da
ja hier das Bestehen einer Hilustuberkulose oder ein hilusfugaler Verlauf anscheinend
unmittelbar abgelesen werden kann. Daß es sich hierbei im wesentlichen nur um Trug-
schlüsse handelt, welche durch die Projektion der Herdbildungen der verschiedenen
Tiefen auf eine Ebene, die Plattenebene hervorgerufen werden, wird an Hand der vergleichenden Untersuchungen (S. 63 u. 64) bewiesen werden und ist aus den Abbildungen
leicht zu ersehen. Der Röntgenbefund widerlegt also in keiner Weise die anatomisch
festgelegten Tatsachen.

Einer anderen Beurteilung unterliegt der Begriff der Hilusausbreitung, wenn man
ihn auf gewisse Formen phthisischer Erkrankung der Hiluslymphknoten beschränkt, welche man vorwiegend im Kindesalter antreffen kann. Im Winkel der
Bifurkation der Trachea, zur Seite der Hauptbronchien und in deren Teilungsstellen
liegen zahlreiche Lymphknoten, welche durch Lymphgefäße miteinander in Verbindung
stehen. Im Verlauf einer phthisischen Primäraffektion heilt nun bekanntlich der
Lungenherd nicht selten aus, während die Erkrankung der zugehörigen Hiluslymphknoten sofort oder nach Jahren weiterschreitet. Der Verkäsung zentral gelegener
Knoten kann sich wohl durch Rückstauung der bazillenhaltigen Lymphe oder durch
Kontaktinfektion eine Erkrankung mehr peripherwärts gelegener Knoten oder solcher
der andern Seite anschließen; es kommt zu neuer Verkäsung und weiterer zentri-
fugaler Infektion vom Hilus aus, unter Umständen bis auf die interbronchial gelegenen
Lymphknoten. Dieser Vorgang entspricht wohl anatomischen Möglichkeiten und
könnte deshalb als Hilusausbreitung einer phthisischen Erkrankung der Lymphknoten
(aber nicht einer Lungenphthise) bezeichnet werden.

VI. Gestaltung und Ausgang der pathologisch-anatomischen Reaktionsformen der Lungenphthise im Röntgenbilde, im anatomischen Präparat und in der histologischen Darstellung (Einheitsbilder).

A. Die exsudativ-käsige Herdbildung.

a) Im Röntgenbilde.

Die exsudativ-käsigen (lobulären) Herdbildungen sind gekennzeichnet durch unscharf begrenzte, verwaschene Herdschatten, die im Zentrum eine stärkere Dichtigkeit besitzen. Diese entspricht dem meist verkästen Kerne. Der den dichten Schattenanteil umgebende allmählich sich aufhellende Schattenhof entsteht durch das den Lobulus erfüllende Exsudat. Benachbarte exsudativ-käsige Herdbildungen, die in einem umgrenzten Lungenteile beieinander liegen, erzeugen auf dem Röntgenbilde ineinander überfließende Herdschatten.

b) Im anatomischen Präparat.

Die zahlreichen, verschieden großen Herdbildungen von (im Präparat) grauer bis gelblicher Färbung sind unscharf begrenzt und konfluieren vielfach. Diese Herde sind blutarm und stellen lobulär-exsudative und -käsige Herdbildungen dar. Zwischen ihnen befindet sich noch mehr weniger reichlich lufthaltiges Lungengewebe.

c) In der histologischen Darstellung.

Zwischen den zum Teil noch lufthaltigen Alveolen liegen Herdbildungen, welche eine Infiltration des Lungengewebes erkennen lassen, und zwar finden sich alle Übergänge von reinem mehr weniger eiweißreichem Exsudat oder zelligem Inhalt der Alveolen bis zur Verkäsung, wobei schließlich die Struktur des Alveolargerüstes gänzlich verloren gehen kann.

Bei a finden sich große Exsudatzellen im Lumen der Alveolen; bei b Exsudat mit mehr weniger reichlich Zellen vermischt. Bei c ist die Struktur des Alveolargerüstes undeutlich und das Exsudat stark leukozytendurchsetzt. Die Verkäsung ist hier im Beginn. Bei d findet sich vollkommene Verkäsung; von Struktur ist überhaupt nichts mehr zu erkennen.

B. Die produktive Herdbildung.

a) Im Röntgenbilde.

Produktive nodöse Herdbildungen erzeugen mehr oder weniger dichte, unregelmäßig gestaltete, gut gegeneinander abgesetzte Herdschatten. Der einzelne Herdschatten besteht aus einem dichten Zentrum (Verkäsung oder Induration) und einem kleinen Schattenhof. Zahlreiche nodös-produktive Herde innerhalb eines Lungenteiles erscheinen im Röntgenbilde stets als gut gegeneinander abgesetzte Herdschatten.

b) Im anatomischen Präparat.

Die kleinen, verschieden verzweigten, aber auch wieder rundlichen Herdchen von (im Präparat) grauer bis grau-gelblicher Farbe stellen produktive Herdbildungen dar; sie setzen sich gegen die Umgebung scharf ab; an einzelnen Stellen sind sie zu größeren Knötchen zusammengeschlossen. Das Gewebe zwischen diesen Herden ist gut lufthaltig.

c) In der histologischen Darstellung.

Man sieht einzelne scharf voneinander abgesetzte Herdbildungen, zwischen welchen sich völlig lufthaltiges Gewebe a befindet; diese Herdbildungen zeigen verschiedene Formen. Es handelt sich im wesentlichen um azinöse Herde, welche ihrer verschiedenen Lagerung wegen auf dem Schnitt in der verschiedensten Form auftreten müssen. Sie sind histologisch zusammengesetzt aus phthisischem Granulationsgewebe b, also vorwiegend aus Epitheloid-, Rundzellen und mehr weniger reichlichen Riesenzellen c. An einzelnen Stellen d sieht man in den zentralen Teilen der azinösen Herde eine geringe Verkäsung. Dieses Bild steht im Gegensatz zum Vergleichsbild des exsudativen Herdes. Das entscheidende ist die scharfe Begrenzung dieses Herdes gegenüber dem lufthaltigen Gewebe.

C. Der indurierte Herd und die Zirrhose.

a) Im Röntgenbilde.

Die Gesamtheit der indurierten und zirrhotischen Schattenbildungen ergibt sich aus einer Anzahl typischer Teilerscheinungen. Eine größere oder kleinere fleckige, unscharf begrenzte Schattenbildung umschließt eine Anzahl dichter Herdschatten. Diese letzten entsprechen den meist aus der Umwandlung produktiver Herde in hyalinisiertes Narbengewebe entstandenen indurierten Zentren. Die umgebende fleckige Schattenbildung entsteht durch Kollaps und Atelektase des Lungengewebes zwischen den indurierten Herden. Streifige, unregelmäßig verzweigte Schattenbildungen ragen von der Peripherie der fleckigen Schattenbildung in die aufgehellten Lungenteile hinein; sie entsprechen fibrösen Veränderungen. In nächster Umgebung des induriert-zirrhotischen Herdes finden sich fleckige aufgehellte Stellen, die durch emphysematös verändertes Lungengewebe entstehen.

Bild 9 zeigt einen großen induriert-zirrhotischen Herd, in dessen Umgebung einige kleinere indurierte Herde mit Zirrhose liegen. Bei diffuser Zirrhose, die über eine Lunge oder über Teile einer solchen ausgebreitet ist, finden sich mehr oder weniger zahlreiche solcher großen oder kleinen Schattenkomplexe, von denen ein jeder einzelne der beschriebenen Teilerscheinungen aufweist. Besonders deutlich zeigt sich dabei das zwischen den Herdbildungen liegende Emphysem in Gestalt unregelmäßig geformter, fleckiger, aufgehellter Stellen, die zwischen den einzelnen Herdbildungen liegen.

b) Im anatomischen Präparat.

Das Bild ist sehr verwickelt zusammengesetzt, da sich bei den Ausheilungszuständen die verschiedensten Veränderungen gleichzeitig vorfinden. Man sieht einzelne (im

Präparat) grau bis graugelblich gefärbte Herde, welche in der verschiedensten Größe und Lage und in wechselnder Verbindung lufthaltiges Lungengewebe einschließen. Diese Herde stellen z. T. hyalinisiertes, aus azinös-nodösen Herden sich zusammensetzendes Narbengewebe dar, z. T. findet sich bereits Verkäsung in diesen Knoten. Unter der breiten, schwartig verdickten Pleura finden sich auch einige kleine von derbem Gewebe eingeschlossene Höhlenbildungen. An mehreren Stellen sieht man die Alveolen des Lungengewebes eigenartig gedehnt (Emphysem) und an anderen Stellen wieder durch die Knotenbildung komprimiert (Atelektase). Die Gefäße im indurierten Herd erscheinen auffallend weit.

c) In der histologischen Darstellung.

Bild 11

Entsprechend der schon makroskopisch wahrnehmbaren Mischung verschiedener Ausheilungsvorgänge sieht man auch mikroskopisch ein sehr buntes Bild. In den unteren Teilen des Präparates a sieht man das Lungengewebe ersetzt durch ein solides, vorwiegend verkästes, aber völlig ausgetrocknetes, zur Hyalinisierung neigendes Narbengewebe. Nach rechts hin finden sich noch Reste von Lungengewebe in Gestalt von drüsenartigen Bildern b, welche von der Respiration abgeschnittene, mit kubischem bis zylindrischem Epithel versehene Lungenalveolen darstellen. An mehreren Stellen c findet man Anhäufungen von Ruß im indurierten Gewebe. Bei d ist das hyalinisierte Gewebe noch zellreicher und zeigt eine mehr fibröse Umwandlung. Hier sieht man auch den Rest eines Gefäßes e, welches zum größten Teil durch Granulationsgewebe ausgefüllt ist. Bei f liegen noch Reste von phthisischem Granulationsgewebe mit Riesenzellen. Bei g sind einige Alveolen ausgefüllt mit verfetteten Alveolar- und sonstigen Zellen, wie sie sich bei diesen Narbenzuständen sehr häufig finden. Zwischen den indurierten Herden bei h ist das Lungengewebe stark komprimiert (Kompressionsatelektase), während an anderen Stellen Gruppen von besonders stark gedehnten Alveolen i als Ausdruck des Emphysems sich finden.

D. Die frisch entstandene Kaverne.

a) Im Röntgenbilde.

Bild 12
u. Tafel III

Eine aufgehellte Zone von verschieden großer Ausdehnung wird durch unscharf begrenzte, bandförmige Schattenbildungen gegen die Umgebung abgegrenzt. Innerhalb der Aufhellung finden sich in den unteren Teilen unregelmäßig verzweigte fleckige herd- und streifenförmige Schattenbildungen, die den fortschreitenden Zerfall verraten. Der Grad der Aufhellung hängt ab von der Tiefenausdehnung der Höhle und von deren Überlagerung durch strahlenabsorbierende Veränderungen der Pleura und des Lungengewebes. In der Höhle liegende Zerfallsmassen erzeugen fleckige, verwaschene Schattenbildungen und bedingen eine unregelmäßige und ungleichmäßige Gestaltung der Höhlenaufhellung.

b) Im anatomischen Präparat.

Bild 13

In einem völlig verdichteten, verkästen Lungengewebe liegen zahlreiche Zerfallshöhlen, deren Wand unregelmäßig begrenzt ist und ausgedehnte Vorsprünge in die Höhlen erkennen läßt. Die bindegewebigen Septen des Lungengewebes sind von dem Zerfall im wesentlichen noch verschont geblieben.

Bild 14

c) In der histologischen Darstellung.

Ein Abschnitt einer Kavernenwand a ist dargestellt, welcher ganz unregelmäßigen Rand zeigt. Der größte Teil des Lungengewebes ist mehr weniger völlig verkäst b. An einzelnen Stellen c sind noch Reste von Struktur oder Zellen erhalten; andernorts sieht man zwischen dem verkästen Gewebe zellarmes, geronnenes Exsudat und zellengefüllte Alveolen d; indessen ist meistenteils die Alveolarwand selbst ebenfalls zerfallen. Bei Färbung auf elastische Fasern würde man jedoch noch das elastische Fasergerüst des Lungengewebes weitgehend erhalten finden.

E. Die abgekapselte Kaverne.

Bild 15
u. Tafel III

a) Im Röntgenbilde.

Die abgekapselte bzw. gereinigte Kaverne zeigt meist eine scharfe Umrandung. Die Umgebung wird gebildet durch induriertes, verdichtetes Lungengewebe; dies umgibt die Höhle in Gestalt dichter, bandförmiger Schattenbildungen. Die hier dargestellte Höhle besteht aus zwei Teilen. Der obere Höhlenanteil wird nach unten hin durch ein Schattenband begrenzt, das induriertem Gewebe entspricht. Die Höhlenaufhellung ist stark ausgeprägt, da die Höhle die ganze Lungenspitze einnimmt. Ein weiter nach unten liegendes, breites Schattenband umschließt den nach vorne und unten liegenden Anteil der Höhle, die hier einen geringeren Tiefendurchmesser hat. Das vor und hinter diesem Höhlenanteil liegende indurativ-fibröse Herde enthaltende Lungengewebe läßt diesen Höhlenanteil nicht so aufgehellt erscheinen und bedingt die herd- und streifenförmige Schattenbildung im Bereich dieses Teiles der Höhle.

Bild 16

b) Im anatomischen Präparat.

Zwei große Kavernen, von denen die eine nur noch zum Teil getroffen ist, zeigen geringe Verkäsung der Wand und sind von einem derben fibrösen Mantel umgeben, so daß sie eine verhältnismäßig scharflinige Begrenzung gegen das Lumen besitzen; die Umgebung der Höhle ist luftleer. Weiter entfernt davon sieht man vereinzelte nodös-indurierte Herde und sodann normales, bzw. emphysematöses Lungengewebe. Rechts unten liegen einige größere Bronchien und Gefäße.

Bild 17

c) In der histologischen Darstellung.

Nach oben zu liegt das Lumen a der Kaverne. Bei b finden sich noch Reste von verkästem Gewebe als Kavernenwand. Im Käse c finden sich mehr weniger reichlich Leukozyten und zerfallende Zellen. Bei d ist auch dieses käsige Gewebe schon abgestoßen. Bei e finden wir bereits (zusammengestelltes Präparat!) eine Überhäutung der gereinigten Kavernenwand mit plattem Epithel. Als tiefere Schicht der Kavernenwand findet sich sodann festeres Gewebe, welches z. T. noch reichliche kleine Gefäße und kleinzellige Infiltrationen f aufweist, an anderen Stellen aber wieder vorgeschrittene fibröse Umwandlung g ohne stärkeren Zellgehalt. In der Wand der Kaverne sieht man weiterhin Reste von Lungengewebe in Form von drüsenartigen Bildungen h, welche frühere Lungenalveolen darstellen, zwischen diesen ebenfalls wieder kleinzellige Infiltrationen und Reste phthisischen Granulationsgewebes. Bei i ist ein Gefäß getroffen, dessen Lumen z. T. durch zellreiches Granulationsgewebe verschlossen ist. Ihm liegt an ein völlig verkäster, aber ziemlich stark abgekapselter Herd k.

VII. Die Einzelergebnisse vergleichender röntgenologisch-anatomischer Untersuchung von 52 Fällen der Lungenphthise.

Fall 1. **Bild 18—21 u. Tafel IV.**

Hämatogen-disseminierte azinös-produktive Phthise (Miliartuberkulose).

Aus der Krankengeschichte. W. P., 35 Jahre, m. April 1917 Krankmeldung wegen Schwäche in den Beinen und Sehstörung. Stauungspapille. Aufnahme in der Klinik im Juli 1917 wegen Kopfschmerzen, Schwindel. Beiderseitige Stauungspapille. Lumbalpunktion 270 mm Druck; geringer Lymphozytengehalt. Zunehmende Augenmuskellähmung. Keine Subjektivbeschwerden seitens der Lungen. Objektiv nur vereinzelte feine Rasselgeräusche beiderseits über den basalen Teilen der Lungen; keine Schallverkürzung. Zunahme der Zerebralerscheinungen. Am 11. 8. 17 plötzlicher Tod.

Röntgenbefund. (R.-A. 745/1917.) Beide Lungenfelder sind ziemlich gleichmäßig Bild 18 übersät von kleinen und unregelmäßig gestalteten, gut gegeneinander abgesetzte Verdichtungsschatten von azinös-nodösem Charakter. Die Anordnung der Schatten- bildungen ist in beiden Lungenfeldern eine ziemlich gleichmäßige. Auch die Zahl und Stellungsdichte der Schattenbildungen ist in den oberen Teilen dieselbe wie in den basalen Teilen. Zwerchfell beiderseits scharf begrenzt. Es besteht keine merkliche Verbildung des Thorax im Sinne einer Schrumpfung.

Zusammenfassung. Hämatogen-disseminierte azinös-produktive Phthise beider Lungen.

Anatomischer Befund. (S.-Nr. 308/17. Zeitintervall: 35 Tage.) Großer, gut gewölbter Thorax, die Lungen gebläht. Die rechte Brusthöhle bindegewebig obliteriert; das Herz groß; kräftige Muskulatur der linken Kammer.

1. Schnitt: Bild 19

Der rechte Vorhof liegt in großer Ausdehnung vor, die kräftige Muskulatur der linken Kammer schräg getroffen, darüber die weite Pulmonalarterie und über dem rechten Herzohr Reste des Thymus.

Beide Lungen zeigen in annähernd gleicher Verteilung sehr zahlreiche azinöse und besonders in den oberen Abschnitten azinös-nodöse Herdbildungen.

2. Schnitt: Bild 20

Man sieht die Einmündung der Lungenvenen in den linken Vorhof, daneben die Trachea mit den Hauptbronchien. Über den Bronchien die Lungenarterie; auf der einen Seite der Aortenbogen mit der linken Karotis und der Subklavia, auf der anderen Seite die (infolge Injektion) stark erweiterte Vena azygos, unten der Ösophagus und die Bauchaorta.

Über beiden Lungen gleichmäßig ausgestreut finden sich miliare Tuberkel, vor- wiegend aber schon azinöse und in den oberen Abschnitten kleine azinös-nodöse Herd- chen von rein produktivem Charakter. Nirgends Exsudation. Die Herdchen sind fast durchweg kleiner als im 1. Schnitt.

(Größerer weißlicher Kunstfleck r. m. a., mehrere kleine in beiden Lungen.)

4*

Bild 21

3. Schnitt der linken Lunge: Es läßt sich sehr schön die Verkleinerung der Herdchen in ventro-dorsaler, ebenso in kranial-kaudaler Richtung verfolgen. Im Hilusgebiet zahlreiche, etwas vergrößerte anthrakotische Lymphknoten.

Diagnose. Hämatogen-disseminierte, azinöse und azinös-nodös-produktive Phthise (Miliartuberkulose). Geringe Vergrößerung und Anthrakose der Hiluslymphknoten. Bindegewebige Obliteration der rechten Brusthöhle.

Großes Herz mit Hypertrophie der Muskulatur.

Sehr zahlreiche miliare Tuberkel der Milz, Leber, Nieren. Vereinzelte phthisische Geschwüre im unteren Ileum, verkäste mesenteriale Lymphknoten; Konglomerattuberkel des Gehirns.

Vergleichende Beurteilung. Die ziemlich gleichmäßige Ausbreitung der zahlreichen, über beide Lungenfelder verstreuten kleinen und gut gegeneinander abgesetzten Schattenbildungen verrät zunächst die hämatogene Ausbreitung der Erkrankung. Die anatomischen Schnitte zeigen dieselbe disseminierte, über beide Lungen ziemlich gleichmäßig verstreute Herdanordnung wie das Röntgenbild. In diesem sind allerdings die in verschiedenen Tiefen liegenden Herde nebeneinander und zum Teil auch ineinander projiziert. Die Herdschatten sind deshalb im Röntgenbilde besonders dichtstehend und zahlreich; sie sind aber trotzdem überall gut umgrenzt und gut gegeneinander abgesetzt und haben das charakteristische Gepräge der disseminierten azinös-nodösen Herde.

Fall 2.　　　　　　　　　　　　　　　　　　　　　**Bild 22—24 u. Tafel V.**

Über beide Lungen ausgebreitete azinös-nodöse und nodös-indurierende Phthise; Höhlenbildungen in den Spitzenteilen beiderseits.

Aus der Krankengeschichte. H. K., 39 Jahre, w. Vater an Phthise gestorben. Erste Krankheitserscheinung Anfang 1916 mit Husten und Blutauswurf. Erste klinische Beobachtung 6. Mai 1917 bis 30. Juli 1917. Physikalischer Befund bei erster Aufnahme in der Klinik: Links vorne oben übervoller Schall, unterhalb des Schlüsselbeins bis 3. Rippe relative Schallverkürzung, hinten oben Schallverkürzung mit starker Tympanie bis 3. Brustwirbeldorn; weiter herab relative Schallverkürzung. Atemgeräusch vorne und hinten oben bronchovesikulär, klingendes Rasseln. Rechts oben Schallverkürzung bis 3. Rippe, hinten bis 5. Brustwirbeldorn Bronchovesikuläratmen, groß- und mittelblasiges Rasseln von klingendem Charakter über den gedämpften Zonen. Starke Infiltrate im Larynx. Zweite klinische Beobachtung im November 1917. Lungenprozeß weiter fortgeschritten; starke Kachexie; Erscheinungen von Darmphthise. Gestorben 10. November 1917.

Bild 22

Röntgenbefund. (R.-A. 510/17.) Die Lungenfelder sind ungleich geformt infolge unregelmäßiger Gestaltung des Brustkorbbaues. Die oberste Brustwirbelsäule zeigt im Bereiche des 1.—5. Brustwirbels eine Linksverbiegung. Daran anschließend ist sie stark nach rechts ausgebogen. Die Rippen verlaufen entsprechend rechts oben etwas steiler, sie sind hier einander genähert, die Zwischenrippenräume sind rechts hinten kleiner als links. Links unten seitlich zeigt die Thoraxbegrenzung eine Abflachung, die Rippen weisen hier in den seitlichen Teilen einen stark geknickten, steilen Verlauf auf. Das Herz erscheint nach links verlagert, so daß die Herzbegrenzung im rechten Lungenfeld nicht sichtbar ist.

Das rechte Spitzenfeld ist im obersten und seitlichen Teile leicht diffus verschattet. Medianwärts von dieser diffusen Verschattung liegt eine unregelmäßig gestaltete, scharf begrenzte, aufgehellte Zone, die bis zur 1. Rippe reicht. Unterhalb dieser Aufhellung sind im oberen Teile des Lungenfeldes ziemlich gleichmäßig verteilt zahlreiche kleinere und größere unregelmäßig gestaltete, gut begrenzte Verdichtungsschatten sichtbar von mittlerer Dichtigkeit. Diese Verdichtungsschatten sind auch über den mittleren Teil des rechten Lungenfeldes ausgebreitet und nehmen an Zahl und Dichtigkeit nach unten hin ab. In den mittleren Teilen des rechten Lungenfeldes liegen eine Anzahl schärfer begrenzter Herde von stärkerer Dichtigkeit; hier sieht man auch vereinzelt einige streifenförmige, querverlaufende Schattenzüge.

Im linken Spitzenfeld besteht eine starke Aufhellung. Oben und seitlich ist diese Aufhellung begrenzt durch einen ringförmigen Schatten, der unten zwischen 1. und 2. Rippe übergeht in streifen- und herdförmige Schatten. Die Aufhellung ist oberhalb der 1. Rippe besonders stark ausgeprägt. Oben und seitlich ist sie begrenzt durch eine bandförmige Schattenbildung. Im Vergleich zu der rechtsseitig beschriebenen Aufhellung ist diese erheblich größer; sie reicht unterhalb der 1. Rippe in die obersten Teile des Lungenfeldes hinein. Unterhalb dieser Aufhellung sieht man in ähnlicher Anordnung wie rechts über die oberen und mittleren Teile des Lungenfeldes verstreut zahlreiche kleinere und größere, unregelmäßig gestaltete, gut begrenzte Verdichtungsschatten von mittlerer Dichtigkeit. Auch hier sind seitlich vom Hilus eine Anzahl schärfer begrenzter Schatten von stärkerer Dichtigkeit sichtbar. Zwischen diesen dichteren Schattenbildungen sind vereinzelte streifenförmige, querverlaufende Schattenstreifen erkennbar.

Zusammenfassung. Über die oberen und mittleren Teile beider Lungen ausgebreitete azinös-nodöse und nodös-indurierende Phthise. Kavernen beiderseits in den Spitzenteilen.

Anatomischer Befund. (S.-Nr. 452/17. Zeitintervall: 5 Monate.) Langer, gut gewölbter, etwas schmaler Thorax. Die Lungenränder überlagern weitgehend den Herzbeutel; die Lungen stark gebläht. Die linke Lunge ziemlich frei, die rechte über Ober- und Mittellappen ausgedehnt verwachsen.

1. Schnitt: Bild 23

Die Rippen sind hinter der Lungenschnittfläche durchtrennt. Man sieht in das rechte Herz; neben der eröffneten Pulmonalarterie die aufsteigende Aorta, darüber die linke Vena anonyma.

Die linke Lunge zeigt einige wenige azinös-produktive und zu kleineren Knoten zusammengelagerte Herde, ebenso die rechte Lunge in sämtlichen Teilen.

2. Schnitt: Bild 24

Man sieht in den linken Vorhof; unten seitlich davon die Cava inferior. Medialwärts von dieser der sog. Kavazipfel des rechten Unterlappens. Über dem linken Vorhof die Lungenarterien, darüber der Aortenbogen mit der linken Karotis, auf der anderen Seite die Vena azygos quer getroffen.

In beiden Oberlappen große Kavernen, seitlich und hinten bis zur Pleura reichend. Die Höhlen zeigen z. T. noch käsig belegte Wand, z. T. Neigung zur Reinigung. Die rechtsseitige Kaverne ist nach innen von fibrösem Gewebe und dann von normalem Lungengewebe begrenzt, außen ist sie von induriertem fibrösem Gewebe umgeben. Kaudalwärts schließen sich konfluierende nodöse, zur Induration neigende Herdbildungen und weiter abwärts kleinere Herde an.

Links finden sich in den kaudalen Abschnitten nur vereinzelte azinös-nodöse Herdchen.

Diagnose. Azinös-nodöse, zur Induration neigende Phthise beider Lungen. Apfelgroße Kavernen in beiden Spitzen. Emphysem der Lungen. Leichte Dilatation des rechten Herzens, mäßige Ektasie der Pulmonalarterie. Pleuraverwachsungen, besonders rechts.

Phthisische Darmgeschwüre, Tuberkel der Milz, phthisische Otitis media links. Atherosklerotische Narben der Nieren.

Vergleichende Beurteilung. Durch den relativ großen zeitlichen Zwischenraum zwischen Röntgenaufnahme und anatomischem Befund (5 Monate) erfährt der Vergleichswert nur eine relative Einschränkung in quantitativem Sinne. Der Grundcharakter des Krankheitsprozesses ist, wie die anatomischen Schnitte zeigen, bis zum Tode derselbe geblieben.

Die über die oberen Teile beider Lungenfelder verstreuten größeren und kleineren, gut begrenzten Herdschatten von verschiedener Dichtigkeit entsprechen dem azinös-nodösen bzw. nodös-indurierenden Charakter der über beiden Lungen ausgebreiteten Herdbildungen. Große und kleine Herde liegen wie auf dem Röntgenbilde, so auch im anatomischen Präparat bunt durcheinander. In den oberen Teilen sind beiderseits die größeren Herdschatten deshalb zahlreicher, weil hier, wie aus dem 2. Schnitt ersichtlich ist, die nodösen Herde in größerer Anzahl zu finden sind. Die große, gut umrandete Aufhellung im linken Spitzenfeld ist durch die von indurierten Strangbildungen umgrenzte Höhle (2. Schnitt) bedingt. Hinten oben reicht die Höhle bis zur Brustkorbwandung, vorne unten ist sie von Lungengewebe überlagert, in dem nodös-indurierende Herde liegen. Deshalb sieht man hier Herdschatten innerhalb der Kavernenaufhellung. Die etwas kleinere rechtsseitige Zerfallshöhle tritt auf dem Röntgenbilde deshalb nicht so deutlich in die Erscheinung, weil sie zur Zeit der Röntgenaufnahme noch bedeutend kleiner war. Die besonders gute und klare Darstellung der Herdschatten im Röntgenbilde erklärt sich aus dem produktiven und vielfach zur Induration neigenden Charakter der Herdbildungen. Die Art der Erkrankung hat sich also in der Zwischenpause zwischen Röntgenaufnahme und dem Tode erhalten; nur die Zahl der Herdschatten hat in der Zeit zwischen Plattenaufnahme und dem Eintritt des Todes zugenommen.

Fall 3.   **Bild 25—26 u. Tafel V.**

Hämatogen-disseminierte produktiv-nodöse Phthise (großknotige „Miliar"-Tuberkulose).

Aus der Krankengeschichte. M. O., 28 Jahre, m. Wegen Magenbeschwerden und Fiebererscheinungen Lazarettbehandlung vom 30. Januar 1917 ab. Objektiv keine Anzeichen einer Magen-Darmerkrankung. Nach mehrmonatlichem Aufenthalt im Erholungsheim Aufnahme in Klinik am 25. Mai 1917 wegen starker Kopfschmerzen, Brustschmerzen und Husten ohne Auswurf. Quälender Kopfschmerz nimmt während der klinischen Beobachtung zu. Keine sicheren meningitischen Symptome.

Lungenbefund: Über der rechten Spitze hinten oben geringe Schallverkürzung mit Tympanie. Atmungsgeräusch hier vesikobronchial, sonst über der ganzen rechten und linken Lunge überall verschärft vesikulär mit verlängertem Exspirium. Über beiden Lungen hört man hinten oben besonders seitlich, in der Höhe des 5. bis 7. Brustwirbels feines Knistern und außerdem vereinzelte bronchitische Geräusche. Milz perkussorisch deutlich vergrößert und auch palpabel unter dem linken Rippenbogen. Im· weiteren Verlaufe stellen sich meningitische Symptome ein, vorübergehende leichte Benommenheit geht in kommatösen Zustand über. Unter langsamer Zunahme der meningitischen Symptome gestorben 31. Mai 1917.

Röntgenbefund. (R.-A. 4421.) Beide Lungenfelder sind ziemlich gleichmäßig übersät von zahlreichen größeren und kleineren, überall gut gegeneinander abgesetzten unregelmäßig gestalteten Verdichtungsschatten. Rechts ist die Zahl dieser Schattenbildungen in den seitlichen Teilen des Mittelfeldes etwas größer, die Herde stehen hier etwas dichter. Auch unterhalb des rechtsseitigen Hilus in der Nähe des Herzrandes liegen die Herdschatten ziemlich dicht beieinander, so daß sie hier an einzelnen Stellen zu einer diffusen Verschattung zusammenfließen. Links sind die Herde unterhalb des Spitzenfeldes, besonders aber in den medialen Teilen des Mittelfeldes besonders zahlreich. Auch hier stehen sie in der Gegend des Hilus besonders dicht, so daß neben dem Herzgefäßwinkel eine diffuse Verschattung entsteht. Im allgemeinen jedoch sind die Herdbildungen trotz der starken Stellungsdichte gut gegeneinander abgesetzt. Das Zwerchfell ist beiderseits scharf begrenzt. Das Herz ist normal gestaltet und gelagert.

Die Brustkorbbegrenzung ist beiderseits eine gleichmäßige.

Zusammenfassung. Über beide Lungen ausgebreitete disseminierte nodöse Phthise.

Anatomischer Befund. (S.-Nr. 221/17. Zeitintervall: 8 Tage.)

Schnitt durch die rechte Lunge: (Die Lungen wurden nach der Herausnahme aus der Brusthöhle von den Bronchien aus mit Formol injiziert und nach der Härtung geschnitten. Hieraus ergab sich die Deformierung des Schnittes. Der charakteristische Befund ist trotzdem deutlich zu erkennen.)

Man sieht über die Lappen gleichmäßig verteilt in den oberen Teilen größere, in den unteren kleinere azinös-nodöse, gegen das lufthaltige Gewebe scharf abgesetzte Herdbildungen. Am Hilus zwischen den großen Bronchien hyalin-anthrakotische Lymphknoten.

Diagnose. Hämatogen-disseminierte, nodös-produktive Phthise beider Lungen (Miliartuberkulose). Hyalin-anthrakotische Hiluslymphknoten.

Großknotige, verkäste Tuberkel des Gehirns, der Nieren und Leber; miliare Tuberkel in Leber und Milz. Verkäste Herde in Prostata, Hoden und Samenblasen. Produktive Phthise des Peritoneums, phthisische Geschwüre des Dünn- und Dickdarms.

Vergleichende Beurteilung. Der Vergleich des Röntgenbildes mit dem anatomischen Präparat ist deshalb ein beschränkter, weil in diesem Falle nicht das intrathorakale Härtungsverfahren angewendet wurde, sondern eine Fixierung der Lunge erst nach Herausnahme aus dem Brustkorbe stattfand.

Beide Lungen sind ziemlich gleichmäßig durchsetzt von derben nodösen Herdbildungen. Die ziemlich gleichmäßige Verteilung der Schattenbildungen im Röntgenbilde entspricht der hämatogen-disseminierten Aussaat der Krankheitsherde. Die Lungenteilschnitte lassen erkennen, daß die nodös-produktiven Herdbildungen keine gleichmäßige Größe zeigen. Daraus erklärt sich auch die im Röntgenbilde erkennbare Ungleichmäßigkeit der über beide Lungenfelder verstreuten Herdschatten. Größere und kleinere Schattenbildungen liegen bunt durcheinander.

Durch den besonders langsamen Verlauf der Erkrankung ist es zu besonders großen Herdbildungen gekommen, wie sie bei der hämatogen entstehenden Phthise selten beobachtet werden.

Fall 4.   **Bild 27—30 u. Tafel VI.**

Lobulär-exsudative Phthise der ganzen linken Lunge und der oberen Hälfte der rechten Lunge. Kavernen in den oberen Teilen beiderseits. Emphysem der basalen Lungenteile rechts.

Aus der Krankengeschichte. N. E., 36 Jahre, w. Beginn der Erkrankung 5 Monate vor Aufnahme in die Klinik am 26. Juni 1917. Beobachtung bis 22. Juli 1917. Temperatur dauernd um 38 Grad.

Links hinten oben bis 4. Brustwirbeldorn relative Schallverkürzung mit Tympanie, weiter herab deutliche relative Schallverkürzung. Vorne bis 3. Rippe Schallverkürzung mit Tympanie, weiter abwärts relative Schallverkürzung. Rechts hinten und vorne oben relative Schallverkürzung mit Tympanie, hinten deutliche Schallverkürzung bis 6. Brustwirbeldorn, weiter abwärts übervoller Schall. Links hinten oben Bronchialatmen, vorne amphorisches Atmen; über den basalen Teilen links Vesiko-Bronchialatmen, klingendes Rasseln. Rechts hinten und vorne oben Bronchialatmen, weiter abwärts Vesiko-Bronchialatmen, klingendes Rasseln. Starke Durchfälle weisen auf phthisische Darmveränderungen hin. Gestorben 22. Juli 1917.

Bild 27 **Röntgenbefund.** (R.-A. 733/17.) Das linke Lungenfeld ist im ganzen etwas kleiner als das rechte. Die Brustkorbbegrenzung verläuft hier etwas steiler wie rechts. In den mittleren und unteren Teilen des linken Lungenfeldes sieht man zwischen Herz- und Thoraxrand zahlreiche große und kleine, verwaschene, unscharf begrenzte, vielfach ineinander überfließende Verdichtungsschatten. Im seitlichen Teile des Mittelfeldes ist eine elliptisch gestaltete, von einer bandförmigen Schattenbildung begrenzte Aufhellung sichtbar. In den oberen Teilen des Lungenfeldes finden sich aufgehellte Zonen. Diese Aufhellungen sind teilweise begrenzt durch unregelmäßig verlaufende, verwaschene, bandförmige Schattenbildungen. Innerhalb einer großen, gut begrenzten Aufhellung sieht man nur vereinzelte fleckige Schattenbildungen liegen. Das Herz ist nach links verlagert, die Herzbegrenzung ist infolge der das Herz unmittelbar umgebenden, zahlreichen verwaschenen Herdschatten nicht differenzierbar.

Im rechten Lungenfeld sieht man besonders in den mittleren Teilen, und zwar in der Umgebung des Hilus und auch seitlich davon bis zum Thoraxrand hin zahlreiche, unscharf begrenzte, verwaschene Verdichtungsschatten liegen. In der Nähe des Hilus sind einige besonders dicht und unregelmäßig gestaltete, kleine, scharf begrenzte Herdschatten sichtbar. Im Spitzenfeld und in den oberen Teilen des Lungenfeldes sind eine Anzahl teils rundlicher, teils unregelmäßig gestalteter, nebeneinander liegender und ineinander übergehender, gut begrenzter Aufhellungen erkennbar, zwischen denen wiederum verwaschene Verdichtungsschatten gelagert sind. Der mediale Teil des rechten Spitzenfeldes ist diffus verschattet. Die unteren Teile des rechten Lungenfeldes sind stark aufgehellt und zeigen außer der durch Gefäß- und Bronchialverzweigung bedingten Lungenzeichnung keinerlei Verdichtungsschatten.

Zusammenfassung. Über die ganze linke Lunge ausgebreitete, lobulär-exsudative Phthise. Große Höhlenbildung in den oberen und mittleren Teilen der linken Lunge. Über die obere Hälfte der rechten Lunge ausgebreitete, lobulär-exsudative Phthise mit kleinen Höhlenbildungen in den oberen Teilen. Starkes Emphysem der mittleren und unteren Teile der rechten Lunge. Mäßige Schrumpfung der linken Thoraxseite infolge Pleuraobliteration.

Anatomischer Befund. (S.-Nr. 290/17. Zeitintervall: 3 Wochen.) Über beiden Lungen bestehen ausgedehnte Verwachsungen, oben flächenhaft, manchmal mit Schwartenbildung, weiter unten teilweise strangförmig.

1. Schnitt:

Bild 28

Man sieht in den mit Speckhaut gefüllten rechten Vorhof, daneben die linke Kammer und die aufsteigende Aorta mit der Arteria anonyma, ebenfalls mit Speckhaut gefüllt, sodann die Pulmonalarterie, darunter das linke Herzrohr. Über dem rechten Vorhof ist die Cava superior eröffnet.

Die linke Lunge zeigt in sämtlichen Teilen, kaudalwärts etwas an Zahl und Größe abnehmend, kleine bis mittelgroße lobulär-käsige Herdbildungen mit ausgesprochener Neigung zum Zerfall. Im rechten Oberlappen das gleiche Bild. Der Mittel- und Unterlappen sind frei.

2. Schnitt:

Bild 29

Man sieht die Einmündung der Lungenvenen in den linken Vorhof, die Trachea mit den Hauptbronchien.

In sämtlichen Teilen links wiederum lobulär-käsige Herdbildungen mit kleineren Höhlen im Ober- und Mittelteil. Im rechten Oberlappen das gleiche Bild. Der Mittel- und Unterlappen fast völlig frei von Veränderungen.

3. Schnitt (paravertebral gelegt):

Bild 30

Der linke Oberlappen atelektatisch mit einem lobulär-käsigen Herd seitlich nur schmal getroffen.

In dem linken Unterlappen! eine große Höhle mit käsig belegter Wand. Kleinere Höhlen und lobulär-käsige Herde mit Zerfallsneigung in den kaudalen Abschnitten; hier auch einzelne azinös-nodöse Herdchen. In der rechten Spitze ebenfalls eine größere Höhle, welche von zahlreichen Kavernenbalken durchsetzt ist. Kaudalwärts davon azinös- und lobulär-käsige Herdchen. Der Unterlappen fast völlig frei.

Diagnose. Lobulär-käsige Phthise beider Lungen mit starker Neigung zum Zerfall. Große Kavernen in den kranialen Teilen beiderseits. Fast völliges Freibleiben des rechten Mittel- und Unterlappens. Flächenhafte Verwachsungen über den Oberlappen, strangförmige weiter unten.

Phthisische Geschwüre des untersten Ileums, Zökums und oberen Dickdarms. Miliare Tuberkel der Leber, Milz, Schwellung der Milz.

Vergleichende Beurteilung. Der in allen anatomischen Schnitten erkennbare exsudativ-käsige Charakter der Phthise kommt auf dem Röntgenbilde deutlich zum Ausdruck in Gestalt der beschriebenen verwaschenen, fleckigen, vielfach ineinander überfließenden Schattenbildungen. Links entsprechen die über das ganze Lungenfeld ausgebreiteten Schattenbildungen den über die ganze linke Lunge ausgebreiteten Herden. Die erst auf dem 3. Schnitt zutage tretenden, also sehr weit dorsalwärts gelegenen großen Höhlenbildungen sind im Röntgenbilde gut erkennbar. Besonders deutlich sieht man die in den Spitzenteilen gelegene große Höhle; sie ist nach vorne von Lungengewebe überlagert. Die durch die Höhle bedingte aufgehellte Zone enthält deshalb herdförmige Schattenbildungen. Käsige Veränderungen der Kavernenwandung bedingen die bandartige Schattenbildung in der Umgebung der Kavernenaufhellung. Rechterseits macht die Erkrankung, wie auf dem 1. Schnitte deutlich sichtbar ist, an der Grenze zwischen Ober- und Mittellappen halt. Dies Verhalten kommt auch auf dem Röntgenbilde deutlich zum Ausdruck. Die im 3. Schnitt rechts oben sichtbaren Höhlenbildungen sind auf dem Röntgenbilde als aufgehellte Zonen zu erkennen. Sie heben sich nicht so deutlich ab wie die linksseitigen Höhlenbildungen und zwar wegen ihres geringen Tiefendurchmessers, wegen der stärkeren Überlagerung von Lunge und vielleicht auch infolge der auf dem 1. Schnitt sichtbaren Pleuraverdickung. Vereinzelte in den anatomischen Schnitten nachweisbare azinösnodöse Herde werden durch die zahlreichen lobulär-exsudativen und verkästen Herde überdeckt und sind deshalb auf dem Röntgenbilde nicht differenziert.

Fall 5.   **Bild 31—34 u. Tafel VI.**

Hämatogen disseminierte azinös-exsudative und azinös-produktive Phthise. Kleine Höhlenbildungen in der rechten Lungenspitze.

Aus der Krankengeschichte. D. J., 42 Jahre, m. Als Kind Halsdrüsenschwellung. Nie lungenkrank früher. Jetziges Leiden begann vier Wochen vor Aufnahme in die Klinik mit Lungenerscheinungen, trockenem Husten, Kurzluftigkeit, Fieber. Klinische Beobachtung vom 15.—19. Januar 1919. Starke Dyspnoe, Zyanose. Blutbefund: 5 Mill. rote Zellen, 6600 weiße Zellen, 80% Leukozyten, 20% Lymphczyten.

Lungenbefund: Rechts hinten oben geringe Schallverkürzung, sonst über der rechten Lunge überall voller Schall. Über Spitze und seitlich vom Hilus reichlich feine krepitierende Geräusche. Links keine sichere Verkürzung, etwas Tympanie über der ganzen Lunge und vereinzelte feinblasige Rasselgeräusche. Zunehmende Dyspnoe, beiderseits im Hilusgebiet leichte Schallabkürzung und Tympanie.

19. Januar 1919 gestorben.

Bild 31   **Röntgenbefund.** (R.-A. 81.) Beide Lungenfelder sind in beinahe symmetrischer Anordnung übersät von zahlreichen kleineren und größeren, unregelmäßig gestalteten Verdichtungsschatten, verschieden starker Dichtigkeit. Zum Teil haben diese Verdichtungsschatten eine gute Umgrenzung, und zwar besonders in den Ober- und Unterteilen des linken Lungenfeldes. Die rechtsseitigen sind größtenteils unscharf und verwaschen. Beiderseits ist die Zahl dieser Schattenbildungen in den Spitzenfeldern und in den unteren Teilen der Lungenfelder erheblich geringer; am dichtesten stehen die Herde beiderseits in den Mittelfeldern, und bei Vergleich beider Seiten rechts erheblich dichter als links. Rechts fließen sie an verschiedenen Stellen zu größeren verwaschenen Verschattungen zusammen. In den Spitzenfeldern liegen zwischen den hier vereinzelt stehenden Verdichtungsschatten gut aufgehellte Bezirke. Im rechten Spitzenfeld liegt innerhalb der aufgehellten Zone eine gut erkennbare ringförmige Schattenbildung. Auch die basalen Teile der Lungenfelder sind im Bereich der vereinzelt stehenden Herde stark aufgehellt.

Das Zwerchfell ist beiderseits scharf begrenzt. Das Herz ist etwas steil gestellt, nicht vergrößert.

Zusammenfassung. Über beide Lungen ziemlich gleichmäßig ausgebreitete disseminierte nach oben und unten etwas abnehmende, azinös exsudative und azinösnodöse Phthise; kleine Höhlenbildungen in den oberen Teilen rechts. Besonders in den Mittelfeldern, rechts deutlicher als links, haben die Herdbildungen einen exsudativen Charakter.

Anatomischer Befund. (S.-Nr. 30/19. Zeitintervall: 3 Tage.) Sehr großer, gut gewölbter Thorax. Beide Brusthöhlen völlig bindegewebig obliteriert. An den Oberlappen auch Schwartenbildung. Das Herz groß, rechts erweitert, Muskulatur hypertrophiert, Pulmonalarterie weit.

1. Schnitt:

Bild 32

Der Schnitt eröffnet das rechte Herz, der Vorhof und die Kammer sind sehr weit, ebenso die abgehende Pulmonalarterie. Die Lichtung der linken Kammer ist eben eröffnet.

Beide Lungen zeigen wesentlich dasselbe Bild. In dem kranialen Teil bis weit herunter dicht stehende konfluierende, verkäsende Herdchen von derbem, fibrösem, rußdurchsetztem Gewebe durchzogen. Auch kleinste Höhlenbildungen liegen schon vor. Zwischen diesen Herdbildungen lufthaltiges Gewebe, zum Teil überdehntes Lungengewebe. In den kaudalen Teilen lösen sich diese Herde auf in kleine azinöse und azinös-nodöse Herdchen, die in diesen Abschnitten nicht zur Verkäsung neigen.

2. Schnitt:

Bild 33

Die linke Kammer ist freigelegt. Über dem hinteren Segel der Mitralis sieht man in der Tiefe den linken Vorhof, darüber die Pulmonalarterie an der Teilung und die aufsteigende Aorta mit dem Bogen und der linken Karotis; daneben die Cava superior mit der Einmündungsstelle der Vena azygos, unten die Einmündung der Cava inferior, welche gegen die Mittellinie zu ebenfalls von Lungengewebe des rechten Unterlappens umschlossen ist (sog. Cavazipfel). Oberhalb des Herzbeutels die Trachea und der Ösophagus.

Beide Lungen sind übersät von kleinen, zur Verkäsung neigenden Herdchen, welche meistens bindegewebig abgekapselt sind. Diese Herde konfluieren ziemlich reichlich. Oben findet sich hier und da fibröse Strangbildung, besonders links. In den kaudalen Teilen sind diese nodösen Herdchen weniger dicht und sind im allgemeinen auch etwas kleiner. Zwischen Kava superior und Trachea große frischgeschwollene Lymphknoten.

3. Schnitt:

Bild 34

Man sieht die Brustaorta und über der Wirbelsäule die Vena azygos.

Beide Lungen sind wiederum übersät von kleinen Herdchen derselben Art wie im ersten Schnitt. Abwärts nehmen sie an Zahl ab und sind kleiner, manchmal von azinösem Aussehen oder rund, von Hirsekorngröße. In der rechten Spitze die Ausläufer einer Kaverne, welche nach hinten etwas größeren Umfang annimmt, weiter unten davon eine zweite kleine Höhle.

(Weitere Schnitte zeigen im wesentlichen das gleiche Bild, jedoch ist auch links dorsalwärts in der Spitze und etwas unterhalb seitlich davon je eine kirschgroße, mit Käse gefüllte Höhle nachweisbar. Beide Höhlen kommunizieren dorsalwärts miteinander.)

Diagnose. Disseminierte kleine, zum Teil konfluierende azinös-nodöse, auch -exsudative Herde beider Lungen, kaudalwärts uud dorsalwärts an Zahl und Größe abnehmend. Zentrale Verkäsung der Herdchen. Kleine Kavernen in beiden Spitzen. Schwellung der Hiluslymphknoten. Obliteration der Brusthöhle. Großes Herz mit Dilatation der Kammer.

Beginnende Verkäsung der Prostata, Verkäsung der linken Samenblase, keine Nebenhoden- oder Hodenphthise, beginnende Verkäsung der linken Nebenniere. Fettleber mit vereinzelten Tuberkeln. Ulcus rotundum ventriculi; anämische Infarkte in beiden Nieren.

Die Entscheidung, ob es sich um eine hämatogene oder bronchogene Phthise handelt, ist nicht mit Sicherheit zu erbringen.

Vergleichende Beurteilung. Die Anordnung der Herdbildungen in beiden Lungenfeldern spricht für eine hämatogen-disseminierte Phthise. Der Charakter der Herdbildungen ist nicht einheitlich. Links sind in sehr großer Anzahl, gut gegeneinander abgesetzte Herdschatten von azinös-nodösem Typ, an einzelnen Stellen auch ineinander überfließende Schattenbildungen von azinös-exsudativem Charakter sichtbar; rechts überwiegen in den mittleren Teilen des Lungenfeldes die unscharf begrenzten, ineinander überfließenden Schattenbildungen, also Herde von azinös-exsudativer Form. Anatomisch finden sich in den vorderen Schnitten über beide Lungen disseminierte azinös-exsudative, zur Verkäsung neigende Herde, die teilweise allerdings fibrös abgekapselt erscheinen (im histologischen Bilde). In den mittleren Abschnitten ist die Zahl dieser Herdbildungen, ähnlich wie auf dem Röntgenbilde, erheblich größer. Sie nimmt nach oben und unten hin deutlich ab. In den weiter rückwärts gelegenen Schnitten finden sich neben den azinös-exsudativen, zur Verkäsung neigenden Herden auch zahlreiche azinös-nodöse Herde, die in den mittleren Abschnitten wiederum zahlreicher sind als in den oberen und unteren Teilen. ln den rechtsseitigen Spitzenteilen sind im dritten Schnitt kleine Höhlenbildungen erkennbar, die auf dem Röntgenbilde wohl vermutet, aber nicht mit Sicherheit erkannt werden können.

Fall 6.   **Bild 35—38 u. Tafel VII.**

Zirrhotisch-kavernöse Phthise der rechten Lunge mit Pleuraobliteration und Brustkorbschrumpfung. Zirrhotische Phthise der mittleren Teile der linken Lunge; (sogenannte Hilusausbreitung).

Aus der Krankengeschichte. Pf. F., 47 Jahre, w. Mutter und ein Bruder an Phthise gestorben. Beginn der Erkrankung 3 Jahre vor Aufnahme in die Klinik. Beobachtung vom 6. Dezember 1917 bis 8. Januar 1918. Unregelmäßig remittierendes Fieber. Rechts hinten oben Dämpfung mit Tympanie bis 3. Brustwirbeldorn, herab bis zum 6. Brustwirbeldorn relative Schallverkürzung, weiter unten übervoller Schall. Vorne bis 2. Rippe Dämpfung mit Tympanie. Atmungsgeräusch über Spitze vorne und hinten bronchial, weiter unten bronchovesikulär über gedämpftem Bezirk; über den basalen Teilen verschärft vesikulär. Hinten und vorne über relativ-gedämpftem Bezirk mittel-großblasige Rasselgeräusche, vorne oben von metallischem Charakter. Links hinten relative Schallverkürzung vom 4.—7. Brustwirbeldorn, weiter unten übervoller Schall. Vorne in Höhe der 2. und 3. Rippe relative Schallverkürzung, Bronchialatmen, hinten über Schallverkürzung Bronchialatmen, vereinzelte klingende Rasselgeräusche. Im Auswurf reichlich Tuberkelbazillen. Erscheinungen von Darmphthise. Gestorben 9. 1. 18.

Bild 35   **Röntgenbefund.** (R.-A. 1415/17.) Die Lungenfelder sind ungleich groß. Das rechte Lungenfeld erscheint im ganzen kleiner, die Rippen verlaufen rechts, besonders rechts oben, steiler als links.

Das rechte Spitzenfeld ist im medialen Teile stark verschattet, seitlich davon besteht eine bis zur Höhe der 2. Rippe herabreichende aufgehellte Zone. Unterhalb dieser sind die oberen Teile des Lungenfeldes stark verschattet; innerhalb dieser diffusen Verschattung kann man zahlreiche größere und kleinere, ziemlich dichte Herdschatten erkennen. Im Hilusgebiet selbst besteht eine intensive Schattenbildung; von dieser intensiven Schattenbildung erstrecken sich radienartig seitlich in das Lungenfeld hinein feinere und gröbere streifenförmige Schattenbildungen.

In den mittleren und unteren Teilen des rechten Lungenfeldes sieht man drei große, unregelmäßig gestaltete Schattenbildungen liegen, die durch stark aufgehellte Lungenteile voneinander getrennt sind. Innerhalb der drei großen diffusen Schattenbildungen sind eine größere Anzahl sehr dichter Herdschatten zu erkennen. Zwischen jenen verlaufen unregelmäßig verzweigte, streifenförmige Schatten, die sich in die aufgehellten Lungenteile hinein erstrecken. Dichte herdförmige Schatten umgeben den Herzrand in solcher Dichtigkeit, daß dieser nicht differenziert erscheint. Auch innerhalb des Herzschattens kann man deutlich große und kleine fleckige Herdschatten erkennen und auch vertikal verlaufende streifenförmige Schatten.

Die rechte Zwerchfellhälfte steht deutlich höher als die linke und ist im medialen Teile, wo die beschriebenen herd- und streifenförmigen Schatten ihm anliegen, unscharf begrenzt. Der seitliche Teil des rechten Zwerchfells ist scharf begrenzt. Die Trachea ist stark nach rechts verzogen und zeigt einen nach rechts ausbiegenden bogenförmigen Verlauf.

Im linken Lungenfeld sieht man seitlich vom Hilusgebiet und im Mittelfeld große, fleckige Schattenbildungen mit eingelagerten sehr dichten Herdschatten. Vom Rande dieser Schattenbildungen aus erstrecken sich unregelmäßig gestaltete und ungleich verzweigte, streifenförmige Schatten in das Lungenfeld hinein. Im linken Spitzenfeld sind nur vereinzelte kleine, ziemlich dichte, unregelmäßig gestaltete Herde sichtbar. In den mittleren und unteren Teilen des Lungenfeldes liegen außerdem noch vereinzelte größere und kleinere, sehr dichte Herdschatten.

Zusammenfassung. Diffuse Zirrhose in den oberen Teilen der rechten Lunge mit zahlreichen indurierten Herden. Große Höhlenbildung in den Spitzen- und oberen Teilen der rechten Lunge. Indurierend-zirrhotische Herde in den mittleren und unteren Teilen der rechten Lunge. Pleuraobliteration rechts mit Schrumpfung. Indurierend-zirrhotische Herde in den mittleren und auch unteren Teilen der linken Lunge.

Anatomischer Befund. (S.-Nr. 13/18. Zeitintervall: 28 Tage.) Kleiner, gut gewölbter Thorax. Die rechte Brusthöhle ist im Oberlappenteil völlig obliteriert unter Schwartenbildung, der Unterlappen durch ein schmales Randexsudat von der Brustwand abgedrängt. Die linke Brusthöhle zeigt seitlich über dem Oberlappen fibrinösen Belag, in Organisation, nach vorne zu auch frische Adhäsion.

1. Schnitt: Bild 36

Man sieht den rechten Vorhof in ganzer Ausdehnung, die Trikuspidalis und den hintersten Teil der rechten Kammer, über dem Vorhof das rechte Herzohr. Die linke Kammer ist eben eröffnet. Oberhalb davon — schräg eröffnet — die Pulmonalarterie, daneben die sehr weite aufsteigende Aorta; über dieser die linke Vena anonyma bis zur Einmündung in die Cava superior, von oben mündet die Vena thyreoidea ima ein.

Die linke Lunge zeigt dem Mittelteil angehörig in ganzer Breite stark indurierte und z. T. anthrakotisch gefärbte knotige Herde, so daß nur oben und unten noch lufthaltiges Gewebe vorhanden ist.

Rechts zeigt der ganze Schnitt in sämtlichen Lappen luftleeres, stark induriertes Lungengewebe mit kleinen Zerfallshöhlen. Die kleinen, quer durchschnittenen Gefäße sind alle etwas weit. Über dem rechten Oberlappen erkennt man deutlich die Schwartenbildung der Pleura.

Bild 37   **2. Schnitt:**

Der linke Vorhof mit der Einmündung der Pulmonalvenen liegt vor. Unterhalb der rechten Pulmonalvene der Rest des rechten Vorhofs, darüber die Cava superior mit der Einmündung der Vena azygos; über dem linken Vorhof die Pulmonalarterie an der Teilung, darüber die weite Aorta im Bogenteil mit der linken Karotis. Seitlich oberhalb davon die Trachea und der Ösophagus.

Der linke Oberteil ist frei von Veränderungen. Im oberen Teil des Mittelteils ein größerer, teilweise indurierter Herd und frischere, exsudativ-käsige Prozesse. Kaudal seitlich schließen sich ganz frische exsudative Prozesse an. Solche finden sich auch in dem unteren Mittelteil und in dem Unterteil.

Die rechte Lunge zeigt im Gebiete des Ober- und Mittellappens, sowie im medialen Teil des Unterlappens das gleiche Bild wie im ersten Schnitt: starke Induration des Gewebes, dazwischen kleine Verkäsungen mit frischer Höhlenbildung. In den noch lufthaltigen Randteilen des rechten Unterlappens besonders starke Blähung (Emphysem). Um die Cava superior herum, besonders gegen die Trachea zu, sowie seitlich der linken Pulmonalarterie frisch geschwollene, teilweise stark anthrakotische Lymphknoten.

Bild 38   **3. Schnitt:**

Der Schnitt liegt hinter der Bifurkation. Die Trachea mit der Teilungsstelle ist erhalten und deutlich nach rechts verzogen (Betrachtung mit einem Auge!). Unter dem linken Hauptbronchus die Brust-aorta mit atheromatösen Flecken und Streifen an der Hinterseite.

In der linken Spitze ältere indurierte Herdchen und frische exsudativ-käsige Prozesse in der Umgebung. Seitlich des Hilus ein kleinapfelgroßer, ebenfalls nodös-indurierter Herd mit kleinster Höhlenbildung. Im kaudalen Teil links nodös-indurierte Herdchen.

Im rechten Oberlappen eine weiter hinten bis zur Spitze reichende und hinten auch weiter nach unten sich ausdehnende kleinfaustgroße Höhle mit geringem käsigem Wandbelag. Die mediale Begrenzung dieser Höhle bildet ein schmaler Streifen von induriertem luftleerem Gewebe. Kaudalwärts bis zur unteren Grenze des Lappens völlige Luftleere, diffuse Induration und Verkäsungen.

Im rechten Unterlappen nodös-indurierte Herde und ebenfalls wieder frische exsudative Prozesse in deren Umgebung. Auch im äußersten seitlichen Zipfel des Unterlappens ein exsudativ-pneumonischer Herd. Im Winkel der Bifurkation, sowie links seitlich der Trachea anliegend, endlich zwischen den Abgangsstellen der größeren Bronchien geschwollene, stark anthrakotisch verfärbte Lymphknoten.

Diagnose. Zirrhotische Phthise beider Lungen vorwiegend rechts. Große Kaverne im rechten Oberlappen mit völliger Induration und frischeren käsigen Prozessen im kaudalen Teil des rechten Oberlappens.

Nodös-indurierte Herde in sämtlichen Lappen von geringer Ausdehnung. Frische exsudative, manchmal schon käsige Prozesse in der linken Lunge und im rechten Unterlappen. Obliteration mit Schwartenbildung im Gebiet des rechten Oberlappens; Randexsudat rechts unten. Schwellung und starke Anthrakose der Hiluslymph-knoten. Kleines Herz, Ektasie der Aorta.

Lentikuläre Geschwüre an der Unterfläche der Epiglottis. Phthisische Geschwüre im ganzen Dünn-darm, im Wurmfortsatz und im Mastdarm, Fettleber. Keine Tuberkel in Leber und Milz. Alter und frischer Milzinfarkt. Infarktnarben der Nieren.

Vergleichende Beurteilung. Im Vordergrund des pathologisch-anatomischen Prozesses stehen die indurierend-zirrhotischen Vorgänge. Zwischen den indurativen Veränderungen finden sich, wie die verschiedenen Schnittbilder zeigen, auch einige frische, lobulär-exsudative Herdbildungen. Die in den anatomischen Schnitten zum Ausdruck kommende stärkere Ausdehnung des Krankheitsprozesses ist im wesentlichen bedingt durch die in der Zeit zwischen Röntgenaufnahme und Tod (4 Wochen) hinzugekommenen Krankheitsveränderungen. Der vorwiegend indurierend-zirrhotische Charakter ist im Röntgenbilde deutlich ausgeprägt. Der seitlich vom linksseitigen Hilus liegende große fleckige Schatten mit den dichteren Schattenzentren und den rings herum liegenden größeren und kleineren dichten Herdschatten entspricht den in allen drei Schnitten gut erkennbaren indurierend-zirrhotischen Herdbildungen der linken Lunge. Die aufgehellte Stelle in der Umgebung des großen fleckigen Herdschattens und zwischen den einzelnen kleineren Schattenbildungen entstehen durch das emphysematös veränderte Lungengewebe. Aus der Betrachtung der anatomischen Schnittbilder ergibt sich, daß die scheinbar im Hilusgebiet liegenden Herdveränderungen vorwiegend in den vorderen und unteren Teilen des Oberlappens zu finden sind. Die Schatten dieser Herderscheinungen werden infolge dieser Lokalisation auf den Hilus projiziert und täuschen so eine sogenannte Hilusausbreitung vor. In den mittleren und basalen Teilen des rechten Lungenfeldes sind dieselben Schattenbildungen sichtbar wie im linken Mittelfeld. Auch hier erklären sich diese großen fleckigen Schatten mit den eingelagerten dichten Schattenzentren aus den indurierend-zirrhotischen Vorgängen der mittleren und basalen Lungenteile. Zwischen dem indurierten Gewebe liegt emphysematöses Lungengewebe und dieses verursacht die fleckig aufgehellten Stellen zwischen den verschiedenen Schattenbildungen.

In den oberen Teilen der rechten Lunge besteht eine ausgedehnte Induration mit diffuser Zirrhose und so erklärt sich die diffuse Schattenbildung in den oberen Teilen des Lungenfeldes. Die im 3. Schnitt sichtbare Höhlenbildung tritt im Röntgenbilde wohl als aufgehellte Zone in die Erscheinung. Infolge der Überlagerung durch induriertes Lungengewebe ist die Aufhellung im Röntgenbilde nicht deutlich ausgeprägt. Von der medialen Seite her wird die Höhlenbildung begrenzt durch dichte, indurierte Massen. Diese veranlassen die beschriebene dichte, streifenförmige Verschattung im medialen Teil des Spitzenfeldes. Infolge der auf dem 1. Schnitt gut erkennbaren Pleuraobliteration bzw. Schwartenbildung ist die rechte Thoraxseite geschrumpft. Im Röntgenbilde ist die rechtsseitige Pleuraobliteration und Schrumpfung erkennbar an der stärkeren Neigung der Rippen im Vergleich zu dem mehr horizontalen Verlauf der Rippenschatten links.

Fall 7.   **Bild 39—42 u. Tafel VII.**

Indurierend-zirrhotische Phthise der ganzen rechten Lunge, Höhlenbildungen in den oberen Teilen. Pleuraobliteration mit Thoraxschrumpfung und Zwerchfellpleuraschwarte. Indurierend-zirrhotische Phthise der oberen Hälfte der linken Lunge. Emphysem der basalen Lungenteile links.

Aus der Krankengeschichte. Sch. K., 26 Jahre, m. Erste Krankheitserscheinungen im Jahre 1915 während Felddienstes. Erste Krankmeldung im September 1917. Damals in Behandlung wegen rechtsseitiger Rippenfellentzündung. Klinische Beobachtung vom 17. Mai bis 8. Juni 1918.

Im Vordergrund der Erscheinungen Reste einer rechtsseitigen Pleuritis. Keine erhöhte Temperatur. Deutliche Schrumpfung der rechten Thoraxseite. Physikal. Befund: Rechts hinten oben relative Schallverkürzung mit Tympanie, weiter unten ausgesprochene Schallverkürzung, oben verschärftes Atmen, weiter unten abgeschwächtes Atmen, keine Nebengeräusche.

Links hinten oben bis 4. Brustwirbeldorn relative Schallverkürzung, verschärftes Atmen, vereinzelte feinblasige und auch bronchitische Geräusche. In den letzten Wochen ausgeprägte Erscheinungen von Darmtuberkulose im Vordergrunde des Krankheitsbildes. Gestorben am 4. Juli 1918.

Bild 39   **Röntgenbefund.** (R.-A. 4489/178.) Das rechte Lungenfeld erscheint im ganzen eingeengt infolge steileren Verlaufes der rechtsseitigen Rippen. Die Thoraxbegrenzung zeigt rechts unten eine deutliche Einziehung. Die Brustwirbelsäule ist im Bereich des 1.—4. Brustwirbels stark nach rechts, daran anschließend nach links verbogen.

Im rechten Spitzenfeld sieht man eine Anzahl sehr kleiner und sehr dichter Herdschatten, an verschiedenen Stellen gruppenweise beieinander liegen. Diese Schattenbildungen umlagern eine gut umgrenzte aufgehellte Stelle. In den oberen und mittleren Teilen des rechten Lungenfeldes liegen eine Anzahl unregelmäßig gestalteter, durch aufgehellte Lungenteile voneinander getrennter, fleckiger Schattenbildungen. Innerhalb dieser und auch zwischen sie gelagert sieht man zahlreiche größere und kleinere, dichte Herdschatten. Innerhalb der beschriebenen Verschattungen und zwischen ihnen verlaufen unregelmäßig verzweigte, streifenförmige Schattenbildungen. Im rechten Hilusgebiet besteht eine ziemlich ausgedehnte Verschattung, innerhalb deren einige sehr dichte herdförmige Schatten erkennbar sind. Nach oben und seitlich von dieser großen dichten Verschattung liegt eine deutliche, von einer bandförmigen Schattenbildung umgrenzte Aufhellung. Seitlich von dieser ist wiederum eine, durch eine unregelmäßige und zackig begrenzte, ringförmige Schattenbildung umgrenzte Aufhellung sichtbar (Kaverne). In den unteren Teilen des rechten Lungenfeldes sind nur vereinzelte größere, unregelmäßig gestaltete, fleckige Schatten erkennbar. Der seitliche und unterste Teil des rechten Lungenfeldes erscheint frei von Herden. Entlang dem rechten Thoraxrande verläuft von der 2.—6. Rippe hin eine ziemlich breite, bandförmige Schattenbildung, die wohl einer Pleuraverdichtung entspricht.

Im linken Spitzenfeld und in den oberen Teilen des linken Lungenfeldes liegen in ähnlicher Anordnung wie rechts, eine Anzahl kleiner, sehr dichter Herdschatten. In den oberen und mittleren Teilen des linken Lungenfeldes sind unregelmäßig gestaltete, fleckige Schattenbildungen verschiedener Größe mit eingelagerten dichten Herdschatten sichtbar. In der Höhe der 1. und 2. Rippe sieht man einige Aufhellungen. Links unten sind nur vereinzelte, gut umschriebene Verdichtungsschatten sichtbar. Es verlaufen, vom Hilus zum Zwerchfell hin, den Gefäßen entsprechende streifenförmige Schattenverzweigungen. Im übrigen ist die untere Hälfte des linken Lungenfeldes stark aufgehellt (Emphysem).

Die linke Zwerchfellhälfte ist scharf begrenzt, die rechte Zwerchfellhälfte zeigt in der Nähe des Herzrandes eine wellige Erhebung, von der aus die Zwerchfellkuppe nach der Seite hin steil abfällt. Das Herz ist klein und erscheint unten etwas nach rechts verzogen.

Zusammenfassung. Über die ganze rechte Lunge ausgebreitete, vorwiegend indurierend-zirrhotische Phthise mit Höhlenbildungen in den oberen Teilen. Emphysem überall zwischen den Herdbildungen. Über die oberen und mittleren Teile der linken Lunge ausgebreitete, vorwiegend zirrhotische Phthise. Indurierte und verkalkte Herde in beiden Lungenspitzen. Zwerchfellverwachsung rechts in der Nähe des Herzrandes;

geringe Rechtsverlagerung des Herzens.   Pleuraobliteration mit starker Thoraxschrumpfung rechts. Emphysem der mittleren und basalen Teile links.

Anatomischer Befund. (S.-Nr. 264/18. Zeitintervall: 1 Monat, 4 Tage.) Die rechte
Brusthöhle ist vollkommen obliteriert. Es besteht eine derbe Schwartenbildung der
ganzen Brustwand entlang, sowie besonders auch paravertebral im Gebiete des oberen
Mittellappenteils. Die Lappen selbst sind ebenfalls fest bindegewebig verwachsen.
Linksseits besteht nur im Spitzengebiet flächenhafte bzw. strangförmige Verwachsung.

1. Schnitt: Bild 40

Der Schnitt hat den rechten, mit Kruor gefüllten Vorhof weit eröffnet, die linke Kammer ist im
Spitzenteil eben eröffnet; darüber ist die weite Pulmonalarterie, medianwärts davon die eröffnete auf-
steigende Aorta. Über der Pulmonalarterie zwei anthrakotische Lymphknoten, über der Aorta die linke
Vena anonyma. Die Rippen sind hinter dem Schnitt durchtrennt.

Im linken Ober- und Mittelfeld finden sich zahlreiche konfluierende oder einzeln
stehende, azinös-nodöse Herde, welche stark induriert und anthrakotisch durchsetzt
sind und sich dementsprechend sehr derb anfühlen. Mitten in diesen Herden eine
haselnußgroße Höhle mit gering verkäster Wand. Abwärts nur vereinzelte azinöse
Herde.

Die rechte Lunge zeigt in sämtlichen Lappen eine fast gleichmäßige Induration
nach vorausgegangener teilweiser Verkäsung und Abkapslung und als Folge der Vernarbung konfluierender, azinös-nodöser Herde; es findet sich kaum noch lufthaltiges
Gewebe. Nur der kleine, außen getroffene Zipfel des Unterlappens — durch eine
bindegewebige Schwarte vom Mittellappen getrennt — ist lufthaltig. Das Herz ist
durch das vikariierende Emphysem der linken Lunge deutlich nach rechts verlagert.

Die Schwere der Erkrankung der rechten Lunge kommt in der Abbildung nicht
voll zum Ausdruck.

2. Schnitt: Bild 41

Der Schnitt zeigt den linken Vorhof mit der Einmündung der Lungenvenen, darüber die Teilung
der Pulmonalarterie, sodann die Aorta, die Trachea und lungenwärts davon, eben noch getroffen, die
Cava superior, mit der Einmündungsstelle der kruorgefüllten Vena azygos.

Die linke Lunge zeigt eine ausgesprochene Schrumpfung des Oberlappens. Dieser
ist stark von nodös-indurierten Herden eingenommen, zwischen welchen sich nur
wenig lufthaltiges Gewebe befindet. Im Spitzenfeld eine kleine Höhle. Am Rande
des linken Unterlappens, sowie vereinzelt weiter innen, finden sich einige weitere
nodös-indurierte Herde.

Die rechte Lunge, in sämtlichen Lappen getroffen, zeigt im Ober- und Mittellappen das gleiche Bild, wie im ersten Schnitt. Dicht unterhalb der Lappengrenze
findet sich im Mittellappen eine kirschgroße Höhle; eine kleinere weiter unten, welche
sich nach hinten zu einer kleinapfelgroßen Höhle (des 3. Schnittes) erweitert. Auch
hier besteht starke Schrumpfung des Ober- und Mittellappens. Im Unterlappen ebenfalls zahlreiche nodös-indurierte Herde. Zwischen Kava und Trachea stark anthrakotische, etwas geschwollene Lymphknoten.

Anatomisch bemerkenswert ist der Lungenzipfel des Unterlappens, welcher nach
innen von der einmündenden Cava inferior gelegen der Wirbelsäule aufliegt. Die Cava
inferior ist somit zum größten Teil von Lungengewebe umkleidet.

3. Schnitt: Bild 42

Man sieht die Teilungsstelle der Trachea, die Längsaorta, die Hauptbronchien mit ihren Verzweigungen. Über diesen die Äste der Pulmonalarterie, unten die Äste der Pulmonalvenen.

Der linke Oberlappen ebenfalls wieder stark geschrumpft, induriert. Im Unterlappen wenige azinös-nodöse Herde. Auch rechts im Ober- und Mittellappen hochgradige Induration bei fast völliger Luftleere; hier auch einige frischere exsudative Prozesse.

Im rechten Oberfeld eine größere und einige kleine Kavernen. Im Unterlappen einige nodöse Herde.

Im Winkel der Bifurkation ein großes Paket vergrößerter, stark anthrakotischer Lymphknoten, ebensolche zu beiden Seiten zwischen den Hauptbronchien, besonders gegen den rechten Oberlappen zu. Zwischen diesen Lymphknoten und der genannten Kaverne käsig-induriertes Gewebe.

Auf einigen weiter hinten gelegten Schnitten der linken Lunge finden sich in deren kranialem Teil — dem Ober- und Unterlappen angehörig — medial und besonders lateral mehrere schrotkorn- bis erbsengroße, verkreidete, fibrös abgekapselte Herde.

Diagnose. Zirrhotische Phthise beider Ober- und des rechten Mittellappens mit starker Schrumpfung der Lappen. Kleine und größere Kavernen in beiden Oberlappen, besonders rechts. Azinös-nodöse Herdbildungen kaudalwärts. Vikariierendes Emphysem der linken Lunge. Verlagerung des Herzens nach rechts. Schwellung und starke Anthrakose der Hilus- und peribronchialen Lymphknoten; schwartige Obliteration der rechten Brusthöhle. Zahlreiche kleine, fibrös abgekapselte Kreideherde im kranialen Teil (Ober- und Unterlappen) der linken Lunge.

Lentikuläre, abwärts konfluierende Geschwüre der Trachea; phthisische Geschwüre des ganzen Dünn- und Dickdarms; Tuberkel der Milz und Leber.

Vergleichende Beurteilung. Das Röntgenbild zeigt durchweg die charakteristischen Erscheinungen der indurierend-zirrhotischen Phthise. Rechts sind diese Veränderungen entsprechend der auch anatomisch über die ganze rechte Lunge ausgedehnten phthisischen Erkrankung über die ganze Lunge ausgebreitet. Man sieht im Bereich des ganzen Lungenfeldes große fleckige, unregelmäßig begrenzte Schattenbildungen mit eingelagerten dichten Herdschatten. Zwischen den großen Schattenbildungen liegen fleckig aufgehellte Stellen. Anatomisch entspricht den großen Schattenkomplexen luftleeres geschrumpftes Lungengewebe; die dichteren Schattenzentren sind durch die indurativen Herdveränderungen innerhalb des luftleeren Gewebes bedingt. Die Schattenkomplexe heben sich dadurch gut voneinander ab, daß zwischen dem luftleeren und indurativ-zirrhotisch geschrumpften Lungengewebe emphysematös verändertes Gewebe liegt. Am deutlichsten ist die oberhalb des rechtsseitigen Bifurkationsastes gelegene dichte, ausgedehnte Induration des 3. Schnittes auf dem Röntgenbilde als breite, dichte Schattenbildung erkennbar. Auch die seitlich und oberhalb dieser indurativen Massen sich findende Höhle (3. Schnitt) ist in der Höhe der 1. und 2. Rippe in Gestalt einer unregelmäßig umgrenzten aufgehellten Stelle sichtbar.

Links sind die indurativ-zirrhotischen Veränderungen in verschiedenen anatomischen Schnitten vorwiegend auf die oberen Lungenteile lokalisiert. Die sehr dicht beieinander liegenden indurativen Herde des 1. Schnittes entsprechen den dichten, seitlich vom linken Hilusgebiet sich findenden Schattenbildungen. Hier wird eine sogenannte Hilusausbreitung vorgetäuscht, dadurch, daß indurative Gewebsveränderungen, die vorwiegend in den vorderen und unteren Teilen

des Oberlappens liegen, auf den Hilus und die seitlich von ihm liegenden Bron-
chialverzweigungsgebiete projiziert werden. Diese scheinbare Hilusausbreitung
wird noch besonders dadurch verstärkt, daß in den oberen Lungenteilen die Zahl der
Herdbildungen geringer ist. Auf dem Röntgenbilde erscheinen deshalb die Spitzen-
und Oberteile besser aufgehellt und weniger von Schatten durchsetzt als die mittleren
Teile des linken Lungenfeldes. Anatomisch sind die unteren Teile der linken Lunge
stark emphysematös und enthalten deutlich erweiterte Gefäße (Schnitt 2 und 3).
Die starke Aufhellung der unteren Teile des linken Lungenfeldes und die ausgeprägte
Gefäßzeichnung sind der röntgenologische Ausdruck dieser Veränderungen.

Auf allen drei Schnitten sieht man in der Nähe des rechten Herzrandes eine
dichte Schwartenbildung im Bereich der Pleura diaphragmatica. Die
unmittelbar über dieser Schwarte liegenden Teile der Lunge sind indurativ verändert
und luftleer. Es beteiligen sich demgemäß die medialen Teile der rechten Zwerchfellhälfte weniger an der Atmung, und es kommt so zu der auf dem Röntgenbilde
sichtbaren wellenförmigen Erhebung der medialen rechtsseitigen Zwerchfellhälfte. Das steil stehende Herz erklärt sich einmal aus dieser Minderatmung
der basalen medialen rechtsseitigen Lungenteile und weiterhin aus der inspiratorisch
stärkeren Weitung der linksseitigen unteren Lungenhälfte und dem damit in Zusammenhang stehenden Tiefstande der linken Zwerchfellhälfte. Das Herz wird dadurch aufgerichtet und etwas nach rechts verschoben.

Fall 8.   **Bild 43—49 u. Tafel VIII.**

**Lobuläre exsudativ-käsige Phthise der ganzen rechten Lunge mit großer Höhlen-
bildung in den oberen Teilen. Induration des Lungengewebes medial von der Höhle.
Vereinzelte, über die rechte Lunge verstreute nodöse Herde. Nodös-produktive Phthise
der mittleren und unteren Teile der linken Lunge. Schrumpfung der rechten Seite
infolge Pleuraobliteration.**

Aus der Krankengeschichte. L. J., 17 Jahre, m. Krankheitsbeginn $^1\!/_2$ Jahr vor Aufnahme in die
Klinik mit Hämoptoe; seither Fieber, Husten, Auswurf. Zwischenzeitlich wieder einige Wochen gearbeitet.
Wegen Zunahme der Lungenerscheinungen Aufnahme in Klinik am 4. März 1918. Physikalischer Befund
zur Zeit der 1. Röntgenaufnahme: Rechts hinten oben Schallverkürzung bis zur Höhe des 3. Brustwirbeldorns, vorne bis zur 2. Rippe, dann voller Schall; über den basalen Teilen geringe Schallabschwächung
mit leichter Tympanie. Atmungsgeräusch vorne oben vesikobronchial, hinten oben verschärft vesikulär,
reichliche fein- und mittelgroßblasige Rasselgeräusche; über den basalen Teilen verschärftes Atmen,
vereinzeltes feinblasiges Rasseln, daneben reichlich bronchitische Geräusche. Über der ganzen linken
Lunge vorne und hinten voller Schall. Vorne und hinten Atmungsgeräusch wenig verschärft, keine
Nebengeräusche. Temperaturen anfänglich subfebril, nach 3 Wochen hoch ansteigend, unregelmäßig
remittierend zwischen 37,5 und 38,5°. Bei weiterer Beobachtung stete Zunahme der Lungenerscheinungen
rechts, wie aus Vergleich der drei Röntgenbilder ersichtlich. Auswurf reichlich Bazillen, später elastische
Fasern enthaltend. In den letzten 4 Wochen auch Erscheinungen über mittleren und basalen Teilen der
linken Lunge (relative Schallverkürzung, reichliches fein- und mittelblasiges Rasseln).
Gestorben 25. Juni 1918.

Röntgenbefund der 1. Aufnahme. (R.-A. 275/18.) 8. 3. 1918. Rechts oben er-   Bild 43
scheint die Thoraxbegrenzung im Vergleich zu links etwas abgeflacht. Die Rippen

sind hier deutlich stärker geneigt als links. Entlang dem Thoraxrande verläuft eine
leicht diffuse Verschattung in Höhe der 2. bis 5. Rippe.

Im rechten Spitzenfeld liegen oberhalb der 1. Rippe einige kleinere und größere,
sehr dichte, unregelmäßig gestaltete und gut begrenzte Herdschatten. In den oberen
Teilen des Lungenfeldes besteht etwa in Höhe der 2. Rippe eine diffuse Schattenbildung,
innerhalb welcher eine ringförmig angeordnete, verwaschene, bandförmige Verschattung
gut erkennbar ist. In der Umgebung der diffusen Verschattung und in den mittleren
Teilen des Lungenfeldes liegen zahlreiche kleine und auch größere, unregelmäßig
gestaltete Schattenbildungen von guter Begrenzung und mittlerer Dichtigkeit. In
den unteren Teilen des Lungenfeldes sind eine Anzahl sehr dichter, unscharf begrenzter
verwaschener Herdschatten sichtbar. Zwischen diesen und in deren Umgebung liegen
wiederum eine Anzahl kleiner, gut begrenzter Verdichtungsschatten von mittlerer
Dichtigkeit. In den mittleren und unteren Teilen des linken Lungenfeldes liegen
vereinzelte, gut erkennbare, unregelmäßig gestaltete Herdschatten von mittlerer
Dichtigkeit. Im übrigen ist das linke Lungenfeld frei von Herdschatten.

Das Herz erscheint vergrößert. Das Zwerchfell ist beiderseits scharf begrenzt.
Oberhalb des rechten Herzgefäßwinkels in der Nähe der Bifurkation ist dem Mittelschatten eine sehr dichte, seitlich gut begrenzte Schattenbildung angelagert (vergrößerte Lymphknoten).

Zusammenfassung. Herdförmige nodöse und lobulär-exsudative Phthise der
rechten Lunge. Beginnende Zerfallshöhle in den oberen Teilen. Verstreute nodöse Herde
in den mittleren, vorwiegend exsudative Herde in den unteren Teilen der rechten
Lunge. Ganz vereinzelte nodöse Herde in den mittleren Teilen der linken Lunge.
Großes Herz. Geschwollene Hiluslymphknoten. Schrumpfung der rechten Thoraxseite infolge Pleuraobliteration.

Bild 44   **Röntgenbefund der 2. Aufnahme.** (R.-A. 706/18. — 16. 5. 1918.) Im Vergleich
zu der 1. Platte besteht jetzt eine über die oberen Teile des rechten Lungenfeldes
ausgebreitete diffuse Verschattung. Das ringförmig angeordnete, unregelmäßig gestaltete Schattenband ist jetzt in größerem Ausmaße sichtbar. Von ihm aus erstrecken sich einige sehr dichte, streifenförmige Schattenbildungen (käsige Bronchitis)
zum Hilus hin. Innerhalb des ringförmigen Schattenbandes ist die diffuse Verschattung etwas aufgehellt und läßt an einzelnen Stellen verwaschene Herdschatten
erkennen. Über die mittleren und unteren Teile des rechten Lungenfeldes sind zahlreiche kleinere und größere, unregelmäßig gestaltete, unscharf begrenzte, verwaschene
Schattenbildungen, von teilweise erheblicher, von teilweise geringerer Dichtigkeit
(exsudative Herde) verstreut. Der verwaschene Charakter dieser Schattenbildungen
tritt besonders in den unteren Teilen zutage. Zwischen den unscharf begrenzten
Herdschatten liegen da und dort auch vereinzelte dichte, gut umgrenzte Schattenbildungen (nodöse Herde). Über die mittleren und unteren Teile des linken Lungenfeldes sind zahlreiche kleine, unregelmäßig gestaltete, gut umgrenzte Verdichtungsschatten von verschiedener Dichtigkeit (ausgesprochene azinös-nodöse Herde) verstreut.
Der oberhalb des rechten Hilus liegende Lymphknotenschatten erscheint etwas größer
und dichter.

Zusammenfassung. Über die ganze rechte Lunge ausgedehnte, vorwiegend herdförmige exsudative Phthise. Große Höhlenbildung in den oberen Teilen der rechten
Lunge. Vereinzelte nodöse Herde in allen Lungenteilen zwischen den exsudativen

Herdbildungen. Nodös-produktive Aussaat in den mittleren und unteren Teilen der linken Lunge.

Der Vergleich mit der 1. Aufnahme zeigt eine starke Zunahme der exsudativen Herdbildungen in der ganzen rechten Lunge, eine Vergrößerung der Kaverne und eine starke Ausbreitung der Erkrankung in der linken Lunge von ausschließlich nodös-produktivem Charakter.

Röntgenbefund der 3. Aufnahme. (R.-A. 915/18. — 16. 6. 1918.) Die diffuse Bild 45 Verschattung in den oberen und seitlichen Teilen des rechten Lungenfeldes ist erheblich geringer geworden. Es erscheint jetzt besonders die von der bandförmigen Schattenbildung umrandete Zone gegen früher stark aufgehellt. Medianwärts von der Kavernenaufhellung besteht eine diffuse Schattenbildung, innerhalb deren einige verwaschene, dichte Herdschatten erkennbar sind. Die Zahl der verwaschenen und unscharf begrenzten Herdbildungen in den mittleren und unteren Teilen des rechten Lungenfeldes hat erheblich zugenommen, so daß diese an verschiedenen Stellen zu größeren diffusen Verschattungen zusammenfließen. Die zahlreichen gut umschriebenen Herde im linken Lungenfeld sind erheblich größer und dichter geworden und entsprechen jetzt mehr nodösen Herden. Thoraxbegrenzung und Rippen verlaufen rechts steiler wie links (Pleuraobliteration).

Zusammenfassung. Über die ganze rechte Lunge ausgebreitete, vorwiegend lobulär-exsudative Phthise. Große Höhlenbildung in den oberen Teilen. Vereinzelte nodöse Herde zwischen den exsudativen Herden. Nahezu über die ganze linke Lunge ausgebreitete nodös-produktive Phthise. Schrumpfung der rechten Thoraxseite (Pleuraobliteration).

Anatomischer Befund. (S.-Nr. 380/18. Zeitintervall: Bild 43: 3 Monate, 17 Tage. — Bild 44: 1 Monat, 9 Tage. — Bild 45: 9 Tage.) Großer, flacher, aber breiter Thorax. Beide Brusthöhlen fast vollkommen verwachsen; rechts ausgedehnte Schwartenbildungen, links teilweise fibrinöse Beläge der Pleura in Organisation. Großes Herz.

1. Schnitt: Bild 46

Das rechte Herz ist breit eröffnet, oben die Pulmonalarterie, daneben die aufsteigende Aorta, darüber die linke Vena anonyma bis zu ihrem Eintritt in die Kava.

Über die ganze linke Lunge verteilt finden sich kleine azinös-nodöse Herde. Im obersten Teil des rechten Oberlappens (soweit getroffen) gleichmäßige exsudative Infiltration mit Verkäsung (lobuläre Pneumonie); abwärts davon kleine azinös-nodöse Herdbildungen, aber auch exsudative Prozesse mit Verkäsung und Höhlenbildung, besonders in den kaudalen Teilen.

2. Schnitt: Bild 47

Man sieht in die linke Kammer und den linken Vorhof. Daneben der rechte Vorhof mit der schräg einmündenden Cava inferior, darüber die Cava superior, die Vena azygos und anonyma dextra. Über dem linken Vorhof die Pulmonalarterie kurz vor der Teilung, der Schlitz des Aortenbogens und die Trachea, sowie die Arteria anonyma und linke Karotis.

Die linke Lunge zeigt in sämtlichen Feldern mit Ausnahme des obersten Teils des Oberlappens kleine azinös-nodöse Herdbildungen wie im ersten Schnitt. Rechts in sämtlichen Feldern zur Verkäsung neigende Herde mit kleinster Höhlenbildung. Dazwischen emphysematöse Abschnitte.

Zwischen Kava und Arteria anonyma, sowie seitlich der linken Karotis frisch-geschwollene Lymphknoten.

Bild 48

3. Schnitt:

Der Ösophagus ist oben und unten quer angeschnitten; vor ihm liegt die Bifurkation mit den Hauptbronchien und den großen Lungengefäßen. Seitlich vom oberen Ösophagusende die Vena azygos, auf der anderen Seite der Aortenbogen, unten die absteigende Aorta.

Die linke Lunge zeigt wiederum azinös-nodöse Herde. Die rechte auch azinös-nodöse Herde, vorwiegend aber lobulär-käsige Herdbildungen. Die verwaschenen grauweißlichen Herdbildungen beruhen auf frischen Exsudationen, welche von nodösen Herden umgeben sind; insbesondere finden sie sich im untersten lateralen und medialen Teil des rechten Unterlappens, ein häufiger Befund (nach Gonnermann); es sind frische lobulär-exsudative Herde.

Bild 49

4. Schnitt:

(Rechte Lunge): Der Schnitt ist in mittlerer Höhe der Wirbelsäule gelegt.

Ganz oben an der Spitze eine kirschgroße Höhle, weiter unten, der seitlichen Brustwand angelagert, eine kleinapfelgroße, hinten von Balken durchzogene Höhle. Nach innen davon fibrös-induriertes, teilweise auch verkästes Gewebe; dasselbe als kaudale Begrenzung der Kaverne. Nach unten hin azinöse und kleinste azinös-nodöse Herde.

Diagnose. Azinös-nodöse Phthise beider Lungen. Kavernen im rechten Oberlappen. Exsudativ-käsige Prozesse der rechten Lunge; käsige Pneumonie im ventralen Teil des rechten Oberlappens. Starke Schwellung der Hiluslymphknoten; Obliteration der rechten Brusthöhle mit Schwartenbildung. Fibrinöse Pleuritis in Organisation links; großes Herz mit dilatierter rechter Kammer.

Schwellung der Milz, große Nieren.

Bild 43, 44, 45

Vergleichende Beurteilung. Die vergleichende Betrachtung der drei Röntgenbilder läßt die aus der rechtsseitigen Oberlappenkaverne erfolgte bronchogene Aussaat des Krankheitsprozesses besonders gut erkennen. Schon zur Zeit der 1. Röntgenaufnahme besteht eine deutliche Zerfallshöhle in den oberen Teilen der rechten Lunge; in den übrigen Teilen der rechten Lunge sind lobulär-exsudative und auch nodös-produktive Herdbildungen erkennbar. Mit zunehmender Vergrößerung und Reinigung der Zerfallshöhle gewinnt der Lungenprozeß im Laufe von $3\frac{1}{2}$ Monaten erheblich an Ausdehnung. Durch bronchogene Aussaat entstehen die zahlreichen exsudativen Herdbildungen der rechten Lunge und die fast ausschließlich nodös-produktiven Herdbildungen der linken Lunge. Die Schattenbildungen der letzten Aufnahme entsprechen den Herderscheinungen in den verschiedenen anatomischen Schnitten. Auf diesen ist ohne weiteres erkennbar, daß der Krankheitsprozeß rechts einen überwiegend exsudativen Charakter trägt, während links fast ausschließlich nodös-produktive Herdbildungen zu sehen sind. Demgemäß sind auf der 3. Aufnahme vorwiegend verwaschene, ineinander überfließende Schattenbildungen im rechten Lungenfeld zu sehen, während links die sehr dicht stehenden Schattenbildungen überall gut gegeneinander abgesetzt erscheinen. Die rechtsseitige Oberlappenkaverne erscheint deshalb nicht so stark aufgehellt, weil sie nach vorne von verdichtetem Lungengewebe stark überlagert ist. Ein Vergleich des 1. Schnittes mit dem Bilde zeigt, daß die medial und oberhalb der Kaverne liegenden verwaschenen Schattenbildungen luftleerem und induriertem Gewebe des Oberlappens entsprechen. Das Freibleiben der kranialen Teile der linken Lunge erklärt die gute Aufhellung in den oberen Teilen des linken Lungenfeldes.

Die in den letzten Schnitten zutage tretenden Lymphknotenpakete erklären die in diesem Sinne gedeuteten dichten Schattenbildungen im rechten Hilusgebiete. — Eine ausgedehnte Pleuraobliteration bedingt die auch auf dem Röntgenbilde gut ausgeprägte Schrumpfung der rechten Thoraxseite.

Fall 9.   **Bild 50—53 u. Tafel IX.**

Nodöse und nodös-indurierende Phthise beider Lungen, Kavernen in beiden Spitzenteilen. Indurierend-zirrhotische Herde in den oberen und mittleren Teilen der rechten Lunge. Pleuraobliteration rechts mit sekundärer Schrumpfung.

Aus der Krankengeschichte. F. A., 50 Jahre, m. Beginn der Erkrankung ein Jahr vor Aufnahme in die Klinik. Mehrfache Heilstättenbehandlung. 14 Tage vor Aufnahme in die Klinik schwere Lungenblutung mit rascher Zunahme der Erkrankungserscheinungen seitens der Lunge. Bei Aufnahme in die Klinik am 8. März 1918 besteht schweres Krankheitsbild; ausgeprägte Kachexie, starke Zyanose; erschwerte und beschleunigte Atmung; beschleunigter, unregelmäßiger Puls.

Über beiden Lungen hinten oben Schallverkürzung mit Tympanie bis zum 6. Brustwirbeldorn, über diesen Bezirken Bronchovesikuläratmen, feine und mittelblasige Rasselgeräusche. Über den basalen Teilen übervoller Schall, reichlich bronchitische Geräusche. Gestorben 12. März 1918.

Röntgenbefund. (R.-A. 305/18.) Rechts oben zeigt die Thoraxbegrenzung eine   Bild 50 leichte Abflachung in der Höhe der 2. und 3. Rippe.

Das rechte Spitzenfeld ist leicht diffus verschattet. Die leichte Verschattung verläuft entlang dem Thoraxrande bis in die Höhe der 5. Rippe in Gestalt einer schmalen, lichten, bandförmigen Schattenbildung. In den oberen und seitlichen Teilen des rechten Lungenfeldes sieht man eine unregelmäßig gestaltete, gut begrenzte Aufhellung liegen, die wohl einer Höhle entspricht. In den mittleren Teilen des Lungenfeldes sind drei größere Schattenbildungen sichtbar mit eingelagerten kleinen, sehr dichten Herdschatten. Im Bereich der mittleren und unteren Teile des Lungenfeldes liegen zahlreiche kleine und größere gut begrenzte, teils dichte, teils weniger dichte Herdschatten, die vorwiegend nodösen Herden entsprechen. Nur rechts unten seitlich ist das Lungenfeld hell und läßt keine sicheren Herdbildungen erkennen. Zwischen den beschriebenen Herdschatten in den mittleren Teilen des Lungenfeldes sind infolge Emphysems stark aufgehellte Stellen sichtbar.

In den oberen und mittleren Teilen des linken Lungenfeldes liegen zahlreiche größere und kleinere, sehr dichte, meist gut begrenzte Herdschatten. Zum Teil sind diese Herdschatten umgeben von unscharf begrenzten Umschattungen. Überall sieht man zwischen den herdförmigen Schattenbildungen und diffusen Umschattungen helle Stellen liegen, die vermutlich emphysematösen Lungenteilen entsprechen. Die Herdschatten sind besonders zahlreich im Mittelfeld, während sie im Spitzenfeld und unteren Teilen des Lungenfeldes nur vereinzelt stehen.

Die rechte Zwerchfellhälfte ist in der Nähe des Herzrandes unscharf begrenzt und zeigt, wo die Schattenbildungen an es heranreichen, eine zipfelförmige Erhebung. Das Herz erscheint wenig gleichmäßig vergrößert und nach rechts verlagert.

Zusammenfassung. Über die oberen und besonders über die mittleren Teile der linken Lunge ausgebreitete nodöse und nodös-indurierende Phthise; vereinzelte

Herde in den kranialen Teilen und in den Spitzenteilen. Über die oberen und mittleren
Teile der rechten Lunge ausgebreitete nodöse und indurierend-zirrhotische Phthise.
Kleine Kavernen in den kranialen Teilen beiderseits. Brustkorbschrumpfung infolge
Pleuraobliteration rechts. Narbige Einziehung und umschriebene Zwerchfellver-
wachsung rechts.

Anatomischer Befund. (S.-Nr. 153/18. Zeitintervall: 3 Tage.) Gut gewölbter,
glockenförmiger Thorax. Über dem rechten Oberlappen Obliteration mit Schwartenbildung, sonst einige strangförmige Verwachsungen an beiden Brusthöhlen. Das Herz
ist stark vergrößert, besonders das rechte. Keine ausgesprochene Hypertrophie der
Kammer. Die Pulmonalarterien sehr weit.

Bild 51   1. Schnitt:

Das rechte Herz mit der Trikuspidalis liegt weit eröffnet vor. Über dem rechten Vorhof das Herzohr,
unten die Valvula Eustachii. Zwischen rechtem Vorhof und Kammer sieht man oben im Fettgewebe
die rechte Kranzarterie, darüber die abgehende Aorta geschlossen, daneben die weite Pulmonalarterie
mit den Segeln der Pulmonalklappe. Über dem Herzbeutel Thymusreste.

Über der linken Lunge fast gleichmäßig ausgebreitet nodös-produktive, manchmal
zentral zur Verkäsung neigende Herde, rechts, besonders im Mittelteil das gleiche.
Hier finden sich aber auch ausgedehnte indurierende Prozesse.

Bild 52   2. Schnitt:

Der weite linke Vorhof liegt vor, mit den Einmündungen der Lungenvenen; darüber die Pulmonalarterien mit der Teilungsstelle; oberhalb der rechten Pulmonalarterie ist die Cava superior noch eben
getroffen mit der Einmündung der Vena azygos. Über der linken Pulmonalarterie der Aortenbogen, sodann
die Trachea und der Ösophagus; neben letzterem die aufsteigende linke Karotis.

Die linke Lunge zeigt in sämtlichen Feldern azinöse und azinös-nodöse, zur Induration neigende Herdbildungen. In der rechten Spitze eine walnußgroße Höhle,
kaudalwärts davon bis in den Unterteil azinöse und nodöse Herde wie links. Zwischen
den großen Gefäßen, besonders über den Pulmonalarterien, zahlreiche, frisch geschwollene Lymphknoten.

Bild 53   3. Schnitt:

Die Lungen beiderseits paravertebral durchschnitten.

Im linken Oberteil, ungefähr in Höhe des 2. Interkostalraums, eine kirschgroße
Höhle, von induriertem Gewebe eingeschlossen. Sonst wie im vorigen Schnitt azinöse
und kleine nodöse Herdbildungen.

Im rechten Oberlappen eine nach hinten zu sich erweiternde, von einem Querbalken durchzogene Höhle. Darunter zeigt sich eine haselnußgroße Höhle. Der ganze
rechte Oberlappen geschrumpft, besonders gegen die Pleuren zu stark induriert. In
der oberen Hälfte des rechten Unterlappens eine unregelmäßige kleinapfelgroße Höhle;
in den kaudalen Abschnitten azinös-nodöse Herdbildungen. Am Hilus beiderseits
frisch geschwollene, z. T. auch bereits hyalinisierte Lymphknoten.

Diagnose. Azinös-nodöse, zur Induration neigende Phthise beider Lungen; ausgesprochene zirrhotische Phthise der rechten kranialen Lunge. Kavernen im rechten
Oberlappen, kleine im linken Ober- und rechten Unterlappen. Schrumpfung des
rechten Oberlappens. Frische Schwellung der Hiluslymphknoten, Obliteration der
oberen rechten Brusthöhle, mit Schwartenbildung.

Großes, besonders rechts dilatiertes Herz; phthisische Geschwüre mit Granulationen an beiden
Stimmbändern und am Ösophagusmund. Spärliche Tuberkel der Milz, der Leber; keine Darmveränderungen.

Vergleichende Beurteilung. Der relativ geringe Zeitraum von 3 Tagen, der zwischen der Röntgenaufnahme und dem Tode liegt, läßt erwarten, daß die Veränderungen des anatomischen Präparates sich bezüglich Charakter und Ausdehnung der Erkrankung mit denen des Röntgenbildes decken. In beiden Lungen finden sich zunächst nodös-indurierende Herdbildungen zum Teil mit zentraler Verkäsung. Links sind, wie aus Schnitt 2 ersichtlich, die Herdbildungen am zahlreichsten; demgemäß sind im Röntgenbilde in den mittleren Teilen des linken Lungenfeldes besonders zahlreiche dichte gut gegeneinander abgesetzte Schattenbildungen zu sehen. Nach der Spitze zu und in den basalen Teilen sind die Herdschatten an Zahl erheblich geringer. Diesem Verhalten entspricht auch die besonders im 2. Schnitt erkennbare Abnahme der Herde nach unten hin und die geringe Zahl der Herde in den Spitzenteilen. Rechts bestehen in den mittleren Teilen ausgedehnte, indurierend-zirrhotische Veränderungen, die besonders im 1. Schnitt zutage treten. Auf dem Röntgenbilde ist der indurativ-zirrhotische Charakter zu erschließen aus den im Mittelfeld sichtbaren großen fleckigen Schattenbildungen mit eingelagerten dichten Herdschatten. Die im 2. Schnitt sichtbare kleine Höhlenbildung ist auf dem Röntgenbilde eben erkennbar; sie tritt aber infolge ihres geringen Tiefendurchmessers und besonders infolge der stärkeren Überlagerung von teilweise indurativen Veränderungen nicht so deutlich in die Erscheinung. Aus der im Röntgenbilde sichtbaren stärkeren Neigung der Rippen und der merklichen Abflachung der Brustkorbbegrenzung rechts läßt sich die besonders in den oberen Teilen bestehende Pleuraobliteration und Schwartenbildung herauslesen. Die im 1. anatomischen Schnitt sichtbare narbige Einziehung an der Basis der rechten Lunge nahe dem Herzrande ist auf dem Röntgenbilde erkennbar. Man sieht in der Nähe des Herzrandes eine Erhebung der Zwerchfellkontur von zeltförmiger Gestalt. Da die narbige Einziehung nach vorne und hinten von ausdehnungsfähigem Lungengewebe umlagert ist, erscheint die Schattenkontur der durch die Einziehung bedingten zeltförmigen Erhebung etwas verwaschen.

Fall 10.   **Bild 54—57 u. Tafel IX.**

Lobulär-exsudative und nodös-indurierende Phthise der rechten Lunge mit großer Kaverne. Pleuraobliteration und geringe Thoraxschrumpfung rechts. Vorwiegend nodöse Phthise der linken Lunge. Randständiger Pleuraerguß.

Aus der Krankengeschichte. N. A., 54 Jahre, m. War 34 Jahre als Steinhauer tätig. Will stets gesund gewesen sein und nur selten Husten und Auswurf gehabt haben. Vor 3 Jahren erstmals Husten mit Blutauswurf. Seither Zunahme der Lungenerscheinungen. Neben Husten und Auswurf Stechen auf der Brust, Nachtschweiße und Abnahme des Körpergewichtes. Klinische Beobachtung vom 8. Oktober 1917 bis 6. Mai 1918.

Physikalischer Befund zur Zeit der 1. Röntgenaufnahme (13. Oktober 1917): Rechts hinten oben geringe Schallverkürzung mit Tympanie bis 5. Brustwirbeldorn, weiter nach unten übervoller Schall. Vorne geringe Verkürzung mit Tympanie bis 2. Rippe. Atmungsgeräusch rechts hinten oben und vorne verschärft mit verlängertem Exspirium, wenig fein- und mittelblasiges Rasseln. In der Höhe des Hilus bronchiales Atmen, hier mittelgroßblasiges klingendes Rasseln. Über den basalen Teilen vorne und hinten verschärftes Atmen und reichlich bronchitische Geräusche. Links in Höhe des 4. und 6. Brustwirbeldorns geringe

Schallabschwächung, sonst über der ganzen linken Lunge übervoller Schall, diffuse bronchitische Geräusche. Während klinischer Beobachtung Zunahme der objektiven Lungenerscheinungen, ferner Anzeichen von Darmphthise.

Physikalischer Befund 6 Monate später: Rechts hinten deutliche Schallverkürzung mit Tympanie bis 7. Brustwirbeldorn, vorne bis 4. Rippe, hinten Bronchovesikuläratmen, vorne bronchiales Atmen. Reichlich mittel-großblasige und großblasige, klingende Rasselgeräusche. Über den basalen Teilen übervoller Schall, fein- und mittelblasiges, nicht klingendes Rasseln. Links hinten oben und vorne voller Schall, geringe Verkürzung links hinten unten über mittleren und basalen Teilen der linken Lunge, seitlich fein- und mittelblasiges Rasseln. Im Auswurf Tuberkelbazillen und elastische Fasern. Stete Zunahme der Lungen- und Darmerscheinungen.

Gestorben 6. Mai 1918.

Röntgenbefund der 1. Aufnahme. (13. 10. 17.) Die rechtsseitige Thoraxbegrenzung verläuft etwas steiler wie die linke, die Rippen sind rechts ein wenig stärker geneigt. Entlang dem Thoraxrande verläuft im Lungenfeld eine leichte Verschattung vom Spitzenfeld bis herab zur 7. Rippe. In der Höhe der 2. und 4. Rippe ist diese Verschattung etwas dichter und breiter wie ober- und unterhalb dieser Stelle. Medianwärts von dieser Verschattung am Thoraxrand besteht in der Mitte des Lungenfeldes eine elliptisch gestaltete, etwas aufgehellte Zone, die von streifenförmigen Schattenbildungen gut umgrenzt erscheint. Innerhalb der aufgehellten Zone sieht man besonders in den seitlichen Teilen einige verwaschene Herdschatten liegen, die in der lateralen Randzone besonders dicht sind. In der Umgebung der gut umrandeten aufgehellten Zone liegen über das ganze Lungenfeld verstreut zahlreiche Verdichtungsschatten, die teilweise sehr dicht und gut umgrenzt sind, teilweise weniger dicht erscheinen und keine scharfe Umgrenzung zeigen bzw. einen verwaschenen Charakter haben. Besonders dichte und zahlreiche Schattenbildungen liegen medianwärts und unterhalb der aufgehellten Zone, und zwar im Hilusbereich und unterhalb davon.

In den mittleren und unteren Teilen des linken Lungenfeldes sieht man eine Anzahl unregelmäßig gestalteter Schattenbildungen von geringer Dichtigkeit und guter Umgrenzung. Die obersten und die untersten Teile des linken Lungenfeldes erscheinen ziemlich frei von Herden.

Zusammenfassung. Ausgedehnte, rechtsseitige Pleuraschwarte. Über die ganze rechte Lunge ausgebreitete herdförmige Phthise von teilweise nodös-indurierendem und teilweise exsudativem Charakter. Große Höhlenbildung in der Mitte der rechten Lunge. Vereinzelte, vermutlich nodöse Herde in den mittleren und unteren Teilen der linken Lunge.

Röntgenbefund der 2. Aufnahme. (15. 4. 18.) Die rechte Thoraxhälfte erscheint im ganzen ein wenig kleiner als die linke. Die Rippen verlaufen rechts etwas steiler. Rechts unten seitlich besteht eine leichte Einziehung. Entlang dem Thoraxrande verläuft eine schmale Zone einer leicht diffusen Verschattung. Im rechten Mittelfeld fällt zunächst medianwärts von dieser diffusen Verschattung eine große elliptisch gestaltete, aufgehellte Zone auf, die unten, medianwärts und oben von einer etwas verwaschenen bandförmigen Schattenbildung umgrenzt erscheint. Innerhalb dieser aufgehellten Zone und auch oberhalb und unterhalb von ihr sieht man über das ganze Lungenfeld verstreut zahlreiche kleinere und größere, meist verwaschene, fleckige Schattenbildungen liegen. Im Hilusgebiet und unterhalb des Hilus fließen die hier sehr dichten verwaschenen Schattenbildungen vielfach ineinander über. In den unteren Teilen des Lungenfeldes sind zahlreiche sehr dichte Herdschatten sichtbar, zwischen denen das Lungenfeld teilweise stark aufgehellt erscheint.

Im linken Spitzenfeld sind nur ganz vereinzelte kleine, gut umgrenzte Herde
sichtbar. Über die mittleren und unteren Teile des linken Lungenfeldes sieht
man zahlreiche kleinere und größere, unregelmäßig gestaltete, gut begrenzte Verdichtungsschatten von mittlerer Dichtigkeit verstreut. Im Vergleich zu den rechtsseitigen Herdschatten sind diese hier trotz des diffusen Untergrundes viel deutlicher
gegeneinander abgegrenzt. Rechts sind die Herdschatten größer und haben einen
mehr verwaschenen fleckigen Charakter. Entlang dem Thoraxrande besteht links
eine vom Zwerchfell bis zur 3. Rippe sich hinauferstreckende, medianwärts gut begrenzte, bandförmige Schattenbildung, die nach oben hin schmäler wird. Das Herz
erscheint nicht vergrößert. Die Schattenumrandung des Herzens ist beiderseits
unscharf, weil zahlreiche Herdbildungen in den hinter und vor dem Herzen gelagerten
Lungenteilen bestehen, die im Bilde als Herdschatten auf die Gegend des Herzrandes
projiziert werden.

Zusammenfassung. Über die ganze rechte Lunge ausgebreitete, vorwiegend
lobulär-exsudative Phthise. Besonders zahlreiche Herde in den mittleren und unteren
Teilen der rechten Lunge. Große Höhlenbildung in der Mitte der rechten Lunge, vermutlich von geringem Tiefendurchmesser. Über die mittleren und unteren Teile der
linken Lunge ausgebreitete, ausgesprochene azinös-nodöse Phthise. Randständiger,
linksseitiger Pleuraerguß. Ausgedehnte rechtsseitige Pleuraschwarte.

Im Vergleich zu der 1. Röntgenaufnahme hat der exsudative Charakter des Prozesses auf der rechten Seite an Ausdehnung zugenommen, so daß jetzt die indurierten Herde nicht mehr so gut erkennbar sind wie auf der 1. Platte. Die Höhle ist
erheblich größer geworden. Die azinös-nodöse Aussaat im mittleren und basalen Teil
der linken Lunge ist erheblich stärker geworden; die Zahl der nodösen Herde ist
jetzt im Vergleich zur früheren Aufnahme wesentlich größer. Links ist ein randständiger Erguß hinzugekommen.

Anatomischer Befund. (S.-Nr. 271/18. Zeitintervall: 7 Monate bzw. 3 Wochen.)
Großer, breiter, etwas flacher Thorax. Die ganze rechte Brusthöhle bindegewebig,
in den oberen seitlichen Teilen auch schwartig verlötet. Die linke Brusthöhle zeigt
ebenfalls Obliteration, besonders gegen das Zwerchfell zu schwartige Verdickung. Nur
seitlich von der 4. Rippe an bis herab zum Zwerchfell, ziemlich weit nach hinten und
vorne bis zum Herzbeutel reichend, sind die Pleuren nicht verwachsen. In diesem
Gebiet findet sich in der Brusthöhle ein randständiges, serös-fibrinöses Exsudat
(1.—3. Schnitt).

1. Schnitt: Bild 55

Der rechte Vorhof und der hintere Teil der rechten Kammer liegen vor. Die Muskulatur der linken
Kammer ist flach angeschnitten; darüber die Pulmonalarterie und die aufsteigende Aorta und die Arteria
anonyma; unter letzterer die Eintrittsstelle der linken Vena anonyma in die Cava superior.

In der linken Lunge finden sich vereinzelte kleine azinös-nodöse Herdchen,
im Unterteil völlige Induration, z. T. auch käsige Herdbildung des schmalen vordersten
Zipfels des Unterlappens. Der rechte Ober- und Mittelteil zeigt ausgedehnte exsudativ-
käsige Herdbildungen mit kleineren Höhlenbildungen. Die Herdbildungen greifen auch
auf den Unterteil (Unterlappen) über.

2. Schnitt: Bild 56

Man sieht in den linken Vorhof; daneben liegt der hinterste Teil des rechten Vorhofs, über dem
Eintritt der Lungenvenen die Teilung der Pulmonalarterie, seitlich der rechten die Cava superior, mit

der Einmündung der Vena azygos. Über der linken Pulmonalarterie der Aortenbogen, sodann die Trachea, der Ösophagus und die linke Karotis.

Im linken Mittelteil wiederum vereinzelte azinös-nodöse Herdchen. Im Unterteil (dem Oberlappen! noch angehörig) indurierende Prozesse und käsige Herdbildungen. Rechts finden sich in sämtlichen Lungenteilen ausgedehnte exsudativkäsige Prozesse, besonders im Mittelteil vermischt mit indurierenden Vorgängen.

Bild 57   3. Schnitt:

Man sieht die Teilung der Trachea, die Lungenvenen und -arterien, den Aortenbogen, die Vena azygos, den Ösophagus und die Brustaorta.

In der linken Lunge auch hier wieder vorwiegend azinös-nodöse Herdbildungen. In der rechten Spitze und seitlich der Trachea lobulär-käsige Herdbildungen, auch wieder mit indurierenden Prozessen. Im rechten Mittelteil eine apfelgroße Höhle, welche bis zur hinteren Pleurawand reicht und eigenartig schmutzige, schwarzrötliche Verfärbung der Wand aufweist; sie ist umgeben von nur wenig induriertem Gewebe. Sonst im Mittel- und Unterteil vereinzelte lobulär-käsige Herde. Am Hilus, besonders links, große hyalinisierte, tiefschwarze, anthrakotische Lymphknoten.

In der Trachea kruorartiger Inhalt, ebenso in den Hauptbronchien (agonale Blutung?).

Auf sämtlichen Schnitten, besonders rechts, befinden sich ziemlich zahlreiche (in der Abbildung nur undeutlich erkennbare) hirsekorn- bis erbsengroße, sehr derbe Knötchen von fibrös-anthrakotischer Beschaffenheit.

Der linken dorsalen Brustwand angelegt findet sich eine in Höhe des 2. Interkostalraums verlaufende 6 cm breite Höhle zwischen Ober- und Mittellappen, wohl umschriebener Pneumothorax.

Diagnose. Lobulär-käsige Phthise der rechten Lunge. Große Kaverne im rechten Mittelteil (dem Oberlappen angehörig). Azinös-nodöse Herdchen von geringer Ausdehnung links. Indurierende Prozesse rechts, besonders im Oberlappen. Fibröschalikotische Knötchen in beiden Lungen. Schwellung, starke Hyalinisierung und starke Anthrakose der Hiluslymphknoten, besonders links. Wandständiges serösfibrinöses Exsudat der linken Brusthöhle, umschriebener Pneumothorax links hinten, sonst totale Obliteration beider Brusthöhlen.

Ulzeröse Darmphthise, Tuberkel der Milz, Nieren; Fettleber.

Vergleichende Beurteilung. Der Charakter des Krankheitsprozesses ist, wie aus den drei Schnittbildern ersichtlich, in beiden Lungen ein wesentlich verschiedener. Rechts herrschen lobulär-exsudative Herde mit Verkäsung vor. Zwischen ihnen liegen vereinzelte indurative Veränderungen. Die über das ganze rechte Lungenfeld verstreuten verwaschenen, ineinander überfließenden Herdschatten sprechen gemäß den anatomischen Veränderungen für exsudative Herde. Das Ineinanderfließen der Schattenbildungen in den mittleren und medial gelegenen basalen Teilen des rechten Lungenfeldes wird bedingt durch die große Zahl der lobulär-exsudativen Herdbildungen in den entsprechenden Lungenteilen. Die erst auf dem 3. anatomischen Schnitt zutage tretende Höhle ist auf dem Röntgenbilde an der bandförmigen Schattenumrandung gut zu erkennen. Nach vorne ist die Höhle überlagert von Lungengewebe, das von Krankheitsherden durchsetzt ist; infolgedessen sieht man auf dem Röntgenbilde innerhalb der Kavernenzone herdförmige Schattenbildungen liegen. Im linken Lungenfeld entsprechen die zahlreichen, gut gegeneinander abgesetzten Herdbildungen den auf den verschiedenen Schnittbildern sichtbaren azinös-nodösen Herden. Die anatomisch erkennbaren, über beide Lungen verstreuten, kleinen, fibrös anthrakotischen Herde sind auf dem Röntgenbilde deshalb nicht sichtbar, weil sie durch die erheblich zahlreicheren, dichter stehenden und großen phthisischen Herdveränderungen bzw. durch die von diesen hervorgerufenen Schattenbildungen überdeckt werden. Die stärkere Neigung der Rippen rechts und ferner die thoraxrandständige leichte Verschattung verraten die anatomisch rechterseits bestehende ausgedehnte Pleuraobliteration. Links besteht ein kurz vor dem Tode entstandener mantelförmiger Pleuraerguß. Verwachsungen des Unterlappens mit dem Thoraxrande und mit der Pleura diaphragmatica haben die sonst übliche Ausdehnung des Ergusses nach der Mitte hin verhindert. Es hat sich dieser infolgedessen entlang der Brustkorbwandung nach oben hin entwickelt. Der Erguß schatten ist dem anatomischen Verhalten des Ergusses entsprechend als dem Thoraxrande anliegende bandförmige Verschattung gut erkennbar.

Fall 11.   **Bild 58—60 u. Tafel X.**

Lobulär bzw. lobär-exsudative Phthise mit großer Höhlenbildung in den oberen Teilen der rechten Lunge.

Aus der Krankengeschichte. Sp. F., 41 Jahre, m. Beginn der Erkrankung Juli 1918 angeblich mit Grippe. Bei Aufnahme in die Klinik viel Husten mit eitrigem Auswurf. Über den Lungen: Dämpfung rechts vorne oben bis 4. Rippe, rechts hinten oben bis Mitte der Skapula mit tympanitischem Beiklang. Rechts hinten oben Bronchialatmen mit klingendem Rasseln, nach unten zu Bronchovesikuläratmen mit großblasigem Rasseln und vereinzeltem Giemen. Rechts vorne Bronchialatmen in Höhe der 2. u. 3. Rippe mit reichlich groben klingenden Rasselgeräuschen. Links hinten oben geringe Schallabschwächung. Links vorne oben Bronchovesikuläratmen mit großblasigem Rasseln (fortgeleitet!) Auswurf eitrig, geballt, massenhaft Tuberkelbazillen. Larynx: starke Schwellung und Infiltration der Stimmbänder. Defekt am rechten Stimmband. Während des dreiwöchentlichen klinischen Aufenthaltes zunehmender Kräftezerfall. Gestorben 10. 3. 1919.

Röntgenbefund. (R.-A. 295.) Die r e c h t e Thoraxseite erscheint oben seitlich im *Bild 58* Vergleich zu der linken etwas abgeflacht, in der Mitte etwa besteht eine leichte Einziehung. Rechtes Spitzenfeld und die oberen Teile des rechten Lungenfeldes sind stark aufgehellt. Nach außen hin ist diese Aufhellung begrenzt durch eine entlang dem Thoraxrande bis zur Höhe der 3. Rippe verlaufende, nicht sehr dichte, bandförmige Verschattung. Im Bereich des Spitzenfeldes reicht die Aufhellung bis zum Mittelschatten. An der Innenseite der Aufhellung sind, wo diese an den Hilus angrenzt, eine Anzahl verwaschener, herdförmiger Schattenbildungen sichtbar. Nach unten hin ist die Aufhellung begrenzt durch verwaschene, ineinander überfließende fleckige und streifige Schattenbildungen. In den mittleren Teilen des Lungenfeldes sieht man am Thoraxrande eine breite, dichte, verwaschene Schattenbildung; von dieser aus verlaufen verwaschene, bandförmige Schatten hiluswärts, dazwischen gelagert finden sich verwaschene, fleckige Herdschatten. In der Umgebung des Hilus und des Herzrandes fließen diese Herdschatten zu einer diffusen Verschattung zusammen. Weiter unten und seitlich liegen, da wo die beschriebene diffuse Verschattung sich allmählich aufhellt, vereinzelte, mehr umschriebene herdförmige Schatten. Die unteren und seitlichen Teile des rechten Lungenfeldes erscheinen hell und frei von Herden.

Die rechte Zwerchfellhälfte steht hoch und ist als schmale, streifenförmige Schattenbildung erkennbar. Unterhalb dieser besteht infolge Herabsinkens der Leber eine starke, von Lungenzeichnung durchzogene Aufhellung an der Stelle, wo sonst der Leberschatten liegt.

Im l i n k e n Spitzenfeld und in den oberen Teilen des linken Lungenfeldes sind vereinzelte, sehr kleine, dichte Herdschatten sichtbar. An der Umbiegungsstelle der Aorta liegt am Rande des Aortenschattens ein etwa 1 cm langer, wenige Millimeter breiter, dichter, streifenförmiger Schatten, der einem Kreideherd (verkreideter Lymphknoten) entspricht. Sonst erscheint das Lungenfeld frei von Herden.

Linkes Zwerchfell scharf begrenzt. Herz ist quer gestellt.

Zusammenfassung. Über die mittleren Teile der rechten Lunge ausgebreitete, vorwiegend lobulär-exsudative Phthise. Große Zerfallshöhle in den oberen Teilen. In der Umgebung des Hilus und in den unteren Teilen vereinzelte nodöse Herde. Vereinzelte indurierte kleine Herde in den obersten Teilen der linken Lunge.

Anatomischer Befund. (S.-Nr. 122/19. Zeitintervall: 9 Tage.) Großer, breiter, nach unten sich etwas erweiternder Thorax; vordere Brustwand etwas flach. Beide Brusthöhlen bindegewebig obliteriert. Nur rechts unten seitlich und gegen das Zwerchfell zu keine Verwachsungen. In diesem Gebiet findet sich eine geringe Menge eines serös-fibrinösen Exsudates, welches seitlich bis zur 6. Rippe reicht. Das Herz ist groß, das rechte Herz stark erweitert, die Kammerwand leicht hypertrophiert; die Pulmonalarterie sehr weit. Die Spitze des rechten Herzens reicht besonders weit nach links.

Bild 59   1. S c h n i t t :

Das weite rechte Herz liegt vor und in ganzer Breite dem Zwerchfell auf; die Valvula Eustachii des rechten Vorhofs ist besonders stark entwickelt, oben das rechte Herzrohr; über der Ausflußbahn der rechten Kammer die Pulmonalarterie mit den Klappensegeln. Unter der Schilddrüse die linke und rechte Vena anonyma; dazwischen und unterhalb davon geringe Reste des Thymus.

Die l i n k e Lunge ist gebläht, gut lufthaltig, ganz vereinzelt finden sich kleine, indurierte Knötchen (welche auf dem Bild kaum hervortreten).

Im r e c h t e n Oberlappen findet sich lateral eine große, von Balken durchzogene Höhle, welche sich, wie tiefere Schnitte zeigen, schräg nach hinten oben bis zur Spitze und dorsal bis zur Pleura fortsetzt. Diese Höhle ist nach innen und unten begrenzt durch völlig luftleeres, exsudativ-käsig infiltriertes Lungengewebe. Im Mittellappen zwischen gut lufthaltigem Gewebe ganz frische, exsudativ-pneumonische Herdbildungen, besonders ein solcher Herd im Winkel zwischen Herzbeutel und Zwerchfell (dem Mittellappen zugehörig). Im Unterlappen vereinzelte, kleine, nodösindurierte Herde.

Bild 60   2. S c h n i t t :

Man sieht noch den hinteren Teil des rechten Vorhofs mit der Valvula Eustachii; unter dem Zwerchfell ist ein Rest der Leber erhalten mit Lebervenen kurz vor ihrer Einmündung in die Kava. Die linke Kammer ist freigelegt, von dem vorderen Segel der Mitralis überdeckt. Über dem Herzen die Pulmonalarterien. Über der linken Pulmonalarterie der Aortenbogen mit der linken Karotis; neben dieser der Schlitz des Ösophagus, darunter die Trachea und die Hauptbronchien; über dem rechten Hauptbronchus die (infolge der Injektion stark erweiterte) Vena azygos.

Die l i n k e Lunge zeigt fast überall sehr guten Luftgehalt; nur ganz vereinzelt finden sich in sämtlichen Feldern hirsekorngroße indurierte Herdchen (ebenso auch in späteren Schnitten). Keine größeren Herdbildungen.

Im rechten Oberlappen sieht man nunmehr die Kaverne des rechten Schnittes in ganzer Ausdehnung. Auch hier wieder medial und kaudal exsudativ-käsige Pneumonie mit vereinzelten frischen Kavernenbildungen. Im Unterlappen vereinzelte nodös-indurierte Herde, von frischen exsudativen Infiltraten umgeben. Im Winkel der Bifurkation, über den Hauptbronchien, sowie an den Teilungsstellen der Bronchien finden sich mehr weniger stark geschwollene, anthrakotische Lymphknoten. Der Aorta lungenwärts angelagert und fest mit ihr verbacken, findet sich ein auf dem Bild als weißlicher Streifen vortretender mandelförmiger, vollkommen verkalkter Herd, wohl ehemaliger Lymphknoten.

Diagnose. Exsudativ-käsige Pneumonie des rechten Oberlappens mit frischem Zerfall. Große ältere Kaverne mit Balkenbildungen im rechten Oberlappen. Frische lobulär-exsudative Herde im rechten Mittel- und Unterlappen. Kleine nodös-indurierte Herde im rechten Unterlappen und in der linken Lunge. Randexsudat der rechten Brusthöhle. Totale Obliteration der linken Brusthöhle, sowie im Gebiet des rechten Oberlappens. Frische Schwellung der Hiluslymphknoten, völlig verkalkter Lymphknoten neben dem Aortenbogen; großes Herz mit stark dilatiertem und hypertrophiertem rechten Herzen, Querlagerung des Herzens.

Ausgedehnte phthisische Ulzerationen an beiden Stimmbändern. Milztumor mit bräunlicher Pigmentierung ohne Tuberkel; Fettleber.

Vergleichende Beurteilung. Zweierlei Erscheinungen charakterisieren diesen Fall anatomisch wie röntgenologisch: die exsudativ-käsigen Vorgänge und die große Höhlenbildung der rechten oberen Teile. In den mittleren Teilen der rechten Lunge finden sich anatomisch vorwiegend ineinander überfließende exsudativ-käsige Infiltrate; diese bedingen die verwaschenen, ineinander überfließenden herd- und streifenförmigen Schattenbildungen in den mittleren Teilen des rechten Lungenfeldes. Die zweikammerige große Höhlenbildung in den kranialen Teilen der rechten Lunge erscheint auf dem Röntgenbilde als ausgedehnte, stark aufgehellte Zone in den Spitzenteilen und den oberen Teilen des rechten Lungenfeldes. In den Spitzenteilen, wo die Höhlenbildung nicht von Lunge überlagert ist, tritt die Aufhellung am deutlichsten zutage. Weiter herab finden sich innerhalb der weniger aufgehellten Stelle verwaschene streifige Schattenbildungen. Kavernenbalken und Zerfallsmassen liegen hier innerhalb der Höhlenbildung, die vorne von Lungengewebe überlagert wird.

Emphysem in den basalen Teilen der rechten Lunge und der ganzen linken Lunge erklären die starke Aufhellung der entsprechenden Lungenfeldteile.

Vereinzelte nodöse Herde in den oberen Teilen der linken Lunge bedingen die gut umschriebenen, kleinen, dichten Herdbildungen im Spitzenfeld und in den oberen Teilen des linken Lungenfeldes. Rechts sind die teilweise indurierten, teilweise frisch geschwollenen Hiluslymphknoten röntgenologisch nicht differenzierbar; links treten diese als gut und weniger gut begrenzte Schattenbildungen im Hilusgebiet infolge der durch das linksseitige Lungenemphysem bedingten Aufhellung des linken Lungenfeldes besonders deutlich hervor.

Der scheinbar dem Aortenschatten angehörende dichte, streifige Schatten liegt nicht etwa innerhalb der Aortenwandung, sondern er entspricht einem, dieser dicht anliegenden, verkreideten Lymphknoten (Schnitt 2).

Ein offenbar in der Zeit zwischen Röntgenaufnahme und Tod entstandener kleiner rechtsseitiger Randerguß ist auf dem Röntgenbilde noch nicht sichtbar.

Ohne Berücksichtigung der anatomischen Vorgänge könnte die Lokalisation der Schattenbildungen in der Mitte des rechten Lungenfeldes, in der Umgebung des Hilus und seitlich von diesem den Eindruck erwecken, als ob der Prozeß vom Hilus ausgehend nach der Seite sich ausgebreitet habe. Die große, in den kranialen Teilen liegende Höhlenbildung spricht gegen diese Auffassung, insoferne sie einen Folgezustand zeitlich älterer Lungenveränderungen darstellt, von denen aus auf bronchogenem Wege die in den mittleren bzw. in den seitlich vom Hilus gelegenen Teilen der rechten Lunge sich findenden Krankheitsherde entstanden sind.

Fall 12.   **Bild 61—64 u. Tafel X.**

Lobulär-exsudative Phthise mit Höhlenbildung in den oberen Teilen der rechten Lunge. Nodös-indurierte Herde in den mittleren und unteren Teilen der rechten Lunge. Ausgedehnte, fibrös abgekapselte Höhlen in den oberen Teilen der linken Lunge. Indurierte und verkäste Herde in den oberen Teilen der linken Lunge. Emphysem der basalen Teile beiderseits. Brustkorbschrumpfung bei Pleuraobliteration links.

Aus der Krankengeschichte. W. R., 43 Jahre, m. Beginn der Lungenerkrankung angeblich im November 1918. Seither hohes Fieber, starker Husten, viel Auswurf und häufige Durchfälle. Bei Aufnahme in Klinik am 13. Januar 1919 besteht hochgradige Kachexie, schweres Krankheitsbild.

Physikalischer Befund: Links hinten oben relative Schallabschwächung mit Tympanie bis 4. Brustwirbeldorn vorne bis 3. Rippe. Über diesem Bezirk vorne und hinten Bronchialatmen. Bei Beklopfung vorne unterhalb des Schlüsselbeins deutlich Wintrichscher Schallwechsel. In Höhe des 4. bis 6. Brustwirbeldorns hinten geringe Schallabschwächung. Bronchovesikuläratmen und zahlreiche mittel- und großblasige Rasselgeräusche. Weiter herab übervoller Schall und verschärftes Atmen. Vorne unterhalb der 2. Rippe übervoller Schall in Höhe der 2. und 3. Rippe, mittelblasig klingende Rasselgeräusche. — Rechts hinten oben starke Schallverkürzung bis 3. Brustwirbeldorn, vorne bis 2. Rippe, hinten Bronchovesikuläratmen über dem gedämpften Bezirk, vorne oberhalb des Schlüsselbeins Bronchialatmen, unterhalb Bronchovesikuläratmen, vorne und hinten groß- und mittelblasige Rasselgeräusche. Unterhalb des 3. Brustwirbeldorns hinten und der 2. Rippe vorne übervoller Schall, diffuse bronchitische Geräusche. Rascher Kräfteverfall. Gestorben am 18. Januar 1919.

Bild 61   **Röntgenbefund.** (R.-A. 79/19.) Die Brustkorbbegrenzung erscheint links oben abgeflacht im Vergleiche mit der rechten Seite, die Rippen verlaufen links etwas steiler als rechts.

Im r e c h t e n Spitzenfeld besteht eine deutliche Aufhellung, die medianwärts begrenzt wird durch den Weichteilschatten des Halses. An der unteren Begrenzung dieser Aufhellung verläuft unterhalb des Schattens des Schlüsselbeins eine verwaschene, bandförmige Schattenbildung seitlich zum Thoraxrande. Nach unten von dieser sieht man in den oberen Teilen des Lungenfeldes sehr dichte verwaschene, teilweise ineinander überfließende herd- und streifenförmige Schattenbildungen liegen. Zwischen diesen sind einzelne unscharf begrenzte, aufgehellte Stellen sichtbar. In der Mitte des Lungenfeldes liegen besonders seitlich vom Hilus eine Anzahl verwaschener, fleckiger Schattenbildungen von verschiedener Größe und Dichtigkeit. Etwa die untere Hälfte des rechten Lungenfeldes ist gut aufgehellt und läßt nur an vereinzelten Stellen kleine, unregelmäßig begrenzte Herdschatten erkennen. Vom Hilus aus verlaufen vielfach sich verzweigende, streifenförmige Schattenbildungen zum Zwerchfell hin (Gefäßverzweigung).

Im linken Spitzenfeld und in den oberen Teilen des Lungenfeldes besteht eine sehr große, aufgehellte Zone, die nach unten hin begrenzt ist durch eine vom Aortenbandschatten quer zum Thoraxrande verlaufende streifenförmige Schattenbildung. Unterhalb dieser Aufhellung liegt eine wesentlich kleinere, wenig stark aufgehellte Zone, die nach unten hin wiederum begrenzt wird durch eine etwas breitere, verwaschene, bandförmige Schattenbildung. Diese verläuft parallel zu dem beschriebenen Streifenschatten vom Hilus zum Thoraxrande. Im Hilusbereich liegen, da, wo die beschriebenen, streifenförmigen Schatten an ihn heranreichen, einige dichte, herdförmige Schattenbildungen innerhalb einer diffusen Verschattung. Im Mittelfeld links sind nur vereinzelte, sehr kleine, dichte Herdschatten sichtbar. Im übrigen ist das linke Lungenfeld frei von Herden.

Das Herz ist verhältnismäßig klein und steil gestellt. Die rechte Zwerchfellhälfte ist scharf begrenzt.

Zusammenfassung. Über die obere Hälfte der rechten Lunge ausgebreitete, lobulär-exsudative Phthise mit Zerfallshöhle in der Spitze. Zusammenfließende exsudative Herdbildungen unterhalb der Kaverne. Große, mehrkammerige Höhlenbildung im Oberteil der linken Lunge mit teilweise indurativen, teilweise käsigen Prozessen an der unteren Begrenzung der Höhle.

Anatomischer Befund. (S.-Nr. 25/19. Zeitintervall: 2 Tage.) Mittelgroßer, etwas flacher Thorax. Beide Brusthöhlen zeigen fast überall bindegewebige Obliteration, nur rechts unten und gegen das rechte Zwerchfell zu besteht freie Beweglichkeit. Über dem linken Oberlappen, besonders seitlich, Schwartenbildung.

1. Schnitt: Bild 62

Man sieht in den rechten Vorhof, die Valvula Eustachii ist stark ausgebildet; daneben liegt der hintere Teil der rechten Kammer mit der Trikuspidalis; die linke Kammer ist eben schräg eröffnet. Seitlich außerhalb der eröffneten Pulmonalarterie im epikardialen Fettgewebe die linke Koronararterie und -vene; die aufsteigende Aorta ist eben angeschnitten. Oben sieht man die Venae anonymae.

Im linken Oberteil lobulär-käsige Herde mit kleinen Höhlenbildungen. Kaudalwärts nur ganz geringe, zur Induration neigende Herde. Sonst ist das Lungengewebe gut lufthaltig, etwas gebläht.

Die rechte Lunge zeigt vereinzelte kleine, zur Induration neigende Herde, sonst guten Luftgehalt.

2. Schnitt: Bild 63

Der rechte Vorhof liegt vor, von unten her kommt — von Lebergewebe zum Teil eingeschlossen — die Cava inferior; einige Lebervenen sind freigelegt. Neben dem rechten Herzen die linke Kammer und die Ausflußbahn der Aorta mit dem Bogen. Von hier abgehend die Arteria anonyma, oben die rechte Karotis, neben dem Abgang der Arteria anonyma der Beginn der linken Karotis; darüber die linke Vena anonyma. Über der linken Kammer das linke Herzohr mit der linken Koronararterie und -vene. Über dem Herzohr die Pulmonalarterie kurz vor der Teilung. Über dem rechten Vorhof die Cava superior mit der Einmündung der Vena azygos.

Im linken Oberlappen wiederum lobulär-käsige Herdbildungen, vermischt mit indurierenden Prozessen; dazwischen Höhlenbildungen, welche sich nach hinten sehr stark ausdehnen.

Im rechten Oberlappen zur Induration neigende Knoten, daneben auch exsudativ-käsige Prozesse mit Zerfall. Kaudalwärts bis in den Unterlappen herein kleine, nodös-indurierte Herde.

Bild 64   **3. Schnitt:**

Die Hinterwand des linken Vorhofs ist freigelegt. Über der Einmündung der Lungenvenen die Lungenarterien; darüber die Hauptbronchien, der Aortenbogen bzw. die Vena azygos. Unten die Einmündung der in Lebergewebe eingebetteten Cava inferior bis zur Einmündungsstelle. Medialwärts von der Kava ist der sog. Kavazipfel des rechten Unterlappens noch eben angedeutet zu sehen.

In der linken Spitze eine große Höhle in Fortsetzung der kleinen Höhle des zweiten Schnitts; sie reicht bis zur hinteren Wand. Darunter, durch einen horizontal verlaufenden, derb fibrösen, anthrakotischen Gewebsstreifen getrennt, eine zweite kleine Höhle, welche hinten mit der oberen in Verbindung steht. Diese kleine Höhle ist auch seitlich und unten von fibrösem Gewebe eingeschlossen. Nach außen finden sich käsige Herdchen. Im Mittelfeld und Unterfeld wenige kleine, indurierte Herde.

In der rechten Spitze eine kleinapfelgroße, der Brustwand angelegte Höhle, welche weiter hinten noch tiefer herabsinkt. Die Höhle ist nach allen Seiten von fibrösinduriertem, teilweise auch exsudativ-käsigem Gewebe eingeschlossen. Im Mittel- und Unterteil vereinzelte kleine, nodös-indurierte Herde. Am Hilus der Lungen zahlreiche, leicht geschwollene, z. T. auch hyalin-anthrakotische Lymphknoten. Unten, seitlich der linken Pulmonalarterie, dicht unterhalb des unteren kleinen Astes, welcher vom Hauptgefäß abgeht, findet sich ein erbsengroßer, harter, verkalkter Knoten, nahe einem kleinen Lymphknoten.

Diagnose. Große Kavernen in beiden Oberlappen, besonders links mit indurierenden, teilweise auch exsudativ-käsigen Prozessen in der Umgebung. Nodös-indurierte Herde in allen kaudalen Feldern. Allgemeine Ektasie der Lungengefäße, besonders der Arterien. Bindegewebige Obliteration der linken Brusthöhle, im Gebiet des Oberlappens mit Schwartenbildung. Bindegewebige Obliteration der rechten oberen Brusthöhle. Mäßige Schwellung der Hiluslymphknoten und Anthrakose. Kleiner Kalkherd am linken Lungenhilus.

Ausgedehnte phthisische Geschwürsbildung im Dünn- und Dickdarm; großer Milztumor, Tuberkel der Milz.

Vergleichende Beurteilung. Im Röntgenbilde fällt zunächst die stark aufgehellte Zone in den oberen Teilen der linken Lunge auf. Sie entspricht der großen Höhlenbildung, die erst im 3. Schnitt in ganzer Ausdehnung sichtbar wird. Von unten her wird sie umgrenzt durch eine bindegewebige Schwarte. Eine kleinere flache, teils von indurierten, teils von verkästen Herden umgebene Höhle schließt sich unten an. Durch diese Veränderungen, besonders durch die fibrösen Stränge, entstehen auf dem Röntgenbilde die beiden von der Gegend des Hilus schräg zum Thoraxrande verlaufenden Schattenbildungen. Seitlich von der Aorta bzw. Pulmonalis finden sich (Schnitt 1 und 3) in den oberen medialen Lungenteilen unterhalb der Höhle vorwiegend exsudativ-käsige Herdbildungen, an einzelnen Stellen auch indurierte Herde. Diese Veränderungen erzeugen die in der Umgebung des Aortenschattens liegenden, ineinander überfließenden dichten Schattenbildungen. Eine anatomische Differenzierung dieser ist nach dem Röntgenbilde nicht möglich. Im rechten Spitzenfeld ist die erst auf dem 3. Schnitt sichtbare Spitzenkaverne an der umschriebenen Aufhellung gut erkennbar. Unterhalb dieser Höhle liegen, wie die verschiedenen anatomischen Schnitte zeigen, vorwiegend exsudativ-käsige Herdbildungen. Auf dem Röntgenbilde sind deshalb in entsprechender Höhe ineinander überfließende fleckige, verwaschene Schattenbildungen sichtbar. In der Mitte des Lungenfeldes liegen einige fleckige Herdschatten mit dichten Schattenzentren; diese entsprechen den besonders im 2. und 3. Schnitt dargestellten indurativ-zirrhotischen Herdbildungen. Im übrigen sind die mittleren und unteren Teile der rechten Lunge und der linken Lunge gut lufthaltig und emphysematös. Besonders rechts sind die mit dem Emphysem oft einhergehenden erweiterten Gefäße auf dem Röntgenbilde in Gestalt der vom Hilus zum Zwerchfell verlaufenden streifenförmigen Schattenbildungen gut erkennbar. Die auf dem Röntgenbilde aus dem steileren Verlauf der Rippen und der Brustkorbabflachung linkerseits zu erschließende Pleuraobliteration wird anatomisch bestätigt.

Fall 13.   Bild 65—66.

Hämatogen-disseminierte, tuberkulär-exsudative Phthise (Miliartuberkulose). Geschwollene Hiluslymphknoten.

Aus der Krankengeschichte. B. H., 15 Jahre, m. Erkrankte Anfang März mit Schmerzen und Schwellung der Knie-, Schulter- und Ellenbogengelenke. Aufnahme in der Klinik 23. 4. 1917 wegen derselben Beschwerden, Husten ohne Auswurf und Atemnot. Objektiv geringe Schwellung der Kniegelenke, deutliche Zyanose in Gesicht und an Fingern. Über der Lunge keine sichere Dämpfung, leichte Tympanie hinten unten beiderseits, feines Knistern da und dort über beiden Lungen. Temperatur zwischen 38,5 und 39,5⁰. Leukozyten: 11 000 (20⁰/₀ Lymphozyten, 70⁰/₀ polymorphkernige Zellen). In den letzten Tagen bis zum Tode am 1. Mai 1917 zunehmende meningitische Symptome. Pupillenerweiterung. Augenhintergrund Chorioideatuberkel.

Röntgenbefund. (R.-A. 448/17.) In beiden Lungenfeldern besteht besonders in den mittleren Teilen eine diffuse Trübung, die nach oben hin sich allmählich aufhellt. Auf dem diffus getrübten Untergrund sieht man beiderseits über die Lungenfelder verstreut zahlreiche größere und kleinere, teilweise rundliche, teilweise auch unregelmäßig gestaltete Herdschatten liegen. In den mittleren und basalen Teilen, wo die diffuse Verschattung am stärksten ausgesprochen ist, sind die kleinen Herdschatten nicht deutlich umgrenzt. In diesen Teilen haben die Schattenbildungen infolge des diffusen Untergrundes einen eigenartig marmorierten Charakter. Oberhalb des Hilus sieht man beidseits dichte, seitlich gut gegen das Lungenfeld abgegrenzte bandförmige Schattenbildungen (Lymphknotenpakete). Bild 65

Zusammenfassung. Hämatogen-disseminierte (miliare) Phthise beider Lungen mit exsudativen Vorgängen. Geschwollene Hiluslymphknoten beiderseits.

Anatomischer Befund. (S.-Nr. 192/17. Zeitintervall: 1 Tag.) Gut gewölbter kindlicher Thorax. Pleuren frei.

Man sieht die Trachea mit den Hauptbronchien. Der linke Vorhof mit der Einmündung der Lungenvenen, die linke Kammer mit dem hinteren Segel der Mitralis liegen vor. Bild 66

Beide Lungen sind gleichmäßig übersät von zahllosen, etwa stecknadelkopfgroßen, grauweißlichen Knötchen, welche in den kranialen Teilen teilweise etwas größer erscheinen als kaudal. Im linken Oberfeld sieht man auch einige deutlich größere grauweiße Knötchen. Gleichzeitig finden sich in sämtlichen Feldern — sowohl in den kranialen Teilen als kaudal — unscharf begrenzte, ausgiebig konfluierende, ausgedehnte graugelbliche, mehr trockene Herde, welche einer frischen Exsudation ins Lungengewebe entsprechen.

Im Winkel der Bifurkation stark geschwollene Lymphknoten, welche teilweise Verkäsung aufweisen. Ebenso finden sich, der äußeren Seite des linken Hauptbronchus angelehnt und die Lungenarterien einschließend, zahlreiche geschwollene, mehr weniger stark verkäste, zum Teil auch schon in Hyalinisierung begriffene Lymphknoten.

(Auf weiteren Schnitten das gleiche Bild; eine wesentliche Abnahme der Tuberkel kaudal- oder dorsalwärts besteht nicht. Miliare Tuberkel in beiden Schilddrüsenlappen.)

Diagnose. Hämatogen-disseminierte, tuberkulär-exsudative Phthise (Miliartuberkulose). Starke Verkäsung der Hiluslymphknoten, besonders links.

Miliare Tuberkel der Leber, Milz, Nieren, Pleuren, Schilddrüsen.

Vergleichende Beurteilung. Die im Röntgenbilde zunächst auffallende diffuse Trübung beider Lungenfelder erklärt sich aus der ausgeprägten frischen Exsudation in beiden Lungen. In den verschiedenen anatomischen Schnitten sind die einzelnen Tuberkel im Bereiche der Lungenteile mit stark ausgeprägter Exsudation weniger deutlich erkennbar als in den Randzonen, wo die Exsudation fehlt oder geringer ist. Demgemäß sieht man auch im Röntgenbilde nur da und dort gut umgrenzte kleine Herdschatten, die den interstitiellen Miliartuberkeln entsprechen. Infolge der Exsudation und der Übereinanderlagerung der in verschiedenen Tiefen liegenden Herde erhält das Röntgenbild ein eigenartig marmoriertes Gepräge, im Gegensatz zu den Bildern, die durch die reine miliare produktive Phthise entstehen.

Fall 14.   **Bild 67—69.**

Hämatogene, disseminierte produktive Phthise (Miliartuberkulose).
Vergrößerte paratracheale Lymphknoten.

Aus der Krankengeschichte. Sch. J., 13 Jahre, w. Klinische Beobachtung 10 Tage. Bei Aufnahme hohes Fieber. Lungen: Links hinten oben geringe Schallabschwächung, über der Mitte der linken Lunge vereinzeltes feinblasiges Rasseln. Rechts vorne und hinten übervoller Schall, verschärftes Atmen. Leukopenie. In den letzten Tagen keine merkliche Zunahme physikalischer Symptome über den Lungen; starke Zyanose und Dyspnoe. Gestorben 1. 5. 18.

Bild 67   **Röntgenbefund.** (R.-A. 606.) Beide Lungenfelder sind übersät von zahlreichen, teils sehr kleinen, teils von etwas größeren, unregelmäßig gestalteten, gut umgrenzten Verdichtungsschatten. Die Zahl der Herde ist im Bereich der Spitzenfelder relativ gering, sie nimmt in den mittleren Teilen beider Lungenfelder zu und weiter nach unten hin wieder ab. Rechts oberhalb des Hilus liegt eine sehr dichte, bandförmige Schattenbildung, die nach oben bis zum Schlüsselbeinschatten reicht, gegen den

Mittelschatten zu aber durch eine schmale, aufgehellte Zone abgegrenzt erscheint. (Lymphknotenpaket.) Das Zwerchfell ist beiderseits scharf begrenzt. Das Herz ist nicht vergrößert.

Zusammenfassung. Disseminierte miliar-produktive Phthise beider Lungen (Miliartuberkulose). Großes Lymphknotenpaket paratracheal oberhalb des rechten Hilus.

Anatomischer Befund. (S.-Nr. 263/18. Zeitintervall: 4 Tage.) Kindlicher, gut gewölbter Thorax. Die rechte Brusthöhle im Oberlappengebiet bindegewebig obliteriert, die linke fast völlig, das Zwerchfell beiderseits frei.

1. Schnitt: Bild 68

Der rechte Vorhof und die linke Kammer mit ihrer Ausflußbahn und dem Aortenbogen liegen vor; daneben die Pulmonalarterie, das linke Herzohr, die linke Kranzarterie und -vene. Über dem rechten Herzohr die Vena cava superior.

Beide Lungen zeigen in sämtlichen Lappen miliare Knötchenaussaat in annähernd gleicher Verteilung und Stellungsdichte, daneben ganz geringe Exsudation in die Umgebung der Knötchen. Zwischen Cava superior und Trachea stark geschwollene verkäste Lymphknoten, welche sich weit nach hinten und unten vom Hilus hin fortsetzen.

2. Schnitt: Bild 69

Man sieht in den linken Vorhof, seitlich davon liegt der Rest des rechten Vorhofes. Über der Einmündung der Lungenvenen die Lungenarterien, die Hauptbronchien, der Aortenbogen und der Ösophagus.

Beide Lungen zeigen wiederum gleichmäßig verteilt, aber nach abwärts etwas an Zahl und Größe abnehmend, zahlreiche miliare runde Tuberkel. Nur ganz vereinzelt vielleicht auch azinös-produktive Bildungen.

Die Lymphknoten im Winkel der Bifurkation sowie besonders am rechten Hilus zeigen starke Schwellung und vorgeschrittene Verkäsung.

(Weitere, mehr dorsalwärts gelegte Schnitte zeigen immer wieder miliare Tuberkelbildung, mit allmählicher geringer Abnahme der Zahl der Knötchen.)

Diagnose. Hämatogene disseminierte tuberkuläre (produktive) Phthise (Miliartuberkulose) der Lungen. Starke Verkäsung der Lymphknoten an der Bifurkation, am Hilus der rechten Lunge, sowie paratracheal rechts. Ausgedehnte bindegewebige Obliteration der rechten Brusthöhle, Freibleiben der Zwerchfellseite.

Einzelne kleine Geschwüre im Dünndarm, Tuberkel der Leber (Gallengangstuberkel), Milz (großknotig), Nieren, des Peritoneums.

Vergleichende Beurteilung. Den disseminierten Schattenbildungen in beiden Lungenfeldern entspricht im Präparat die disseminierte miliare Tuberkelbildung ohne ausgesprochene Entwicklung azinöser Herdchen. Die Knötchen sind in der Hauptsache interstitiell entstanden und zeigen nur vereinzelt Neigung zu sekundärem Einbruch in die Azini. Zahl und Ausdehnung der miliaren Herdchen sind in den anatomischen Schnitten verschieden. In den mehr dorsalwärts gelegenen Schnitten ist die Zahl der Herde wesentlich geringer und deren Anordnung ungleichmäßiger. Auf der Röntgenplatte werden die in verschiedenen Tiefen liegenden Herde nebeneinander und vielfach auch übereinander gelagert. Die Herdschatten sind deshalb auf der Platte erheblich dichter gelagert als in den einzelnen Schnitten. Das große paratracheal gelegene Lymphknotenpaket oberhalb des rechten Hilus findet sich besonders im 1. Schnitt. Die geringfügige anatomisch nachweisbare Verwachsung im rechten Oberlappen ist auf der Platte nicht erkennbar.

Fall 15. Bild 70—72.

Hämatogene, disseminierte, produktiv-nodöse Phthise (Miliartuberkulose).

Aus der Krankengeschichte. Sch. A., 57 Jahre, m. Aufnahme in die Klinik 6. Juni 1918 wegen Kopfschmerzen, trockenen Hustens und Nachtschweißen. Beginn der Symptome schon zwei Monate früher. Objektiv über den Lungen keine sichere Dämpfung, über den basalen Teilen etwas Tympanie und feinblasiges Rasseln, in den seitlichen Teilen auch pleuritisches Reiben. Husten ohne Auswurf. Leukopenie. In den letzten Tagen meningitische Symptome. Kopfschmerz, Pupillenerweiterung, Augenmuskellähmung; Temperatur remittierend zwischen 36,6—38,9°. Gestorben 27. 6. 1918.

Bild 70   **Röntgenbefund.** (R.-A. 862/18.) In beiden Lungenfeldern liegen ziemlich gleichmäßig verstreut zahlreiche kleine und größere unregelmäßig gestaltete, gut begrenzte Verdichtungsschatten von vorwiegend azinös-nodösem Charakter. In den mittleren Teilen des linken und in den medial und basal gelegenen Teilen des rechten Lungenfeldes ist die Zahl der Herdbildungen größer. Sie stehen hier dichter und fließen an einzelnen Stellen infolge unscharfer Begrenzung ineinander über.

Das Zwerchfell ist beiderseits gut begrenzt. Das Herz erscheint nicht vergrößert und in seiner Lage nicht verändert.

Zusammenfassung. Disseminierte produktive Phthise beider Lungen mit Neigung zu nodösen Herdbildungen (Miliartuberkulose).

Anatomischer Befund. (S.-Nr. 388/18. Zeitintervall: 17 Tage.) Gut gewölbter Thorax, flächenhafte bindegewebige Verwachsung beider Lungen. Die Lungen überragen stark den Herzbeutel. Großes Herz.

Bild 71   1. Schnitt:

Das rechte Herz mit der Ausflußbahn der rechten Kammer ist in ganzer Ausdehnung eröffnet. Man sieht das hintere Segel der Trikuspidalis, sowie das feine Balkenwerk der Kammer; darüber die Pulmonalarterie und die Aorta. Oberhalb davon die linke und rechte Vena anonyma. Ganz oben oberhalb des Mittellappens der Schilddrüse ist die Trachea eröffnet.

Beide Lungen zeigen in gleichmäßiger Verteilung azinöse und kleine azinös-nodöse Herde, welche oben manchmal konfluieren; in den kaudalen Teilen sind die Herde noch kleiner und stehen weniger dicht.

Bild 72   2. Schnitt:

Die linke Kammer ist eröffnet, überdeckt von dem vorderen Segel der Mitralis, darüber die Ausflußbahn der Aorta mit dem Bogen, unter diesem die Pulmonalarterie und das eröffnete linke Herzohr. Der rechte Vorhof ist teilweise noch erhalten; man sieht die Einmündung der Kranzvene, darüber den Limbus des Foramen ovale. Die Lungen sind gegen 3 cm tiefer durchschnitten (mit einem Auge betrachten!). Vor dem rechten Hilus sieht man den linken Vorhof mit der Einmündung der rechten Lungenvene, darüber die Verzweigungen der rechten Lungenarterie, über dem oberen Ast die Einmündungsstelle der Vena azygos (in die Vena cava superior).

Beide Lungen zeigen über sämtliche Lappen annähernd gleichmäßig verteilt, hirsekorngroße, nach unten etwas kleiner werdende, manchmal noch konfluierende, rundliche oder verschiedenartig verzweigte (azinöse), gegen die Umgebung scharf abgesetzte Herdchen. Das Lungengewebe sonst gut lufthaltig, stark anthrakotisch.

(In weiter hinten gelegenen Schnitten finden sich ebenfalls wieder gleichmäßig verstreut, aber an Zahl etwas geringer, runde Tuberkel und auch noch vereinzelt azinöse Herdchen, aber keine nodösen Herde mehr; vereinzelt auch kleinere exsudative Herdbildungen.)

Diagnose. Hämatogen-dissemenierte, azinöse und azinös-nodöse Phthise (Miliartuberkulose), kranial-kaudal und ventral-dorsal abnehmend. Totale bindegewebige Obliteration der Brusthöhlen. Geringe Erweiterung des rechten Herzens.

Miliare Tuberkel der Milz, Leber, Nieren. Schwellung und braune Pigmentierung der Milz. Cholesterinpigmentkalksteine der Gallenblase. Kleine fettarme Nebennieren.

Vergleichende Beurteilung. Aus der disseminierten Anordnung der Schattenbildungen in beiden Lungenfeldern ist die hämatogene Ausbreitung der Erkrankung zu erschließen. Die Verteilung der Herdbildungen ist keine gleichmäßige. In den mittleren Teilen des linken und in den medial gelegenen Teilen des rechten Lungenfeldes ist die Zahl der Herdschatten erheblich größer. Die Schattenbildungen fließen hier an vereinzelten Stellen ineinander über. In den anatomischen Schnitten finden sich vorwiegend azinös-nodöse und nodöse Herdbildungen. Besonders in den vorderen Schnitten ist die Zahl dieser Herde in den oberen und mittleren Teilen der Lungen größer; auch die einzelnen Herde sind hier größer und stehen teilweise außerordentlich dicht beieinander. In den mehr nach rückwärts gelegenen Teilen der Lungen finden sich mehr kleinere Herdbildungen. Diese letzten treten im Röntgenbilde nicht in die Erscheinung, da sie von den in den Lungenabschnitten beider Lungenfelder verstreuten Herdschatten teilweise überlagert werden. Deshalb sind die übrigen Teile größer und entsprechen mehr nodösen Herden.

Fall 16.   **Bild 73—76.**

Hämatogen-disseminierte, azinös-produktive Phthise (Miliartuberkulose). Serös-fibrinöse Perikarditis. Kleiner serös-fibrinöser Pleuraerguß beiderseits.

Aus der Krankengeschichte. R. A., 23 Jahre, m. Beginn der Erkrankung Februar 1918 mit Husten und Stechen auf der Brust. Subfebrile Temperaturen. Über beiden Lungen katarrhalische Erscheinungen. Ende März linksseitiger Pleuraerguß, 14 Tage später auch rechtsseitiger Erguß. Mehrfache Punktion, 4 Wochen später Entwicklung eines Herzbeutelergusses, Erguß der Brusthöhle und des Herzbeutels deutlich hämorrhagisch. In den letzten Wochen stehen im Vordergrund des Krankheitsbildes die Erscheinungen der Pericarditis exsudativa. Am 23. Juni 1918 gestorben.

Röntgenbefund. (R.-A. 841/18.) Die Lungenfelder sind durch den stark vergrößerten Herzschatten erheblich eingeengt. Über beide Lungenfelder zerstreut liegen zahlreiche kleine, unregelmäßig gestaltete, gut begrenzte Verdichtungsschatten. In den Mittelfeldern sind diese Verdichtungsschatten beiderseits zahlreicher und etwas größer als in den Ober- und Unterfeldern. Der Herzschatten ist stark vergrößert und zeigt beiderseits eine nahezu gleichmäßige Ausladung gegen die Lungenfelder hin. Die Einkerbungen zwischen Gefäßbogen- und Herzkontur sind verstrichen. Innerhalb   Bild 73 des Gesamtherzgefäßschattens kann man besonders rechts eine dichtere, dem Herzen entsprechende Schattenzone von einer diese umgrenzenden, etwas aufgehellten, breiten, bandförmigen Schattenzone eben unterscheiden. In dieser lichten Schattenrandzone sind weniger deutlich ähnliche Herdschatten erkennbar, wie sie in den Lungenfeldern ausgeprägt zutage treten. Am oberen Ende dieser lichten, das Herz rechterseits umgrenzenden Schattenzone liegt etwa in der Höhe der Teilungsstelle der Trachea eine rundliche, dichte, gut umgrenzte Schattenbildung. Rechts unten seitlich im Bereich des Zwerchfellrippenwinkels besteht eine diffuse Verschattung, die entlang dem Thoraxrande etwas höher hinauf reicht als in den medialen Teilen. Die rechte Zwerchfellhälfte steht hoch und zeigt auf der Kuppe eine wellenförmige Erhebung; die seitliche Zwerchfellbegrenzung hebt sich von der beschriebenen diffusen Verschattung nicht mehr ab. Die linke Zwerchfellkuppe ist innerhalb der leicht diffusen Verschattung der basalen Lungenfeldteile nicht erkennbar. Die gut ausgeprägte, auch innerhalb des Herzschattens erkennbare, bandförmige Schattenbildung, die seitlich bogenförmig abfallend zum Brustkorbrande hin verläuft, entspricht wohl einer Lungeninduration. Nach unten von dieser streifenförmigen Schattenbildung liegt eine aufgehellte Zone, innerhalb deren der Herzrand noch gut verfolgt werden kann. Im Zwerchfellrippenwinkel seitlich besteht ähnlich wie rechts eine diffuse Verschattung.

Zusammenfassung. Disseminierte, azinös-produktive Phthise beider Lungen mit Neigung zur nodösen Herdbildung. Großer Herzbeutelerguß. Beiderseitiger kleiner Pleuraerguß.

Anatomischer Befund. (S.-Nr. 371/18. Zeitintervall: 16 Tage.) Sehr großer, gut gewölbter Thorax.

Brust- und Rippenfell beiderseits fast überall bindegewebig verwachsen oder fibrinös verklebt. Beiderseits sieht man in den Zwerchfellrippenwinkeln kleine Exsudathöhlen mit fibrinös belegter Wand. Der Herzbeutel liegt hochgradig verbreitert vor. Er fühlt sich sehr derb an, ist schwartig verdickt.

1. Schnitt:

Nach Abnahme des vorderen Teiles des Herzbeutels sieht man

die Herzbeutelhöhle hochgradig erweitert und mit einem serös-fibrinösen Exsudat angefüllt. Das Herz liegt in normaler Größe in der Mitte des Beutels. Zwischen den beiden Herzbeutelblättern hat sich eine eigenartige wabige Struktur ausgebildet, aus fibrinösen Membranen bestehend. Das Exsudat reicht vorne weit in die Höhe und hat das Herz von der hinteren parietalen Perikardfläche abgehoben, so daß das Herz selbst nach allen Seiten frei in der Flüssigkeit schwimmt. Auch das Epikard ist stark von z. T. in Organisation befindlichem Fibrin überzogen.

Die Lungen sind gleichmäßig übersät von zahlreichen hirsekorngroßen, grauen Knötchen und azinösen oder kleinen azinös-nodösen Herdchen. Über dem Zwerchfell sieht man beiderseits seitlich den Beginn von serösen Exsudaten, vorwiegend wandständig.

2. Schnitt:

Man sieht die Einmündung der Lungenvenen in den linken Vorhof, nach oben seitlich davon die hintere Wand des Herzbeutels von Fibrin bedeckt; oben die Trachea mit der Teilung und den großen Gefäßen.

Beide Lungen sind wiederum übersät von miliaren Tuberkeln und azinös-produktiven Herdchen, in den kranialen Teilen in Konfluenz. Die Herdbildungen sind in diesem mehr dorsal gelegenen Schnitt bedeutend kleiner und weniger zahlreich als in den ventralen Schnitten. Seitlich rechts der Trachea ein größerer, hyalin-käsiger Lymphknoten. Am rechten Hilus einige frischgeschwollene Lymphknoten. Links unten sieht man das Exsudat nunmehr in größerer Ausdehnung, der Zipfel des Unterlappens hängt, beiderseits von Exsudat umgeben, noch unten an der Brustwand fest. Hinten reicht das Exsudat noch etwas weiter nach oben. Das rechtsseitige Exsudat ist gering.

Diagnose. Hämatogene, disseminierte, azinös-produktive Phthise (Miliartuberkulose), kranial-kaudal und ventral-dorsal an Zahl und Größe der Herdchen abnehmend. Frisch geschwollene und hyalin-käsige Lymphknoten, besonders am rechten Hilus. Serös-fibrinöse Perikarditis mit hochgradiger Erweiterung des Herzbeutels und Organisation des Fibrins; Schwartenbildung des Herzbeutels; frischere serös-fibrinöse Exsudate in den abhängigen Teilen beider Brusthöhlen.

Phthisische Geschwüre im Dickdarm, Tuberkel der Leber, Milz, Nieren mit Ausscheidungsherden, Verkäsung der Samenblasen, besonders rechts, frische Phthise der Nebenhoden.

Vergleichende Beurteilung. Den über beiden Lungenfeldern verstreuten (disseminierten) kleinen, unregelmäßig gestalteten, scharf begrenzten Verdichtungsschatten entspricht die anatomisch gleichmäßige Verteilung der Tuberkel von miliarem und azinösem Charakter (hämatogene Miliartuberkulose mit sekundärem Einbruch in die Azini). Beide Lungen sind in ganzer Thoraxtiefe von zahlreichen Herdbildungen derart durchsetzt, daß diese auf allen anatomischen Schnitten in großer Zahl zu erkennen sind. Auf dem Röntgenbilde treten die den Herden entsprechenden Schattenbildungen trotzdem überall als gut abgegrenzte Herdschatten in die Erscheinung. Die starke Vergrößerung des Herzschattens ist bedingt durch den nach allen Seiten den Herzbeutel erweiternden serös-fibrinösen Erguß. In den unteren Teilen des linken Lungenfeldes besteht eine innerhalb des Herzschattens und besonders seitlich von diesem sichtbare streifenförmige, nach oben hin konvexe, seitlich zum Thoraxrande abfallende Schattenbildung. Ein Blick auf das anatomische Bild zeigt, daß diese der durch einen kleinen Erguß von der Zwerchfellkuppe getrennten Lungenbasis entspricht. — Ein zipfelförmiger Teil des linken Unterlappens ist unten seitlich am Thoraxrande fixiert und wird beiderseits von Flüssigkeit umspült. Die seitlich von ihm liegende Flüssigkeitsschicht hat einen großen Tiefendurchmesser und reicht entlang dem Thoraxrande höher hinauf. Sie bewirkt die diffuse Verschattung links unten seitlich. Medianwärts von dem Lungenzipfel liegt eine abgekapselte Flüssigkeitshöhle, die nur einen geringen Tiefendurchmesser hat und nach hinten von lufthaltigem Lungengewebe umlagert wird. Sie tritt deshalb auf dem Röntgenbilde unterhalb des der Lungenbasis entsprechenden Bandschattens als teilweise aufgehellte Zone zutage. Die linke Zwerchfellkuppe ist nicht differenziert, weil über ihr leicht diffuse Verschattung bedingende Flüssigkeit liegt. Rechts entspricht die diffuse Verschattung im Zwerchfellrippenwinkel dem randständigen Erguß. Vorne reicht dieser bis an den Herzbeutelerguß hin. Die von der Rückseite den Erguß überragende Zwerchfellkuppe ist auf dem Bilde als wellenförmige Erhebung erkennbar.

Fall 17.   Bild 77—79.

Nodös-indurierende beiderseitige Lungenspitzenphthise. Kreideherd in den oberen Teilen der rechten Lunge; verkreidete Lymphknoten rechts (Primärkomplex).

Aus der Krankengeschichte. H. W., 42 Jahre, m. Aus Aufzeichnungen des Lazarettkrankenblattes ist ersichtlich, daß ein ausgeprägtes Krankheitsbild Addisonscher Erkrankung bestand. Hochgradige Asthenie, Braunfärbung, starke Durchfälle, keine Lungenerscheinungen. Aufnahme in Klinik erfolgte erst wenige Tage vor dem Tode.

Bild 77   **Röntgenbefund.** (R.-A. 8602.) In beiden Spitzenfeldern liegen eine Anzahl größerer und kleinerer, sehr dichter, gut begrenzter Herdschatten. Rechts sind diese etwas zahlreicher als links. In den oberen Teilen des rechten Lungenfeldes ist ein besonders dichter kleiner Herdschatten sichtbar, der einem Kreideherd entspricht (Primärinfekt). Im rechtsseitigen Hilusgebiete liegen einige sehr dichte Schatten (verkreidete Lymphknoten). Im übrigen sind die beiden Lungenfelder vollkommen hell und frei von Herden.

Das Herz ist klein. Das Aortenband auffallend lang. Zwerchfell beiderseits scharf begrenzt.

Zusammenfassung. Beiderseitige nodös-indurierende Spitzenphthise, Kalkherd (Primärinfekt) in den oberen Teilen der rechten Lunge. Verkreidete Lymphknoten rechts im Hilusgebiet.

Anatomischer Befund. (S.-Nr. 373/18. Zeitintervall: 18 Tage.) Breiter, etwas kurzer Thorax. Beide Brusthöhlen fast völlig bindegewebig obliteriert. Der Herzbeutel von Lungengewebe stark überlagert; das Herz klein, tropfenförmig, hängt an den Gefäßen. Die aufsteigende Aorta lang, wohl infolge der Kleinheit des Herzens.

Bild 78   1. Schnitt: Beide Lungen zeigen völlig normalen Luftgehalt (die weißlichen Flecken im linken Ober- und Mittelteil und rechten Mittelteil haben keine Bedeutung, sind technisch bedingt). An der Grenze vom rechten Oberteil zum Mittelteil findet sich — zweifingerbreit nach innen von der seitlichen Brustwand — ein stecknadelkopfgroßer Kalkherd mit breiter fibröser Umrandung.

Bild 79   2. Schnitt: In beiden Spitzen finden sich alte azinös-nodöse Herde, welche von fibrösem Gewebe durchwachsen und eingeschlossen sind; dieses derbe Gewebe ist anthrakotisch durchsetzt. Die Hiluslymphknoten sind vielleicht etwas vergrößert, stark von Ruß durchsetzt; die Lymphknoten an der Bifurkation sind ziemlich stark vergrößert.

Im unteren seitlichen Abschnitt des rechten Oberteils liegen im Schnitt 2 weitere stecknadelkopfgroße, fibrös umrandete Kalkherdchen.

Diagnose. Kleine nodös-fibröse Herde in beiden Spitzen. Fibrös eingekapselte Kalkherde (Primärinfekt) im rechten Oberlappen. Schwellung und Anthrakose der Hiluslymphknoten. Ausgedehnte Verwachsung beider Brusthöhlen. Kleines Herz.

Verkäsung der linken Nebenniere mit völligem Schwund des Parenchyms und fibröser Umwandlung, fast völlige Verkäsung der rechten Nebenniere (Addisonsche Krankheit); Milztumor.

Vergleichende Beurteilung. Die phthisischen Veränderungen der Lungen sind im vorliegenden Falle, bei dem klinisch das Bild der Addisonschen Krankheit im Vordergrund stand, auf die Lungenspitzen beschränkt. In den anatomischen Schnitten finden sich beiderseits im Bereiche der Lungenspitzen nodös-produktive Herde, die fast vollständig fibrös abgekapselt bzw. umgewandelt sind. Rechts ist das zwischen den Herden liegende Lungengewebe geschrumpft und luftleer. Auf dem Röntgenbilde ist deshalb das rechte Spitzenfeld deutlich verschattet. Innerhalb der Verschattung sieht man eine Anzahl sehr dichter Herdschatten, die den fibrös umgewandelten produktiven Herden entsprechen. Im linken Spitzenfeld treten die indurierten Herde deshalb deutlicher zutage, weil das dazwischen liegende Lungengewebe noch etwas lufthaltig ist. Auf dem Röntgenbilde ist der aus einem in den oberen Teilen der rechten Lunge liegenden Kreideherd und aus verkreideten Lymphknoten bestehende Primärkomplex besonders gut erkennbar. Dieser Kreideherd ist im ersten anatomischen Schnitte dargestellt.

Fall 18. Bild 80—83.

Vereinzelte indurierte Herde in der rechten Lungenspitze und den mittleren Teilen beider Lungen. Indurierte bzw. verkäste Lymphknoten beiderseits. Pleuraobliteration links mit geringer Thoraxschrumpfung.

Aus der Krankengeschichte. Z. E., 22 Jahre, m. In schwerkrankem Zustande aus Lazarett in Klinik aufgenommen. Patient ist hochgradig abgemagert, fiebert, um 38°. Im Vordergrunde steht das Krankheitsbild einer subakuten diffusen Peritonitis. Der Leib ist mäßig aufgetrieben, seitlich vom Nabel sind nicht abgrenzbare Tumormassen tastbar; in den abhängigen Teilen ist Dämpfung und Fluktuation nachweisbar. Seitens der Lungen besteht starker Reizhusten ohne Auswurf.

Physikalischer Befund: Rechts hinten oben leichte Schallabschwächung mit verschärftem Atmen und verlängertem Exspirium ohne Rasselgeräusche. Im übrigen ist Klopfschall über beiden Lungen voll, das Atmungsgeräusch vesikulär. Unter Zunahme der Peritoneal- und Darmerscheinungen (starker Durchfall ohne Blutabgang) am 9. Oktober 1917 gestorben.

Röntgenbefund. (R.-A. 5660/17.) In den seitlichen Teilen des rechten Spitzenfeldes sieht man, mit dem Schatten der 1. Rippe sich deckend, eine diffuse Schattenbildung von geringer Dichtigkeit. Innerhalb dieser sind einige dichte herd- und unregelmäßig verzweigte streifenförmige Schattenbildungen sichtbar. Der von der 1. Rippe umgrenzte Teil des Spitzenfeldes ist hell und frei von Herden. Auch unterhalb des Schlüsselbeinschattens sind keine Herde sichtbar. Im rechten Hilusgebiet sind innerhalb der durch die Gefäßverzweigung bedingten bandförmigen Schattenbildungen, einige kleine, dichte Herdschatten erkennbar (indurierte Lymphknoten).

Die linksseitige Brustkorbbegrenzung verläuft etwas steiler, die Rippen sind links stärker geneigt als rechts. Im linken Mittelfeld sieht man einige sehr kleine, dichte, gut umgrenzte Herdschatten liegen. Im Bereich des Herzgefäßwinkels besteht eine diffuse Verschattung mit eingelagerten dichten Herdschatten. Die Gefäßrandkontur zeigt am Orte der Pulmonalis eine bogenförmige Erhebung, die in die diffuse Verschattung des Hilus hineinragt. Das Herz ist nicht vergrößert. Zwerchfell ist beiderseits scharf begrenzt. Links zeigt es da, wo es sich gegen die Aufhellung des Magenfornix abhebt, eine auffallend breite bandartige Schattenbildung.

Zusammenfassung. Vereinzelte indurierte Herde in den oberen Teilen der rechten Lunge. Vereinzelte indurierte Herde in den mittleren Teilen der rechten und der linken Lunge. Leichte Vorwölbung (erweiterte Pulmonalis?) im Bereich des Herzgefäßwinkels innerhalb einer diagnostisch unklaren Schattenbildung (indurierte Lymphknoten?).

Anatomischer Befund. (S.-Nr. 384/17. Zeitintervall: 20 Tage.) Ziemlich kleiner, gut gewölbter Thorax. Die rechte Brusthöhle fast völlig frei, die linke völlig obliteriert, besonders am linken Zwerchfell fast schwartige Verwachsungen. Struma.

Bild 81   1. Schnitt:

Das rechte Herz liegt vor, darüber die Pulmonalarterie, die aufsteigende Aorta mit der Arteria anonyma und die Cava superior.

Beide Lungen sind frei von Herdbildungen. Lungenwärts von der Pulmonalarterie, der Lungenpleura unmittelbar angelagert, findet sich ein bohnengroßer, fast völlig verkäster Lymphknoten (auf dem Schnitt deutlich zu erkennen).

(Die Abhebung der rechten Lunge von der Pleura ist künstlich, nicht durch Exsudat bedingt.)

Bild 82   2. Schnitt:

Man sieht die Teilung der Trachea, darunter die Hinterwand des linken Vorhofs mit der Einmündung der Lungenvenen. Unter der rechten Lungenvene sieht man die Einmündung der Cava inferior und medianwärts davon den sog. Kavazipfel des rechten Unterlappens.

Im rechten Oberteil, unterhalb der Spitze der seitlichen Brustwand angelagert, ein azinös-nodöser Herd. Im unteren Teil des linken Mittelteiles ebenfalls einige azinös-nodöse (histologisch geprüft) Herdbildungen. Sonst sind die Lungen frei von phthisischen Veränderungen. Die Lymphknoten im Winkel der Bifurkation, sowie an den Teilungsstellen der Bronchien beiderseits zeigen ausgedehnte Verkäsung.

Bild 83   3. Schnitt:

(Rechter Oberlappen): In Fortsetzung des azinös-nodösen Herdes des zweiten Schnittes findet sich hier ein fast bohnengroßer, derber, fibrös-hyaliner Herd von frischen Tuberkeln umgeben.

(In verschiedenen Gebieten beider Lungen fühlt man verdichtete Herde, welche sich bei histologischer Untersuchung als ganz frische Aspirationsbronchopneumonien [Peritonitis!] erweisen.)

Diagnose. Fibrös-hyaliner Herd im rechten Oberlappen, mit frischer azinös-nodöser Aussaat in der Umgebung. Frische azinös-nodöse Aussaat geringen Grades im unteren Teil des linken Oberlappens. Totale Obliteration der linken Brusthöhle mit geringer Schwartenbildung gegen das Zwerchfell hin, Obliteration der rechten Zwerchfellseite; verkäste Lymphknoten an der Bifurkation und am Hilus beider Lungen.

Kleine phthisische Geschwüre im Dünndarm mit Perforation. Fibrinös-käsige Peritonitis. Kotabszeß. Verkäste mesenteriale Lymphknoten. Verwachsungen der Darmschlingen; Diphtherie des Mastdarms. Ältere und frische Thrombose der Vena femoralis und iliaca.

Vergleichende Beurteilung. Im vorliegenden Falle war die seitens der Lunge bestehende Erkrankung als Nebenbefund zu betrachten; im Vordergrund stand klinisch die Peritonitis. Der Vergleich der drei anatomischen Schnitte mit dem Röntgenbilde läßt erkennen, daß auch die rechts hinten oben und seitlich (Schnitt 3) sich findenden Veränderungen im Röntgenbilde nicht nachweisbar sind. Die hier im anatomischen Schnitt deutlich sichtbaren azinös-nodösen und nodösen Herde sind offenbar im Intervall entstanden. Im Röntgenbilde findet sich jedoch der mehr in den Spitzenteilen gelegene fibröse Herd in Gestalt einer dichten, mit der 1. Rippe sich deckenden Schattenbildung, die von einer diffusen Verschattung umgrenzt ist. Die beiderseits im Hilusgebiet anatomisch nachweisbaren, im Zentrum verkästen Lymphknoten sind auf dem Röntgenbilde gut zu erkennen. Sie stellen sich dar als ziemlich dichte, gut umgrenzte Schattenbildungen innerhalb der Gefäßschatten des Lungenwurzelgebietes. Besonders deutlich sichtbar sind einige solche gut umgrenzte Herdschatten im linksseitigen Hilusgebiet neben dem Schatten der Pulmonalis. Einer dieser verkästen Lymphknoten liegt (vgl. den 1. anatomischen Schnitt) der Pulmonalis unmittelbar an, und zwar zwischen dieser und der Pleura pulmonalis. Man kann sich die leichte Vorwölbung der Gefäßkontur an der Stelle der Pulmonalis in der Weise vorstellen, daß die dem Lymphknoten unmittelbar anliegenden Lungenteile an der Atmung weniger teilnehmen als die oberhalb und unterhalb liegenden Lungenabschnitte. Lymphknoten und Pulmonalisschatten summieren sich dabei zu einer einheitlichen Schattenbildung, die eine Erweiterung der Pulmonalis vortäuschen. Vielleicht ist an der Entstehung dieser Erscheinung auch mitbeteiligt die infolge der linksseitigen Pleuraobliteration bestehende Atmungshemmung der linken Seite. Die Obliteration selbst kommt im Röntgenbilde zum Ausdruck in dem steileren Verlaufe der Rippen und in der gut erkennbaren Abflachung der linksseitigen Thoraxbegrenzung. Im 3. anatomischen Schnitt sieht man eine schwartige Verdickung der Pleura diaphragmatica, die im Röntgenbilde als breite bandartige Schattenbildung in der Gegend der Herzspitze zum Ausdruck kommt.

Fall 19.   Bild 84—87.

Nodös-indurierende und lobulär-exsudative beiderseitige Spitzenphthise mit kleiner Kaverne in der rechten Spitze.

Aus der Krankengeschichte. M. A., 18 Jahre, m. Erste Erscheinungen seitens der Lunge ca. ½ Jahr vor Aufnahme in Klinik am 22. Mai 1917. Neben Husten und Auswurf bestanden auch starke Leibschmerzen und Durchfälle. Im Vordergrund des klinischen Krankheitsbildes standen die Abdominalerscheinungen, die auf Peritoneal- und Darmtuberkulose hinwiesen.

Physikalischer Befund zur Zeit der Röntgenaufnahme: hinten oben beiderseits bis etwa zum 3. Brustwirbeldorn relative Schallverkürzung, rechts mit geringem tympanitischem Beiklang. Vorne geringe Schallabschwächung beiderseits in der Oberschlüsselbeingrube, Atmungsgeräusch rechts hauchend mit verlängertem Exspirium, links verschärftes Atmen, feine und mittelblasige Rasselgeräusche vorne und hinten über den Spitzen und auch unterhalb des Schlüsselbeins vorne. Remittierendes Fieber (37—38,5°). Während der klinischen Beobachtung Zunahme der Darmerscheinungen, Meteorismus, Durchfälle. Gestorben 12. Juli 1917.

Röntgenbefund. (R.-A. 597/17.) Beide Spitzenfelder sind deutlich getrübt. Rechts sieht man innerhalb der Trübung medianwärts der 1. Rippe eine Anzahl kleiner, nicht sehr dichter Herdschatten liegen. Seitlich davon, mit dem Schatten der 1. Rippe sich deckend, liegen einige fleckige ineinander fließende Schattenbildungen. Unterhalb   Bild 84 dieser besteht eine unregelmäßig gestaltete, teilweise deutlich umgrenzte Aufhellung (Kaverne). Von dieser aus verlaufen einzelne streifenförmige Schattenbildungen zum Hilus hin. Seitlich und oberhalb vom Hilus sieht man zwei kleine, sehr dichte Herdschatten je in Höhe der 1. und 2. Rippe. Die übrigen Teile des rechten Lungenfeldes sind ganz frei von Herden. Im rechten Hilusgebiet sieht man innerhalb des Herzschattens, der stark nach rechts verlagert erscheint, vereinzelte sehr dichte, kleine Herdschatten liegen.

Innerhalb der gleichmäßigen Trübung des linken Spitzenfeldes sind eine Anzahl größerer und kleinerer, teils gut begrenzter, teils mehr verwaschener Verdichtungsschatten sichtbar. In den oberen Teilen des linken Lungenfeldes liegen eine große Anzahl kleiner, gut begrenzter Verdichtungsschatten; links oben seitlich in Höhe der 2. Rippe sind diese Herdschatten besonders dicht und zahlreich nebeneinander gelagert. Die mittleren und unteren Teile des linken Lungenfeldes sind frei von Herden. Das Zwerchfell ist beiderseits scharf begrenzt. Das Herz ist klein, steil gestellt und ist etwas nach rechts verlagert.

Zusammenfassung. Über die obersten Teile beider Lungen ausgebreitete, vorwiegend nodöse und herdförmig exsudative Phthise. Kleine Höhlenbildung rechts. Links reichen die nodösen Herdbildungen weiter herab als rechts. Steilgestelltes rechtsverlagertes Herz, vermutlich teilweise funktionell durch die Inspirationsstellung bedingt.

Anatomischer Befund. (S.-Nr. 276/17. Zeitintervall: 5 Wochen.) Die Brustorgane sind vor der Bearbeitung der Brusthöhle entnommen.

Das Herz ist klein (Tropfenherz), die Aorta eng, zartwandig.

Bild 85   1. Schnitt:

Die vordere Herzbeutelwand ist entfernt, das Herz, etwas nach rechts verlagert, liegt vor; die Lungen sind weiter dorsalwärts (Betrachtung mit einem Auge!) frontal durchschnitten.

Die linke Lunge zeigt im Mittel- und Unterteil spärliche azinös-nodöse Herdbildungen. Im rechten Oberteil ebenfalls ein azinös-nodöser Herd. Kaudalwärts ganz vereinzelte azinöse Herdchen.

Bild 86   2. Schnitt:

Der Schnitt liegt hinter dem Herzen. Der Ösophagus ist in ganzer Länge eröffnet, hinter ihm die Aorta. Am linken Hilus sieht man oben die Pulmonalarterie, darunter den Hauptbronchus, unter diesem die Pulmonalvene. Der Schnitt rechts liegt etwas weiter dorsalwärts.

Die linke Lunge zeigt im Oberteil, besonders in der Spitze, azinös-nodöse Herdbildungen, das Gewebe zwischen den scharf gezeichneten, kleinen, verästelten Herdchen ist durch exsudative, zum Teil in Verkäsung begriffene Infiltrate ausgefüllt (diffuse graue Färbung auf dem Bild)[1]. Unmittelbar unter dem Spitzenherd sieht man den senkrecht von unten nach oben verlaufenden zuführenden Bronchus, dessen Wand völlig verkäst ist. Im Mittel- und Unterteil geringe azinöse Herdbildungen.

Im rechten Oberteil einschließlich der Spitze starke Induration mit völliger Verödung des Gewebes und azinös-nodöse Herdbildungen mit zwischengelagerten exsudativen Prozessen[1]. Inmitten dieses Herdes, der Brustwand angelagert, eine

---

[1] Mikroskopische Untersuchung: Die histologische Untersuchung im Spitzenherde beiderseits zeigt, daß in der Tat ausgedehnte azinös-produktive und konfluierende azinös-nodöse Wucherungen vorliegen. Diese sind aber umgeben von meist ganz frischen, manchmal auch stark leukozytenhaltigen exsudativen Infiltraten, welche erst wenige Wochen alt sein können und demnach im Intervall (5 Wochen) entstanden sind.

walnußgroße Höhle mit schwach käsig belegter Wand, dessen zuführender verkäster Bronchus etwas entfernt von der Kaverne zu erkennen ist. Im Mittel- und Unterfeld ebenfalls geringe azinöse Herdbildungen. Weiter unten und seitlich einige frischere, mehr exsudative Herdbildungen (im Intervall entstanden).

Die Hilusknoten der verschiedenen Schnitte sind etwas groß, zeigen nur Anthrakose.

3. Schnitt (linke Lunge):   Bild 87

Man sieht in der Spitze 2 unter kirschgroße Höhlen mit käsigem Inhalt gefüllt (die äußere Höhle mündet in einen weiten Bronchus, dessen Wand völlig verkäst ist). Seitlich und kaudalwärts dieser Höhle finden sich in teilweise induriertem Gewebe lobulär-käsige Herdbildungen bzw. azinös-käsige Herdchen. Im Mittel- und Unterteil vereinzelte miliare Tuberkel.

Diagnose. Azinös-nodöse Phthise beider Lungen. Zirrhose in beiden Oberlappen, kleine Kaverne mit verkästem Inhalt und käsiger Bronchitis der linken Spitze. Walnußgroße Kaverne rechts mit zuführendem verkästem Bronchus. Flächenhafte Obliteration der linken Lunge, besonders in den hinteren Teilen. Mäßige Schwartenbildung im rechten Spitzenteil. Tropfenherz.

Käsig-ulzerierende Phthise des Kehlkopfs, der Epiglottis und der hinteren Rachenwand. Höchstgradige phthisische Geschwürsbildung im Dünn- und Dickdarm. Sehr zahlreiche Tuberkel in Leber und Milz.

Vergleichende Beurteilung. Die leichte gleichmäßige Trübung der Spitzenfelder beiderseits ist durch die teilweise Induration des Lungengewebes in den Spitzenteilen bedingt. In den anatomischen Schnitten finden sich innerhalb und unterhalb dieser indurativen Veränderungen exsudativ-käsige und nodöse Herde. Der Röntgenbefund entspricht vollkommen den anatomischen Veränderungen, insofern verwaschene, ineinander überfließende und gut umgrenzte Herdschatten auf dem Bilde beiderseits innerhalb der Lungenspitzen sichtbar sind. Unterhalb der Spitzenfelder liegen beiderseits besonders links reichlich kleine, gut umgrenzte Verdichtungsschatten, die den auf den anatomischen Schnitten in den oberen und seitlichen Teilen sichtbaren azinös-nodösen Herdbildungen entsprechen. Im Intervall zwischen Röntgenaufnahme und Tod (5 Wochen) sind in den Spitzenteilen einige exsudative und weiter unten produktive Herde wohl hinzugekommen, und so erklärt sich die im anatomischen Präparat stärker ausgeprägte Erkrankung gegenüber den besonders rechts weniger zahlreichen Herdbildungen im Röntgenbilde. — Die besonders im 2. Schnitt sichtbare, unterhalb der rechten Lungenspitze liegende kleine Höhlenbildung ist auf dem Röntgenbilde nicht so leicht zu erkennen; sie fällt in der Projektion mit dem Schatten der 1. Rippe und teilweise auch mit dem Schlüsselbeinschatten zusammen. Man kann sie jedoch unterhalb der durch die Lungenspitzeninduration bedingten diffusen Verschattung aus der durch unregelmäßig gestaltete streifenförmige Schattenbildungen umgrenzten helleren Stelle innerhalb und seitlich vom Schatten der 1. Rippe erschließen. Das im Röntgenbilde steil gestellte und etwas nach rechts verlagerte Herz kann in der Weise gedeutet werden, daß die in abnormer Weise vom rechten Unterlappen zum linken Vorhof getrennt verlaufende Lungenvene (1. Schnitt) eine gewisse Fixation des linken Vorhofs bedingt, so daß bei der Inspiration das Herz nicht nur aufgerichtet, sondern auch etwas nach rechts gedreht und verlagert wird.

Fall 20. **Bild 88—91.**

Nodös-produktive Phthise beider Lungen. Große Lymphknotenpakete, besonders paratracheal und im rechten Hilusgebiet.

Aus der Krankengeschichte. Th. H., 21 Jahre, m. Beginn der Erkrankung Oktober 1916 mit Stechen auf Brust und Rücken, sowie Husten. Während der Lazarettbehandlung bis Juni 1917 beiderseitige ausgedehnte Lungenerkrankung festgestellt. Aufnahme in der Klinik Juni 1917.

Lungenbefund: Beiderseits geringe Schallverkürzung etwa bis 4. Brustwirbel. Bronchovesikuläratmen, zahlreiche kleine mittelblasige Rasselgeräusche beiderseits über gedämpften Bezirken. Klagen über Kopfschmerzen und Schmerzen in den Beinen. Zunehmende Benommenheit. Unter rasch zunehmenden peritonitischen Erscheinungen gestorben am 6. Juli 1917.

Röntgenbefund. (R.-A. 653/17.) Über das ganze rechte Lungenfeld liegen zahlreiche größere und kleinere, unregelmäßig gestaltete, meist gut gegeneinander abgesetzte Verdichtungsschatten verstreut. Besonders zahlreich sind diese Schattenbildungen im rechten Mittelfeld. Hier zeigen sie teilweise eine weniger gute Begrenzung. In der Umgebung des Lungenwurzelgebietes liegen die Herdschatten so dicht und zahlreich, daß eine diffuse Verschattung entsteht. Innerhalb dieser ist eine schräg vom Hilus nach rechts unten verlaufende, bandförmige Schattenbildung erkennbar, die sich von dem diffus verschatteten Untergrund deutlich abhebt. Vom Hilus verläuft dem Mittelschatten anliegend eine dichte, bandförmige Schattenbildung senkrecht nach oben bis zum Schlüsselbeinbrustbeinwinkel hin.

In den oberen und mittleren Teilen des linken Lungenfeldes sieht man eine Anzahl unregelmäßig gestalteter, größerer und kleinerer Verdichtungsschatten liegen, die teilweise gut begrenzt sind, teilweise etwas verwaschen erscheinen. Das Herz ist etwas nach links vergrößert.

Das Zwerchfell ist links scharf begrenzt, rechts zeigt es einen leicht wellenförmigen Verlauf.

Zusammenfassung. Über die ganze rechte Lunge ausgebreitete, vorwiegend nodös-produktive Phthise. Nodöse Phthise in den oberen und mittleren Teilen der linken Lunge. Ausgedehnte Lymphknotenpakete rechts paratracheal und im rechtsseitigen Hilusgebiet.

Anatomischer Befund. (S.-Nr. 267/17. Zeitintervall: 20 Tage.) Es besteht totale Obliteration mit dem linken Zwerchfell und hinten unten strangförmige Verwachsungen an verschiedenen Stellen, auch rechts. Das Herz ist etwas groß.

Im rechten Schilddrüsenlappen einige kleinere Adenomknoten.

1. Schnitt:

Das rechte Herz — mit Kruor gefüllt — ist mit dem rechten Herzohr und der rechten Kammer eröffnet; das vordere Segel der Trikuspidalis liegt vor.

Die linke Lunge zeigt in sämtlichen Teilen scharf abgesetzte azinös-nodöse, zur Induration neigende Herde; dasselbe Bild rechts. Vor der Cava superior gelegen, finden sich 2 bohnengroße, verkäste Lymphknoten; ein dritter weiter oben extrathorakal.

2. Schnitt:

Die linke Herzkammer ist in ganzer Ausdehnung eröffnet, mit Kruor gefüllt; anschließend daran sieht man die aufsteigende Aorta und die Arteria anonyma; links von der Herzkammer der rechte Vorhof mit Kruor gefüllt und die Cava superior. Neben der Aorta die Pulmonalarterie.

Beide Lungenteile zeigen den Befund des 1. Schnittes: Azinös-nodöse Herdbildungen kaudalwärts abnehmend[1]). Oberhalb des eröffneten Teils der Cava superior (dorsalwärts von dieser liegend) findet sich ein Paket verkäster Lymphknoten, in unmittelbarer Fortsetzung zu den im ersten Schnitt getroffenen, so daß hierdurch die Cava superior etwas lateral-ventralwärts gedrängt wird. Auch nach hinten setzt sich das Lymphknotenpaket fort und liegt dann der Trachea dicht an, reicht auch dieser entlang weiter nach oben (siehe auch 3. Schnitt).

3. Schnitt: Bild 91

Man sieht die Teilung der Trachea, die Lungen weiter dorsalwärts geschnitten. Links von der Bifurkation die Aorta, darunter der eröffnete Ösophagus.

Beide Lungen zeigen wiederum azinös-nodöse Aussaat. Wichtig an diesem Schnitt sind wiederum die käsigen Lymphknoten, welche in der Bifurkation und sehr zahlreich zwischen den Verzweigungen der größeren Bronchien liegen. Besonders gegen den rechten Unterlappen zu.

Diagnose. Azinös-nodöse Phthise beider Lungen; verkäste Lymphknoten in großer Zahl im Winkel der Bifurkation und zwischen den Hauptbronchien sowie vor und seitlich der Cava superior und paratracheal rechts. Obliteration des linken Zwerchfells; flächenhafte Verwachsungen links hinten, ebenso rechts hinten; strangförmige Verwachsungen mit dem rechten Zwerchfell. Großes Herz.

Großknotige, in Zerfall begriffene Tuberkel der Milz, Konglomerattuberkel der Nieren. Vereinzelte Geschwüre im Ileum, verkäste periportale Lymphknoten, exsudativ-phthisische Peritonitis.

Vergleichende Beurteilung. Zweierlei Erscheinungen charakterisieren diesen Fall anatomisch und im Röntgenbilde. Einmal der rein nodös-produktive Charakter der Herde und zu zweit die stark ausgeprägte Beteiligung der Hiluslymphknoten. In den verschiedenen anatomischen Schnitten finden sich nahezu über die ganze r e c h t e Lunge ausgebreitete zahlreiche, unregelmäßig angeordnete, nodös-produktive Herdbildungen; ebensolche sind auch in den oberen und mittleren Teilen der linken Lunge nachweisbar. Diese n o d ö s - p r o d u k t i v e n H e r d e b e d i n g e n d i e i m R ö n t g e n bilde sichtbaren kleinen und größeren, u n r e g e l m ä ß i g g e s t a l t e t e n, überall g u t g e g e n e i n a n d e r a b g e s e t z t e n H e r d s c h a t t e n in der linken Lunge. Die Zahl dieser nodös-produktiven Herdbildungen ist links erheblich geringer als rechts. Sie sind l i n k s auf die oberen und mittleren Teile der Lunge beschränkt; an einzelnen Stellen neigen die nodösen Herde, besonders im Bereich der rechten Lunge, zur Induration. Zerfallserscheinungen liegen an keiner Stelle vor. Die starke Vergrößerung der teilweise verkästen Lymphknoten im Gebiete der Bifurkation ist im 3. anatomischen Schnitte besonders gut erkennbar. Hier sieht man außerdem im rechtsseitigen Lungenwurzelgebiet große verkäste L y m p h k n o t e n um einen größeren Ast der Pulmonalis herum liegen. Ferner sind rechts n e b e n d e r T r a c h e a, und zwar hinter und neben der Cava sup. verkäste Lymphknoten sichtbar. Diese letzten s i n d a u f d e m R ö n t g e n b i l d e z u e r s c h l i e ß e n a u s d e r v o m H i l u s s e n k r e c h t n a c h o b e n v e r l a u f e n d e n b a n d a r t i g e n S c h a t t e n b i l d u n g, die ihrer topographischen Lage nach der Vena cava sup. entspricht. Die beschriebenen r e c h t s s e i t i g e n H i l u s l y m p h k n o t e n stellen sich im Röntgenbilde dar als d i c h t e h e r d f ö r m i g e S c h a t t e n i n n e r h a l b e i n e r s t r e i f e n f ö r m i g e n, v o m

---

[1]) Die weißliche Verschleierung beider Lungenfelder ist technisch bedingt.

Hilus schräg nach unten verlaufenden Schattenbildung. Diese entspricht in ihrer Lage oberhalb des großen, nach unten verlaufenden Stammbronchus, dem Verzweigungsgebiete der Pulmonalarterie. Auf dem 3. anatomischen Schnitte sieht man eine Zwerchfellpleuraobliteration in den hinteren Abschnitten des Zwerchfells; diese kommt auf dem Röntgenbilde wohl deshalb nicht zum Ausdruck, weil sie auf die hinteren Zwerchfellabschnitte beschränkt ist. Die rechtsseitigen strangförmigen Verwachsungen des Zwerchfells sind im Röntgenbilde aus der Unschärfheit der Kontur und den an verschiedenen Stellen sichtbaren kleinen zeltförmigen Erhebungen zu erschließen.

Nach dem Röntgenbilde würde man rechts von einer sog. Hilusausbreitung sprechen können, da die Schattenbildungen im Lungenwurzelgebiet besonders stark ausgeprägt sind. Diese Erscheinung erklärt sich, wie die anatomischen Schnitte zeigen, einmal aus der starken Schwellung und Verkäsung der Hiluslymphknoten und zu zweit aus der etwas dichteren Anordnung der produktiven Herdbildungen, den mittleren Teilen der rechten Lunge. Der Begriff Hilusausbreitung erscheint demnach auch bei solchen Fällen mit starker Beteiligung der Hiluslymphknoten als vollkommen ungerechtfertigt. Eine Sonderstellung kommt diesem Falle nur deshalb zu, weil er — im Verein mit besonders gearteten phthisischen Veränderungen in der Bauchhöhle — eine so auffallend starke, mit Verkäsung einhergehende Erkrankung der Bifurkations- und Hiluslymphknoten zeigt, wie sie sonst nur bei kindlicher Phthise vorkommt.

Fall 21.   **Bild 92—96.**

Nodös-indurierende Phthise beider Lungen. Große, von induriertem Gewebe umgebene Höhle in den Oberteilen rechts.

Aus der Krankengeschichte. M. G., 30 Jahre, w. Beginn der Erkrankung Juli 1918 mit Husten, Abmagerung, Nachtschweißen.

Erste klinische Beobachtung 13.—20. Januar 1919. Rechts hinten oben bis 3. Brustwirbeldorn gedämpft tympanitischer Schall, Bronchovesikuläratmen und mittelblasiges Rasseln. Temperatur 36,5—37,5°. Pneumothorax und Heilstättenbehandlung vorgeschlagen. Beides kam nicht zur Ausführung. Pat. drängte auf Entlassung, da Subjektivbeschwerden nur gering waren.

Zweite klinische Beobachtung vom 12.—28. November 1919. Hatte in der Zwischenzeit gearbeitet. Dabei war erhebliche Verschlechterung des Allgemeinbefindens eingetreten.

Objektiv: Auffallende Zyanose des Gesichtes. Lungenbefund: Rechts hinten oben und unten gedämpfter tympanitischer Schall, rechts vorne oben gleichfalls, vorne unten übervoller Schall. Atemgeräusch rechts hinten oben bronchial, rechts unten bronchovesikulär, vorne oben bronchial, unten verschärft vesikulär. Hinten und vorne oben mittel- und großblasige klingende Rasselgeräusche. Vorne und hinten unten reichlich bronchitische Geräusche.

Links hinten oben bis 4. Brustwirbeldorn relativ gedämpft tympanitischer Schall, ebenso vorne bis 3. Rippe. Weiter herab vorne und hinten übervoller Schall. Über gedämpftem Bezirk Bronchovesikuläratmen und mittelgroßblasiges Rasseln. Über den basalen Teilen verschärftes Atmen vorne und hinten; feinblasige Rasselgeräusche und bronchitische Geräusche.

Temperatur 36,9—38,2° remittierend. Auswurf reichlich, enthält viele Tuberkelbazillen und elastische Fasern. Erscheinungen von Darmphthise. Gestorben 28. November 1919.

Bild 92   **Röntgenbefund der 1. Aufnahme.** (R.-A. 76/18.) (15. Januar 1919.) Im rechten Spitzenfeld ist eine aufgehellte Zone mit eingelagerten kleinen, verwaschenen Herdschatten sichtbar. Unterhalb der aufgehellten Stelle besteht eine vom Thoraxrande

zum Hilus hin sich erstreckende dichte, bandförmige Schattenbildung, die nach oben
eine verwaschene unscharfe, nach unten hin eine scharfe Begrenzung zeigt. Auch
an der Innenseite der Aufhellung liegt ein unscharf begrenztes Schattenband, das
bis zur Lungenspitze hin verläuft. Unterhalb des querverlaufenden Bandschattens
liegen in den oberen Teilen des Lungenfeldes einige kleine, unregelmäßig gestaltete,
sehr dichte Herdbildungen. Im Hilusbereiche sind eine Anzahl nahe beieinander
liegende, sehr dichte, ziemlich gut begrenzte Herdschatten sichtbar, die vermutlich
verdichteten Lymphknoten entsprechen. In den mittleren Teilen des Lungenfeldes
liegen nur vereinzelte Verdichtungsschatten von azinös-nodösem Charakter. Die
unteren Teile des rechten Lungenfeldes sind noch vollkommen frei von Herden.
Linkes Spitzenfeld ist hell und frei von Herden. In den mittleren und unteren
Teilen des rechten Lungenfeldes sind vereinzelte sehr kleine Verdichtungsschatten
von azinös-nodösem Charakter erkennbar. Im Hilusgebiet liegen einige sehr dichte
Schattenbildungen, die verdichteten Lymphknoten entsprechen.

Zusammenfassung. Exsudativ-käsige Phthise mit Zerfallshöhle in der rechten
Lungenspitze. Vermutlich induriertes, fibröses Lungengewebe in der Umgebung der
Spitzenkaverne. Nodöse und nodös-indurierende Herde in den oberen Teilen der
rechten Lunge. Vereinzelte nodöse Herde in den oberen und mittleren Teilen der
linken Lunge.

Röntgenbefund der 2. Aufnahme. (14. September 1919.) Im rechten Spitzenfeld und in den oberen Teilen des rechten Lungenfeldes besteht eine starke Aufhellung, die nach unten hin begrenzt ist durch eine vom Thoraxrand zum Hilus
hin verlaufende, deutlich ausgeprägte, streifenförmige Schattenbildung. An der
Innenseite der Aufhellung besteht unmittelbar dem Wirbelkörperschatten des 4. und
5. Brustwirbels anliegend, eine sehr dichte, bandförmige Schattenbildung, die wohl
bedingt ist durch indurierte, luftleere Lungenteile. Vom oberen Ende dieser bandförmigen Schattenbildung verläuft eine nicht so dichte, das Spitzenfeld oben medial
etwas verdeckende bandartige Schattenbildung schräg nach oben (verdichtetes,
zirrhotisches, luftleeres Lungengewebe). Unterhalb der beschriebenen, die Aufhellung
nach unten hin begrenzenden streifenförmigen Schattenbildungen, liegen in den
oberen und mittleren Teilen des Lungenfeldes zahlreiche kleinere und größere, meist
sehr dichte, gut begrenzte Herdschatten. Über die unteren Lungenfeldteile sind
ebenfalls zahlreiche Verdichtungsschatten verstreut, die im großen und ganzen denselben Charakter aufweisen, wie die oberhalb liegenden Herdschatten. Sie sind hier
jedoch mehr gruppenweise angeordnet innerhalb größerer diffuser fleckiger Verschattungen. Zwischen diesen ist das Lungenfeld teilweise stark aufgehellt. Rechts
unten seitlich fließen die Verdichtungsschatten mehrfach zu größeren Schattenbildungen
zusammen. Im linken Spitzen- und Oberteil des Lungenfeldes sieht man zahlreiche,
ziemlich große, unregelmäßig gestaltete Herdschatten liegen von erheblicher Dichtigkeit.
Das Spitzenfeld ist außerdem diffus verschattet. Über die Mittel- und Unterteile des
Lungenfeldes sind zahlreiche kleinere und größere, unregelmäßig gestaltete Verdichtungsschatten von azinös-nodösem Charakter verstreut. Die Zahl der Verdichtungsschatten nimmt nach unten hin ab. Linke Zwerchfellhälfte ist scharf begrenzt,
die rechte Zwerchfellhälfte zeigt zwei wellenförmige Erhebungen. Das Herz ist klein
und steil gestellt.

Zusammenfassung. Über die ganze rechte Lunge ausgebreitete, vorwiegend nodöse
bzw. nodös-indurierende und zur Induration neigende Phthise mit großer Höhlen-

Bild 93

7*

bildung in den oberen Teilen. Über die linke Lunge ausgedehnte vorwiegend nodöse Phthise.

Die vergleichende Betrachtung beider Aufnahmen mit achtmonatlichem Zwischenraum läßt erkennen, daß die Phthise von der in der rechten Spitze liegenden Zerfallshöhle aus auf bronchogenem Wege sich über die beiden Lungen ausgebreitet hat. Der nodöse bzw. nodös-indurierende Charakter der Phthise tritt besonders deutlich in die Erscheinung.

Anatomischer Befund. (S.-Nr. 476/19. Zeitintervall: $2^1/_2$ Monate.) Kleiner, gut gewölbter Thorax. Beide Brusthöhlen fast völlig obliteriert oder zart verwachsen; die Lungenpleuren mit in Organisation befindlichem Fibrin bedeckt; die rechte Zwerchfellseite frei. Das Herz an normaler Stelle.

Bild 94   1. Schnitt:

Rechter Vorhof und Kammer sind weit eröffnet. Über dem Segel der Trikuspidalis sieht man, schräg eröffnet, die rechte Kranzarterie und -vene; daneben die Ausflußbahn der rechten Kammer mit der Pulmonalarterie; neben dieser die aufsteigende Aorta, oberhalb davon Thymusreste, die Trachea und der Ösophagus. Im rechten Vorhof sieht man die gut ausgebildete Valvula Eustachii. Unterhalb des Herzens erkennt man den Leberstumpf mit den in die Cava inferior einmündenden Lebervenen. (In die Cava inferior ist eine bis in den rechten Vorhof reichende Sonde eingelegt.)

Im linken Ober- und Mittelteil konfluierende azinös-nodöse, zur Induration neigende Herde. Rechts ganz oben völlig induriertes, luftleeres Gewebe. Im Mittel- und Unterteil ebenfalls azinös-nodöse konfluierende Herdbildungen.

Bild 95   2. Schnitt:

Man sieht die linke Kammer mit dem vorderen Segel der Mitralis, die aufsteigende Aorta mit dem Bogen; nach außen davon die Pulmonalarterie, auf der anderen Seite die Cava superior, den rechten Vorhof, die Einmündung der Cava inferior und die Einmündung der Lebervenen in die Kava dicht unterhalb des Zwerchfelldurchtritts.

In der linken Lunge wiederum azinös-nodöse, zur Induration neigende Herdbildungen. In der Spitze und im Mittelteil zwei ganz kleine Höhlen. Im rechten Oberlappen eine große, bis zur hinteren Pleura sich fortsetzende Höhle, welche bis an die untere Begrenzung des geschrumpften Oberlappens reicht. Sie ist lateral- und besonders auch medianwärts von derbem, fibrösem Gewebe eingeschlossen. Im Mittel- und Unterlappen wiederum azinös-nodöse, zur Induration neigende Herde in großer Zahl.

Seitlich der Trachea, ebenso im Aorten-Pulmonaliswinkel, stark und frischgeschwollene Lymphknoten.

Bild 96   3. Schnitt:

Die Lungen sind vorne paravertebral durchschnitten. Man sieht einen kurzen Abschnitt der Brustaorta, daneben, der Wirbelsäule aufliegend, die (durch die Injektion) stark erweiterte Vena azygos. Oben ist das Rückenmark quer durchschnitten.

In Höhe der linken 2.—3. Rippe, der seitlichen Brustwand angelehnt, eine pflaumengroße Höhle. Sonst hier, wie in den vorigen Schnitten, aber geringer an Zahl, azinöse und nodöse Herde. In der rechten Spitze ist die Kaverne des 2. Schnitts wiederum getroffen, besonders kaudalwärts breit von fibrösem Gewebe umrandet. Die Kaverne reicht weiter dorsalwärts, noch 1—2 cm tiefer als im Schnitt. Im rechten Mittel- und Unterlappen azinös-nodöse Herde. In der Spitze des rechten Unterlappens (Oberfeld) eine flache Kaverne. Beiderseits am Hilus frisch geschwollene Lymphknoten.

Diagnose. Azinös-nodöse, zur Induration neigende Phthise sämtlicher Lappen; große Kaverne im rechten Oberlappen mit starker Schrumpfung des Lappens. Kleine Kaverne im linken Oberlappen. Starke frische Schwellung der Hiluslymphknoten. Obliteration beider Brusthöhlen mit frischerer, in Organisation begriffener fibrinöser Pleuritis.

Geringe Geschwürsbildungen am Kehlkopf; ausgedehnte ulzeröse Darmphthise mit Lymphangitis, Adhäsionen im Pelveoperitoneum, geringe Schwellung der mesenterialen Lymphknoten; ruhrähnliche Geschwürsbildungen im Dickdarm, Empyem des Wurmfortsatzes; starke Fettinfiltration der Leber.

Vergleichende Beurteilung. Aus der vergleichenden Betrachtung der beiden Röntgenbilder, die in einem zeitlichen Zwischenraum von 8 Monaten aufgenommen sind, ist die fortschreitende Entwickelung des Krankheitsvorganges, den dieser aus der rechtsseitigen Spitzenkaverne auf bronchogenem Wege genommen hat, gut erkennbar.

Zur Zeit der 1. Aufnahme (erste klinische Beobachtung Januar 1919) bestanden rechts oben die Erscheinungen einer Zerfallshöhle, die von indurierenden Veränderungen umgeben ist. Aus dieser Zerfallshöhle ist der Krankheitsprozeß schon in die oberen Teile der rechten Lunge vorgedrungen, und zwar, wie das Bild zeigt, in Gestalt vorwiegend nodöser Herdbildungen. Schon um diese Zeit ist eine ausgeprägte Beteiligung der rechtsseitigen Hiluslymphknoten an den großen Schattenbildungen im rechtsseitigen Hilusgebiete erkennbar. Die mittleren und basalen Teile der rechten Lunge sind noch frei von Herderscheinungen. — Auch innerhalb der linken Lunge sind auf dem Röntgenbilde mit Sicherheit noch keine Herdschatten zu sehen.

Das 8 Monate später, gelegentlich der zweiten klinischen Beobachtung aufgenommene Röntgenbild zeigt eine hochgradige Ausdehnung der Krankheitserscheinungen über beiden Lungen. Zunächst ist die im 2. und 3. Schnitt gut erkennbare Höhlenbildung rechts oben im Vergleich zu der 1. Aufnahme größer und tiefer geworden. Sie ist, wie Schnitt 2 zeigt, allseitig von induriertem Gewebe umgeben. Dieses ist auf dem 2. Röntgenbilde zu erschließen aus den bandförmigen, die große aufgehellte Zone des Spitzenfeldes umgebenden Schattenbildungen. Der auf dem Röntgenbilde die Kavernenaufhellung nach unten hin abgrenzende dichte Schatten entspricht der schwartigen verdichteten Ober-Mittellappengrenze. Auf dem 2. Bilde ist die Kavernenaufhellung deutlicher ausgeprägt als auf dem ersten. Die Höhle hat sich in der Zwischenzeit vergrößert, ihr Inhalt hat sich entleert. Nach vorne ist zwar die Kaverne auch jetzt noch von einer dünnen Lungenschicht überlagert (Schnitt 1). Zur Zeit der 1. Röntgenaufnahme lagen wohl noch Zerfallsmassen innerhalb der Höhle, die eine stärkere Aufhellung verhinderten. Durch bronchogene Ausbreitung von Zerfallsmassen aus der Höhle während des Reinigungsprozesses ist es im Verlaufe der 8 Monate zu der hochgradigen Ausbreitung der Erkrankung gekommen.

Sowohl die rechte als auch die linke Lunge ist, wie die drei anatomischen Bilder zeigen, von oben bis unten durchsetzt von unregelmäßig angeordneten, vorwiegend nodösen und nodös-indurierenden Herden. Rechts ist die Zahl der Herdbildungen in den basalen Teilen besonders groß. Hier sind zahlreiche größere, indurierte Herde mit fibröser Umwandlung der Umgebung zu sehen (Schnitt 1 und 2). Demgemäß finden sich auch auf dem Röntgenbilde über die ganze rechte Lunge ausgebreitete, großfleckige Schattenbildungen mit eingelagerten dichten Herdschatten und dazwischen gelagerten hellen Stellen (Emphysem).

Links sind es vorwiegend azinös-nodöse Herdbildungen, die im 1., 2. und 3. Schnitt
sichtbar sind. In den Spitzenteilen und in den oberen Teilen der Lunge sind die
Herde außerordentlich zahlreich und liegen nahe beisammen. So kommt es, daß
die Schattenbildungen l i n k s i m S p i t z e n t e i l nicht gut gegeneinander abgesetzt
sind; insbesondere aber ist diese mehr g l e i c h m ä ß i g e V e r s c h a t t u n g d u r c h
die im 2. Schnitt sichtbare ausgedehnte I n d u r a t i o n d e r S p i t z e n t e i l e b e d i n g t.
Die im 3. Schnitt links oben seitlich sichtbare Höhle kann aus dem Röntgenbilde nur
vermutet werden, da sie sehr flach und hinten und vorne von krankhaft verändertem
Lungengewebe überlagert ist. Deshalb tritt sie auf dem Röntgenbilde nicht als
aufgehellte Zone in die Erscheinung. Besonders gut erkennbar sind die in den
m i t t l e r e n u n d b a s a l e n T e i l e n liegenden, g u t g e g e n e i n a n d e r a b g e s e t z t e n
n o d ö s e n u n d a z i n ö s - n o d ö s e n H e r d e n e n t s p r e c h e n d e n H e r d s c h a t t e n.

Die wellenförmige Erhebung der rechtsseitigen Zwerchfellhälfte erklärt sich aus
der ungleichmäßigen Luftfüllung der basalen Lungenteile während der Inspiration.
Infolge der in die basalen Teile eingelagerten indurierten Herde dehnt sich die Lunge
während der Atmung ungleichmäßg aus, wobei sich das Zwerchfell dem ungleichmäßigen
Relief der unteren Lungenfläche anpaßt.

Fall 22.　　　　　　　　　　　　　　　　　　　　　　　　Bild 97—100.

Lobulär-exsudative und nodöse Phthise der linken Lunge, nodöse und lobulär-exsudative Phthise der rechten Lunge mit Kaverne; rechtsseitiger Pleuraerguß.

Aus der Krankengeschichte. W. K., 40 Jahre, m. Als Kind wegen Knochentuberkulose am Bein
operiert, später gesund. Husten und Stechen auf der Brust seit einem Jahr. Wegen starker Kurzluftigkeit
Aufnahme in Klinik am 19. November 1917.

Physikalischer Befund, etwa zur Zeit der Röntgenaufnahme: Klopfschall rechts hinten oben verkürzt
bis 2. Brustwirbeldorn, auch vorne oberhalb des Schlüsselbeins wenig verkürzt. Atmungsgeräusch verschärft
vesikulär mit verlängertem Exspirium, vereinzelte feinblasige Rasselgeräusche. Weiter herab vorne und
hinten zunächst voller Schall. Vom 6. Brustwirbeldorn abwärts relative Schallverkürzung, die weiter unten
in absolute Dämpfung übergeht. Diese reicht in mittlerer Axillarlinie etwa bis zur Höhe der 6. Rippe.
Atmungsgeräusch über dem relativ verkürzten Schallbezirk abgeschwächt, über der absoluten Dämpfung
kaum hörbar. — Links hinten oben bis 3. Brustwirbeldorn und vorne oberhalb des Schlüsselbeins relative
Schallabschwächung mit tympanitischem Beiklang; hier reichlich fein- und mittelblasiges Rasseln. Weiter
herab vorne und hinten voller Schall, etwas verschärftes Atmen und hinten vereinzelte bronchitische
Geräusche. Probepunktion ergibt hämorrhagischen Erguß rechts. Temperatur wochenlang um 38°. In
den letzten Wochen remittierend bis 39°. Auswurf eitrig, enthält spärlich Bazillen, keine elastischen Fasern.
Zunehmender Kräftezerfall. Gestorben am 18. Februar 1918.

Bild 97　　**Röntgenbefund.** (R.-A. 1352.) Die rechte Brustkorbbegrenzung zeigt unten seitlich
eine deutliche Einziehung. Das r e c h t e Spitzenfeld ist im medialen Teile leicht diffus
verschattet, in den seitlichen Teilen jedoch gut aufgehellt. Innerhalb dieser Aufhellung sieht man eine ringförmige Schattenbildung; seitlich von dieser liegen
einige verwaschene Verdichtungsschatten. In den oberen und mittleren Teilen des
rechten Lungenfeldes liegen eine Anzahl kleinerer und größerer unregelmäßig gestalteter
gut begrenzter Verdichtungsschatten von mittlerer Dichtigkeit. In den unteren und
seitlichen Teilen besteht eine sehr dichte Verschattung, die am Brustkorbrande weiter
hinaufreicht als am Herzrande. Diese Verschattung zeigt eine vom Herzrand schräg

seitlich zum Thoraxrande ansteigende Begrenzungslinie. Oberhalb dieser Begrenzungslinie ist das Lungenfeld leicht diffus getrübt. Innerhalb dieser diffusen Trübung sind einige sehr dichte, gut umgrenzte Schattenbildungen sichtbar.

Im linken Spitzenfeld sieht man eine große Anzahl verwaschener, unscharf begrenzter, sehr dichter, und eine geringe Anzahl gut umgrenzter Herdschatten von geringer Dichtigkeit liegen. Etwa in der Höhe des Spitzenfeldes besteht eine unregelmäßig gestaltete, gut umgrenzte aufgehellte Stelle (Kaverne). Die oberen seitlichen Teile des Lungenfeldes sind leicht diffus getrübt. Innerhalb dieser diffusen Trübung sieht man zahlreiche kleinere und größere, unregelmäßig begrenzte, verwaschene Verdichtungsschatten von mittlerer Dichtigkeit liegen. An verschiedenen Stellen zeigen die Verdichtungsschatten eine gute Umgrenzung. Nach unten hin nimmt die Zahl und die Stellungsdichte dieser Verdichtungsschatten ab. Im Hilusgebiet sind vereinzelte sehr dichte Herdschatten sichtbar.

Das Herz erscheint etwas nach links gelagert.

Zusammenfassung. Kleiner rechtsseitiger Pleuraerguß. Über die oberen und mittleren Teile der rechten Lunge ausgebreitete, vorwiegend nodöse Phthise, dazwischen gelagert exsudative Herdbildungen. Kaverne in den Spitzenteilen. Über die oberen und mittleren Teile der linken Lunge ausgebreitete, vorwiegend lobulär exsudative Phthise mit Höhlenbildung in der Spitze. An einzelnen Stellen sind auch deutlich nodöse Herde sichtbar.

Anatomischer Befund. (S.-Nr. 100/18. Zeitintervall: 3 Monate, 3 Tage.) Mittelgroßer, sehr tiefer Thorax. Fast überall feste bindegewebige Obliteration der Brusthöhle, nur links seitlich frei; gegen das linke Zwerchfell strangförmige Verwachsungen, rechts seitlich oben und vorne nach unten, sehr derbe Schwartenbildungen. Über dem rechten Komplementärraum ein kleines serös-fibrinöses Exsudat in Dreiecksform. Das Herz sehr groß; das rechte Herz deutlich erweitert, aber nur wenig hypertrophiert.

1. Schnitt: Bild 98

Das weite rechte Herz liegt vor. Zwischen Vorhof und Kammer oben die rechte Koronararterie und -vene, dann das Herzohr und die geschlossene aufsteigende Aorta; darüber die linke Vena anonyma bis zur Einmündung in die Cava superior.

Auf dem linken Lungenteil randständig vorwiegend azinös-nodöse Herde; über dem ganzen rechten Lungenteil vorwiegend exsudativ-käsiger Charakter der Herdbildungen. Die gegen den Herzbeutel zu liegende Pleura zeigt besonders starke Schwartenbildung mit Verkäsung, ebenso die Zwerchfellseite.

2. Schnitt: Bild 99

Man sieht in die linke Kammer mit der aufsteigenden Aorta, die Arteria anonyma und die linke Karotis, dazwischen die Trachea; über der linken Kammer das linke Herzohr und die Pulmonalarterie. Neben der linken Kammer der rechte Vorhof mit der Einmündung der (infolge der Injektion stark erweiterten) Kranzvene; über dem rechten Vorhof ist der linke Vorhof mit der rechten Lungenvene freigelegt, darüber noch ein Stück der Cava superior mit der Einmündung der Vena azygos.

Der linke Lungenteil zeigt in ganzer Ausdehnung vorwiegend exsudativ-käsige Herdbildungen; der rechte Lungenteil desgleichen. Rechts unten das Exsudat mit Druck auf den Unterlappen.

3. Schnitt: Bild 100

Man sieht noch den hintersten Teil des linken Vorhofes mit der Einmündung der Lungenvenen, darüber die Hauptbronchien mit der Trachea.

In der linken Spitze eine kleinapfelgroße Höhle, kaudalwärts davon weit herunterreichend vorwiegend exsudativ-käsige Herdbildungen. In der rechten Spitze ebenfalls
eine Höhle, welche sich nach oben und unten noch ziemlich stark erweitert und bis
zur hinteren Wand reicht. Im Ober- und Mittelteil auch wieder vorwiegend exsudativ-
käsige Herdbildungen. Im medialen Unterteil azinös-nodöse Herde. Die Lymphknoten an der Bifurkation und am Lungenhilus zeigen starke frische Schwellung.

Diagnose. Vorwiegend exsudativ-käsige Phthise der Oberlappen, beiderseits noch
weit herabreichend. Mittelgroße Höhlen in beiden Lungenspitzen. Vereinzelte azinös-
nodöse Herde beider Lungen. Kleineres serös-fibrinöses Exsudat rechts unten außen.
Frische starke Schwellung der Hiluslymphknoten; fast völlige Obliteration beider
Pleurahöhlen, besonders rechts mit starker Schwartenbildung. Großes Herz, mit
dilatierter rechter Kammer und leichter Hypertrophie.

Tuberkel der Leber, Milz, Niere; Blutungen der Magenschleimhaut.

Vergleichende Beurteilung. Die vergleichende Bewertung des Röntgenbildes
und der anatomischen Schnitte erfährt eine wesentliche Einschränkung dadurch,
daß zwischen der Zeit der Röntgenaufnahme und dem Tode die relativ lange Zeit
von 3 Monaten verstrichen ist. In dieser Zwischenzeit hat die Erkrankung, wie
die verschiedenen anatomischen Schnitte zeigen, an Ausdehnung ganz erheblich zugenommen. Auch die Art der Erkrankung hat sich insofern geändert, als der zur Zeit
der Röntgenaufnahme, wenigstens rechterseits vorwiegend produktive Charakter,
jetzt beiderseits ein vorwiegend exsudativer geworden ist. Auf der linken Seite waren
die Herdbildungen, wie aus dem Röntgenbilde ersichtlich, schon zur Zeit der Röntgenaufnahme größtenteils exsudativer Natur. Bemerkenswert ist die linkerseits zunehmende
Ausdehnung der Erkrankung nach den seitlichen und dorsalwärts gelegenen Lungenteilen. So sind im 1. Schnitt nur wenige, exsudativ-käsige Herdbildungen sichtbar,
die auch hier schon besonders in den seitlichen Teilen liegen; in dem 2. Schnitt schon
erheblich mehr und am zahlreichsten und am dichtesten stehen die Herdveränderungen
im 3. Schnitt, der die anatomischen Veränderungen in den am weitesten nach hinten
liegenden Lungenteilen zur Darstellung bringt. Rechts sind die exsudativ käsigen
Herdbildungen schon im 1. Schnitt über die oberen, mittleren und unteren Teile
ausgebreitet. Am dichtesten stehen die Herde in den oberen Teilen; nach der Tiefe zu
nimmt die Zahl der Herde kaum ab. Auf dem 3. Schnittbilde sind jedoch wie auch sonst
die ältesten Veränderungen und die Höhlenbildungen am deutlichsten erkennbar.
Diese sind in ihrem Vorstadium auf dem Röntgenbilde insoferne zu erkennen, als
die gut aufgehellte Zone im rechtsseitigen Spitzenfeld als Zerfallshöhle anzusprechen
ist. Nach der Tiefe zu hat die Höhle in der Zwischenzeit zugenommen. Auch die
linksseitige Spitzenkaverne ist vorwiegend in der Zwischenzeit entstanden. Der rechtsseitige Pleuraerguß entspricht nach Sitz und Ausdehnung der im Röntgenbilde sichtbaren Verschattung rechts unten seitlich. Die anatomischen
Schnitte zeigen, daß der Erguß in den seitlichen Teilen höher hinaufreicht. Auch
in den rückwärts gelegenen Teilen hat der Erguß die Lunge stärker vom Zwerchfell
abgedrängt als in den nach vorne gelegenen Teilen, wo diese durch schwartige Verdichtung mit der Pleura diaphragmatica verwachsen ist.

Fall 23.   **Bild 101—104.**

Beiderseitige indurierend-zirrhotische Phthise, links über die ganze Lunge ausgebreitet mit zahlreichen Kavernen. Schrumpfung links infolge Pleuraobliteration. Nodös-indurierende Herde in den mittleren Lungenteilen rechts mit Emphysem.

Aus der Krankengeschichte, St. A., 31 Jahre, m. Erkrankungsbeginn drei Jahre vor Aufnahme in die Klinik, in der Zwischenzeit mehrfache Krankenhaus- und Heilstättenbehandlung. Seit Aufnahme in die Klinik rasches Fortschreiten des Prozesses. Zunächst wochenlang hohes Fieber, dann subfebrile Temperaturen. Physikalischer Befund zur Zeit der Röntgenaufnahme: Brustkorb vorne oben stark abgeflacht. Links vorne relative Schallverkürzung mit Tympanie bis 2. Rippe, hinten bis 4. Brustwirbeldorn; von da ab relative Schallverkürzung bis 7. Brustwirbeldorn, unten vorne, seitlich und hinten übervoller Schall. Über rechter Spitze vorne und hinten Schallabschwächung mit Tympanie, relative Schallverkürzung bis 4. Brustwirbeldorn, weiter herab voller Schall. Links vorne oben und hinten Bronchialatmen mit mittelblasigen, klingenden Rasselgeräuschen, weiter unten links Vesikobronchialatmen. Rechts vorne und hinten über der Spitze Bronchialatmen, weiter unten verschärftes Atmen, auch hier vereinzelte fein-mittelblasige Rasselgeräusche. Über der Spitze mittel-großblasige klingende Rasselgeräusche. Großes Infiltrat mit Geschwür an der hinteren Larynxwand. Zunahme der Lungenerscheinungen besonders links. Gestorben 16. 8. 17.

Röntgenbefund. (R.-A. 596/17.) Das linke Lungenfeld ist deutlich verkleinert. Bild 101 Die Rippen verlaufen links oben und seitlich deutlich steiler wie rechts.

Linkes Spitzenfeld ist in den Randzonen leicht getrübt, in der Mitte aufgehellt. In den oberen Teilen des linken Lungenfeldes liegen innerhalb diffuser Trübung zahlreiche größere und kleinere, sehr dichte Herdschatten. Zwischen diese sieht man einige gutumrandete aufgehellte Stellen. In den mittleren und unteren Teilen des Lungenfeldes finden sich eine große Anzahl von sehr kleinen, meist sehr dichten, nahe beieinander liegenden, meist gut begrenzten Herdschatten von mittlerer Dichtigkeit. Die Zahl dieser Herdschatten nimmt nach unten hin ab. Entlang dem Herzrand sind die Schattenbildungen ziemlich zahlreich, während sie nach unten und seitlich hin nur vereinzelt liegen. Der untere und seitliche Teil des linken Lungenfeldes ist stark aufgehellt.

Das rechte Spitzenfeld ist in ähnlicher Weise wie das linke leicht verschattet und läßt innerhalb der Verschattung einige Aufhellungen erkennen. Unterhalb dieser liegen einige verwaschene, fleckige und streifenförmige Schattenbildungen, die besonders dicht stehen in der Höhe der 1. und 2. Rippe. In den oberen und mittleren Teilen des Lungenfeldes sieht man zahlreiche kleinere und größere unregelmäßig gestaltete, meist gut begrenzte Schatten liegen. In den unteren Teilen sind nur noch vereinzelt kleinere, gut umgrenzte Herdschatten von mittlerer Dichtigkeit sichtbar. Die Zahl dieser Herde nimmt nach unten hin zusehends ab. In der Nähe des Herzrandes liegen eine Anzahl größerer dichter, gut begrenzter Herde. Im übrigen sind die unteren und seitlichen Teile des rechten Lungenfeldes gut aufgehellt.

Die linke Zwerchfellhälfte erscheint im medialen Teil, in der Nähe des Herzrandes hochgezogen, seitlich der Herzspitze gut begrenzt. Auch die rechte Zwerchfellhälfte ist scharf begrenzt. Das Herz ist steil gestellt, nicht vergrößert.

Zusammenfassung. Nahezu über die ganze linke Lunge ausgebreitete indurierendzirrhotische Phthise mit ausgedehnten Kavernenbildungen in den oberen Teilen. Vereinzelte nodös-indurierende Herde in den basalen Teilen links. Über das obere Drittel der rechten Lunge ausgedehnt indurierend-zirrhotische Phthise mit Höhlenbildungen in der Spitze. Vereinzelte nodös-indurierende Herde in den mittleren und unteren Teilen der rechten Lunge. Starke Schrumpfung der linken Thoraxseite infolge Pleuraobliteration. Emphysem der mittleren und unteren Teile der rechten Lunge.

Anatomischer Befund. (S.-Nr. 316/17. Zeitintervall: 2 Monate, 16 Tage.) Schlanker, steiler, aber tiefer Thorax. Die beiden Brusthöhlen fast völlig obliteriert, vorne oben und über der Spitze rechts sowie über der linken Spitze Schwartenbildung. Im vorderen Mediastinum frisch geschwollene Lymphknoten, Schilddrüse groß, ohne Knoten. Großes Herz.

Bild 102   1. Schnitt:

Der rechte Vorhof ist weit eröffnet, das Herzrohr angeschnitten. Das hintere Segel der Trikuspidalis und der hintere Teil der rechten Kammer sind noch zu sehen. Die linke Kammer ist schräg eröffnet, der Muskel der linken Kammer schräg durchschnitten. Oben die linke Kranzarterie und -vene, sowie die etwas weite Pulmonalarterie, daneben die eben eröffnete Aorta. Über dieser die linke und rechte Vena anonyma, darüber die rechte Arteria anonyma.

Die linke Thoraxhälfte ist stark geschrumpft, die linke Lunge komprimiert. Nur im Unterfeld noch Reste von lufthaltigem Gewebe. Im Ober- und Mittelfeld zwischen völlig luftleerem induriertem Gewebe zahlreiche bis walnußgroße Höhlen mit stark käsig belegter Wand.

Das rechte Oberfeld ist ebenfalls fast völlig luftleer. Das Gewebe von bindegewebigen Narben durchzogen, dazwischen kleine käsige Herdbildungen mit Neigung zum Zerfall und zu Höhlenbildungen. In den kaudalen Abschnitten zwischen den lufthaltigen, deutlich emphysematösen (besonders über dem Zwerchfell) Lungenteilen, nodöse Herde, zur Induration neigend. Über der Pulmonalarterie frisch geschwollene, anthrakotische Lymphknoten, einige noch größere über den Venae anonymae.

Bild 103   2. Schnitt:

Man sieht den rechten Vorhof mit der Einmündung der Cava inferior, die Cava superior mit der Vena azygos, sodann die linke Kammer mit dem vorderen Segel der Mitralis, die hinteren Aortensegel, die aufsteigende Aorta mit dem Bogen der Arteria anonyma und der linken Karotis, die Pulmonalarterie, darunter die linke Koronararterie und Vene (absteigender Ast) und das linke Herzrohr. Die Lungen sind etwas tiefer durchschnitten.

Die linke Lunge wiederum stark geschrumpft, im Gebiet des weit herabreichenden Oberlappens völlige Luftleere und Induration, dazwischen wiederum zahlreiche untereinander kommunizierende Kavernen. Im linken Unterlappen azinöse Herdbildungen und Emphysem.

Im rechten Oberfeld ebenfalls wieder vielkammerige Kavernenbildung im indurierten Gewebe. Im unteren Teil des Oberlappens, sowie im Mittel- und Unterlappen azinös-nodöse Herde und Emphysem des lufthaltigen Gewebes. Zwischen Cava superior und Art. anonyma, sowie neben dem Aortenbogen und über der Pulmonalarterie frisch geschwollene Lymphknoten.

Bild 104   3. Schnitt:

Der Schnitt liegt hinter dem Herzen, der Ösophagus ist oben und unten schräg eröffnet. Man sieht den Aortenbogen, seitlich unten davon die Pulmonalarterie, darunter den Hauptbronchus und die Pulmonalvene. In gleicher Höhe mit der Aorta auf der rechten Seite die Vena azygos, darunter der Hauptbronchus mit der Pulmonalarterie und -vene.

In beiden Oberfeldern, sowie im linken Mittelfeld, der gleiche Befund wie in den vorherigen Schnitten: ein System vieler kleiner und mittelgroßer Kavernen, dazwischen kollabiertes, induriertes Gewebe. Links ist der zu der Spitzenkaverne führende, in seiner Wand verkäste Bronchus vom Abgang vom Hauptbronchus an bis zur Einmündung in die Kaverne zu verfolgen, rechts in ähnlicher Weise (käsige Bronchitis).

In den kaudalen Abschnitten azinös-nodöse Herde. Zwischen den Bronchien frischgeschwollene, ziemlich stark vergrößerte Lymphknoten. Die kleinen Höhlenbildungen des rechten Oberlappens vereinigen sich nach hinten zu einer großen, bis hinten zur Pleura reichenden Kaverne.

Diagnose. Zirrhotische Phthise beider Oberlappen mit vielkammeriger, zur Verkäsung neigender Kavernenbildung und völliger Induration des Zwischengewebes. Azinös-nodöse Phthise der kaudalen Abschnitte. Starke Schrumpfung der linken Thoraxseite. Frische Schwellung der Hiluslymphknoten. Obliteration beider Pleurahöhlen mit Schwartenbildung. Großes Herz. Ektasie der Pulmonalarterie.

Hochgradige Verdickung und Ödem der Epiglottis und der aryepiglottischen Falten, phthisische Granulationen auf der Schleimhaut des Kehlkopfs.

Kleine Geschwüre im Dünndarm; Amyloidose der Leber, Milz, Nieren, Nebennieren und des Darms; Struma diffusa colloides.

Vergleichende Beurteilung. Die auf der Röntgenplatte sichtbare Verkleinerung der linken Lunge und der linken Thoraxseite erklärt sich aus der ausgedehnten Induration und der dadurch bedingten Luftleere der linken Lunge und ferner aus der ausgebreiteten Pleuraobliteration. Im Röntgenbilde treten die zahlreichen großen und kleinen Höhlenbildungen in den oberen und mittleren Teilen der linken Lunge und den oberen Teilen der rechten Lunge deshalb nicht so deutlich zutage, weil sie in indurativ-zirrhotischem Gewebe eingebettet sind und allseits von derbem, stark schattenabsorbierendem Gewebe überlagert werden. Der indurierende Charakter der Herdbildungen ist auf dem Röntgenbilde besonders rechts gut erkennbar. Links treten die Herdbildungen nicht so gut hervor wegen der durch die starke Lungenschrumpfung und Pleuraobliteration bedingten diffusen Verschattung. Diese beiden Erscheinungen bedingen zusammen die Minderatmung und den geringen Luftgehalt der linken Lunge. Die im linken Hilusgebiet sichtbare dichte Schattenbildung setzt sich zusammen aus dem Aortenbogen, der besonders weiten Pulmonalarterie und aus dem diesen Gefäßen anliegenden indurierten Lungengewebe. Infolge Emphysem der mittleren und unteren Teile der rechten Lunge sind die entsprechenden Teile des rechten Lungenfeldes gut aufgehellt. Man kann innerhalb dieser aufgehellten Zonen die auch in den Schnittbildern deutlich hervortretenden einzelnen indurierten Herde als dichte gut umschriebene Schattenbildungen wohl erkennen.

Fall 24.   **Bild 105—109.**

Indurierend-zirrhotische Phthise beider Lungen, links über die ganze Lunge ausgebreitet mit Pleuraobliteration und Thoraxschrumpfung; rechts über die obere Hälfte ausgebreitet. Höhlenbildungen in den oberen Teilen beiderseits. Nodös-indurierende Herde rechts unten.

Aus der Krankengeschichte. G. M., 42 Jahre, w. Erste Krankheitserscheinungen 3 Jahre vor Aufnahme in die Klinik am 7. März 1918. Mehrfache Blutungen, war zwischenzeitlich monatelang arbeitsfähig.

Bei Aufnahme in die Klinik schweres Krankheitsbild, hohes Fieber. Neben Lungenerscheinungen Leibschmerzen und Durchfälle.

Physikalischer Befund: Rechts hinten oben relative Schallverkürzung mit Tympanie bis 3. Brustwirbeldorn, dann geringe Schallabschwächung bis 5. Brustwirbeldorn, weiter abwärts übervoller Schall. Vorne Schallverkürzung mit deutlicher Tympanie bis 2. Rippe, weiter herab übervoller Schall. Atmungsgeräusch hinten oben bronchial, weiter unten verschärft vesikulär, spärliches fein-mittelblasiges, zum Teil klingendes Rasseln. — Links hinten oben Schallverkürzung mit Tympanie bis 4. Brustwirbeldorn, weiter abwärts geringe Schallabschwächung, vorne starke Tympanie bis 3. Rippe, weiter herab übervoller Schall. Hinten oben Bronchialatmen, mittelgroßblasige klingende Geräusche, weiter unten vereinzelte mittelblasige Rasselgeräusche und bronchitische Geräusche bei verschärftem Atmen. Temperatur zwischen 38—39°. Gestorben 23. 3. 18.

Bild 105   **Röntgenbefund.** (R.-A. 325.) Im r e c h t e n Spitzenfeld und in den oberen und seitlichen Teilen des Lungenfeldes besteht eine aufgehellte Zone, die herabreicht bis zur 2. Rippe. Unten und innen ist diese Aufhellung begrenzt durch verwaschene, bandförmige Schattenbildungen. In der Mitte etwa wird sie quer durchzogen durch ein schmales, verwaschenes Schattenband, das nicht ganz bis zum Thoraxrande reicht. Medianwärts von der Aufhellung liegen einige verwaschene Herdschatten. In den oberen und mittleren Teilen des rechten Lungenfeldes sind einige größere, fleckige Schattenbildungen mit eingelagerten dichten Herdschatten sichtbar. Zwischen den großen Schattenkomplexen liegen aufgehellte Teile und innerhalb dieser finden sich vereinzelte dichte Herdschatten. Die unteren Teile des Lungenfeldes sind gut aufgehellt und enthalten nur vereinzelte kleine, unregelmäßig begrenzte Verdichtungsschatten mittlerer Dichtigkeit, die zwischen den Gefäßschatten liegen.

In den oberen Teilen des l i n k e n Lungenfeldes besteht eine ausgedehnte Aufhellung, die stärker ausgeprägt erscheint und erheblich weiter herabreicht als die rechtsseitige, — und zwar bis zur Höhe der 3. Rippe in der Projektion —. Von unten her ist sie umgrenzt von verwaschenen, bandförmigen Schattenbildungen. Innerhalb der Aufhellung sieht man einige verwaschene herd- und streifenförmige Schattenbildungen liegen. Entlang dem Thoraxrande besteht ein schmales, dichtes Schattenband (Pleuraschwarte?). Unterhalb der aufgehellten Zone liegen über die mittleren und unteren Teile des Lungenfeldes ausgebreitet zahlreiche, teils verwaschene Herdbildungen mit eingelagerten dichten (indurierten) Herden. An verschiedenen Stellen haben die meist dichten Herdschatten auch eine gute Umgrenzung. Die vielfach ineinander überfließenden Schattenbildungen nehmen an Zahl und Dichtigkeit nach unten hin ab und sind im untersten Teil des Lungenfeldes über dem Zwerchfell nur noch vereinzelt sichtbar. Die linke Zwerchfellbegrenzung ist im großen und ganzen scharf; an einer Stelle, wo die Herdschatten dicht an es heranreichen, besteht eine eben erkennbare Unschärfe der Kontur. Die rechte Zwerchfellhälfte zeigt einen wellenförmigen Verlauf, ist im ganzen aber gut begrenzt. Oberhalb des linken Hilus, etwa neben dem Aortenband, liegt eine sehr dichte, seitlich bogenförmig begrenzte Schattenbildung (verkäster Lymphknoten?).

Zusammenfassung. Über die obere Hälfte der rechten Lunge ausgebreitete zirrhotische Phthise mit großer Höhlenbildung in den Spitzenteilen. Vereinzelte nodöse Herde in den basalen Teilen. Diffuse, indurierend-zirrhotische Phthise der ganzen linken Lunge. Große Kaverne in den oberen Teilen.

Anatomischer Befund. (S.-Nr. 183/18. Zeitintervall: 11 Tage.) Flacher, breiter, kurzer Thorax. Beide Brusthöhlen fast völlig obliteriert; über beiden Oberlappen starke Schwartenbildung. Herzbeutel beträchtlich von den Lungen überlagert, mit den Pleuren überall verwachsen.

1. Schnitt: Bild 106

Das rechte Herz weit eröffnet, das hintere Segel der Trikuspidalis sichtbar, oben die Pulmonalarterie und die Aorta (uneröffnet).

Die linke Lunge ist leicht geschrumpft; oben sieht man noch die Schwarte der Pleura des Oberlappens, darunter zahlreiche Kavernenbildungen und bis zum Unterteil heranreichend fast völlige Luftleere, derbe Induration (mit verfetteten Zellen in den Alveolen) des Lungengewebes. In den kaudalen Abschnitten azinös-nodöse, zur Induration neigende Herde, dazwischen emphysematöses Lungengewebe. Rechts, besonders in den oberen Abschnitten azinös-nodöse, indurierte Herde. Ganz oben auch kleinste Höhlenbildungen.

2. Schnitt: Bild 107

Man sieht in den linken Vorhof; daneben der rechte Vorhof mit der Cava superior, unten schräge Einmündung der Cava inferior. Über dem linken Vorhof die Teilung der Pulmonalarterie, sodann der Aortenbogen mit der linken Karotis, die Trachea und der Ösophagus.

Der linke Oberteil ist von einer großen Höhle eingenommen, welche von Balken durchzogen ist und nach innen und dann in breiter Schicht nach unten bis zum Unterteil von völlig luftleerem, induriertem Gewebe begrenzt wird, ähnlich wie im ersten Schnitt; kaudal schließen sich azinös-nodöse Herde an. Ganz unten noch lufthaltiges Lungengewebe. An der Zwerchfellseite der linken Pleura bemerkt man eine leichte Einziehung des Lungengewebes, als Folge des Zuges von einem indurierten Lungenherd aus. Im rechten Oberlappen finden sich zahlreiche kleine Höhlen, von völlig luftleerem induriertem Gewebe eingeschlossen. Diese Induration reicht weit in den Mittelteil herein; sodann folgen kaudalwärts wieder azinös-nodöse Herde. Zwischen rechter Lungenspitze und Trachea, sowie oberhalb der rechten Pulmonalarterie sieht man einige frisch geschwollene Lymphknoten.

3. Schnitt (rechte Lunge):   Bild 108

Im Oberteil sieht man — den Rippen seitlich angelagert — eine kleinapfelgroße, von Kavernenbalken durchzogene Höhle. Zwischen dieser Höhle und der Wirbelsäule besonders derb induriertes, fibröses, anthrakotisches Gewebe. Auch nach unten ist die Kaverne durch einen breiten Streifen von fibrösem Gewebe begrenzt. Im Mittel- und Unterteil azinös-nodöse Herde. Zwischen Hauptbronchus, Lungenvene (unten) und Ösophagus liegt ein besonders großer, frisch geschwollener Lymphknoten (kein Lungengewebe). Auch oberhalb und seitlich der Lungenvene frisch geschwollene, anthrakotische Lymphknoten.

Die linke obere Thoraxhälfte ist von hinten aufgenommen. (Das Bild gewinnt an Plastik durch   Bild 109
Betrachtung mit der Lupe). Vorher wurde durch Resektion der 1. bis 4. Rippe die Lunge freigelegt, die Pleurablätter waren fest miteinander verlötet, die Pleuraschwarten verdickt.

Nach Entfernung der dorsalen Lungenwand sieht man eine kranial-kaudal 7 cm lange Höhle, welche den Spitzenteil des Unterlappens (!) einnimmt. Sie reicht medial fast bis zur Wirbelsäule und lateral bis zur seitlichen Brustwand. Nach unten setzt sie sich in einen medialen und lateralen Teil fort, welche geschieden werden durch eine Wand von fibrös-induriertem Gewebe. Die Höhle kommuniziert nicht mit der ventralwärts gelegenen auf Bild 107 sichtbaren Höhle des Oberlappens, sondern ist von diesem durch die schwartig verdickte Pleura getrennt.

Diagnose. Azinös-nodöse, zirrhotische Phthise beider Lungen. Große Kavernen in beiden Oberlappen mit starker Induration des umliegenden Gewebes; azinös-nodöse, indurierte Herde in den kaudalen Abschnitten. Starke Schwellung der Hiluslymph-knoten. Totale Obliteration beider Brusthöhlen, mit Schwartenbildung über beiden Oberlappen.

Schwere ulzeröse Phthise des Dünn- und Dickdarms; Ruhr des Mastdarms, zahlreiche Tuberkel in Milz und Leber, geringe Schwellung der Milz mit Amyloid.

Vergleichende Beurteilung. In der Serie der anatomischen Bilder, und zwar im 2. Schnitt fällt zunächst die große zweikammerige Höhle in den oberen Teilen der linken Lunge auf. Diese ist auch auf dem Röntgenbilde als gut umgrenzte, aufgehellte Zone erkennbar. Die Grenze zwischen dem größeren und dem nach unten davon liegenden kleineren Teil der Höhle wird anatomisch ge-bildet durch den aus induriertem Gewebe bestehenden Kavernenbalken. Dieser ent-spricht dem Schattenstreifen, der dem Verlauf der 2. Rippe folgend, innerhalb der aufgehellten Zone links oben sichtbar ist. Auch die im oberen Kavernenanteil, und zwar medianwärts gelegenen Kavernenbalken stellen sich auf dem Röntgenbilde als verwaschene streifenförmige Schatten dar. Die medianwärts und unterhalb der Kaverne gelegenen Lungenteile werden von fast vollkommen luftleerem, induriertem Gewebe gebildet. Es besteht hier eine fast diffuse Induration, die auch anatomisch einzelne Herdbildungen kaum mehr erkennen läßt; deshalb sind auch auf dem Röntgen-bilde die mittleren Teile des Lungenfeldes von ineinander übergehenden Schattenbildungen durchsetzt, die nur da und dort mehr dichte, starker In-duration entsprechende Herdschatten erkennen lassen. Nur an einzelnen Stellen sieht man kleine Aufhellungen, die emphysematös verändertem Lungengewebe ent-sprechen. Die mehr vereinzelten Herdschatten in den unteren Teilen des linken Lungenfeldes entstehen durch die in den unteren Teilen der linken Lunge mehr von-einander abgegrenzten indurierten Herdbildungen. Im untersten Teil des Unter-lappens besteht Emphysem, das im Röntgenbilde an den über dem Zwerch-fell liegenden Aufhellungen erkennbar ist.

Die rechtsseitige Oberlappenkaverne hat eine geringere Tiefenausdehnung, ihre Rückseite ist teilweise von verkästen, teilweise von induriertem Gewebe eingenommen; sie erscheint deshalb auf dem Röntgenbilde nicht so gut aufgehellt wie die links-seitige. Der unten seitlich liegende kleine Kavernenanteil ist hier durch derb fibröses und induriertes Gewebe von dem oberen großen Kavernenanteil ge-trennt. So entsteht die auf dem Röntgenbilde zwischen 1. und 2. Rippe sicht-bare bandartige Verschattung. In den mittleren Teilen der rechten Lunge liegen unterhalb der die Kavernen umgrenzenden indurierten Veränderungen eine Anzahl einzelstehender indurierter Herde, die in entsprechender Weise auf dem Röntgenbilde in die Erscheinung treten. In den basalen Teilen der rechten Lunge sind nur einzelne, sehr kleine, nodös-indurierte Herde in den verschiedensten Schnitten sichtbar. Auch sie stellen sich auf dem Röntgenbilde als einzelne kleine Herdschatten dar. An verschiedenen Stellen kommen diese Herdschatten mit den streifigen Schattenbildungen der Gefäße zur Deckung. Das im anatomischen Präparat stark ausgeprägte Emphysem der mittleren und basalen Teile der rechten Lunge ist auf dem Röntgenbilde erkennbar an der starken Aufhellung der mittleren und basalen Lungenteile.

Die Verkleinerung des linksseitigen Lungenfeldes erklärt sich einmal aus der ausgedehnten linksseitigen Pleuraobliteration und zu zweit aus der durch die starke

Weitung der rechten Lunge bedingte Linksverschiebung des Mediastinums. Die linksseitige Zwerchfellpleuraverwachsung kann aus der unscharfen Kontur in der Gegend der Herzspitze erschlossen werden; rechts ist die Obliteration erkennbar aus der wellenförmigen Kontur der medianwärts gelegenen Zwerchfellanteile.

Fall 25.   **Bild 110—113.**

Diffuse, zirrhotische Phthise der linken Lunge; Kavernenbildung in den oberen und mittleren Teilen. Pleuraobliteration und sekundäre Thoraxschrumpfung links. Herdförmig indurierend-zirrhotische Phthise der rechten Lunge. Emphysem in den mittleren und basalen Teilen der rechten Lunge.

Aus der Krankengeschichte. L. H., 52 Jahre, m. Zweimal linksseitige Brustfellentzündung gehabt, 1914 und 1915. Während letzter Erkrankung viel Husten und Auswurf, trotzdem arbeitsfähig bis Mai 1917. Wegen zunehmender Lungenerscheinungen Aufnahme in Klinik am 3. September 1917. Husten, Auswurf und starke Durchfälle.

Physikalischer Befund zur Zeit der Röntgenaufnahme: Linke Brustkorbseite stark abgeflacht, seitlich eingezogen, nimmt wenig an der Atmung teil. Links hinten oben starke Schallverkürzung mit geringem tympanitischen Beiklang; die Schallverkürzung reicht herab bis zum 8. Brustwirbeldorn, nach unten hin nimmt der tympanitische Beiklang zu. Vorne Schallverkürzung bis 2. Rippe, von da weiter herab bis 4. Rippe geringe Schallverkürzung mit Tympanie. Links hinten oben Bronchialatmen bis 2. Brustwirbeldorn, dann bronchovesikulär, weiter unten in Höhe des 4.—6. Brustwirbeldorns wieder bronchial, vereinzelte mittelblasige klingende Rasselgeräusche. Links vorne oben bis 2. Rippe Bronchialatmen, weiter herab über dem gedämpften tympanitischen Bezirk Bronchovesikuläratmen mit wenig fein- und mittelblasigen klingenden Rasselgeräuschen. Hinten unten verschärftes Atmen mit verlängertem Exspirium.

Rechts hinten oben bis 3. Brustwirbeldorn, vorne oberhalb des Schlüsselbeins relative Schallverkürzung mit wenig tympanitischem Beiklang, Bronchovesikuläratmen vorne und hinten, wenig mittelblasiges Rasseln. Hinten bis 6. Brustwirbeldorn geringe Schallabschwächung, dann übervoller Schall, vorne unterhalb der 2. Rippe und seitlich übervoller Schall, verschärftes Atmen, bronchitische Geräusche vorne und hinten.

Temperaturen remittierend bis 38⁰, dauernd starke Durchfälle. Zunehmender Kräfteverfall. Lungenbefund ändert sich nur wenig. Gestorben am 17. November 1917.

Röntgenbefund. (R.-A. 1041.) Das linke Lungenfeld erscheint im ganzen deutlich kleiner als das rechte. Links verlaufen die Rippen oben und seitlich sichtlich steiler. Die Thoraxbegrenzung zeigt links eine deutliche Abflachung.   Bild 110

In den obersten Teilen des linken Lungenfeldes besteht eine diffuse Verschattung, die bis zur Höhe der 2. Rippe reicht. Entlang dem Thoraxrande verläuft eine dichte bandförmige Verschattung bis etwa zur Höhe der 4. Rippe herab. Medianwärts von dieser Verschattung besteht eine aufgehellte Zone mit eingelagerten verwaschenen herd- und streifenförmigen Schatten. Die untere Begrenzung dieser Aufhellung wird gebildet durch eine breite, bandförmige Schattenbildung, die in die seitlich dem Thoraxrande verlaufende Verschattung übergeht. Innerhalb dieser liegen wieder unregelmäßig gestaltete, dichte Schattenbildungen. Medianwärts von der aufgehellten Zone liegen im Hilusgebiet dichte, ineinander überfließende Schattenbildungen im Bereiche des Herzgefäßwinkels. Innerhalb der diffusen Verschattung des Spitzenfeldes besteht eine deutliche umgrenzte, etwas aufgehellte Zone. In den unteren Teilen des linken Lungenfeldes finden sich zwischen Herz- und Thoraxrand einige größere fleckige, herdförmige Schattenbildungen mit eingelagerten dichten Herden. Diese Herdbildungen reichen teilweise bis zum linken Zwerchfell hin. Zwischen ihnen liegen einige aufgehellte Stellen, die emphysematösen Lungenteilen entsprechen. Unterhalb der linken Zwerchfellkuppe, die höher steht als die rechte, sieht man in der durch Magenfornix und Flexur bedingten Aufhellung einige verwaschene Schattenbildungen. Die linke Zwerchfellhälfte stellt sich als breite, bandförmige Schattenbildung dar.

Das rechte Spitzenfeld zeigt zunächst eine diffuse Trübung. Innerhalb dieser liegen einige sehr dichte, unregelmäßig gestaltete Herdschatten und einige sehr kleine, unregelmäßig begrenzte Aufhellungen. In den oberen und mittleren Teilen des rechten Lungenfeldes sieht man eine Anzahl kleinerer und größerer, fleckiger, verwaschener Schattenbildungen liegen, mit eingelagerten dichten Herdschatten. Zwischen diesen sind zahlreiche, unregelmäßig gestaltete, aufgehellte Stellen sichtbar (Emphysem). In den seitlichen Teilen des rechten Mittelfeldes liegen die beschriebenen fleckigen Schattenbildungen so dicht und zahlreich beieinander, daß sie teilweise ineinander überfließen. Zwischen den fleckigen Herdschatten treten vielfach streifenförmige Schattenbildungen zutage. In den unteren Teilen des rechten Lungenfeldes liegen vereinzelt da und dort sehr dichte Herdschatten mit deutlicher diffuser Schattenumrandung. Im übrigen sind diese Teile stark aufgehellt.

Die rechte Zwerchfellhälfte ist scharf begrenzt. Die Trachea ist bogenförmig nach links verzogen. Das Herz erscheint nach links verlagert. Die linksseitige Herzbegrenzung ist nicht erkennbar infolge der das Herz dicht umgebenden Schattenbildungen.

Zusammenfassung. Über die ganze linke Lunge ausgebreitete indurierend-zirrhotische Phthise; vereinzelte indurierte Herde in den basalen Teilen. Große Höhlenbildungen in den mittleren Teilen der linken Lunge. Schrumpfung der linken Thoraxseite; Linksverziehung der Trachea und Linksverlagerung des Herzens. Linkshochstand des Zwerchfells. Über die oberen und mittleren Teile der rechten Lunge ausgebreitete indurierend-zirrhotische Phthise. Vereinzelte indurierte Herde und ausgeprägtes Emphysem in den mittleren und basalen Teilen der rechten Lunge.

Anatomischer Befund. (S.-Nr. 475/17. Zeitintervall: 2 Monate.) Breiter, flacher Thorax. Die Lungen an der vorderen Brustwand fest verwachsen, ebenso seitlich und hinten feste flächenhafte Verwachsungen. Beiderseits oben und vorne unten Schwartenbildung. Die linke Brustseite ist etwas eingefallen.

Bild 111   1. Schnitt:

Der rechte Vorhof und die Kammer sind eröffnet. Man sieht das hintere und Teile des linken und rechten Segels der Trikuspidalis mit den Papillarmuskeln, sowie die Ausflußbahn der rechten Kammer. Darüber liegt die Pulmonalarterie und die kruorgefüllte, aufsteigende Aorta, unter dieser quer getroffen die rechte Kranzarterie. Zwischen der Aorta und dem rechten Schilddrüsenlappen die Arteria anonyma.

Die linke Brusthöhle ist hochgradig geschrumpft; in dem völlig verödeten, derb indurierten Lungengewebe findet sich ein System kommunizierender Kavernen, welche reichlich von Balken durchzogen sind. Der kleine, im Schnitt getroffene Zipfel des Unterlappens zeigt starkes Emphysem.

Rechts finden sich in sämtlichen Teilen der Lunge sehr derbe, gegen die Umgebung scharf abgesetzte Knoten. Das Lungengewebe ist, soweit lufthaltig, emphysematös gedehnt.

2. Schnitt:

Man sieht die linke Kammer mit der aufsteigenden Aorta bis zum Bogen, daneben den hintersten Teil der rechten Kammer und den rechten Vorhof mit der Kava. Im Aortenbogen die Pulmonalarterien vor der Teilung.

Die linke Lunge zeigt wiederum ausgesprochene Schrumpfung und ausgedehnte Kavernenbildung des bis in den Unterteil hereinreichenden Oberlappens. Zwischen den Kavernen induriertes Gewebe und feinste Verfettung. Im anliegenden Teil des Unterlappens ebenfalls völlige Induration mit exsudativen Prozessen. Im untersten Teil des Unterlappens kleine azinös-nodöse, indurierte Herde und emphysematöses Lungengewebe.

Der rechte Oberlappen, welcher bis zur Grenze des Unterlappens reicht, ist zum größten Teil induriert und luftleer, dabei finden sich wohl auch exsudativ-käsige Prozesse. Das vorhandene lufthaltige Gewebe zeigt Emphysem. In den kaudalen, ebenfalls emphysematösen Teilen der Lunge, zahlreiche nodös-indurierte Herde.

Vor dem linken Hauptbronchus, der linken Pulmonalarterie angelagert, liegt ein bohnengroßer, zum größeren Teil verkreideter Lymphknoten.

3. Schnitt:

Die obere Wirbelsäule ist flach abgetragen; ganz oben sieht man das schräg durchschnittene Rückenmark mit den Nervenwurzeln. Der Ösophagus ist oben und unten schräg durchschnitten, daneben liegt der Bogen der sehr weiten Aorta. Beiderseits die Hauptbronchien; nach außen, oberhalb von ihnen, die Pulmonalarterien, darunter die Pulmonalvenen.

Die linke Lunge ist stark geschrumpft, besonders der seitlichen Brustwand entlang bis zum Zwerchfell herunter. Im oberen Teil völlige Induration mit größeren Kavernen, abwärts davon entlang den Rippen, exsudative Herdbildungen mit chronischem Ödem und starker Ansammlung verfetteter Zellen in den Alveolen. Links unten außen lobulär-käsige Herdbildungen. Nach innen davon, gegen das Herz zu, nodöse Herde in gut lufthaltigem Gewebe.

Die rechte Lunge ist stark gedehnt. In sämtlichen Feldern nodöse, zur Induration neigende Herde, kaudalwärts abnehmend. In der rechten Spitze, nahe der Wirbelsäule, ein fast kirschkerngroßer Kreideherd, seitlich davon eine kleine Kaverne, darüber emphysematöses Lungengewebe. Am Hilus (hinter der Bifurkation vor dem Ösophagus liegend) stark geschwollene, anthrakotische Lymphknoten.

Auf einem weiteren Schnitt durch die dorsalen Teile der linken Lunge findet sich im kranialen Teil des Unterlappens eine der hinteren Brustwand angelagerte, gegen 6 cm nach abwärts sich erstreckende, unregelmäßig gestaltete, mit Fibrin und Eiter gefüllte Höhle.

Diagnose. Zirrhotische Phthise der linken Lunge mit Kollaps der linken Brusthälfte. Ausgedehnte Kavernenbildung im linken Oberlappen, mit Induration des Zwischengewebes. Kleinste Kaverne und Kreideherd in der rechten Spitze. Nodös-indurierte Herde in den anderen Feldern, besonders rechts. Emphysem der rechten Lunge. Starke Schwellung der Hiluslymphknoten, verkreideter Lymphknoten vor dem linken Hauptbronchus. Totale Obliteration beider Pleurahöhlen, mit teilweiser Schwartenbildung.

Schwere ulzeröse Phthise des ganzen Darmtraktus, Exsudat (1 Liter) in der Bauchhöhle, phthisisch-tuberkulöse Peritonitis. Glottisödem.

Vergleichende Beurteilung. Die linke Lunge ist, wie aus den zwei ersten anatomischen Schnitten ersichtlich, größtenteils in induriertes Gewebe verwandelt. Auf

dem Röntgenbilde ist diese diffuse Induration erkennbar an der
Verschattung der oberen Teile des Lungenfeldes und an den bandförmigen Schattenbildungen, die in der Umgebung der aufgehellten Zone
in den mittleren Teilen des linken Lungenfeldes sich befinden. Diese aufgehellte
Zone entspricht dem mehrkammerigen Kavernensystem, das auf dem
1. und 2. Schnittbilde besonders gut zu sehen ist. Innerhalb der Kavernenaufhellung sind auf dem Röntgenbilde herd- und streifenförmige Schattenbildungen sichtbar, und zwar deshalb, weil die mehrkammerige Höhle vorne und hinten von Lungengewebe überlagert ist und in der Mitte von Kavernenbalken durchsetzt wird (Schnitt 1).
Die Höhle in den obersten Teilen der linken Lunge tritt auf dem Röntgenbilde
nicht als gut aufgehellte Zone hervor, da sie nach vorne von einer ziemlich dicken
Schicht indurierten Lungengewebes überlagert ist.

Die über die oberen und mittleren Teile des rechtsseitigen Lungenfeldes verstreuten fleckigen Schatten mit eingelagerten dichten
Schattenzentren entsprechen den besonders auf Schnitt 1 und 3 gut sichtbaren indurierend-zirrhotischen Herdbildungen der rechten Lunge.
Zwischen diesen knotig zirrhotischen Herden liegt überall emphysematös verändertes Lungengewebe (Schnitt 1 und 3), und dieses erscheint auf dem Röntgenbilde in Gestalt der beschriebenen, unregelmäßig gestalteten, fleckigen
Aufhellungen zwischen den Herdschatten. Es zeigt diese rechte Lunge das
charakteristische Gepräge indurierend-zirrhotischer Herdbildungen im anatomischen
Präparat und im Röntgenbilde.

Die linke Brustkorbseite erscheint auf dem Röntgenbilde und in den beiden ersten
anatomischen Bildern stark verkleinert. Pleuraobliteration und ausgedehnte Induration der linken Lunge verhindern diese an der Atmung teilzunehmen. Die
emphysematös gedehnte rechte Lunge weitet sich stark und drängt so das Mediastinum mit seinen Organen nach der nichtatmenden linken Seite hin. Aus der geringen
inspiratorischen Dehnung und Bewegungsfunktion der linken Lunge erklärt sich auch
der linksseitige Zwerchfellhochstand.

Fall 26. **Bild 114—117.**

**Indurierend-zirrhotische Phthise in den oberen Teilen beider Lungen; rechts oben
exsudative Veränderungen mit Zerfallshöhle. Nodös-indurierende Herde in den mittleren Teilen der rechten Lunge. Beiderseitiger Zwerchfellhochstand.**

Aus der Krankengeschichte. O. E., 40 Jahre, m. Aus Aufzeichnungen des Lazarettkrankenblattes
ist ersichtlich, daß Erscheinungen tuberkulöser Peritonitis mit Erguß in der Bauchhöhle im Vordergrund
des Krankheitsbildes standen. Bei Aufnahme in Klinik bestand starker Aszites. Nach teilweiser Wegnahme des Ergusses fand sich starke Milzvergrößerung. Erguß nahm wieder rasch zu. Tod am
29. Februar 1917.

Bild 114 **Röntgenbefund.** (R.-A. 1327/17.) Die Brustkorbbegrenzung ist rechts oben
infolge steileren Verlaufes der Rippen etwas abgeflacht im Vergleich zur linken Seite.
Der mediale Teil des rechten Spitzenfeldes und die oberen Teile des rechten Lungenfeldes bis nahe zur 2. Rippe hin sind gleichmäßig verschattet. In der Höhe des Schlüssel-

beinschattens breitet sich diese gleichmäßige Verschattung seitlich bis nahe an den Thoraxrand hin aus; oberhalb davon ist der seitliche Teil des Spitzenfeldes aufgehellt. An der unteren Begrenzung der beschriebenen gleichmäßigen Schattenbildung liegen einige gut umgrenzte Herdschatten und auch verwaschene, fleckige Schattenbildungen. Im rechten Hilusgebiet sind einige dichte Herdschatten sichtbar (indurierte Lymphknoten). In den mittleren Teilen des rechtsseitigen Lungenfeldes sind eine Anzahl dichter Schattenbildungen mit diffuser Schattenumrandung erkennbar.

Links besteht seitlich und oberhalb des Hilus in den oberen Teilen des Lungenfeldes eine diffuse Schattenbildung von geringer Dichtigkeit. Nach oben und unten ist diese gut umgrenzt. Seitlich geht sie in eine streifenförmige Schattenbildung über, die zum Thoraxrande verläuft. Oberhalb dieser diffusen Verschattung ist das Lungenfeld frei von Herden. Unterhalb von ihr sieht man in den mittleren Teilen des Lungenfeldes vereinzelte, gut umschriebene Herdschatten liegen. Im Bereich des Herzzwerchfellwinkels besteht eine sehr dichte Verschattung, die nach der Seite hin allmählich sich aufhellt. Das Zwerchfell steht beiderseits auffallend hoch. Links ist die Zwerchfellbegrenzung nur nach unten gegen die Aufhellung des Magenfornix gut erkennbar; nach oben ist sie von der beschriebenen diffusen Verschattung nicht gut abgrenzbar. Auch der linke Herzrand ist von der danebenliegenden diffusen Schattenbildung nicht unterscheidbar. Das Herz ist quergestellt. Die Trachea erscheint bogenförmig nach rechts verzogen.

Zusammenfassung. Exsudative und indurative Veränderungen in den oberen Teilen der rechten Lunge. Vermutlich Höhlenbildung in den Spitzenteilen. Vereinzelte nodöse und nodös-indurierende Herde in den mittleren Teilen der rechten Lunge. Großer indurativ-zirrhotischer Herd im oberen Teil der linken Lunge. Atelektase oder pneumonische Verdichtung in den basalen und medialen Teilen der linken Lunge. Pleuraobliteration rechts oben mit Brustkorbschrumpfung. Zwerchfellhochstand beiderseits. Quergestelltes Herz.

Anatomischer Befund. (S.-Nr. 497/17. Zeitintervall: 9 Tage.) Großer, langer, flacher Thorax. Die rechte Brusthöhle vollkommen bindegewebig verwachsen, die linke auch an der Spitze frei. Über dem rechten Oberlappen Schwartenbildung.

Die linke Lunge zeigt nirgends Verwachsungen, sondern läßt sich völlig aus der Brusthöhle herausheben und ist im ganzen etwas geschrumpft. Bei der Eröffnung des Thorax findet sich keine Flüssigkeit in der linken Brusthöhle, so daß sich nicht mehr mit Sicherheit entscheiden läßt, ob ein Pleuraerguß vorgelegen hat. Ein Belag der Pleura ist nicht nachzuweisen; immerhin könnte bei Herausnahme des Thorax aus der Leiche durch Verletzung des Zwerchfells die Flüssigkeit abgeflossen sein. Andernfalls müßte die Schrumpfung als postmortal angesehen werden.

1. Schnitt: Bild 115

Rechter Vorhof und Kammer mit der Trikuspidalis liegen vor. Die linke Kammer ist eben angeschnitten; darüber das linke Herzohr, die Pulmonalarterie und Aorta. Über letzterer die linke Vena anonyma und ihre Einmündung in die Cava superior; nach oben zur Schilddrüse verläuft die Vena thyreoidea ima.

Die Lungen sind hinter dem Herzen durchschnitten (Betrachtung mit einem Auge!).

Die linke Lunge ist von der Brustwand retrahiert (postmortale Schrumpfung), ein Exsudat liegt nicht vor! Im linken Oberlappen einige azinös-nodöse, indurierte Herde, medial ein kleiner lobulär-käsiger Herd. In den kaudalen Teilen einige wenige azinös-produktive Herdchen.

8*

Im rechten Oberlappen ebenfalls ein indurierter Herd mit kleinen Verkäsungen und eine ganz kleine Höhle; kaudalwärts einige azinöse Herdchen.

Bild 116   **2. Schnitt:**

Der Schnitt liegt hinter der Teilung der Trachea. Man sieht die Hauptbronchien, oben den Aortenbogen, auf der anderen Seite die (infolge Injektion) stark erweiterte Vena anonyma. Über dem linken Hauptbronchus die Pulmonalarterie, unter ihm die Vene, darunter die Hinterfläche des Herzbeutels. Vor dem rechten Hauptbronchus die Pulmonalarterie, darunter die Pulmonalvene; unten der Ösophagus und die Bauchaorta.

Die linke Lunge (wieder durch postmortale Schrumpfung von der seitlichen Brustwand abgehoben) zeigt im Ober- und Mittelteilbereich, dem Oberlappen angehörig, nodös-indurierte Herdbildungen. Den weißlichen Streifen entsprechen Bronchien, welche mit Käse gefüllt sind (käsige Bronchitis). Ungefähr in Höhe der 2.—3. Rippe sieht man eine scharfe Einziehung der Pleura, bedingt durch Narbenzug von seiten des indurierten Knotens aus. Im Unterlappen geringe azinöse Herdbildungen.

Im rechten Oberlappen völlig induriertes Gewebe mit Verkäsungen und kleinsten Kavernen. Im Mittel- und Unterfeld nodöse und azinöse indurierte Herde.

Unterhalb der Bifurkation, sowie besonders an den Teilungsstellen des rechten Hilus stark geschwollene Lymphknoten.

Bild 117   **3. Schnitt:**

Rechte Lunge paravertebral durchschnitten.

In der Spitze eine pflaumengroße Höhle, welche mit einigen kleinen, kaudalmedialwärts gelegenen Höhlen kommuniziert. Das Balkenwerk, sowie die laterale und besonders mediale Begrenzung der Kaverne ist stark induriert, dazwischen kleine Verkäsungen; auch nach unten induriertes Gewebe mit azinösen Herdchen. Im Mittel- und Unterteil geringe azinöse Herdbildungen.

Diagnose. Zirrhotische Phthise beider Oberlappen, pflaumengroße Kaverne der rechten Spitze mit kleinsten, kaudalwärts sich anschließenden Kavernen; azinös-nodöse Herde im rechten Mittel- und im Unterlappen, käsige Bronchitis im linken Oberlappen. Frische Schwellung der Hiluslymphknoten. Totale Obliteration der rechten Brusthöhle, Schwartenbildung im Bereich des Oberlappens.

Verkäste mesenteriale Lymphknoten; phthisisch-fibrinöse Peritonitis, 3000 ccm Exsudat; ausgedehnte phthisische Geschwüre des Dünndarms, vereinzelte des Kolons. Großer Milztumor mit Tuberkeln; Fettleber; Atrophie der Hoden, Prostatahypertrophie.

Vergleichende Beurteilung. Aus den Schattenbildungen in den oberen Teilen des rechten Lungenfeldes ist der anatomische Charakter des Krankheitsvorganges nicht mit Sicherheit zu erschließen. Die zusammenfließende dichte verwaschene Verschattung kann einem käsig-pneumonischen Vorgang oder auch luftleerem, induriertem Lungengewebe entsprechen. Die anatomischen Schnitte lassen erkennen, daß die oberen Teile der rechten Lunge luftleer und induriert sind. Hinten und seitlich besteht da, wo auf dem Röntgenbilde eine Aufhellung sichtbar ist, eine Höhlenbildung. In den oberen und auch in den mittleren Teilen der rechten Lunge finden sich nodöse und nodös-indurierte Herdbildungen (Schnitt 2 und 3). Aus den dichten Herdschatten in den oberen und mittleren Teilen des rechten Lungenfeldes sind diese zu erschließen.

In den oberen Teilen der linken Lunge (Schnitt 1 und 3) besteht ein ausgedehnter indurierend-zirrhotischer Herd. Ober- und unterhalb von diesem sind die

Lungen gut lufthaltig und frei von krankhaften Veränderungen. Aus diesem Grunde tritt der zirrhotische Herd in den oberen Teilen des linken Lungenfeldes deutlich zutage als verwaschene Schattenbildung mit dichten Zentren und streifenförmigen Schattenbildungen an der Peripherie. Im Mittelfeld entsprechen die einzelnen Schatten nodösen Herden (Schnitt 1 und 3). Für die in den basalen Teilen neben der Herzspitze liegende dichte Verschattung gibt das anatomische Präparat keine Erklärung. Die linke Lunge ist infolge ungenügender Härtung geschrumpft und hat sich von der Brustkorbinnenwand abgelöst. Ein Erguß war bei der Eröffnung des Brustkorbes nicht nachgewiesen. Es bleibt nur die Möglichkeit, daß die Verschattung neben der Herzspitze durch eine unspezifische pneumonische Verdichtung bedingt war, die später wieder zurückging, oder durch Kompressionsatelektase. Infolge der mit großen Ergußmengen verbundenen phthisischen Peritonitis ist das Zwerchfell beiderseits hochgedrängt. Das Herz ist quergestellt.

Fall 27.   **Bild 118—120.**

Indurierend-zirrhotische Phthise in den oberen Teilen beider Lungen; nodösindurierende Herde in den mittleren und basalen Teilen beiderseits. Emphysem beider Lungen. Herzvergrößerung. (Kleiner Herzbeutelerguß.)

Aus der Krankengeschichte. R. J., 59 Jahre, m. Viele Jahre als Bergmann gearbeitet. Erste Lungenerscheinungen vor 5 Jahren, Kurzluftigkeit, Husten mit wenig Auswurf. Im letzten Jahr Zunahme der Beschwerden, Auftreten von Schwellungen an den Beinen. Wegen dieser und starker Kurzluftigkeit Aufnahme in die Klinik am 27. Mai 1918.

Objektivbefund: Starke Zyanose des Gesichts und der Extremitäten, Ödeme beider Beine. Brustkorb stark gewölbt, Herz stark nach links und rechts vergrößert. Töne leise, keine Geräusche. Beiderseits hinten oben bis 4. Brustwirbeldorn geringe relative Schallabschwächung, sonst über beiden Lungen übervoller Schall. Atmungsgeräusch über dem schallverkürzten Bezirke beiderseits verschärft, vorne und hinten mit verlängertem Exspirium, vereinzeltes feinblasiges Rasseln beiderseits hinten oben; diffuse bronchitische Geräusche über beiden Lungen. Subfebrile Temperaturen bis 37,5°. Im Vordergrund des Krankheitsbildes Kreislaufinsuffizienz. Zunächst Abnahme dieser Erscheinungen, in den letzten Wochen wieder Zunahme. Entwicklung eines rechtsseitigen hämorrhagischen Pleuraergusses, der punktiert wird. Röntgenaufnahme 16 Tage vor dem Tode und vor Entwicklung des Pleuraergusses. Unter Zunahme der Kreislaufinsuffizienzerscheinungen am 23. Juni 1918 gestorben.

Röntgenbefund. (R.-A. 843/18.) Die beiden Brustkorbhälften sind gleichmäßig Bild 118 gewölbt; es besteht keine merkliche Schrumpfung weder rechts noch links. In den oberen Teilen der Lungenfelder liegen beiderseits in ziemlich gleichmäßiger Anordnung breite, vom Spitzenfeld nach unten hin ziehende, verwaschene bandförmige Schattenbildungen. Innerhalb dieser kann man beiderseits vereinzelte, mehr oder weniger gut begrenzte, kleinere und größere, sehr dichte Herdschatten erkennen. Seitlich von den Schattenbildungen ist das Lungenfeld bis zum Brustkorbrande gut aufgehellt. Medianwärts von den großen Schattenbildungen liegen, rechts dichter angeordnet als links, einige kleine verwaschene Herdschatten mit eingelagerten dichten Herden. In den mittleren und unteren Teilen beider Lungenfelder sind beiderseits vereinzelte kleine, unregelmäßig gestaltete, gut begrenzte Verdichtungsschatten sichtbar. Zwischen ihnen verlaufen unregelmäßig verzweigte, streifenförmige Schattenbildungen. Diese letzten entsprechen der Gefäßverzweigung. In der Umgebung des Hilus liegen beiderseits verwaschene, fleckige, große Schattenbildungen, die den oben beschriebenen gleichen.

Die linke Zwerchfellbegrenzung ist scharf. Rechts zeigt die Zwerchfellbegrenzung auf der Kuppe eine zeltförmige Erhebung, in deren Umgebung einige gut umgrenzte Herdschatten liegen. Der Herzschatten erscheint stark nach rechts und links verbreitert und zeigt beiderseits eine deutlich aufgehellte Randzone.

Zusammenfassung. Ausgedehnte indurierend-zirrhotische Herdbildungen in den oberen Teilen beider Lungen. Vereinzelte indurierte Herde beiderseits in den mittleren und unteren Teilen der Lungen. Rechtsseitige Zwerchfellverwachsung. Herzvergrößerung (Erguß?). In der Umgebung der indurierten Herdbildungen Lungenemphysem.

Anatomischer Befund. (S.-Nr. 372/18. Zeitintervall: 16 Tage.) Breiter, tiefer, glockenförmiger Thorax. Die Lungenränder überlagern stark den Herzbeutel. Die Lungen sind stark gebläht, jedoch infolge der Fixation wieder geschrumpft und besonders rechts von der Brustwand abgehoben. Die Lungenpleuren zeigen mehrfach bindegewebige Verdickung. Im Herzbeutel gegen 650 ccm leicht getrübter, dünnflüssiger Inhalt, in beiden Pleurahöhlen wenig Inhalt.

Das Herz ist sehr stark vergrößert, reicht weit nach rechts hinüber; besonders das rechte Herz ist stark erweitert, die Kammermuskulatur hochgradig hypertrophisch; die Pulmonalarterie stark erweitert. Die linke Kammer ist sehr kräftig entwickelt; die Aorta sehr weit.

Bild 119   1. Schnitt:

Man sieht in den rechten Vorhof; unten die stark ausgebildete Valvula Eustachii, oben die Cava superior, daneben die linke Kammer mit der aufsteigenden Aorta, der Arteria anonyma und linken Karotis. Daneben die Pulmonalarterie kurz vor der Teilung, unter dieser die linke Koronararterie und -vene. Das Herz ist etwas weiter ventral als die Lungen durchschnitten.

Im linken Oberlappen, ebenso im rechten Ober- und Unterlappen befinden sich bis kleinapfelgroße, sehr derbe, kautschukartig sich anfühlende, tiefschwarz verfärbte (auf der Abbildung etwas verwaschen grau erscheinende) Knoten, welche teilweise etwas in die Umgebung ausstrahlen. Sonst ist das Lungengewebe sehr gut lufthaltig, höchstgradig anthrakotisch verfärbt; die Venen und Arterien auffallend weit.

Bild 120   2. Schnitt:

Man sieht die Einmündung der Lungenvenen, oben die Lungenarterien, die Hauptbronchien, den Aortenbogen, auf der andern Seite die Biegungsstelle der Vena azygos, dazwischen den Ösophagus.

In beiden Oberlappen, ebenso in geringerem Grade im Unterlappen, finden sich die gleichen knotigen Herde wie im ersten Schnitt. Besonders bemerkenswert ist ein solcher des rechten Unterlappens zwischen 7. und 8. Rippe, dicht unter der Pleura gelegen. Infolge strangförmigen Zuges nach unten hin besteht hier eine starke Einziehung der Zwerchfellpleura (auf dem Schnitt als feiner, dem Knoten zu gerichteter, an der Zwerchfellseite beginnender Streifen erkenntlich); wichtig für den Vergleich!

In der Bifurkation stark vergrößerte, vollkommen anthrakotische, derbe Lymphknoten, ebenso in den Teilungsstellen der Bronchien. In einem solchen unter dem linken Hauptbronchus Kreideherde.

(Weitere Schnitte zeigen immer wieder derartige Knotenbildungen, besonders in den kranialen Abschnitten.)

Diagnose. Nodös-zirrhotische Phthise beider Lungen; mit hochgradiger Anthrakose der Knoten. Narbige Einziehung der Zwerchfellpleura rechts. Starke Vergrößerung und Anthrakose der Hiluslymphknoten. Stärkste Anthrakose der Lungen; Emphysem der Lungen, Ektasie der Gefäße; starke Hypertrophie des ganzen Herzens, Dilatation des rechten Herzens. Dilatation der Pulmonalarterie und Aorta mit Hypertrophie der Wand.

Seröser Erguß im Herzbeutel (650 ccm), geringer Erguß in beiden Brusthöhlen.

Tuberkel der Leber, Milz und Nieren mit Ausscheidungsherden; Verkäsung der Samenbläschen, frische Phthise mit Verkäsung eines Nebenhodens; frische phthisische Geschwüre im Dickdarm.

Vergleichende Beurteilung. Im Röntgenbilde fallen zunächst die in den oberen Teilen beider Lungenfelder bestehenden stark ausgeprägten, von oben nach unten verlaufenden bandartigen Schattenbildungen auf. Innerhalb dieser sind zahlreiche dichte Schattenzentren sichtbar und in der Umgebung liegen aufgehellte Stellen. Die Gesamtheit dieser Erscheinungen trägt das Gepräge indurierend-zirrhotischer Herdbildungen. Auffallend ist jedoch die Lage und Anordnung der Herde, für deren Besonderheit erst das anatomische Präparat Aufschluß bringt. Es bestehen in den oberen Teilen beider Lungen ausgedehnte, auffallend dichte, verhärtete Lungenteile, deren Eigenart wohl in erster Linie durch die mit den phthisischen Veränderungen verbundene Anthrakose der Lungen bedingt ist. Diese anthrakotischen Herde sind besonders gut im 2. Schnitte sichtbar. In den mittleren und basalen Teilen beider Lungen finden sich eine Anzahl kleiner, indurierter Herdbildungen (Schnitt 1 und 2), die auf dem Röntgenbilde als gut umschriebene dichte Herdschatten erkennbar sind. In den herdfreien Anteilen ist das Lungengewebe allerwärts stark emphysematös gebläht, was auch im Röntgenbilde zur Darstellung gelangt. Für die rechterseits bestehende umschriebene Zwerchfellerhebung bringen die anatomischen Schnitte keine restlose Erklärung. Sie ist wohl der Ausdruck funktionellen Geschehens, insofern das Zwerchfell an umschriebener Stelle infolge Minderatmung indurierter und verhärteter Lungenteile bei stärkerer Ausdehnung der umgebenden emphysematösen Lungenanteile eine geringere inspiratorische Abwärtsbewegung macht. Das vergrößerte, von einem kleinen Erguß umgebene Herz (Schnitt 1) fällt auch auf dem Röntgenbilde auf. Die allseitige Umrandung des Herzschattens durch einen lichten Schatten würde auf den Erguß bezogen werden können; sie kann jedoch auch im Zusammenhang stehen mit der aufhellenden Wirkung des besonders in den basalen Lungenteilen ausgeprägten Lungenemphysems.

Fall 28.   **Bild 121—125.**

Diffuse zirrhotische Phthise der ganzen rechten Lunge mit Kavernen in den oberen und basalen Teilen. Pleuraobliteration und starke Schrumpfung der rechten Thoraxseite. Nodös-indurierende Phthise der oberen Hälfte der linken Lunge mit Zirrhose und Kavernen in den Spitzen. Starkes Emphysem der linken Lunge.

Aus der Krankengeschichte. G. Ch., 39 Jahre, m. Beginn der Erkrankung vor 20 Jahren (1897). Mehrfach Lungenblutungen, zweimal Heilstättenbehandlung, in der Zwischenzeit jahrelang arbeitsfähig.

Seit 1916 Verschlimmerung des Leidens und mehrfache klinische Behandlung, zuletzt vom 25. Oktober
bis 11. November 1917.

Physikalischer Befund: Rechts hinten oben starke Schallverkürzung mit Tympanie bis ca. 4. Brustwirbeldorn, weiter herab geringe relative Schallabschwächung. Vorne bis 3. Rippe Schallverkürzung mit
tympanitischem Beiklang, unterhalb davon relativ verkürzter Schall, über den basalen Teilen übervoller
Schall. Rechts hinten oben bronchiales Atmen bis 4. Brustwirbeldorn, dann Bronchovesikuläratmen.
Weiter unten verschärftes Atmen. Über diesen Bezirken sind reichlich fein- und mittelblasige Rasselgeräusche hörbar, vorne und hinten. Links hinten oben relative Schallverkürzung bis 3. Brustwirbeldorn,
vorne bis 2. Rippe. Bronchovesikuläratmen, spärliches fein- und mittelblasiges Rasseln. Vorne und hinten
unterhalb von der schallverkürzten Zone übervoller Schall, verschärftes Atmen und vereinzelte bronchitische Geräusche. Temperatur um 38 Grad. Starke Heiserkeit (Larynxinfiltrat). Gestorben
11. November 1917.

Bild 121   **Röntgenbefund.** (R.-A. 1247.) Die Rippen verlaufen rechts im ganzen deutlich
stärker geneigt als links. Die Thoraxbegrenzung ist rechts oben stärker abgeflacht,
rechts unten zeigt sie eine leichte Einziehung.

Im rechten Spitzenfeld und in den seitlichen und oberen Teilen des rechten
Lungenfeldes besteht bis zur Höhe der 5. Rippe eine verwaschene Verschattung.
Innerhalb der diffusen Verschattung sieht man vereinzelte aufgehellte Stellen liegen,
die durch streifige Schattenbildungen medianwärts, teilweise umgelegt erscheinen.
Etwa von der Mitte der Verschattung aus erstrecken sich zwei streifenförmige
Schatten zum Hilus hin. Über die mittleren und unteren Teile des rechten
Lungenfeldes sind eine Anzahl größerer, verwaschener Schattenbildungen mit ein-
gelagerten, dichten, umschriebenen Herdschatten verstreut. Zwischen diesen Schatten-
bildungen liegen stark ausgehellte Lungenteile (Emphysem), in denen wieder vereinzelte,
gut umschriebene, sehr dichte Herdschatten sichtbar sind. Rechts unten neben dem
Herzrand liegt eine scharf umschriebene Aufhellung, die von einer ringförmigen
Schattenbildung umgrenzt ist.

Linkes Spitzenfeld und die oberen Teile des linken Lungenfeldes sind seitlich
leicht diffus verschattet. Medianwärts von dieser Verschattung liegen aufgehellte
Stellen, die ähnlich wie rechts von streifigen Schattenbildungen umgrenzt erscheinen.
Nach innen und unten liegen im Bereich der oberen und mittleren Teile des Lungen-
feldes eine Anzahl kleiner, dichter Herdschatten, zwischen denen streifenförmige
Schattenbildungen zum Hilus hin verlaufen. Im medialen Teile des Spitzenfeldes
liegt eine kleine rundliche, von einem ringförmigen Schattenband seitlich umgrenzte
Aufhellung. Die mittleren und unteren Teile des linken Lungenfeldes sind gut
aufgehellt und zeigen eine stark ausgeprägte Gefäßzeichnung. An vereinzelten
Stellen liegen dichte rundliche Herdschatten.

Zusammenfassung. Über die ganze rechte Lunge ausgebreitete zirrhotisch-
indurierende Phthise mit großen Zerfallshöhlen in den Spitzen- und Oberteilen. Große
Kaverne im basalen und medialen Teil der rechten Lunge. Schrumpfung der rechten
Thoraxseite infolge Pleuraobliteration. Zirrhotisch-indurierende Phthise der linken
Spitze mit Zerfallshöhle. Nodöse und nodös-indurierende Herde in den oberen und
mittleren Teilen der linken Lunge. Starkes Emphysem der mittleren und unteren
Lungenteile.

Anatomischer Befund. (S.-Nr. 465/17. Zeitintervall: 13 Tage.) Sehr großer,
breiter, aber sehr flacher Thorax. Die rechte Brusthöhle vollkommen obliteriert, mit
ausgedehnten Schwartenbildungen. Links bestehen zahlreiche bindegewebige Verwachsungen. Das linke Zwerchfell frei. Nach Abnahme der vorderen Brustwand:

Das Herz ist etwas nach rechts gedrängt, stark von der linken Lunge überlagert. Bild 122
Das Herz sehr groß. Über dem Epikard der rechten Kammer weißliche schwielige
Verdickung. Die linke Lunge allgemein sehr stark gebläht, emphysematös. Auch
die rechte Lunge gebläht. Über beiden Lungen erkennt man deutlich die Eindrücke
der Rippen. Am rechten Oberlappen schwartige Verdickung der Pleura.

1. Schnitt: Bild 123

Man sieht in das rechte Herz; die Kammerwand etwas verdickt. Die Pulmonalarterie sehr weit.
Die Muskulatur der linken Kammer ist flach angeschnitten, die aufsteigende Aorta eben eröffnet.

Die linke Lunge zeigt nur ganz vereinzelte kleinste azinöse Herdbildungen; die
rechte Lunge zeigt in sämtlichen Feldern produktive, verkäste Herde, welche
meist von fibrösem Gewebe umschlossen sind. Diese fibrösen Stränge durchziehen
netzförmig das ganze Lungengewebe. Das nicht infiltrierte Lungengewebe zeigt auffallend hochgradige, mittelblasige Dehnung (Emphysem) in ganz eigenartiger Form.
Im Unterfeld eine walnußgroße Höhle, großenteils mit Käse gefüllt.

2. Schnitt: Bild 124

Die linke Kammer ist eröffnet, das vordere Segel der Mitralis zum Teil erhalten; darüber die aufsteigende Aorta und die Arteria anonyma, daneben die Pulmonalarterie vor der Teilung und das weite
linke Herzohr; auf der anderen Seite die Hinterwand der rechten Kammer mit der Einmündung der
Cava inferior und superior, oben die Trachea.

In der linken Lunge ganz vereinzelte azinöse Herdchen.

Die rechte Lunge zeigt wie im vorigen Schnitt in sämtlichen Feldern verkäste,
nodöse, fibrös umrandete Herde; besonders über dem Zwerchfell starke, derbe Bindegewebsentwicklung. Hier auch einige mittelgroße, z. T. mit Käse gefüllte Höhlen.
Auch im Oberlappen Höhlenbildungen, welche sich sehr weit nach hinten bis zur
hinteren Pleura ausdehnen.

3. Schnitt: Bild 125

Man sieht die Brustaorta, den eröffneten Ösophagus; die Lungen sind etwas tiefer durchschnitten.

In der linken Lungenspitze eine walnußgroße Höhle mit verkäster Wand. In
ihrer Umgebung einige (auf dem Bild sich scharf absetzende), erbsengroße Kalkherdchen.
Gegen den Hilus zu ziehen von der Kaverne aus verkäste Bronchien. Kaudalwärts
in der linken Lunge einige wenige azinöse Herdchen.

Im rechten Oberlappen findet sich die Kaverne des 2. Schnittes in größerer Ausdehnung, der seitlichen Brustwand angelehnt. Im Mittel- und Unterfeld vereinzelte
käsige Herde mit Neigung zum Zerfall; ein großer käsig-nodöser Herd unten paravertebral und über dem Zwerchfell. Das lufthaltige Lungengewebe auch hier wieder
eigenartig emphysematös gedehnt. Am Lungenhilus stark geschwollene Lymphknoten. In sämtlichen Schnitten zeigen die Gefäße ausgesprochene Erweiterung.

Diagnose. Nodös-zirrhotische Phthise der rechten Lunge, mit ausgesprochener
Neigung zum zentralen käsigen Zerfall und zur peripheren fibrösen Abkapslung. Große
Kaverne im rechten Oberlappen. Ausgedehnte Bindegewebsentwicklung in der ganzen
rechten Lunge. Kleine Kaverne im linken Oberlappen. Zahlreiche kleine Kalkherde
in der linken Spitze. Geringe azinös-nodöse Aussaat links. Eigenartiges, klein- und
mittelblasiges Emphysem der rechten Lunge. Starkes Emphysem der linken Lunge.
Verlagerung des Herzens nach rechts. Dilatation des rechten Herzens mit geringer
Hypertrophie. Ektasie der Gefäße. Starke Schwellung der Hiluslymphknoten, totale
Obliteration der rechten Brusthöhle mit Schwartenbildung, teilweise Verwachsung
links.

Ausgedehnte phthisische Granulationen am Kehlkopf und an der Epiglottis. Tuberkel der Leber, der Milz. Starke Verwachsung der Bauchorgane; Status nach Gastroenterostomie. Gestielter adenomatöser Polyp am Pylorus, mit Verengerung des Ausgangs.

Vergleichende Beurteilung. Das Röntgenbild zeigt in den mittleren und basalen Teilen des rechten Lungenfeldes die für indurierend-zirrhotische Vorgänge charakteristischen Schattenbildungen. Anatomisch entsprechen diese Schattenbildungen nicht vorwiegend hyalinisiertem und zirrhotisch geschrumpftem Lungengewebe, vielmehr sieht man in den verschiedenen Schnitten von dichtem, fibrösem Gewebe umgebene verkäste Herdbildungen, die vorwiegend aus produktivem Gewebe hervorgegangen sind. Die Tendenz zur Ausheilung bzw. fibrösen Umwandlung des produktiven Gewebes steht im Vordergrund anatomischen Geschehens. Die fibrös abgekapselten Herde zeigen jedoch im Zentrum wie in verschiedenen Schnitten sichtbar ist, deutliche Verkäsung. Zwischen den fibrös abgekapselten, zentral verkästen Herdbildungen findet sich überall emphysematös verändertes Lungengewebe, wie es sonst zwischen indurierend-zirrhotischen Herdbildungen in ausgeprägter Weise beobachtet wird. So finden sich auch auf dem Röntgenbilde zwischen den großen fleckigen Schattenbildungen zahlreiche aufgehellte Stellen, die durch vikariierendes Emphysem bedingt sind. In den oberen rechtsseitigen Lungenteilen besteht mehr oder weniger ausgeprägte diffuse Induration, die röntgenologisch in Gestalt der diffusen Verschattung der oberen und seitlichen Teile des rechten Lungenfeldes in die Erscheinung tritt. Innerhalb dieser diffusen Verschattung liegen die beschriebenen, nicht sehr scharf umrandeten, etwas helleren Stellen und diese entsprechen dem rückwärts gelegenen, vorne von fibrös umgewandeltem Lungengewebe überdeckten Höhlensystem (2. und 3. Schnitt). Eine im 2. Schnitt gut dargestellte kleine Höhle in den medialen und basalen Teilen der rechten Lunge ist auch auf dem Röntgenbilde als unregelmäßig gestaltete, von streifiger Schattenbildung umrandete, etwas aufgehellte Stelle erkennbar. In der Umgebung jener eben merklichen Aufhellung besteht diffuse Verschattung und diese entspricht dem in der Umgebung der Höhle liegenden indurativ verdickten Lungengewebe.

In den oberen Teilen des linken Lungenfeldes entsprechen die hier sichtbaren vereinzelten Herdschatten den in den verschiedenen Schnitten zur Darstellung kommenden azinös-nodösen und nodös-indurierenden Herdbildungen. Im 3. Schnitt ist die röntgenologisch gut erkennbare Spitzenkaverne zu sehen. Das hochgradige Emphysem der Lunge, besonders im 1. Schnitt, ist gut sichtbar; im Röntgenbilde erkennt man es an der starken Aufhellung der mittleren und unteren Lungenfeldteile und an der deutlichen Gefäßzeichnung. Die ausgedehnte rechtsseitige Pleuraobliteration bedingt die auch im Röntgenbilde an der stärkeren Neigung der Rippen und an der Abflachung der Brustkorbbegrenzung erkennbare Schrumpfung der rechten Thoraxseite. Im Zusammenhang mit dem hochgradigen Lungenemphysem ist wohl auch die Erweiterung der Pulmonalarterie zu verstehen; im Röntgenbilde kommt diese in der stärkeren Ausbuchtung des Pulmonalbogens zum Ausdruck.

Fall 29.   **Bild 126—129.**

Zirrhotische Phthise der kranialen Teile beider Lungen mit Kavernen. Indurierend-zirrhotische Herdbildungen in den mittleren und basalen Teilen der rechten Lunge. Emphysem in den mittleren Teilen der rechten und in den mittleren und basalen Teilen der linken Lunge. Pleuraobliteration mit Thoraxschrumpfung rechts.

Aus der Krankengeschichte. B. M., 30 Jahre, w. Beginn der Erkrankung 1910, mehrfache Heilstättenbehandlung und auch klinische Behandlung im Jahre 1913 und 1916. Letzte klinische Beobachtung vom 13. März 1917 bis 8. August 1917. Temperatur während der letzten Beobachtungszeit unregelmäßig, wochenlang normal, dann Steigerung bis 39 °, zuletzt remittierendes Fieber.

Physikalischer Befund zur Zeit der Röntgenaufnahme: Links vorne Schallverkürzung bis 3. Rippe, hinten bis 4. Brustwirbeldorn. Atemgeräusch vorne bronchial, hinten broncho-vesikulär. Reichlich mittelgroßblasige klingende Rasselgeräusche. Rechts Dämpfung vorne bis 3. Rippe, hinten bis 5. Brustwirbeldorn. Atmungsgeräusch broncho-vesikulär. Rechts über gedämpftem Bezirk reichliche fein- und mittelblasige Rasselgeräusche. Auswurf enthält reichlich Tuberkelbazillen und elastische Fasern. In den letzten Wochen bei hohem Fieber pneumonische Erscheinungen. Gestorben 9. 8. 17.

Röntgenbefund. (R.-A. 311/17.) Die Rippen verlaufen rechts oben etwas steiler   Bild 126 als links, wodurch die Thoraxbegrenzung rechts oben etwas abgeflacht erscheint.

Das rechte Spitzenfeld ist im medialen Teil diffus verschattet. Seitlich besteht eine deutlich aufgehellte Zone, die nach dem Thoraxrande hin wieder leicht getrübt erscheint. Unterhalb der aufgehellten Zone sieht man unregelmäßig gestaltete, verwaschene, ineinander übergehende Verschattungen, die seitlich bis zur Höhe der 3. Rippe, vorne bis zur 5. Rippe reichen. Das Mittelfeld ist im ganzen stark aufgehellt und läßt vereinzelte kleinere und größere herd- und streifenförmige Schattenbildungen erkennen. Nach unten hin schließen sich einige große Schattenbildungen an, die derart aneinander gelagert sind, daß sie wie vertikalverlaufende, unregelmäßig umrandete, bandartige Schattenbildungen wirken. So sieht man seitlich vom Herzrande eine bandförmige, unregelmäßig gestaltete Verschattung zum Zwerchfell hin verlaufen; besonders deutlich aber tritt eine Verschattung zutage, die sich aus verwaschenen, fleckigen Schattenbildungen zusammensetzt und von der Mitte des rechten Mittelfeldes herab bis zum Zwerchfell reicht. Die zwischen diesen Verschattungen liegenden Teile des unteren Lungenfeldes sind stark aufgehellt. Der rechte Zwerchfellrippenwinkel ist diffus verschattet. Die Zwerchfellbegrenzung ist rechts nicht erkennbar.

Links ist der mediale Teil des Spitzenfeldes diffus verschattet, der seitliche Teil aufgehellt. Weiter herab sieht man eine gleichmäßige Verschattung zwischen 1. und 2. Rippe und außerdem eine größere Anzahl von unscharf begrenzten Herdschatten mit eingelagerten, sehr dichten Schattenbildungen liegen. Im linken Hilusgebiet ist eine sehr dichte Schattenbildung von elliptischer Gestalt sichtbar, die vielleicht einem Lymphknotenpaket entspricht. An der unteren Begrenzung der beschriebenen diffusen Verschattung liegen im Mittelfeld noch einzelne unregelmäßig gestaltete Herde von mittlerer Dichtigkeit. Die übrigen Teile des linken Lungenfeldes sind stark aufgehellt. Links ist das Zwerchfell scharf begrenzt.

Zusammenfassung. Über das obere Drittel beider Lungen ausgebreitete diffuse, zirrhotische Phthise mit ausgedehnten Höhlenbildungen. Zahlreiche dicht stehende indurierende Herdbildungen in den basalen Teilen der rechten Lunge. Starkes Emphysem der beiden unteren Drittel der linken Lunge. Rechtsseitige Pleuraobliteration mit sekundärer geringer Thoraxschrumpfung.

Anatomischer Befund. (S.-Nr. 303/17. Zeitintervall: 1 Monat, 6 Tage.) Nach Abnahme der vorderen Brustwand:

Bild 127   Beide Brusthöhlen völlig obliteriert; die Lungen sind nur links unten und seitlich gegen das Zwerchfell frei beweglich. Im Gebiet des linken Oberteils und des rechten Unterteils sowie gegen das Zwerchfell zu besonders starke Schwartenbildung. Herzbeutel beiderseits mit den Pleuren fest verlötet.

Bild 128   1. Schnitt:

Man sieht in den rechten Vorhof; daneben liegt das hintere Segel der Trikuspidalis und der hinterste Teil der rechten Kammer. Seitlich davon die linke Kammer schräg eröffnet und darüber die aufsteigende Aorta. Daneben die weite Pulmonalarterie (enthält Kruor). Über dem rechten Vorhof die aufsteigende Kava.

Der linke Oberlappen erscheint stark geschrumpft. Er enthält im Mittelfeld eine bohnengroße Kaverne; daneben einige kleinere; sie sind umgeben von völlig luftleerem induriertem Gewebe. Nach oben davon, über der Pulmonalarterie emphysematöses Lungengewebe. Im Unterfeld einige kleinere nodöse Herde, sonst normales Lungengewebe.

Rechts besteht ebenfalls starke Schrumpfung des Oberlappens. Er enthält rechts der Kava eine Kaverne. Kaudalwärts im Mittel- und Unterteil azinös-nodöse, zur Induration neigende Herde. Ganz außen unten besteht besonders starke Induration des Lungengewebes in Verbindung mit der Pleuraschwarte. Mehrfach findet sich zwischen induriertem Gewebe umschriebenes Emphysem (im Bild dunkel gehalten).

(Weiter dorsalwärts: Im linken Oberteil exsudativ-käsige Herdbildungen; in Höhe der 3. Rippe Beginn der Kaverne des 2. Schnittes, im rechten Oberfeld zahlreiche Kavernen. Im rechten Unterteil paravertebrale Schwartenbildungen und indurierte Herde.)

Bild 129   2. Schnitt:

Der Schnitt liegt dorsalwärts von der Teilungsstelle der Trachea. Neben der Trachea, welche erhalten wurde (Blick mit e i n e m Auge), der Ösophagus. Im Winkel der Bifurkation stark geschwollene Lymphknoten ohne Zeichen von Verkäsung.

Beide Oberteile zeigen größere, von Balken durchzogene Kavernen. Diese sind umgeben von äußerst derbem, induriertem Gewebe. Hie und da sieht man noch kleine, mit Käse gefüllte, in Bildung begriffene Kavernen. Im linken Mittel- und Unterteil (linker Unterlappen) nur ganz geringe Knötchenbildung, im wesentlichen normales Lungengewebe.

Rechts im Mittelteil lobulär-käsige und indurierte Herde, im Unterteil besonders paravertebral das gleiche mit Kavernenbildung. Hervorzuheben ist ein parallel dem äußeren Rippenrand verlaufender, völlig indurierter Streifen von Lungengewebe, welcher durch einen fingerbreiten Streifen von, mit azinös-produktiven Herdchen durchsetztem, sonst normalem Lungengewebe von der äußeren Brustwand getrennt ist. Dieser indurierte Streifen reicht fast bis zur Hilushöhe (siehe vergl. Beurteilung).

Diagnose. Zirrhotische Phthise beider Lungen. Ausgedehnte Kavernenbildung in beiden Oberlappen, mit starker Schrumpfung der Lappen. Lobulär-käsige und indurierte Herde der anderen Lappen. Starke Schwellung der Hiluslymphknoten. Totale Obliteration der rechten, partielle der linken Brusthöhle, mit ausgedehnten Schwartenbildungen. Weite Pulmonalarterie.

Vereinzelte phthisische Geschwüre des Dickdarms.

Vergleichende Beurteilung. Aus der in den anatomischen Schnitten gut erkennbaren diffusen Induration der beiderseitigen oberen Lungenteile erklärt sich die diffuse Verschattung der oberen Teile beider Lungenfelder. Nur an einzelnen Stellen sind stärkere herdförmige Verdichtungen erkennbar, die den in den anatomischen Schnitten sichtbaren verkästen Herden entsprechen. Die leichte Aufhellung in den Spitzenteilen beiderseits ist durch die dorsalwärts gelegenen Höhlenbildungen bedingt. Diese sind jedoch, wie auf Schnitt 2 zu sehen ist, erheblich größer als nach dem Röntgenbilde anzunehmen wäre. Es sind nur die obersten Teile der Kaverne auf dem Röntgenbilde sichtbar, während die mehr unten liegenden Abschnitte nach vorne von induriertem luftleerem Lungengewebe überlagert sind und deshalb nicht als aufgehellte Zone sich bemerkbar machen. Die in den basalen Teilen des rechten Lungenfeldes sichtbaren diffusen bandartigen Schattenbildungen erklären sich, wie die anatomischen Schnitte zeigen, aus den indurativen Vorgängen der basalen Lungenteile. Auf Schnitt 1 ist besonders gut zu sehen, wie zwischen zwei streifenförmigen Indurationen emphysematös veränderte Lunge liegt. Diese streifenförmigen Indurationen entsprechen den beschriebenen streifenförmigen Schatten des Röntgenbildes. Das dazwischen liegende Emphysem ist auf diesem als fleckig aufgehellte Zone zwischen dem streifenförmigen Schatten sichtbar. Die seitliche Induration setzt sich in die basalen und seitlichen Teile des Unterlappens fort. Auf diese Weise entsteht die dichte diffuse Verschattung im rechtsseitigen Zwerchfellrippenwinkel. Das Zwerchfell differenziert sich rechts nicht auf dem Röntgenbilde infolge der in den tiefstgelegenen Lungenteilen ausgebreiteten indurativen Veränderungen. Auch die flächenförmige Verwachsung des Zwerchfells kommt röntgenologisch deshalb nicht zur Darstellung, weil sich die in indurative Massen umgewandelten basalen Lungenteile nicht mehr an der Atmung beteiligen. Die ausgebreitete Pleuraobliteration in den oberen und mittleren Teilen rechts ist aus der stärkeren Neigung der Rippen zu erschließen. Starkes Emphysem der mittleren und basalen Teile der linken Lunge bedingen die gute Aufhellung der mittleren und unteren Teile des linken Lungenfeldes.

Fall 30. **Bild 130—134.**

Diffuse, indurierend-zirrhotische Phthise der ganzen rechten Lunge mit Höhlenbildungen in den oberen Teilen. Vorwiegend indurierend-zirrhotische Phthise der linken Lunge. Verkäste Herde zwischen den Indurationen. Schrumpfung der rechten Thoraxseite durch Pleuraobliteration.

Aus der Krankengeschichte. R. L., 55 Jahre, m. Beginn der Erkrankung etwa $^1/_2$ Jahr vor Aufnahme in die Klinik am 10. November 1917. In den ersten Wochen remittierendes Fieber zwischen 36,5 und 38°, später bis über 39°. Schon bei der Aufnahme schweres Krankheitsbild.

Physikalischer Befund: Rechts hinten oben und vorne geringe Schallverkürzung; von Höhe des 4. Brustwirbeldorns ab nach unten hin zunehmende Schallabschwächung mit tympanitischem Beiklang; auch vorne und seitlich relative Schallverkürzung unterhalb der 3. Rippe. Atmungsgeräusch hinten oben verschärft vesikulär, über den mittleren Teilen bronchial, über den basalen Teilen bronchovesikulär. Vorne oben verschärftes, weiter unten bronchovesikuläres Atmen. Zahlreiche mittel- und großblasige, meist

klingende Rasselgeräusche über den mittleren und basalen Teilen vorne und hinten. Links hinten oben
bis herab zum 6. Brustwirbeldorn voller Schall, weiter nach unten geringe Schallverkürzung mit Tympanie.
Hier nur vereinzelte fein- und mittelblasige Rasselgeräusche. Im Verlauf weiterer Beobachtung nimmt
die Dämpfung rechts hinten über den basalen Teilen zu, Bronchialatmen und mittel- und großblasige
klingende Rasselgeräusche sind über der gedämpften Zone hörbar. Auch links hinten oben bis 4. Brustwirbeldorn und vorne bis 2. Rippe besteht in den letzten Wochen starke Schallverkürzung mit Bronchialatmen und fein- und mittelgroßblasige Rasselgeräusche von klingendem Charakter. Auswurf reichlich,
eitrig, enthält massenhaft Bazillen und elastische Fasern. In den letzten Wochen starke Ödeme an den
Beinen. Urin enthält wenig Albumen und renales Sediment. Unter Erscheinungen von Kreislaufinsuffizienz tritt Tod am 8. Februar 1918 ein.

Bild 130   **Röntgenbefund der 1. Aufnahme.** (R.-A. 1303/17. — 13. 11. 1917.) Auf der rechten
Seite sind die Rippen stärker geneigt als links. Die rechtsseitige Thoraxbegrenzung
erscheint besonders oben seitlich im Vergleiche zu links abgeflacht, rechts unten seitlich besteht eine leichte Einziehung.

Der seitliche Teil des r e c h t e n Spitzenfeldes ist oberhalb des Schlüsselbeinschattens
gut aufgehellt. Die Aufhellung wird an der Innenseite begrenzt durch den Halsweichteil-
schatten; sie reicht bis zum Schlüsselbeinschatten herab. Unterhalb der Aufhellung
besteht in den oberen und seitlichen Teilen des rechten Lungenfeldes eine diffuse
Verschattung. In der Umgebung des Hilus sieht man innerhalb einer diffusen Verschattung einige bandförmige Aufhellungen, die im wesentlichen dem Verzweigungsgebiet der großen Bronchien entsprechen. Seitlich vom Hilus liegen zwei auffallend
helle, nicht scharf begrenzte Stellen innerhalb des sonst diffus getrübten Mittelfeldes.
Die restlichen Teile, und zwar die mittleren und unteren Teile des rechten Lungenfeldes sind diffus verschattet. Innerhalb dieser diffusen Verschattung sieht man
zahlreiche größere und kleinere, auffallend dichte Herdschatten liegen, die sich infolge ihrer Dichtigkeit wohl von der diffusen Verschattung abheben, aber keine scharfe
Umgrenzung zeigen. Diese Herdschatten nehmen an Zahl und Dichtigkeit nach
unten seitwärts ab, so daß im Bereiche des Zwerchfellrippenwinkels und in den
anschließenden Teilen des Lungenfeldes nur vereinzelte Herdschatten erkennbar sind,
innerhalb einer leicht diffusen Trübung. Unterhalb des rechten Hilus liegt eine besonders intensive, nicht scharf begrenzte bandförmige Schattenbildung, die durch
einen aufgehellten Streifen vom Gefäßherzrandschatten getrennt erscheint.

Die oberen Teile des l i n k e n Lungenfeldes sind gut aufgehellt und lassen keine
herdförmigen Schattenbildungen erkennen. Im linken Mittelfeld liegen eine Anzahl
kleiner dichter Herdschatten innerhalb diffuser Schattenbildungen. An einzelnen
Stellen sind diese sehr dichten, umschriebenen Herdschatten besonders zahlreich.
Die diese Herdschatten umgebenden diffusen Schattenbildungen fließen hier zu breiten,
vom Herzrand nach seitlich und unten sich erstreckenden, verwaschenen, bandartigen
Verschattungen zusammen. Im linken Hilusgebiet liegt eine große nicht sehr dichte
Schattenbildung (vergrößerte Lymphknoten).

Das Zwerchfell ist links, soweit erkennbar, scharf begrenzt. Rechts ist die Begrenzung bis zur Mitte gut erkennbar; die seitliche Hälfte erscheint verwaschen.

Das Herz ist nicht vergrößert.

Zusammenfassung. Über die mittleren und unteren Teile der rechten Lunge ausgebreitete exsudative und zirrhotische Phthise mit beginnender Zerfallserscheinung.
In den oberen Teilen vermutlich indurierte Herde. Indurierende und zirrhotische
Phthise in den mittleren und unteren Teilen der linken Lunge; zwischen diesen vermutlich auch exsudative Herdbildungen.

Röntgenbefund der 2. Aufnahme. (7. 2. 1918.) Die Schrumpfung der rechten Bild 131
Thoraxseite hat zugenommen. Die Rippen verlaufen jetzt deutlich steiler wie auf
der 1. Platte.

In den unteren Teilen des rechten Lungenfeldes besteht jetzt eine intensive
Verschattung, die gegen den Thoraxrand sich allmählich aufhellt. In den mittleren
und oberen Teilen des Lungenfeldes liegen eine Anzahl verwaschener fleckiger
Schattenbildungen und zwischen diesen fleckige Aufhellungen von unregelmäßiger
Gestalt (Kavernen). Die Aufhellung in den seitlichen Teilen des rechten Spitzenfeldes
ist jetzt in derselben Weise sichtbar wie auf der ersten Platte.

Im linken Spitzenfeld besteht eine ziemlich gleichmäßige, sehr dichte diffuse Verschattung. Oberhalb und seitlich vom Hilus sind in den oberen Teilen des Lungenfeldes
eine Anzahl verwaschener Herdschatten sichtbar. In den mittleren und unteren Teilen
des Lungenfeldes sieht man zahlreiche kleinere und größere, sehr dichte, teils gut
begrenzte, teilweise auch verwaschene Schattenbildungen innerhalb einer ausgedehnten diffusen Verschattung liegen. In der Umgebung der diffusen Verschattung
und auch zwischen den Herdbildungen sind aufgehellte Stellen (emphysematöse Lunge)
sichtbar. Die Aufhellungen treten besonders deutlich hervor in den seitlichen und
oberen Teilen des linken Lungenfeldes.

Zusammenfassung. Über die ganze rechte Lunge ausgebreitete diffuse zirrhotische
Phthise mit Höhlenbildungen in den oberen Teilen, lobulär konfluierend-exsudative
Vorgänge in den unteren Teilen. Lobulär-exsudative Phthise mit indurierend-zirrhotischen Herdbildungen der oberen und unteren Teile der linken Lunge. Im Vergleich zu der früheren Aufnahme hat der exsudative Prozeß der ganzen rechten Lunge
erheblich zugenommen, so daß jetzt ein exsudativ-käsiger pneumonischer Prozeß
der unteren Hälfte der rechten Lunge besteht. In den obersten Teilen der linken
Lunge besteht ein exsudativer konfluierender Prozeß; auch sind lobulär-exsudative
Herdbildungen in diesen Teilen der linken Lunge sichtbar. In den mittleren und
unteren Teilen der linken Lunge ist der indurierende zirrhotische Charakter der
Phthise im Vordergrunde, es scheinen aber auch hier exsudative Herde hinzugekommen zu sein.

Anatomischer Befund. (S.-Nr. 75/18. Zeitintervall: 3 Monate, 1 Tag.) Stark
gewölbter, glockenförmiger Thorax.

Beide Brusthöhlen überall fest verwachsen; rechts vorne und nach hinten oben, Bild 132
sowie links oben und vorne im Gebiet der 4.—6. Rippe besonders starke schwartige
Verwachsungen und Verdickungen der Pleuren. Die Lungenränder überlagern weitgehend den Herzbeutel, welcher in die Verwachsungen einbezogen ist.

1. Schnitt: Bild 133

Der rechte Vorhof weit eröffnet, darüber das rechte Herzohr, daneben die Ausflußbahn der rechten
Kammer mit der besonders weiten Pulmonalarterie. Die linke Kammer ist eben angeschnitten, der Muskel
schräg getroffen. Über dem Herzen die sehr weite Aorta eben eröffnet.

Im linken Oberfeld findet sich ein über walnußgroßer, derber, stark anthrakotischer Knoten, der seitlichen Brustwand angelehnt; sowohl diese als auch sämtliche
anderen, noch zu erwähnenden indurierten Knoten heben sich auf den Bildern nur
undeutlich als dunklere Herdbildungen ab. An der Grenze von Mittel- zum Unterfeld findet sich eine schräg von vorne unten nach hinten oben verlaufende, unter
walnußgroße Höhle, von wenigen Balken durchzogen, die Wand von in Organisation

befindlichem Fibrin bedeckt. Die untere und innere Begrenzung der Kaverne ist ebenfalls schwielig-anthrakotisches Gewebe. Sonst zeigt die Lunge sehr guten Luftgehalt, besonders starke Anthrakose, weite Gefäße.

Im rechten Oberfeld findet sich eine schräg nach hinten oben sich fortsetzende, kleinapfelgroße Höhle, nur schwach belegt, ebenfalls von induriertem Gewebe bzw. außen von Schwarte umschlossen. Weiter abwärts finden sich besonders dem Herzbeutel angelagert, dann aber auch im Unterlappen der seitlichen Pleura angelagert, derbe, z. T. anthrakotische Knoten. Die Knoten strahlen teilweise in straffen Zügen in die Umgebung aus.

Bild 134

2. Schnitt:

Der rechte Vorhof ist im hinteren Teil getroffen; die Valvula Eustachii stark ausgebildet, darüber der Limbus des Foramen ovale, nach aufwärts die Cava superior und die Einmündung der Vena azygos. Man sieht in den linken Vorhof; daneben findet sich die linke Kammer mit dem hinteren Segel der Mitralis; darüber die Teilung der Pulmonalarterie, der Aortenbogen und die weite Trachea.

Auch in diesem Schnitt im linken Mittel- und Unterfeld sowie im rechten Ober- und Unterfeld indurierte anthrakotische Knoten (auf dem Bild hell aussehend). Im rechten Oberfeld ist der hinterste Teil der Kaverne des 1. Schnitts getroffen.

Im linken Oberfeld (dunkel gefärbter Herd) und im rechten Unterfeld, hier von der seitlichen Brustwand bis zum Herzbeutel reichend, frische exsudative und verkäsende Infiltrationen des Lungengewebes zwischen älteren produktiven Herden (histologisch geprüft). Vor und seitlich der Trachea sowie in den Teilungsstellen der Bronchien hyalin-anthrakotische Lymphknoten.

(In weiteren, tieferliegenden Schnitten finden sich wiederum über sämtliche Lappen verteilt, indurierte Knoten. In sämtlichen Lappen der rechten Lunge kleinere bis walnußgroße Höhlen mit bröckliger, zerfallender Wand. Die exsudativen Prozesse des 2. Schnitts reichen an entsprechender Stelle weit nach hinten. Abgesehen von über die ganze Lunge verstreuten kleinsten, anthrakotisch-fibrösen Knötchen ist das Lungengewebe normal, jedoch hochgradig verrußt.)

Diagnose. (Azinös-nodöse) zirrhotische Phthise sämtlicher Lungenlappen; in Reinigung begriffene Kavernen beider Oberlappen, davon eine im linken Mittelfeld; in Zerfall befindliche kleinere Kavernen besonders der rechten Lunge. Frische exsudative Pneumonie der linken Spitze und im rechten Unterlappen. Hochgradige Anthrakose der Lungen (Phthisis atra), der Hilus- und paratrachealen Lymphknoten. Totale Obliteration beider Brusthöhlen mit Schwartenbildung, geringe Hypertrophie des rechten Herzens.

Vereinzelte lentikuläre Geschwüre des Dünndarms, mittelgroßer pigmentreicher Milztumor ohne Tuberkel, atherosklerotische Schrumpfnieren mit Übergreifen auf die Arteriolen, Stauungsatrophie der Leber.

Vergleichende Beurteilung. Die anatomische Beurteilung des Röntgenbildes ist in diesem Falle besonders schwer und teilweise vollkommen unmöglich. Diese Tatsache findet ihre Begründung darin, daß ausgedehnte, diffus-zirrhotische und lobulär bzw. lobär-exsudative Vorgänge, die beide stark Strahlen absorbierend wirken und dichte Verschattungen machen, regellos durcheinander in ein und derselben Lunge sich finden. So kommt es, daß in diesem Falle auf dem Röntgenbilde nicht die sonst für die indurierend-zirrhotischen Herde charakteristischen Schattenbildungen mit dazwischen gelagerten Aufhellungen im Röntgenbilde zu sehen sind. Rechts besteht in den mittleren und basalen Teilen eine diffuse Zirrhose und in diesen Teilen sind, wie die Schnitte zeigen, ausgedehnte, lobulär-exsudative Herdbildungen jüngeren Datums vorhanden. Es ist also in den basalen Teilen kaum mehr lufthaltiges Lungengewebe enthalten und so entsteht die dichte Verschattung der basalen Teile, die keine Differenzierung zuläßt. In den kranialen Teilen sind Herdbildungen erkennbar, die als indurierend-zirrhotische Herde gedeutet werden können. Die in den verschiedenen Schnitten sichtbaren, in den kranialen Teilen gelegenen Höhlenbildungen sind aus dem Röntgenbilde nur in geringem Umfange zu erschließen. Diese Tatsache erklärt sich daraus, daß die Höhlenbildungen vorne und hinten von induriertem luftleerem Gewebe umgeben sind. Rechts erschwert die Beurteilung noch die durch ausgedehnte Pleuraobliteration bedingte starke Schrumpfung der rechten Thoraxseite, die röntgenologisch in der auffallend starken Neigung der rechtsseitigen Thoraxbegrenzung ihren Ausdruck findet. Die aufgehellte Zone im rechtsseitigen Spitzenfeld erweckt den Eindruck einer Höhlenbildung. Anatomisch liegt in der Tat auch, wie die Schnitte zeigen, innerhalb der Lungenspitze eine kleinapfelgroße Höhle. Diese entspricht aber nach Form und Ausdehnung nicht der beschriebenen Aufhellung, die seitlich vom Schatten der 2. Rippe, unten vom Schlüsselbeinschatten und medianwärts von einem breiten, dichten Schattenband begrenzt wird. Es fehlt hier die sonst für Kaverne charakteristische, mehr oder weniger deutliche Umgrenzung durch ein zirkuläres Schattenband. Auf dem Röntgenbilde wäre auch die im linken Spitzenfeld sichtbare aufgehellte Zone als Höhlenbildung anzusprechen. Die seitliche Umgrenzung durch Knochenschatten (2. Rippe—Schlüsselbein) erschwert jedoch die Beurteilung. Die basalen Teile der linken Lunge enthalten in den anatomischen Schnitten diffuse Zirrhose und frische exsudative Vorgänge nebeneinander und durcheinander. Deshalb sind die ausgedehnten Schattenbildungen in den basalen Teilen des linken Lungenfeldes auch kaum differenzierbar. Deutlich treten die indurierend-zirrhotischen Herde in den mittleren Teilen der linken Lunge zutage, auch der exsudativ-käsige Prozeß in den oberen Teilen der Lunge tritt als dichte Verschattung in die Erscheinung. Die breite, eine Höhlenbildung umschließende Schwartenbildung in den basalen Teilen der linken Lunge läßt sich auf dem Röntgenbilde in Gestalt streifenförmiger Schatten gut nachweisen, während die Höhlenbildung selbst kaum erkennbar ist, und zwar deshalb, weil sie eine geringe Tiefenausdehnung hat und vorne und hinten von indurierendem Lungengewebe überlagert erscheint.

Fall 31.   **Bild 135—137.**

Über beide Lungen ausgebreitete, vorwiegend lobulär-exsudative bzw. exsudativ-käsige Phthise. In den oberen Teilen beiderseits auch indurative Veränderungen. Kavernensystem in den oberen Teilen der linken Lunge. Kaverne in den Spitzenteilen rechts. Pleuraschwarte und Schrumpfung links oben.

Aus der Krankengeschichte. Sch. E., 35 Jahre, m. Als Kind Lungenentzündung gehabt. Das jetzt bestehende Lungenleiden begann vor ca. 7 Jahren mit Husten und Auswurf, mehrfache Heilstättenbehandlung im Lauf der letzten Jahre. In der Zwischenzeit immer wieder längere Zeit arbeitsfähig gewesen. In den letzten Wochen sehr viel Husten, starke Gewichtsabnahme, allgemeine Schwäche, deshalb Aufnahme in Klinik am 8. Januar 1918.

Physikalischer Befund zur Zeit der Röntgenaufnahme: Rechts hinten oben starke Schallverkürzung mit Tympanie bis zur Höhe des 5. Brustwirbeldorns, weiter herab bis 7. Brustwirbeldorn geringe Schallabschwächung und über den untersten Teilen übervoller Schall. Vorne relative Schallverkürzung mit Tympanie bis 3. Rippe, weiter herab übervoller Schall. Atmungsgeräusch rechts hinten bis 5. Brustwirbeldorn bronchovesikulär mit fein- und mittelblasigem Rasseln, weiter unten verschärftes Atmen mit verlängertem Exspirium und bronchitischen Geräuschen. Vorne oberhalb des Schlüsselbeins Bronchialatmen, unterhalb bronchovesikulär bis 3. Rippe, von da weiter herab verschärft. Vorne oben vereinzelte klingende mittelblasige Rasselgeräusche, weiter unten bronchitische Geräusche. Links hinten oben starke Schallverkürzung mit etwas tympanitischem Beiklang bis 4. Brustwirbeldorn, weiter herab bis 6. Brustwirbeldorn geringe Verkürzung, dann übervoller Schall. Vorne Schallverkürzung mit starker Tympanie bis 3. Rippe, unterhalb dieser übervoller Schall. Atmungsgeräusch hinten oben bis 3. Brustwirbeldorn, vorne bis 3. Rippe bronchial und großblasige klingende Rasselgeräusche. Hinten bis 6. Brustwirbeldorn Bronchovesikuläratmen dann verschärft. Vorne verschärftes Atmen mit verlängertem Exspirium unterhalb der 3. Rippe. Hinten unterhalb des 3. Brustwirbeldorns reichlich fein- und mittelblasiges Rasseln, ebenso vorne unterhalb der 3. Rippe in den basalen Teilen verschärftes Atmen mit verlängertem Exspirium.

Sehr hohes remittierendes Fieber zwischen 37 und 40⁰. Auswurf eitrig, geballt, enthält reichlich Bazillen. Zunehmender Kräfteverfall. Gestorben 26. Januar 1918.

Bild 135   **Röntgenbefund.** (R.-A. 28/18.) In den seitlichen Teilen des linken Spitzenfeldes besteht eine nach oben und medianwärts gut umrandete aufgehellte Stelle; diese reicht ein wenig unterhalb des Schlüsselbeinschattens herab. Oberhalb der Aufhellung zeigt das Spitzenfeld eine verwaschene Verschattung. Medianwärts und unterhalb der aufgehellten Zone besteht eine sehr dichte verwaschene Schattenbildung, die bis an den Gefäßbandschatten heranreicht. In den mittleren und auch in den unteren Teilen des linken Lungenfeldes sieht man größere und kleinere verwaschene fleckige Schattenbildungen. Da und dort sind innerhalb dieser fleckigen Schattenbildungen dichtere Schattenzentren sichtbar. In den seitlichen und oberen Teilen des Lungenfeldes besteht entlang dem Thoraxrande eine verwaschene Verschattung. Diese zeigt unmittelbar unterhalb des Schlüsselbeinschattens eine geringgradige Aufhellung, die nach unten gut begrenzt erscheint (Kaverne). Die unteren und seitlichen Teile des Lungenfeldes sind frei von Herderscheinungen. Die linksseitige Zwerchfellbegrenzung ist gut erkennbar. Man sieht unterhalb des bogenförmig verlaufenden Zwerchfellschattenbandes innerhalb der Magen-Darmaufhellung etwa von der Mitte an nach der Seite hin ein sich verschmälerndes dichtes Schattenband verlaufen (Induration oder Schwartenbildung).

Im rechten Spitzenfeld besteht eine stark aufgehellte Stelle, die medianwärts und seitlich begrenzt ist durch eine breite dichte bandförmige Schattenbildung. Diese letzte geht nach unten hin über in eine verwaschene Verschattung, die den obersten Teil des rechtsseitigen Lungenfeldes bis nahe zur 2. Rippe hin einnimmt. Eine besonders dichte Verschattung besteht im rechtsseitigen Hilusgebiet. Seitlich von diesem sieht man in den oberen und mittleren Teilen des rechten Lungenfeldes größere und kleinere fleckige, verwaschene Schattenbildungen. Ebensolche sind in unregelmäßiger Anordnung auch in den mittleren und in den medial gelegenen unteren Teilen des rechtsseitigen Lungenfeldes sichtbar. Nur die seitlichen Teile des rechten Lungenfeldes zwischen Zwerchfell und Thoraxrand sind relativ frei von Herderscheinungen. Oben und seitlich liegen die Schattenbildungen in der Nähe des Thoraxrandes derart, daß sie hier eine ineinander überfließende verwaschene Verschattung darstellen. Die seitlichen Teile des rechten Zwerchfells sind scharf begrenzt.

Zusammenfassung. Über die oberen und mittleren und teilweise auch über die unteren Teile der linken Lunge ausgebreitete, vorwiegend exsudativ-käsige Phthise.

Große Zerfallshöhlen in den oberen und seitlichen Teilen der linken Lunge. Nahezu über die ganze rechte Lunge ausgebreitete, vorwiegend lobulär-exsudative bzw. lobulär-käsige Phthise mit Zerfallshöhle in den Spitzenteilen.

Anatomischer Befund. (S.-Nr. 51/18. Zeitintervall: 16 Tage.) Ziemlich großer, breiter, flacher Thorax. Über beiden Oberlappen feste schwartige Obliteration der Brusthöhle; mit dem linken Zwerchfell bindegewebige Obliteration; sonst Brusthöhle frei. Die Lungen überlagern ziemlich weit den Herzbeutel. Das Herz sehr groß, rechts erweitert; Muskulatur der rechten Kammer etwas hypertrophiert; die Pulmonalarterie ist sehr weit.

1. Schnitt: Bild 136

Der rechte Vorhof und die Hinterwand der rechten Kammer mit der Trikuspidalis liegen vor; die Valvula Eustachii ist stark ausgebildet. Die linke Kammer ist schräg eröffnet; über der linken Kammer die sehr weite Pulmonalarterie; gegen die Lunge zu das eröffnete linke Herzrohr, unter diesem die linke Koronararterie und -vene. Neben der Pulmonalarterie die eröffnete Aorta, oben die Venae anonymae.

Die linke Brustseite ist verschmälert. In sämtlichen Teilen finden sich lobulär-käsige Herde mit Neigung zum Zerfall; oben auch Induration. Das lufthaltige Lungengewebe zwischen diesen Herden zeigt besonders starke Blähung (Emphysem).

Rechts finden sich in sämtlichen Teilen ausgedehnte lobulär-käsige Herdbildungen in starker Konfluenz, oft durchsetzt von fibrösem Gewebe, z. T. auch noch frische exsudative Prozesse. Nur noch wenig lufthaltiges Gewebe.

2. Schnitt: Bild 137

Man sieht die Einmündung der Lungenvenen in den linken Vorhof, darüber die Trachea mit der Teilung; über dem linken Hauptbronchus die Pulmonalarterie und der Aortenbogen, über dem rechten die Pulmonalarterie und die Vena azygos.

Die linke Lunge ist in toto geschrumpft, besonders im Gebiet des Oberlappens; dieser enthält nur noch wenig lufthaltiges Gewebe. In der Spitze und seitlich in Höhe der 4. Rippe finden sich Höhlen; einige kleinere an anderen Stellen. Sonst ist das Lungengewebe fast völlig verödet, induriert, fibrös. Die Pleura zeigt hier besonders starke Schwartenbildung. Der Unterlappen enthält vereinzelte lobulär-käsige Herdbildungen, besonders eine solche dem Zwerchfell seitlich aufsitzend; im übrigen ist das Lungengewebe stark emphysematös.

In der rechten Spitze befindet sich eine walnußgroße Höhle; medial- und kaudalwärts davon, ausgedehnt konfluierende, lobuläre exsudativ-käsige Prozesse und kleine Zerfallshöhlen, im Unterlappen zahlreiche konfluierende lobulär-käsige Herde, vermischt mit vereinzelten azinös-nodösen, auch indurierten Herdchen.

Im Winkel der Bifurkation, an der Teilung der größeren Bronchien und über der rechten Lungenarterie entlang der Trachea geschwollene, z. T. indurierte Lymphknoten.

Diagnose. Lobulär-käsige Phthise, besonders der rechten Lunge. Kavernen in beiden Oberlappen. Induration und starke Schrumpfung des linken Oberlappens. Zur Abkapselung neigende und indurierte Herdbildungen in beiden Lungen. Starkes Emphysem der Lungen. Schwellung und starke Anthrakose der Hilus- und rechtsseitigen paratrachealen Lymphknoten. Schwartenbildung mit Obliteration beider Oberlappen, bindegewebige Obliteration des linken Zwerchfells.

Kleine phthisische Geschwüre im Mastdarm; ältere in Ausheilung begriffene Geschwüre in Zökum und Kolon mit polypösen Wucherungen der Schleimhaut. Frische submiliare Tuberkel der Milz, Leber. Atrophie der Nebennierenrinden mit starkem Fettschwund. Nierenzysten.

Vergleichende Beurteilung. Der in allen anatomischen Schnitten zum Ausdruck kommende vorwiegend exsudativ-käsige Charakter des Krankheitsprozesses ist im Röntgenbilde zu erschließen aus den fleckigen, verwaschenen und ineinander überfließenden Schattenbildungen, die in den oberen und mittleren Teilen beider Lungenfelder sich vorfinden. Das Kavernensystem in den oberen und seitlichen Teilen der linken Lunge ist im Röntgenbilde an den gut umrandeten fleckig aufgehellten Stellen gut zu erkennen. Besonders deutlich ausgeprägt ist der obere Teil des Kavernensystems, und zwar deshalb, weil dieses hier den größten Tiefendurchmesser hat und nicht so dicht umlagert ist von verkästem und fibrös-induriertem Gewebe wie der untere Teil des Höhlensystems. Dieser kommt deshalb auch erst in den letzten, nicht mehr abgebildeten Schnitten zur Darstellung. Eine Analyse der medianwärts von den Höhlenbildungen gelegenen ineinander überfließenden Verschattungen ist nicht möglich; sie sind, wie die anatomischen Schnitte zeigen, größtenteils bedingt durch Verkäsungsvorgänge, zum Teil aber auch durch fibröses, induriertes und luftleer gewordenes Lungengewebe.

Auch rechts werden die in den oberen Teilen des Lungenfeldes sichtbaren verwaschenen, ineinander überfließenden Verschattungen zum Teil durch lobulär-käsige Herde und weiterhin durch induriertes und luftleeres Lungengewebe bedingt. Die rechtsseitige Spitzenkaverne ist auf dem Röntgenbilde viel deutlicher ausgeprägt als das linksseitige Kavernensystem, trotzdem der Tiefendurchmesser der obersten Kavernenteile annähernd der gleiche ist.

Die Verschattung der linksseitigen Kavernenaufhellung wird nicht nur durch überlagerndes Lungengewebe, sondern auch durch schwartige Veränderungen der Pleura bedingt. Es besteht links in den oberen Teilen eine dichte Pleuraschwartenbildung, von der die oberen Teile der Lunge allseitig umgeben werden. Infolge der Schwartenbildung ist die linke Thoraxseite geschrumpft und eingesunken; es kommt dies auch im Röntgenbilde in der stärkeren Neigung der Rippen und in der Abflachung der Thoraxbegrenzung zum Ausdruck. Der unterhalb der linken Zwerchfellbegrenzung liegende streifenförmige Schatten wird durch eine Zwerchfellpleuraschwarte bedingt. Im ersten anatomischen Schnitt finden sich in den basalen Teilen frische käsige Veränderungen. Diese sind rechts erst in den letzten Tagen entstanden und sind deshalb auf dem Röntgenbilde, das 16 Tage vor dem Tode gemacht ist, noch nicht zu sehen.

Fall 32.   **Bild 138—140.**

Lobär-exsudative Phthise (käsige Pneumonie) der ganzen linken Lunge. Große Höhlenbildung in den oberen Teilen. Vereinzelte lobulär-exsudative Herde in den oberen und mittleren Teilen der rechten Lunge. Emphysem der rechten Lunge. Schrumpfung links infolge Pleuraobliteration.

Aus der Krankengeschichte. G. W., 17 Jahre, w. Soll erst 4 Wochen vor Eintritt in die Klinik erkrankt sein. Verlauf: Schweres Krankheitsbild mit dauernd remittierend hektischem Fieber, 37—40°. Linke Brustseite nimmt kaum an der Atmung teil, ist deutlich abgeflacht.

Über der ganzen linken Seite relative Schallverkürzung mit leichter Tympanie. Atmungsgeräusch oben fast bronchial, sonst überall vesiko-bronchial mit zahlreichen mittelblasigen klingenden
Rasselgeräuschen. Rechts hinten oben geringe Schallverkürzung mit Tympanie, in den übrigen Teilen
übervoller Schall. Rechts vorne und hinten vesiko-bronchiales Atmen, über dem gedämpften Bezirk
reichlich mittelblasiges Rasseln. Durchfälle und Erscheinungen von Darmphthise. Gestorben 13. 7. 1917.

Röntgenbefund. (R.-A. 714/17.) Das linke Lungenfeld erscheint kleiner als das   Bild 138
rechte. Die Wirbelsäule zeigt eine geringe Linksverbiegung. Zum Teil sind diese
Erscheinungen veranlaßt durch Schräglage der Patientin an der Platte.

In den mittleren und unteren Teilen des linken Lungenfeldes finden sich zahl-
reiche kleine und große, fleckige, unscharf begrenzte, vielfach ineinander überfließende
Verdichtungsschatten. Am dichtesten sind diese Schattenbildungen in den unteren
Teilen des Lungenfeldes angeordnet. Hier stellen sie eine, den untersten Teil des
Lungenfeldes einnehmende, ziemlich gleichmäßige Verschattung dar. Zwischen den
beschriebenen Schattenbildungen sieht man in den mittleren Teilen des Lungen-
feldes an verschiedenen Stellen größere und kleinere Aufhellungen liegen, die wohl
Höhlenbildungen entsprechen. In den seitlichen und oberen Teilen des linken
Lungenfeldes liegt eine elliptisch gestaltete, starke Aufhellung, die gut umgrenzt
erscheint und seitlich bis an den Thoraxrand heranreicht. Das untere Ende der
Aufhellung liegt seitlich in der Höhe der 3. Rippe. Entlang der medialen Begrenzung dieser Aufhellung liegen fleckige, verwaschene, ineinander überfließende
Herdschatten. Innerhalb der Aufhellung sieht man an verschiedenen Stellen ver-
waschene, fleckige und bandförmige Schattenbildungen.

Die linksseitige Herzgefäßkontur ist nicht erkennbar, weil die beschriebenen,
verwaschenen Schattenbildungen dicht an sie heranreichen.

Im rechten Spitzenfeld und in den angrenzenden Teilen des Lungenfeldes
sind in der Höhe des Schlüsselbeinschattens einige verwaschene, ineinander überfließende Herdbildungen sichtbar. Der mediale Teil des rechten Spitzenfeldes ist
gleichmäßig verschattet. Seitlich und unterhalb des rechten Hilusgebietes liegen eine
Anzahl fleckiger, verwaschener Schattenbildungen nahe beieinander. Mehrfach finden
sich innerhalb der fleckigen Schatten dichte Schattenzentren. Rechts unten seitlich
liegen einige kleine, unregelmäßig gestaltete, gut begrenzte Verdichtungsschatten.
Die basalen Teile des rechten Lungenfeldes erscheinen stark aufgehellt infolge
Emphysems.

Die rechte Zwerchfellhälfte ist scharf begrenzt. Der rechte Zwerchfellrippenwinkel gut aufgehellt. Die linke Zwerchfellbegrenzung ist nicht erkennbar.

Zusammenfassung. Über die ganze linke Lunge ausgebreitete lobär-exsudative
Phthise mit zahlreichen Höhlenbildungen. Lobär-exsudative Vorgänge in den basalen
Teilen der linken Lunge. Vereinzelte lobulär-exsudative Herde in den oberen und
mittleren Teilen der rechten Lunge. Schrumpfung der linken Thoraxseite infolge
Pleuraobliteration.

Anatomischer Befund. (S.-Nr. 277/17. Zeitintervall: 15 Tage.) Die linke Thoraxseite ist etwas eingefallen; die linke Brusthöhle durch feste Verwachsungen völlig
obliteriert; über der rechten Spitze strangförmige Adhäsionen. Der Herzbeutel ist
mit dem linken Lungenfell fest verlötet.

(Ein ventraler Schnitt [nicht abgebildet] zeigt links sequestrierende lobäre
Pneumonie, rechts im wesentlichen normales Lungengewebe, nur einige kleine,
lobulär-käsige Herdbildungen.)

1. Schnitt:

Man sieht die Einmündungsstelle der Lungenvenen in den linken Vorhof, darüber die Teilungsstelle der Trachea. Schräg oberhalb der Trachea der Ösophagus. Links von Trachea und Ösophagus der Schlitz des Aortenbogens.

Die linke Lunge zeigt überhaupt kein normales Lungengewebe mehr, ist in sämtlichen Teilen fast gleichmäßig völlig verkäst. Die Käsemassen sind an den verschiedensten Stellen in den Bronchialbaum durchgebrochen, so daß sich das Bild einer vielfach kommunizierenden Kaverne ergibt; nirgends Abkapselungsprozesse.

Die rechte Lunge zeigt ebenfalls lobulär-käsige Herdbildungen, und zwar im Spitzenteil, im äußeren Teil des Mittelteils und in den seitlichen Abschnitten des Unterteils. Dazwischen frische exsudative Herdbildungen, welche noch nicht verkäst sind.

(Die Abhebung der rechten Lunge von der Pleura parietalis und ihre Schrumpfung ist wahrscheinlich durch mangelhafte Fixierung entstanden; ein Exsudat hat nicht bestanden.)

Die Lymphknoten an den Teilungsstellen des linken Hauptbronchus zeigen das Bild mäßiger Schwellung und zum Teil ausgesprochene Verkäsung. Über dem rechten Hauptbronchus findet sich ein völlig verkäster, schon in Verkreidung übergehender (auf dem Bild sehr deutlich erkennbarer) Lymphknoten.

2. Schnitt:

Vor der Wirbelsäule ist ungefähr in Höhe des 4. und 7. bis 8. Brustwirbels die Brustaorta angeschnitten. Rechts davon sieht man etwas weiter oben die Vena azygos.

Die linke Lunge zeigt in sämtlichen Teilen, der seitlichen Brustwand angelegt, große Kavernen. Das noch vorhandene Lungengewebe ist, wie im 2. Schnitt, fast gleichmäßig völlig verkäst.

Die rechte Lunge zeigt im Oberteil völlige Verkäsung in ganzer Breite, ebenfalls mit beginnender Kavernenbildung. Im Mittelteil findet sich in Höhe der Bifurkation ein größerer verkäster Herd; kleinere Herde im Unterteil.

Diagnose. Sequestrierende käsige Pneumonie mit ausgedehnter Kavernenbildung links, lobulär-käsige Herdbildungen im rechten Ober- und Mittellappen, vereinzelt im Unterlappen. Geschwollene, zum Teil verkäste Hiluslymphknoten, rechts mit Verkalkung. Totale feste Obliteration der linken Brusthöhle; strangförmige Verwachsungen der rechten Spitze.

Phthisische Ulzerationen in Dünn- und Dickdarm, vereinzelte Tuberkel der Milz, keine Phthise des Kehlkopfs.

Vergleichende Beurteilung. Das Röntgenbild zeigt besonders in den mittleren Teilen des linken Lungenfeldes die typischen Erscheinungen einer lobulär-exsudativen Phthise; fleckige verwaschene Schattenbildungen fließen ineinander über. In den basalen Teilen entspricht die dichte gleichmäßige Verschattung dem größtenteils verkästen Unterlappen. Verkäsung und Zerfall haben in der Zeit zwischen Röntgenaufnahme und Tod wohl noch zugenommen. Aus der ausgedehnten Verkäsung der ganzen linken Lunge erklärt sich auch die Unmöglichkeit, die zahlreichen, in den mittleren und basalen Teilen sich befindenden Höhlenbildungen auf dem Röntgenbilde zu erkennen. Die Aufhellungen dieser Höhlenbildungen werden durch die vor und hinter ihnen gelegenen verkästen Massen ausgelöscht. Nur in den oberen und seitlichen Teilen des Lungenfeldes läßt sich aus der schräg oval gestalteten Aufhellung mit Sicherheit eine große Höhle feststellen. Der vorwiegende lobulär-exsudative Charakter des Krankheitsprozesses ist aus den Schattenbildungen des linken Lungenfeldes ohne weiteres zu erschließen. Rechts dagegen haben die in den oberen und mittleren Teilen des Lungenfeldes liegenden Schattenbildungen, und zwar die fleckigen Herdschatten mit dichten Schattenzentren eine gewisse Ähnlichkeit mit indurativ-zirrhotischen Vorgängen. In der Tat liegen aber auch hier, wie die anatomischen Schnitte zeigen, vorwiegend exsudativ-käsige Herdbildungen vor. Im Röntgenbilde tritt die durch Pleuraobliteration bedingte Schrumpfung der linken Thoraxseite deutlicher zutage als in den anatomischen Schnitten; diese zeigen, daß eine totale Obliteration der linken Brusthöhle vorliegt mit ausgedehnter Verwachsung und schwartiger Umwandlung der Zwerchfellpleura.

Fall 33.   Bild 141—143.

Lobär-käsige Phthise der ganzen linken Lunge mit ausgedehnten Zerfallshöhlen. Lobulär-exsudative und vereinzelte nodöse Herde in der rechten Lunge.

Aus der Krankengeschichte. St. J., 14 Jahre, m. Beginn der Erkrankung ca. 2 Monate vor Aufnahme in Klinik am 23. Juni 1917. Schweres Krankheitsbild, dauernd hohes remittierendes Fieber zwischen 37,5 und 40°. Im Auswurf immer reichlich Tuberkelbazillen und auch elastische Fasern.

Physikalischer Befund zur Zeit der Röntgenaufnahme: Linke Seite schleppt nach. Links hinten oben gedämpfter tympanitischer Schall bis 5. Brustwirbeldorn, von da an weiter herab relative Schallabschwächung, vorne gedämpfter tympanitischer Schall bis 3. Rippe, weiter herab übervoller Schall. Links hinten oben und vorne bronchiales Atmen über gedämpftem Bezirk, besonders vorne in Höhe der 2. Rippe, hinten vom 4. Brustwirbeldorn an Bronchovesikuläratmen. Vorne und hinten oben zahlreiche mittel-großblasige und großblasige klingende Rasselgeräusche, hinten und vorne unten reichliche fein- und mittelblasige Rasselgeräusche. Rechts hinten oben bis 4. Brustwirbeldorn relative Schallverkürzung mit Tympanie, vorne ebenso bis 2. Rippe Bronchovesikuläratmen mit feinen und mittelblasigen Rasselgeräuschen. Im weiteren Verlauf der Erkrankung nimmt die Dämpfung links unten vorne und hinten zu. Hinten und vorne oben tritt neben relativer Schallverkürzung besonders deutlich Tympanie auf mit metallisch klingenden Rasselgeräuschen. Bei dauernd hohem Fieber stete Abnahme des Körpergewichts und Kräftezustandes. Am 15. November 1917 nach schwerer Hämoptoe gestorben.

Röntgenbefund. (R.-A. 755.) Das linke Lungenfeld erscheint im ganzen kleiner   Bild 141 als das rechte. Die Rippen verlaufen links merklich steiler, die Rippenzwischenräume sind kleiner. In den mittleren und basalen Teilen des linken Lungenfeldes besteht eine ziemlich gleichmäßige Verschattung. In den oberen und seitlichen Teilen des Lungenfeldes ist eine aufgehellte Zone etwa in der Höhe der 1.—3. Rippe sichtbar. Medianwärts von dieser Aufhellung liegen neben dem Mittelschatten in der Umgebung des Hilus eine Anzahl verwaschener, unscharf begrenzter Verdichtungsschatten. Im Hilusbereiche sind außerdem einige sehr dichte Herdschatten sichtbar, die verkreideten bzw. indurierten Lymphknoten entsprechen. Linker Herzrand und linke Zwerchfellhälfte heben sich gegen die beschriebene, gleichmäßige Verschattung in den unteren Teilen des Lungenfeldes nicht ab.

Im rechten Spitzenfeld besteht eine gleichmäßige Verschattung. Medianwärts und unterhalb davon sieht man in den oberen Teilen des Lungenfeldes einige verwaschene, herdförmige und streifenförmige Schattenbildungen. Dazwischen liegen einige kleine aufgehellte Stellen, die Höhlenbildungen entsprechen. Unterhalb des rechten Hilusgebietes sind einige sehr dichte, gut umschriebene Herdschatten sichtbar. Die mittleren und seitlichen und auch die basalen Teile des rechten Lungenfeldes sind frei von Herden und stark aufgehellt. Die rechte Zwerchfellhälfte ist scharf begrenzt. Das Herz erscheint nach links verlagert.

Zusammenfassung. Über die ganze linke Lunge ausgedehnte lobär-käsige und lobulär-käsige Phthise; Kaverne in den oberen Teilen. Schrumpfung der linken Thoraxseite infolge Pleuraobliteration. Lobulär-käsige Phthise in den oberen Teilen der rechten Lunge mit kleinen Höhlenbildungen. Emphysem der mittleren und unteren Teile der rechten Lunge.

Anatomischer Befund. (S.-Nr. 468/17. Zeitintervall: 4 Monate, 4 Tage.) Gut gewölbter kindlicher Thorax. Die linke Brusthöhle vollkommen schwartig verschlossen; rechts geringe Adhäsionen an der Spitze. Der Herzbeutel mit dem Herzen nach rechts verlagert.

<table><tr><td style="vertical-align:top; width:18%">Bild 142
(stereo-
skopisch)</td><td>

1. Schnitt:

Der rechte Vorhof mit der einmündenden Cava superior, sowie die linke Kammer liegen vor. Darüber die Pulmonalarterie, der Aortenbogen, die Trachea ist eröffnet.

Der linke, weit herabreichende Oberlappen zeigt eine große Höhle im Oberteil; zahlreiche kleinere Höhlen, welche ausgiebig miteinander kommunizieren, liegen abwärts davon; die Wand überall käsig belegt. Zwischen den Höhlen exsudativ-käsige Prozesse, dabei auch einzelne Indurationen. Im Unterlappen kleine exsudative, in Verkäsung übergehende Herde. Die rechte Lunge zeigt in sämtlichen Teilen lobulär-exsudative, azinöse und azinös-nodöse Herdchen. Zwischen Trachea und Cava superior stark geschwollene Lymphknoten. Durch die Verlagerung des Herzens nach rechts ist die Cava superior senkrecht zum rechten Vorhof gestellt. Ebenso verläuft die Einmündung der Cava inferior in den rechten Vorhof gerade aufwärts.

</td></tr></table>

<table><tr><td style="vertical-align:top; width:18%">Bild 143</td><td>

2. Schnitt (rechte Lunge):

Die Lunge paravertebral durchschnitten. Der rechte Oberlappen zeigt mehrere verschieden gestaltete bis walnußgroße Höhlen, die z. T. hinten miteinander kommunizieren. Ihre Wand ist käsig belegt. Das Zwischengewebe induriert oder exsudativ-käsig verdichtet. Im Mittel- und Unterlappen azinöse und azinös-nodöse Herdchen. Die Lymphknoten im Hilus und zwischen den größeren Bronchien frisch geschwollen und mäßig stark verrußt.

</td></tr></table>

Diagnose. Exsudativ-käsige lobäre Phthise mit ausgedehnten Kavernen im linken Oberlappen; vielkammerige Kavernen im rechten Oberlappen. Exsudativ-käsige und nodöse Herdbildungen rechts. Starke Schwellung der Hilus- und rechtsseitigen paratrachealen Lymphknoten mit beginnender Verkäsung. Verlagerung des Herzens nach rechts. Totale schwartige Obliteration der linken Brusthöhle. Blut in den Bronchien (nach Hämoptoe).

Vereinzelte Tuberkel in Milz und Leber.

Die Phthise zeigt nach Art der Ausbreitung und Anordnung der Veränderungen durchaus die Form der Phthise des Erwachsenen, unter Betonung des exsudativen Charakters.

Vergleichende Beurteilung. Aus dem großen zeitlichen Zwischenraum, der zwischen Röntgenaufnahme und Herstellung der anatomischen Präparate (4¹/₂ Monate) liegt, konnte von vornherein ein Unterschied zwischen Präparat und Röntgenbild in quantitativem Sinne erwartet werden.

Die Verschattung in den mittleren und basalen Teilen der linken Lunge spricht für einen lobär-käsigen bzw. pneumonischen Charakter der Erkrankung. In der Tat ist auch die ganze linke Lunge in exsudativ-käsige Massen mit großen Zerfallshöhlen umgewandelt. Diese letzten sind allerdings im Röntgenbilde nur teilweise erkennbar an den in den oberen und seitlichen Teilen des Lungenfeldes bestehenden Aufhellungen. Aus diesen kann auf eine größere Höhlenbildung geschlossen werden. Diese Aufhellung entspricht vorwiegend dem im 1. und 2. Schnitt dargestellten Höhlensystem der oberen Lungenteile. Durch weiteren Zerfall der käsigen Massen in den mittleren Teilen der linken Lunge hat sich in der Zeit zwischen Röntgenaufnahme und Tod das Höhlensystem wesentlich vergrößert. Auch rechts haben die lobulär-exsudativen Vorgänge an Ausdehnung zugenommen. Zur Zeit des Röntgenbildes bestanden solche nur in den oberen Teilen der rechten Lunge. Der erste anatomische Schnitt läßt auch ausgedehnte exsudative Herdbildungen in den oberen Teilen erkennen. Außerdem bestehen in den rückwärts gelegenen Lungenteilen zahlreiche nodös-produktive Herdbildungen, die auf dem Röntgenbilde fehlen, im anatomischen Schnitt jedoch ohne weiteres erkennbar sind; auch diese sind erst nach der Zeit der Röntgenaufnahme hinzugekommen.

Die schwartige Obliteration der linksseitigen Pleura kann im Röntgenbilde aus der stärkeren Neigung der Rippen und aus der stärkeren Abflachung der Brustkorbumrandung erschlossen werden.

Die Lage des Herzens zeigt auf dem Röntgenbilde im Vergleiche mit den anatomischen Schnitten ein scheinbar entgegengesetztes Verhalten. In diesen erscheint das Herz etwas nach rechts verschoben, jedenfalls nicht nach links verlagert; im Röntgenbilde ist jedoch eine ausgeprägte Linksverlagerung des Herzens festzustellen. Diese letzte Erscheinung erklärt sich daraus, daß das Röntgenbild in tiefster Inspirationsstellung aufgenommen ist. Die total verkäste linke Lunge kann keine Luft aufnehmen und ist weiterhin durch die Pleuraobliteration an der respiratorischen Funktion behindert. Sie nimmt so gut wie gar nicht an der Atmung teil. Die emphysematös veränderten mittleren und basalen Teile der rechten Lunge aber weiten sich bei der Inspiration sehr stark und verdrängen das noch nachgiebige Mediastinum mit dem Herzen nach links, da der inspiratorische Gegendruck der linken Lunge fehlt. Die im Röntgenbilde sichtbare Linksverlagerung des Herzens erklärt sich demnach vorwiegend als Ausdruck funktionellen Geschehens im Zusammenhang allerdings mit den anatomischen Veränderungen der linken Lunge und der linken Pleurahöhle. Das anatomische Präparat kann diese nicht in derselben Weise wiedergeben; es stellt die im Exspirationsstillstand erstarrte topographische Lage der Organe dar und so kommt es, daß das Herz im anatomischen Bilde sogar ein wenig nach rechts gelagert erscheint.

Fall 34.   **Bild 144—147.**

Lobär-exsudative Phthise der rechten Lunge; Höhlenbildung in den oberen Teilen.
Exsudative und indurierende Herdbildungen in den oberen Teilen der linken Lunge.
Nodöse, nodös-indurierende und exsudativ-käsige Herde in den mittleren Teilen und
in den medial gelegenen basalen Teilen der linken Lunge.

Aus der Krankengeschichte. G. J., 43 Jahre, m. Erste Krankheitserscheinung seitens der Lunge
etwa 8 Monate vor Aufnahme in die Klinik. Viel Husten mit Auswurf und stets Fieber. Wegen Zunahme
der Lungenerscheinungen und zunehmender Körperschwäche Aufnahme in Klinik am 15. Februar 1918.
Während klinischer Beobachtung dauernd schweres Krankheitsbild, dauernd hohes Fieber, starker Hustenreiz, viel eitriger Auswurf.

Physikalischer Befund: Rechts hinten bis 6. Brustwirbeldorn, vorne bis 4. Rippe starke Schallverkürzung mit Tympanie, darüber Bronchialatmen; abwärts Bronchovesikuläratmen mit großblasigen
klingenden Rasselgeräuschen. Links hinten oben relative Schallverkürzung bis 5. Brustwirbeldorn, vorne
bis 2. Rippe. Links hinten unten relative Schallabschwächung mit Tympanie. Bronchovesikuläratmen,
fein- und mittelblasiges, nicht klingendes Rasseln über den schallverkürzten Bezirken vorne und hinten
oben. Unter Zunahme der Lungenerscheinungen und Verfall der Körperkräfte gestorben am 24. Februar 1918.

Bild 144 **Röntgenbefund.** (R.-A. 202/18.) Das r e c h t e Lungenspitzenfeld ist oberhalb der
1. Rippe leicht verschattet. Nach unten hin schließt sich an die Verschattung
eine unregelmäßig gestaltete Aufhellung an, die auf dem Schatten der 1. Rippe projiziert erscheint und eine gute Umgrenzung zeigt. Innerhalb dieser Aufhellung sieht
man einige verwaschene streifenförmige Schattenbildungen; in der Umgebung dieser
Aufhellung, besonders unterhalb davon, zeigt das Lungenfeld eine nach dem Mittelfeld
hin zunehmende dichte Verschattung, die den größten Teil des Lungenfeldes einnimmt
und unten seitlich sich allmählich wieder aufhellt. Innerhalb dieser ziemlich gleichmäßigen Verschattung liegen vereinzelte, etwas aufgehellte Stellen. Die beschriebene
Verschattung reicht nahe dem Herzrande bis zum Zwerchfell hin. Rechts unten seitlich, im Bereich des Zwerchfellrippenwinkels, besteht eine Zone hellen Lungenfeldes.

In den medial gelegenen Teilen des l i n k s seitigen Spitzenfeldes und in den oberen
Teilen des linken Lungenfeldes liegen verwaschene, ineinander überfließende Schattenbildungen. Seitlich stehen diese Verdichtungsschatten mehr vereinzelt, medianwärts fließen sie ineinander über. Neben dem Aortenschatten besteht ein großer,
sehr dichter, unregelmäßig gestalteter, ziemlich gut begrenzter Herdschatten. Seitlich von diesem sind die oberen Teile des Lungenfeldes gut aufgehellt und weisen
nur vereinzelte fleckige Herdschatten auf. In den mittleren Teilen des linken Lungenfeldes sieht man zahlreiche, sehr dichte, gut gegeneinander abgesetzte Herdschatten.
Außerdem liegen hier auch verwaschene fleckige, ineinander überfließende Schattenbildungen. In der Umgebung des Herzrandes finden sich zahlreiche, sehr dichte Herdschatten, zwischen denen da und dort verwaschene, ineinander überfließende Schattenbildungen zu sehen sind. Die unteren und seitlichen Teile des linken Lungenfeldes
sind frei von Herdbildungen. Die linke Zwerchfellkuppe ist scharf begrenzt. Die
rechtsseitige Zwerchfellbegrenzung ist seitlich gut erkennbar; das mediale Drittel
ist da, wo die beschriebenen Schattenbildungen an es heranreichen, nicht mehr zu
erkennen.

Zusammenfassung. Über die oberen und mittleren Teile der rechten Lunge ausgebreitete lobär-exsudative Phthise. Höhlenbildungen in den Spitzenteilen und in
den oberen Teilen der rechten Lunge. Lobulär-exsudative und indurierte Herdbildungen

in den medialen und oberen Teilen der linken Lunge. Nodös-indurierende und auch exsudative Herdbildungen in den mittleren Teilen der linken Lunge.

Anatomischer Befund. (S.-Nr. 113/18. Zeitintervall: 5 Tage.) Gut gewölbter Thorax. Über der linken vorderen Brustwand und rechts seitlich und hinten oben flächenhafte, ziemlich derbe Verwachsungen. Das Herz etwas groß.

1. Schnitt: Bild 145

Der rechte Vorhof und die Kammer sind weit eröffnet, die linke Kammer ist schräg getroffen, der hintere Papillarmuskel sichtbar; oben die Pulmonalarterie.

Im linken Oberlappen, welcher sich ventral weit in den Unterteil hinein erstreckt, sieht man einige azinös-nodöse, zentral verkäsende, peripher zur Induration neigende Herde. Im Mittelteil eine kirschkerngroße Höhle, sonst links guter Luftgehalt. Rechts zeigt der Schnitt von wenigen, besonders kaudal gelegenen, gut lufthaltigen Teilen abgesehen, ausgedehnte feste Infiltrationen des Lungengewebes. Hie und da leichte Verkäsung innerhalb des indurierten Gewebes. Im Mittelteil eine ungefähr kirschkerngroße Höhle.

2. Schnitt: Bild 146

Die linke Kammer ist in ganzer Ausdehnung eröffnet, darüber sieht man die weite Pulmonalarterie vor der Teilung, sodann die Aorta im Bogenteil vor dem Abgang der rechten Arteria anonyma und die linke Karotis. Neben dem linken Herzen der rechte Vorhof mit der Cava superior und inferior.

Im linken Oberlappen, dem oberen und Mittelteil angehörig, zahlreiche, z. T. konfluierende azinös-nodöse Herde mit Neigung zur Induration. Vereinzelte Herde auch im Unterteil.

Rechts findet sich das gleiche Bild wie im ersten Schnitt. Der Ober- und Mittellappen und kraniale Teil des Unterlappens sind fast gleichmäßig durchsetzt von zur Verkäsung neigenden Infiltraten. Gleichzeitig finden sich aber auch ältere indurierende Prozesse in diesem fast völlig luftleeren Gewebe. Im Oberlappen zwei pflaumengroße Höhlen. Im Mittellappen eine über kirschkerngroße Höhle.

· 3. Schnitt: Bild 147

Der Ösophagus ist in ganzer Länge eröffnet; beiderseits sieht man die großen Bronchien, oberhalb und außen davon die Lungenarterien, unterhalb, nach innen, die Lungenvenen; oben seitlich des Ösophagus der Aortenbogen, auf der anderen Seite die (infolge der Injektion erweiterte) Vena azygos.

In der linken Spitze ein über kirschkerngroßer, verkäster Herd. Neben dem Aortenbogen eine bohnengroße Höhle mit stark verkäster Wand. Im übrigen ist die Spitze derb infiltriert, einzelne Verkäsungen liegen dazwischen. Auch unter der neben dem Aortenbogen gelegenen Kaverne ein käsiger Herd. Kaudalwärts davon, im Mittel- und Unterfeld, vorwiegend dem Unterlappen angehörig azinös-nodöse Herdbildungen.

In der rechten Spitze eine walnußgroße Höhle; gegen die Wirbelsäule zu sehr derbes, fibröses luftleeres Gewebe, ebenso in breitem Streifen unterhalb der Kaverne. Sodann bis zum Unterteil reichend fast gleichmäßig exsudativ-käsige Infiltrationen, beginnende Höhlenbildung, dazwischen aber auch Indurationen. Im Unterteil, vorwiegend paravertebral, azinös-nodöse Herde. Beiderseits zwischen den Bronchien zahlreiche, mäßig stark geschwollene, stark anthrakotische Lymphknoten.

(In weiteren Schnitten durch die dorsalen Teile der linken Lunge findet man ganz oben in der Spitze noch zwei kleine Höhlen mit stark verkäster Wand; nach außen von der kleinen Höhle findet sich ein aus mehreren Teilen zusammengesetzter

Kreideherd. In den kaudalen Abschnitten stärkere Neigung zur Verkäsung der mehr medial gelegenen Herdbildungen.)

Der Fall stellt also eine Mischform exsudativer und produktiver Herdbildungen dar, es besteht Neigung zum Zerfall, gleichzeitig aber auch zur Induration.

Diagnose. Exsudativ-käsige Phthise im rechten Ober- und Mittellappen mit Höhlenbildungen und indurierenden Prozessen. Kleinere Kavernen in beiden Spitzen, mit starker Induration der Umgebung, besonders rechts. Azinös-nodöse Herdbildungen in den anderen Abschnitten beider Lungen. Kreideherd in der linken Spitze. Leichte Schwellung und Anthrakose der Hiluslymphknoten; Pleuraobliteration im Gebiet der Oberlappen.

Kleine phthisische Ulzerationen im unteren Dünndarm und oberen Dickdarm. Großer Milztumor; Fettleber; Ankylose des rechten Hüftgelenks.

Vergleichende Beurteilung. Im Vordergrunde der Erscheinungen stehen die lobär-exsudativen Veränderungen der rechten Lunge. Nach den drei anatomischen Schnitten nehmen diese im Fortschreiten begriffenen exsudativen und vielfach zu Verkäsung neigenden Veränderungen den größten Teil der rechten Lunge ein und lassen nur die seitlichen und basalen Teile der rechten Lunge frei. Die verwaschenen dichten, ineinander überfließenden Schattenbildungen in den oberen und besonders in den mittleren und auch in den medialen unteren Teilen des rechten Lungenfeldes verraten den exsudativ-käsigen Krankheitsprozeß ohne weiteres. Der gut umschriebenen aufgehellten Zone in der Höhe der 1. Rippe entspricht die auf dem 3. Schnitte sichtbare Höhlenbildung.

In den oberen Teilen der linken Lunge kommen exsudative, käsige und indurierende Herdveränderungen anatomisch nebeneinander vor. Im Röntgenbilde stehen die verwaschenen, vielfach ineinander überfließenden Schattenbildungen im Vordergrund der Erscheinungen. Der seitlich vom Aortenschatten liegende große, relativ gut umgrenzte Schatten würde einen indurierten Herd vermuten lassen; er entspricht dem im 3. anatomischen Schnitte sichtbaren, neben dem Aortenschatten liegenden indurierten Herde mit verkästem, im Zerfall begriffenen Zentrum. Im anatomischen Präparat besteht hier eine kleine Höhlenbildung. Infolge der Überlagerung von verkästem bzw. induriertem Lungengewebe ist diese auf dem Röntgenbilde nicht zu erkennen. In den mittleren und in den medial gelegenen unteren Teilen der linken Lunge finden sich anatomisch in den verschiedenen Schnitten verschiedenartige Herdbildungen; in den beiden vorderen Schnitten überwiegen exsudativ-käsige Herdbildungen, während im 3. Schnitte sehr deutlich zahlreiche azinös-nodöse und nodös-indurierende Herde zu sehen sind. Die seitlichen Teile sind vollkommen frei von Herderscheinungen. Auf dem Röntgenbilde ist der teilweise exsudative, teilweise nodös-indurierende Charakter der Herdbildungen recht gut zu erkennen. In der Umgebung des Herzrandes überwiegen die nodösen, in den mittleren und seitlichen Teilen des Lungenfeldes treten die exsudativen Vorgänge besonders deutlich zutage.

Fall 35.   **Bild 148—152.**

Lobär-exsudative Phthise der linken Lunge mit Höhlenbildungen. Indurierte Herde in der rechten Lungenspitze. Verkreidete und verkäste Lymphknoten rechts.

Aus der Krankengeschichte. R. F., 47 Jahre, m. Erstmals Lungenspitzenkatarrh vor 20 Jahren, später 2 mal wegen Lungenblutung in ärztlicher Behandlung. 1914 wegen linksseitiger Brustfellentzündung arbeitsunfähig, dann wieder arbeitsfähig bis ca. $^1/_2$ Jahr vor Aufnahme in die Klinik. Um diese Zeit starker Husten mit Auswurf, Fieber. Wegen Verschlimmerung der Krankheit Aufnahme in Klinik am 6. August 1917. Physikalischer Befund zur Zeit der Röntgenaufnahme: Linke Brustkorbseite abgeflacht, schleppt deutlich nach. Links hinten und vorne oben relative Schallverkürzung mit Tympanie. Vom 3. Brustwirbeldorn herab bis zur Höhe des 8. Brustwirbeldorns hinten starke Schallverkürzung mit geringer Tympanie, vorne unterhalb der 2. Rippe geringe Schallverkürzung mit starker Tympanie. Links vorne oben Bronchovesikuläratmen mit feinblasigem Rasseln. Links hinten oben Bronchovesikuläratmen mit fein- und mittelblasigem Rasseln; über der stark gedämpften Zone abgeschwächtes Bronchialatmen und vereinzelte klingende mittel- und großblasige Rasselgeräusche. Rechts hinten oben und vorne Bronchovesikuläratmen und vereinzeltes, feinblasiges Rasseln; über der stark gedämpften Zone abgeschwächtes Bronchialatmen und vereinzelt feinblasiges Rasseln.

Auswurf stets reichlich eitrig und geballt, enthält zahlreiche Bazillen und auch elastische Fasern. Temperatur unregelmäßig, remittierend bis 38,5°, zuweilen auch über 39°. In den letzten Wochen starke Durchfälle (Darmphthise). Zunahme der Lungenerscheinungen auch rechts.

Gestorben 13. November 1917.

Röntgenbefund. (R.-A. 922/17.) Links oben und seitlich verlaufen die Rippen Bild 148
steiler wie rechts; die Thoraxbegrenzung zeigt eine leichte Einziehung. Das linke Spitzenfeld ist leicht getrübt und enthält oben medial einen gut umgrenzten dichten, weiter seitlich und unten einige verwaschene herd- und streifenförmige Schattenbildungen. Der größte Teil des linken Lungenfeldes ist zwischen Herz und Thoraxrand diffus verschattet. Die Verschattung hat keinen homogenen Charakter, sondern läßt da und dort aufgehellte Stellen erkennen. Auch sieht man zahlreiche herdförmige, unscharf begrenzte Verdichtungsschatten innerhalb der Verschattung liegen. Besonders deutlich sind solche vereinzelte verwaschene Verdichtungsschatten erkennbar an der unteren Begrenzung der diffusen Verschattung, da wo diese gegen den untersten Teil des Lungenfeldes sich aufhellt. Etwa in der Mitte des linken Mittelfeldes besteht eine leichte Aufhellung, die von einer unregelmäßig gestalteten, bandförmigen Schattenbildung umgrenzt erscheint. Innerhalb dieser aufgehellten Zone sieht man zahlreiche, verwaschene Herdschatten liegen. Innerhalb der basalen aufgehellten Teile des linken Lungenfeldes sind einige sehr dichte, von hellem Hofe umgebene Herdschatten (indurierte Herde) sichtbar.

Das rechte Spitzenfeld ist leicht diffus getrübt. Es wird von oben nach unten durchzogen von einer breiten, vertikal verlaufenden, bandförmigen Schattenbildung, die bis zum Schatten der 1. Rippe reicht. Seitlich davon liegt noch eine schmale, bandförmige, sehr dichte Schattenbildung, die schräg vom medialen Drittel des Schlüsselbeinschattens nach oben zum Thoraxrande hinzieht. Unterhalb davon sieht man einzelne sehr kleine, dichte Schattenbildungen. Im Hilusgebiet und unterhalb des Hilus liegen eine Anzahl kleiner, gut begrenzter, dichter Herdschatten im Bereiche der Gefäßverzweigung nahe dem Herzrande. Seitlich von diesem sind einige besonders dichte, gruppenweise beieinander liegende Herdschatten sichtbar. Die seitlichen Teile des rechten Lungenfeldes sind gut aufgehellt und enthalten keine Herdschatten.

Das Herz ist klein und steil gestellt.

Zusammenfassung. Über die mittleren und unteren Teile der linken Lunge ausgebreitete lobär-käsige Phthise, in den basalen Teilen lobulär-käsige Herde. Innerhalb der Spitze liegen ein Kreideherd und einige verkäste Herde. Vermutlich beginnende Zerfallshöhle etwa in der Mitte der linken Lunge. — Innerhalb der rechten Lungenspitze indurativ-zirrhotischer Herd, vereinzelte nodöse bzw. nodös-indurierende Herde in den medialen und basalen Teilen der rechten Lunge.

Anatomischer Befund. (S.-Nr. 461/17. Zeitintervall: 3 Monate.) Nach Abnahme der vorderen Brustwand:

Bild 149 Die linke Brusthöhle vollkommen bindegewebig, teilweise schwartig verschlossen. Die Schwarte geht unmittelbar auf den Herzbeutel über. Rechts nur im Spitzenteil mäßig starke Schwartenbildung.

Bild 150 1. Schnitt:

Das rechte Herz ist weit eröffnet, man sieht sehr deutlich die Valvula Eustachii; die linke Kammer ist eben eröffnet, der Muskel schräg getroffen, die linke Kranzarterie und -vene sind sichtbar, darüber die Pulmonalarterie und die kruorgefüllte Aorta. Über dieser Reste des Thymus, sowie die Vena anonyma links.

Im linken Oberfeld und oberen Mittelfeld, dem Oberlappen angehörig, findet sich eine große, mit reichlich Balkenwerk versehene Höhle. Abwärts davon z. T. lobulär-käsige, z. T. mehr indurierte Partien. Im Unterlappen anschließend ein nodöser Herd.

Rechterseits findet sich, ungefähr in Höhe der 2.—3. Rippe, in dem den Herzbeutel überlagernden Abschnitt des rechten Oberlappens, sowie seitlich davon ein größerer, exsudativ-käsiger pneumonischer Herd mit beginnender Kavernenbildung. Abwärts davon, von kleinen lobulär-käsigen Herden abgesehen, normales Lungengewebe.

Im vorderen Mediastinum geschwollene, z. T. verkäste Lymphknoten.

Bild 151 2. Schnitt:

Man sieht in den linken Vorhof; darunter die linke Kammer mit dem hinteren Segel der Mitralis, seitlich davon der rechte Vorhof mit dem Foramen ovale. Senkrecht darüber die Cava superior, Trachea, Aortenbogen und Pulmonalarterien.

Im linken Oberlappen findet sich wiederum die Kaverne des 1. Schnitts, welche bis zur hinteren Brustwand reicht. Abwärts davon lobulär-käsige Herdbildungen und indurierende Prozesse. In den Unterlappen vereinzelte nodöse Herde bei sonst gutem Luftgehalt.

Rechts im Spitzenfeld kleine nodös-indurierte Herde, ganz vereinzelte auch in den anderen Feldern. Rechts zwischen Trachea und Cava superior, sowie zwischen Aortenbogen und linker Pulmonalarterie stark geschwollene, in frischer Verkäsung befindliche Lymphknoten.

Bild 152 3. Schnitt der rechten Lunge:

In der Spitze eine kleinapfelgroße Höhle, der hinteren Thoraxwand angelehnt; darunter lobulär-käsige Herde; kleine, mehr derbere Herde im Mittel- und Unterfeld. Medialwärts der Kaverne der rechten Spitze findet sich, an deren Rand hinziehend, eine fibröse Verhärtung des Gewebes; weiter abwärts dann mehr exsudativ-käsige Herdbildungen.

Diagnose. Käsige Pneumonie im ventralen Teil des rechten Oberlappens. Exsudativ-käsige Herdbildungen im linken Oberlappen und der rechten Spitze. Große Kavernen links, eine kleinere rechts oben. Nodöse und indurierende Prozesse in mittleren und unteren Teilen der linken Lunge, sowie rechts in geringer Zahl. Schwellung und frische Verkäsung der Hiluslymphknoten. Totale, z. T. schwartige Obliteration der linken Brusthöhle.

Phthisische Geschwüre des Dünndarms und Zökums; Tuberkel der Milz; Fettleber; Milztumor.

Bemerkenswert ist, daß der käsig-pneumonische Herd des rechten Oberlappens keine Beziehungen zum Hilusgebiet hat (s. unten).

Vergleichende Beurteilung. Die den größten Teil des linken Lungenfeldes einnehmende d i f f u s e V e r s c h a t t u n g ist, wie die verschiedenen anatomischen Schnitte zeigen, in erster Linie bedingt durch die ausgedehnte k ä s i g - p n e u m o n i s c h e n und e x s u d a t i v e n V e r ä n d e r u n g e n d e r l i n k e n L u n g e. Der mangelhafte Luftgehalt ausgedehnter Lungenteile erschwert die Beurteilung der innerhalb der diffusen Verschattung liegenden einzelnen Herdschatten. Sie entsprechen, wie die Schnittbilder zeigen, vorwiegend exsudativ-verkästen Herden; an einzelnen Stellen sind auch Übergänge zur Induration zu bemerken. Auf dem Röntgenbilde ist jedoch eine Unterscheidung dieser indurierenden Herde infolge Überdeckung der in verschiedenen Tiefen liegenden exsudativen Herdbildungen nicht möglich. Wohl kann man innerhalb der diffusen Verschattung die r i n g f ö r m i g e B a n d v e r s c h a t t u n g erkennen und aus ihr auf eine H ö h l e n b i l d u n g schließen. Es fehlt jedoch im Zentrum der Ringverschattung die aufgehellte Zone deshalb, weil die Höhle vorne und hinten überlagert ist von Lungengewebe, das infolge Durchsetzung von exsudativen Herden in der Hauptsache luftleer geworden ist. Den isolierten, in den basalen Teilen des linken Lungenfeldes liegenden Schattenbildungen entsprechen teilweise verkäste, teilweise indurierende Herdbildungen.

Die rechtsseitige Spitzenkaverne ist seitlich umgrenzt durch f i b r ö s e G e w e b e, die auf dem Röntgenbilde in G e s t a l t d e s beschriebenen, schräg der 1. Rippe etwa entlang verlaufenden S c h a t t e n b a n d e s zutage treten. Innerhalb der Kaverne liegen nach vorne hin verkäste Massen; diese bedingen die unscharf begrenzte, vertikal verlaufende Schattenbildung innerhalb der Kavernenaufhellung. U n t e r h a l b d e s r e c h t s s e i t i g e n H i l u s finden sich im Verzweigungsgebiet der B r o n c h i e n v e r k ä s t e L y m p h k n o t e n. So entstehen die unterhalb des Hilus s e i t l i c h v o m H e r z g e f ä ß w i n k e l liegenden, ineinander übergehenden h e r d f ö r m i g e n S c h a t t e n b i l d u n g e n. Ein kleiner, besonders scharf abgegrenzter Schattenring unterhalb der Lymphknotenschatten entspricht einem ziemlich weit dorsalwärts gelegenen, zentral verkästen Lymphknoten, der in den Randzonen in derb-fibröses Gewebe umgewandelt ist.

Fall 36. Bild 153—157.

Über die obere Hälfte beider Lungen ausgebreitete, vorwiegend lobulär-exsudative Phthise mit großen Höhlenbildungen in den oberen und seitlichen Teilen beider Lungen. Vereinzelte nodöse und nodös-indurierende Herde in den mittleren Teilen beider Lungen. Pleuraobliteration beiderseits. Emphysem in den basalen Teilen beider Lungen.

Aus der Krankengeschichte. L. K., 47 Jahre, m. Erkrankung begann 1907 mit Hämoptoe. Jährlich monatelange Heilstätten- und auch Krankenhausbehandlung; bis 1913. Dann mit Unterbrechungen arbeitsfähig bis 1917, erneut Hämoptoe, Fieber, vermehrter Husten mit Auswurf sich zeigten. Klinische Behandlung April bis September 1917, Temperatur bis 38°. Nach physikalischem und röntgenologischem Befunde Ausbreitung der Erkrankung über das obere Drittel beider Lungen. Relative Schallverkürzung mit Tympanie beiderseits vorne bis 2. Rippe, hinten bis 3. Brustwirbeldorn. Reichliche katarrhalische Geräusche. Nach dem Röntgenbefunde bestehen in den oberen Teilen beider Lungen exsudative Veränderungen mit Zerfallshöhlen. Keine merkliche Besserung bei Entlassung zum Landaufenthalt September 1917. — Wiederaufnahme in Klinik Januar 1918, Allgemeinzustand verschlechtert. Abnahme des Körpergewichtes. Zunahme der Lungenerscheinungen.

Physikalischer Befund zur Zeit der 2. Röntgenaufnahme: Rechts vorne Schallverkürzung mit Tympanie bis 3. Rippe, hinten oben bis 4. Brustwirbeldorn. Vorne Bronchialatmen, hinten Bronchovesikuläratmen, reichlich mittelblasig klingendes Rasseln. Links oben relative Verkürzung bis 2. Rippe, hinten bis 3. Brustwirbeldorn. Vorne und hinten Bronchovesikuläratmen, reichlich fein-mittelblasiges Rasseln. Katarrhalische Erscheinungen nehmen während der klinischen Beobachtung zu; Temperaturen überschreiten nicht 38°. Auswurf dauernd reichlich, eitrig, enthält Tbc.-Bazillen und elastische Fasern. In den letzten Monaten Fortschreiten des Lungenprozesses auf die basalen Teile. Erscheinungen von Larynxphthise. Zunehmender Kräfteverfall. Tod 13. Mai 1918.

Bild 153   **Röntgenbefund der 1. Aufnahme.** (23. April 1917.) Das rechtsseitige Spitzenfeld ist im medialen Teile stark verschattet, in den seitlichen Teilen leicht verschattet. Auch die oberen und seitlichen Teile des Lungenfeldes sind bis zur 3. Rippe hin leicht verschattet. Innerhalb dieser Verschattung besteht eine schräg oval gestaltete aufgehellte Zone (Höhlenbildung). Medianwärts und unterhalb von dieser sieht man zahlreiche größere und kleinere fleckige, ineinander überfließende Verdichtungsschatten, in den mittleren Teilen nur vereinzelte verwaschene Herdschatten. Die basalen Teile des rechten Lungenfeldes sind frei von Herderscheinungen.

Das linke Spitzenfeld ist im medialen Teile gleichmäßig verschattet, seitlich besteht eine leichte Verschattung bis zur 2. Rippe hin. Hier sieht man innerhalb dieser Verschattung einige kleine aufgehellte Stellen liegen. Weiter herab sind in den oberen Teilen des linken Lungenfeldes bis zur 3. Rippe hin eine große Anzahl von teils dichten, gut umgrenzten, teils weniger dichten verwaschenen Herdschatten sichtbar. In der Höhe der 2. und 3. Rippe sieht man einige, von verwaschenen strangförmigen Schattenbildungen umgebene aufgehellte Stelle (System von kleinen Höhlenbildungen). Etwa die untere Hälfte des linken Lungenfeldes ist gut aufgehellt und frei von Herden.

Rechts oben verläuft die Brustkorbbegrenzung etwas stärker geneigt als links (Pleuraobliteration). Das Herz ist steil gestellt und etwas nach rechts verlagert.

Zusammenfassung. Über das obere Drittel der rechten Lunge ausgedehnte, lobulär-exsudative Phthise. Große Höhlenbildung in den oberen und seitlichen Teilen. Pleuraobliteration rechts. Rechtsverziehung von Herz und Mediastinum. Über das obere Drittel der linken Lunge ausgedehnte lobulär-exsudative und nodöse Phthise. Kleine Zerfallshöhle in der Lungenspitze. System von kleinen Zerfallshöhlen in den oberen Teilen der linken Lunge.

Röntgenbefund der 2. Aufnahme. (20. April 1918.) Die Brustkorbbegrenzung ver- Bild 154
läuft rechts oben und seitlich etwas stärker geneigt als links, ebenso verhalten sich
auch die rechtsseitigen Rippen.

Im rechtsseitigen Spitzenfeld besteht eine leichte Verschattung; innerhalb
dieser liegen verwaschene streifenförmige und fleckige Schattenbildungen. Die
Verschattung zeigt da und dort aufgehellte Stellen und ist rings gut umgrenzt. In
den oberen und seitlichen Teilen des rechten Lungenfeldes liegt in der Höhe der 1. und
2. Rippe eine wenig aufgehellte, nach unten hin von streifigen Schattenbildungen
gut umgrenzte Stelle. Medianwärts und unterhalb von dieser sind einige fleckige,
gut umrandete aufgehellte Stellen erkennbar. In den mittleren Teilen des rechten
Lungenfeldes liegen zahlreiche größere und kleinere fleckige, ineinander überfließende
Schattenbildungen; innerhalb dieser sind zahlreiche dichte Schattenzentren erkennbar.
Im rechtsseitigen Hilusgebiet besteht eine sehr dichte, zapfenartige Schattenbildung,
die sich nach unten hin in streifige Schattenbildungen auflöst. Zwischen diesen streifenförmigen Schattenbildungen liegen in den unteren Teilen des Lungenfeldes da und
dort einzelne dichte, gut begrenzte Herdschatten.

In den oberen und seitlichen Teilen des linken Spitzenfeldes besteht eine leichte
Verschattung, die allseitig gut umgrenzt erscheint. Innerhalb dieser liegen fleckige
verwaschene streifige und herdförmige Schattenbildungen. Medianwärts und unterhalb von dieser gut umgrenzten Stelle liegen dichte, ineinander überfließende Herdschatten, etwa in der Höhe der 1. Rippe und des Schlüsselbeinschattens. In den
oberen und mittleren Teilen des linken Lungenfeldes sieht man zahlreiche kleinere und
größere, unregelmäßig gestaltete, teilweise sehr gut umschriebene, teilweise fleckig
verwaschene Verdichtungsschatten. Links oben seitlich besteht etwa in der Höhe der
2. Rippe eine ringförmig gestaltete streifige Schattenbildung. Etwas unterhalb von
dieser liegt eine parabolisch gestaltete streifige Schattenbildung, die beiderseits in die
beschriebene ringförmige Schattenbildung übergeht. Zwischen der ringförmigen und
weiter nach unten liegenden streifigen Schattenbildung liegen verwaschene fleckige
und streifige Schatten. Weiter herab sieht man in den mittleren Teilen des Lungenfeldes fleckige verwaschene und außerdem auch gut umgrenzte Verdichtungsschatten
liegen. Die basalen Teile beider Lungenfelder sind gut aufgehellt (Emphysem). Die
rechtsseitige Zwerchfellbegrenzung zeigt in der Nähe des Herzrandes eine wellenförmige Erhebung; das linke Zwerchfell verläuft fast horizontal zum Brustkorbrande
hin. Das Herz ist relativ klein und steil gestellt.

Zusammenfassung. Über die obere Hälfte der rechten Lunge ausgebreitete,
vorwiegend lobulär-exsudative bzw. lobulär-käsige Phthise. Höhlenbildungen in
den oberen und seitlichen Teilen der rechten Lunge. Vereinzelte nodöse und nodös-
indurierende Herde in den mittleren und unteren Teilen der rechten Lunge. Exsudativ-
käsige Phthise in den oberen Teilen der linken Lunge mit Zerfallserscheinungen. System
von Höhlenbildungen in den oberen und seitlichen Teilen der linken Lunge. Zahlreiche lobulär-käsige und auch nodöse und nodös-indurierende Herde in den mittleren
Teilen der linken Lunge. Indurierte Hiluslymphknoten beiderseits. Zwerchfellverwachsung rechts in der Nähe des Herzrandes. Kleines, steil gestelltes Herz. Emphysem
der basalen Teile beider Lungen.

Anatomischer Befund. (S.-Nr. 289/18. Zeitintervall: 23 Tage.) Großer, stark
gewölbter Thorax. Beide Lungen über den Oberlappen schwartig, über den anderen

Lappen auch gegen das Zwerchfell zu bindegewebig obliteriert. Der Herzbeutel ist fast völlig von den Lungenrändern überlagert.

Bild 155 **1. Schnitt:**

Man sieht in das rechte Herz. Die Valvula Eustachii ist stark ausgebildet, die linke Kammer eben noch flach angeschnitten, darüber die Pulmonalarterie; im Epikard die linke Koronararterie und -vene. Über dem rechten Vorhof die aufsteigende Aorta, oben die Venae anonymae.

Im **linken** Oberteil exsudativ-käsige, lobuläre Herde, kaudalwärts abnehmend, daneben auch zur Induration neigende Herde.

Im **rechten** Oberteil eine kleinapfelgroße Höhle mit Kavernenbalken, medialwärts einige kleinere Höhlen mit Käse gefüllt. Kaudalwärts der großen Höhle ein größerer verkäsender Herd mit Neigung zur bindegewebigen Abkapslung und weiter abwärts einige kleinere Herde.

Bild 156 **2. Schnitt:**

Man sieht die Einmündung der Lungenvenen in den linken Vorhof, darüber die Lungenarterien, den Aortenbogen mit der sehr weiten linken Karotis; unten die Cava inferior, oben die Cava superior mit der Einmündung der Vena azygos, die Trachea und den Ösophagus.

Im **linken** Oberteil bis ins Unterfeld hineinreichend eine schräg von unten vorne nach hinten oben verlaufende apfelgroße Höhle. Seitlich und unterhalb davon exsudativ-käsige und mehr produktiv-nodöse, zur Induration neigende Herdbildungen.

Im **rechten** Oberteil zahlreiche, z. T. kommunizierende Höhlenbildungen und exsudativ-käsige Herdbildungen. Im Mittel- und Unterfeld mehr nodöse Herde, manchmal mit Neigung zur Verkäsung, manchmal mit Induration. Zwischen Cava superior und Trachea einige frisch geschwollene, aber noch ziemlich kleine Lymphknoten.

Bild 157 **3. Schnitt:**

Die weite Brustaorta mit dem Abgang der Interkostalarterien liegt vor; in den Lungen der Abgang der Hauptbronchien und Gefäße.

Im **linken** Oberteil zwei mittelgroße Höhlen, die untere in Fortsetzung der Höhle des 2. Schnittes. In der Nachbarschaft einige kleine exsudativ-käsige Herdbildungen, kaudalwärts wenige azinöse Herdchen.

In der **rechten** Spitze eine große Höhle von einem Querbalken durchzogen in Fortsetzung der Kaverne des 2. Schnitts; gegen die Pleura ist sie durch eine Schwarte, medianwärts durch fibröses Gewebe abgekapselt. Kaudalwärts einige kleinere Herde, verkästes oder induriertes Gewebe. Im Mittel- und Unterteil azinös-nodöse, zur Induration neigende und wiederum einzelne exsudativ-käsige Herde in bunter Mischung.

Die Lungen zeigen gleichmäßig auffallende Blähung (Emphysem). Die Gefäße und auch die Bronchien sind sämtliche relativ weit (Ektasie).

Diagnose. Exsudativ-käsige Phthise, besonders der Oberlappen, mit ausgedehnter großkammeriger Kavernenbildung in beiden Oberlappen. Vereinzelte azinös-nodöse, zur Induration neigende Herde in den kaudalen Abschnitten. Leichte Schwellung der Hiluslymphknoten, Emphysem der Lungen, Ektasie der Gefäße, geringe Hypertrophie der rechten Kammer, totale Obliteration beider Brusthöhlen, über den Oberlappen mit Schwartenbildung.

Phthisische Geschwürsbildung an den Stimmbändern und an der Unterfläche der Epiglottis. Phthisische Dickdarmgeschwüre. Miliare Tuberkel der Milz, Nieren, Stauungsatrophie der Leber, solitärer Cholesterinpigmentstein in der Gallenblase, Pigmentmilz, sehr große Kolloidschilddrüse.

Vergleichende Beurteilung. Zur Zeit der 1. Röntgenaufnahme bestanden ausgeprägte lobulär-exsudative Herdveränderungen in den oberen Teilen beider Lungen.

Auf dem ersten Röntgenbilde sind außer den lobulär - exsudativen verwaschenen Schattenbildungen beiderseits im Zerfall begriffene Höhlenbildungen sichtbar. In der Zwischenzeit (1 Jahr) zwischen der 1. und 2. Aufnahme ist der Zerfall erheblich fortgeschritten. Aus den auf der 1. Röntgenaufnahme nachweisbaren Systemen von Höhlenbildungen in den oberen Teilen beider Lungen sind sehr große Höhlen geworden. Während der Entleerung der Kavernen ist die Erkrankung auch auf die mittleren Teile beider Lungen fortgeschritten und es finden sich im zweiten Röntgenbilde rechts in den mittleren Teilen der Lunge exsudative Veränderungen, links exsudative und nodöse Herdbildungen.

Der vorwiegend lobulär - exsudative, zur Verkäsung neigende Charakter des Krankheitsvorganges tritt auch auf den beiden ersten anatomischen Schnitten deutlich zutage. Im 2. und 3. Schnittbilde sieht man außerdem in den mittleren Teilen der linken und in den basalen Teilen der rechten Lunge nodöse und nodös-indurierende Herde. Das Kavernensystem in den obersten und nach rückwärts gelegenen Teilen der rechten Lunge kommt auf dem 2. u. 3. Schnitte zur Darstellung. Besonders im 3. Schnittbilde sieht man die Höhlenbildung in ihrer ganzen Ausdehnung. Auf dem Röntgenbilde treten diese an der entsprechenden Stelle nicht als stark aufgehellte Zonen in die Erscheinung, sondern als zirkulär scharf umgrenzte Stellen mit verwaschenem Untergrund. Das erklärt sich insbesondere daraus, daß rechts oben die ganze Lunge von einer ziemlich dichten Pleuraschwarte überlagert ist (Schnitt 1). Weiter nach unten und innen sieht man in den oberen Teilen des rechten Lungenfeldes gut umrandete aufgehellte Stellen; diese entsprechen dem nach vorne und unten liegenden Kavernenanteil, der hier einen großen Tiefendurchmesser hat. Aus diesem Grunde ist dieser Kavernenabschnitt auch auf dem 1. Schnitte sichtbar. Medianwärts und unterhalb von diesem Kavernensystem liegen ausgedehnte, ineinander übergehende, zur Verkäsung neigende exsudative Herdbildungen (Schnitt 1 und 2). Aus den zahlreichen größeren und kleineren verwaschenen fleckigen, ineinander überfließenden Schattenbildungen in den mittleren Teilen des rechten Lungenfeldes ist der exsudativ-käsige Vorgang ohne weiteres zu erschließen.

In den oberen und seitlichen Teilen der linken Lunge besteht (Schnitt 2 und 3) ein ausgedehntes Kavernensystem. Auch hier liegen ähnlich wie rechts die ältesten Kavernenanteile hinten und oben. Die Ausbreitung des Höhlensystems findet nach vorne und unten statt. Der nach hinten und oben gelegene Kavernenanteil ist von vorne her durch Lungengewebe überlagert, das von zahlreichen käsigen exsudativen Herdbildungen durchsetzt ist. Aus diesem Grunde ist dieser Kavernenanteil auf dem Röntgenbilde nicht deutlich zu sehen. Auch links wird die Kavernenaufhellung weiterhin durch die in den oberen Teilen der linken Lunge bestehenden Pleuraschwartenbildungen ausgelöscht. Das Fortschreiten des Kavernensystems von hinten oben nach vorne unten ist jedoch in den oberen und seitlichen Teilen des Lungenfeldes gut erkennbar. Es entspricht den weiter nach der Tiefe reichenden Kavernenanteilen des zweiten Schnittes die ringförmig umgrenzte Stelle des Röntgenbildes. Die nach unten liegende parabolisch gestaltete streifige Schattenbildung wird von dem nach unten und seitlich reichenden, an Tiefenausdehnung allmählich abnehmenden Kavernenabschnitt gebildet. Seitlich vom Aorten- und Pulmonalisschatten liegen im sogenannten Hilusgebiet vereinzelte, sehr dichte, gut umgrenzte Herdschatten und weiterhin auch fleckige ineinander überfließende Schattenbildungen. Diese entsprechen den in den vorderen und unteren Teilen des Oberlappens liegenden (in Schnitt 1 getroffenen) exsudativ-käsigen Herdbildungen. Seitlich finden sich im Mittelfeld einzelne nodösen und nodös-indurierenden Herden entsprechende gut umgrenzte Herdschatten verschiedener Dichtigkeit.

In den durch Emphysem aufgehellten basalen Lungenteilen finden sich rechts in größerer, links in kleinerer Anzahl teils unscharf begrenzte verwaschene, teils gut begrenzte, dichte Herdbildungen. Sie entsprechen den auf Schnitt 2 und 3 gut dargestellten käsigen exsudativen und nodös-indurierenden Herdveränderungen.

Die wellenförmige Erhebung der rechtsseitigen Zwerchfellbegrenzung erklärt sich aus der besonders im 2. Schnitt deutlich sichtbaren Verdichtung der Pleura diaphragmatica.

Fall 37.   Bild 158—161.

Indurierend-zirrhotische Phthise beider Lungen mit großen Höhlenbildungen. Exsudativ-käsige Herde zwischen den indurierten Herden. Emphysem der basalen Lungenteile mit erweiterten, gestreckten Gefäßen.

Aus der Krankengeschichte. K. M., 33 Jahre, w. Beginn der Erkrankung vor ca. 8 Jahren (1909). Damals und in der Folgezeit mehrfache Heilstättenbehandlung. Die Krankheitserscheinungen seitens der Lunge (Husten und Auswurf) sind niemals ganz zur Ruhe gekommen. Aufnahme in Klinik 16. Juli 1917.

Physikalischer Befund zur Zeit der 1. Röntgenaufnahme: Beiderseits hinten relative Schallver-kürzung bis 4. Brustwirbeldorn links mit deutlichem tympanitischem Beiklang. Vorne Verkürzung des Schalles bis 2. Rippe beiderseits. Weiter herab beiderseits übervoller Schall. Über schallverkürztem Bezirk links vorne verschärftes, hinten bronchovesikuläres Atmen mit reichlich fein- und mittelblasigem Rasseln. Rechts hinten und vorne über Spitze bronchovesikuläres Atmen mit reichlich fein- und mittelblasigem Rasseln. Über den mittleren und basalen Teilen beider Lungen etwas verschärftes Atmen und bronchitische Geräusche. Hohes remittierendes Fieber (37,5 und 40°). Ständig starker Husten mit Bazillen und elastische Fasern enthaltendem Auswurf weisen auf fortschreitenden Charakter des Prozesses hin.

Physikalischer Befund, etwa zur Zeit der 2. Röntgenaufnahme: Beiderseits starke Schallver-kürzung mit Tympanie hinten bis 5. Brustwirbeldorn, vorne etwa bis 3. Rippe. Links hinten reicht relative Schallverkürzung noch bis 7. Brustwirbeldorn, dann übervoller Schall. Auch rechts hinten unten über-voller Schall. Atmungsgeräusch beiderseits hinten bis 3. Brustwirbeldorn, vorne bis 2. Rippe laut bronchial, weiter herab zunächst bronchovesikulär, dann verschärft vesikulär. Neben Bronchialatmen beiderseits mittel- und großblasige klingende Rasselgeräusche, weiter herab fein- und mittelblasiges Rasseln und auch bronchitische Geräusche. In den letzten Monaten zuweilen Durchfälle. Bei stets hohem Fieber und Zu-nahme der Lungenerscheinungen Verfall der Körperkräfte. Gestorben 2. Dezember 1917.

Bild 158 **Röntgenbefund.** (R.-A. 853.) **1. Aufnahme** (28. 3. 17). Das rechte Spitzenfeld ist besonders im medialen Teil stark gleichmäßig verschattet, nach oben und seitlich hellt sich die Verschattung etwas auf. An der unteren Begrenzung der Verschattung sieht man in den oberen und mittleren Teilen des Lungenfeldes eine größere Anzahl kleinerer, unregelmäßig gestalteter, gut begrenzter Herdschatten liegen. An einigen Stellen, besonders in der Höhe der 3. Rippe, liegen eine große Anzahl solcher Herd-schatten nahe beieinander innerhalb einer eben erkennbaren, leicht diffusen Schatten-bildung.

Links ist das Spitzenfeld nur im medialen Teile stark verschattet, seitlich ist es deutlich aufgehellt. Nach unten hin ist der aufgehellte Bezirk begrenzt durch herd-

und streifenförmige Schattenbildungen. Über die oberen und mittleren Teile des Lungenfeldes sind in ähnlicher Anordnung wie rechts zahlreiche größere und kleinere, meist gut begrenzte Herdschatten von verschiedener Dichtigkeit verstreut. Auch hier sieht man an zwei Stellen in Höhe der 2. und 3. Rippe diese Herdschatten gruppenweise innerhalb einer diffusen Schattenbildung liegen. Vom Hilus aus erstrecken sich streifenförmige Schatten schräg hinauf zum Spitzenfeld (käsige Bronchitis).

Die Zwerchfellbegrenzung rechts ist unscharf und verwaschen. Die linke Zwerchfellbegrenzung zeigt scharfe Konturen. Das Herz ist nicht vergrößert.

Zusammenfassung. Über die oberen und mittleren Teile beider Lungen ausgebreitete, vorwiegend produktive Phthise von azinös-nodösem Charakter. Beiderseits an verschiedenen Stellen beginnende Zirrhose. In den Spitzenteilen beiderseits exsudative konfluierende Herde mit deutlichen Zerfallserscheinungen rechts.

Röntgenbefund der 2. Aufnahme (17. 11. 1917). Die Rippen verlaufen links Bild 159 oben etwas steiler (Pleuraobliteration) als rechts. Die Lungenspitzenfelder zeigen beiderseits bis etwa zur Höhe der 2. Rippe in den Randteilen verwaschene Verschattungen. Beiderseits sieht man (links deutlicher als rechts) innerhalb dieser Verschattungen gut aufgehellte Zonen, die unter die erste Rippe herabreichen. Unten werden diese Aufhellungen begrenzt durch verwaschene, die Aufhellung umrandende, streifenförmige Schattenbildungen. In den oberen und mittleren Teilen beider Lungenfelder finden sich rechts und links einige größere, unregelmäßig gestaltete Schattenbildungen mit eingelagerten dichten Herdschatten. Zwischen diesen sieht man beiderseits unregelmäßig verzweigte streifenförmige Schattenbildungen und dazwischen auch einige dichte, gut umgrenzte Herdschatten. Fleckige, größere und kleinere aufgehellte Stellen (Emphysem) sind da und dort zwischen den Schattenbildungen sichtbar. Rechts treten in den mittleren Teilen des Lungenfeldes zwei größere diffuse Schattenbildungen mit eingelagerten Herd- und streifenförmigen Schatten besonders deutlich hervor. Links liegen im Mittelfeld einige kleinere derartige Schattenbildungen mit eingelagerten dichteren Herden. Entlang dem Herzrand sind links einige unregelmäßig gestaltete, ziemlich dichte Herdschatten gelagert, während der unten seitliche Teil des linken Lungenfeldes frei von Herden erscheint. Das rechte Lungenfeld läßt in den unteren Teilen nur vereinzelte Herde erkennen, im übrigen ist es hier stark aufgehellt. Die Gefäßschatten treten hier als auffallend geradlinig verlaufende, streifenförmige Schattenbildungen zutage. Die linke Zwerchfellkuppe zeigt eine zipfelförmige Erhebung an der Stelle der im Unterfeld liegenden dichten Herde.

Zusammenfassung. Über die obere Hälfte beider Lungen ausgebreitete vorwiegend indurativ-zirrhotische Phthise. Rechts ist die Zirrhose deutlicher ausgeprägt als links. Große von Induration umgebene Höhlenbildung in den oberen Teilen beider Lungen. Exsudative Vorgänge mit Verkäsung an den unteren Begrenzungen der Kavernen. Emphysem in den basalen Teilen beiderseits; erweiterte Gefäße besonders rechts.

Anatomischer Befund. (S.-Nr. 505/17. Zeitintervall: 9 Monate bzw. 3 Wochen.) Langer, schmaler, sehr flacher Thorax. Die rechte Brusthöhle vollkommen, die linke über dem Oberlappen und hinten unten auch strangförmig gegen das Zwerchfell verwachsen. In den freien Teilen links unten ein geringes Exsudat. Über den Oberlappen und weiter unten vorne Schwartenbildungen.

Bild 160   **1. Schnitt:**

Man sieht in den rechten Vorhof, darüber die Cava superior; daneben der hintere Teil der rechten Kammer und die flach eröffnete linke Kammer; über dieser die Pulmonalarterie und die aufsteigende Aorta mit der Arteria anonyma und linken Karotis.

Im linken Ober- und Mittelfeld — den ganzen linken Oberlappen einnehmend — ausgedehnte, kleinkammerige Kavernenbildungen, und dazwischen fibröses bzw. infiltriertes, mit verfetteten Zellen gefülltes Lungengewebe (Buhlsche Desquamativpneumonie). Der Unterlappen ist frei. Im rechten Oberlappen (Oberfeld) zwischen zahlreichen kleinen Kavernen wiederum induriertes Lungengewebe oder Käseherde. Im Mittellappen kleine nodöse, indurierte Herde, der Unterlappen fast frei; er ist durch ein randständiges Exsudat von der seitlichen Brustwand abgedrängt.

Bild 161   **2. Schnitt:**

Beide Oberlappen zeigen mittelgroße Höhlen mit verkäster Wand und Balkenbildung. Links ist der zuführende Bronchus bis zur Einmündung in die Kaverne freigelegt; unter der Kaverne seitlich eine kleine Höhlenbildung, dazwischen infiltriertes, teilweise induriertes Lungengewebe mit fibrösen Strangbildungen und Verfettung. In den Mittelfeldern exsudativ-käsige, auch azinös-nodöse Herde. In den Unterfeldern das gleiche in geringerem Grade. Die Unterlappen zeigen Emphysem. An der linken Zwerchfellseite eine derbe, bandförmige Verwachsung der Pleuren. Am Lungenhilus und entlang der Trachea stark geschwollene Lymphknoten. (Die verwaschenen weißlichen Flecken der Lungenfelder, insbesondere der große runde Fleck des rechten Unterlappens sind nicht durch Herdbildungen bedingt, sondern sind Kunstflecken.)

Diagnose. Mittelgroße Kavernen in beiden Oberlappen; ausgedehnte indurierende Prozesse zwischen spärlichen exsudativ-käsigen Herdbildungen der Oberlappen und der kaudal sich anschließenden Teile. Buhlsche Desquamativpneumonie. Kollaps der Oberlappen. Emphysem der Unterlappen. Totale Obliteration der rechten Brusthöhle mit Schwartenbildung, teilweise Obliteration der linken. Strangförmige Verwachsung an der linken Zwerchfellseite; geringes serös-fibrinöses Randexsudat links. Frische, starke Schwellung der Hiluslymphknoten.

Vernarbtes Magengeschwür; in den histologischen Schnitten der Leber, Milz, Niere keine Tuberkel.

Vergleichende Beurteilung. Der 9 Monate vor dem Tode erhobene Röntgenbefund ließ exsudative Veränderungen mit beginnenden Kavernenbildungen in den Spitzenteilen erkennen. In der Folgezeit sind durch Fortschreiten dieser exsudativen Vorgänge die Kavernen erheblich größer geworden. Sie treten auf dem zweiten Röntgenbilde als aufgehellte Zonen in den Spitzen und Oberteilen deutlich zutage. Aus den damals in den oberen und mittleren Teilen nachgewiesenen, vorwiegend nodösproduktiven Veränderungen haben sich teilweise indurierend-zirrhotische Herde entwickelt. Auch sind aus den Spitzenkavernen durch bronchogene Aussaat exsudative Herde hinzugekommen. Die in den oberen und mittleren Teilen beider Lungenfelder (besonders rechts) sichtbaren großen fleckigen Schattenbildungen mit eingelagerten dichten Herdschatten und dazwischen gelagerten streifenförmigen Schatten entsprechen den indurierend-zirrhotischen Vorgängen. Die mehr verwaschen ineinander überfließenden Schatten in den oberen und seitlichen Teilen unterhalb der Höhlenbildung sind durch die auch in den Schnitten erkennbaren Verkäsungen bedingt. Auf der rechten Seite erscheinen die

erkrankten oberen Lungenteile gegenüber den relativ herdfreien emphysematös ver-
änderten unteren Lungenteilen scharf abgesetzt. Links reichen die indurierten
Herdbildungen in den medialen Teilen herab bis zum Zwerchfell. Die zipfelförmige Erhebung der linken Zwerchfellkuppe erklärt sich aus der mit
den indurativen Vorgängen der basalen Teile in Beziehung stehenden bandförmigen
Verwachsungen (Schnitt 2) zwischen der Zwerchfell- und Lungenpleura. Im
Bereich der Induration basaler Lungenteile ist die inspiratorische Ausdehnung der
Lunge gehemmt und es findet an dieser Stelle infolgedessen eine leichte Einziehung
der Pleura diaphragmatica statt. Mit dem Emphysem der basalen Teile der
rechten Lunge steht in engster Beziehung der gestreckte Verlauf der etwas
erweiterten Gefäße in diesen Bezirken. Auf dem Röntgenbild treten die Gefäße
deshalb in Gestalt streifenförmiger Schattenbildungen innerhalb der
emphysematös stark aufgehellten Lungenteile besonders deutlich in die
Erscheinung.

Fall 38.   **Bild 162—164.**

**Indurierend-zirrhotische Phthise der oberen Teile beider Lungen mit großen Höhlen-
bildungen. Emphysem der basalen Teile beiderseits mit erweiterten Gefäßen.**

Aus der Krankengeschichte. B. F., 58 Jahre, m. Beginn der Erkrankung vor 8 Jahren, mehrfache
Heilstättenbehandlung. Arbeitsfähig bis 1917. Seit einem Jahr starke Verschlimmerung des Leidens.
Wegen Zunahme von Fieber, Husten und starkem Auswurf Aufnahme in Klinik 21. 2. 18.

Physikal. Befund zur Zeit der Röntgenaufnahme: Rechts relative Schallverkürzung mit starker
Tympanie bis 5. Brustwirbeldorn, vorne bis 3. Rippe, links bis 3. Brustwirbeldorn, vorne bis 2. Rippe.
Atmungsgeräusch rechts vorne unterhalb des Schlüsselbeins bronchial, hinten broncho-vesikulär. Links
vorne und hinten Broncho-Vesikulär-Atmen. Rechts, besonders an der unteren Begrenzung der Schall-
verkürzung, mittel- und großblasige, klingende Rasselgeräusche. Remittierendes Fieber (37,5—39⁰).
Reichlich Bazillen und elastische Fasern enthaltender Auswurf. Larynxinfiltrat. Erscheinungen von
Darmphthise. Zunehmende Schwäche. Gestorben 4. März 1918.

Röntgenbefund. (R.-A. 231/18.) Das rechte Spitzenfeld ist stark und gleichmäßig   Bild 162
verschattet. Unterhalb und seitlich dieser Verschattung besteht eine starke Aufhellung,
die etwa bis zur Höhe der 2. Rippe reicht. Ringsum ist diese gut begrenzt durch eine
bandförmige Verschattung. Innerhalb der Aufhellung liegen einige verwaschene,
streifenförmige Schattenbildungen (Kavernenbalken). Unterhalb der Aufhellung
liegen einige große verwaschene, ineinander überfließende Schattenbildungen,
zwischen denen wiederum einige kleinere Aufhellungen sichtbar sind. Entlang dem
Thoraxrande besteht eine bis zur Höhe der 3. Rippe reichende gleichmäßige Verschattung (Pleuraschwarte). Im Bereich dieser verlaufen die Rippen deutlich stärker
geneigt. Im Hilusgebiet liegt eine breite dichte Schattenbildung, die seitlich in die
an der unteren Kavernenbegrenzung liegende verwaschene bandförmige Schattenbildung übergeht. Über die mittleren und unteren Teile des rechten Lungenfeldes
liegen zahlreiche kleine unregelmäßig gestaltete, gut begrenzte dichte herdförmige
Schatten verstreut. Vom Hilus aus erstrecken sich eine Anzahl streifenförmiger
Schattenbildungen in auffallend geradem Verlauf zum Zwerchfell hin. Diese kommen
vielfach mit den herdförmigen Schatten zur Deckung.

Das linke Spitzenfeld ist oberhalb der ersten Rippe gleichmäßig verschattet, wie das rechte. Entlang dem Thoraxrand verläuft eine weniger dichte Verschattung herab bis zur 2. Rippe. Unterhalb und medianwärts von dieser liegt ähnlich wie rechts eine im ganzen gut umgrenzte Aufhellung, die eine geringere Ausdehnung hat als die rechtsseitige. Die Verschattung des Spitzenfeldes erstreckt sich entlang dem Mittelschatten herab bis zum Gefäßschatten hin. Hier ist sie breiter und hat eine dreieckige Gestalt. Es verläuft von da aus eine bandartige Schattenbildung schräg nach oben zum Thoraxrande und begrenzt von unten her die beschriebene aufgehellte Zone. Unterhalb dieser Begrenzungslinie liegen in den oberen und mittleren Teilen des Lungenfeldes einige sehr dichte und einige weniger dichte, gut begrenzte, unregelmäßig gestaltete Herdschatten. Zwischen diesen verlaufen unregelmäßig verzweigte streifenförmige Schattenbildungen. Links verlaufen vom Hilus aus, ähnlich wie rechts, einige streifenförmige Schattenbildungen zwerchfellwärts. Diese decken sich auch hier vereinzelt mit kleinen Herdschatten (nodöse Herde). Beiderseits sind die unteren Teile der Lungenfelder auffallend stark aufgehellt.

Das Herz ist nicht vergrößert, steilgestellt.

Zusammenfassung. Große, mehrkammerige, von indurativem Gewebe umgebene Höhle in den oberen Teilen der rechten Lunge. Emphysem in den mittleren und unteren Teilen der rechten Lunge. Zahlreiche indurative Herdbildungen in diesen Lungenteilen. Erweiterte Gefäße von gestrecktem Verlauf. Von indurativen Massen umgebene Höhlenbildung in den oberen Teilen der linken Lunge. Indurierte Herde in den mittleren Teilen der linken Lunge. Emphysem in den mittleren und basalen Teilen der linken Lunge.

Anatomischer Befund. (S.-Nr. 139/18. Zeitintervall: 10 Tage.) Sehr großer Thorax. Die Lungen überdecken den Herzbeutel sehr stark, sind deutlich übermäßig gedehnt. Der linke Oberlappen zeigt schon von außen stärkste Schrumpfung; er reicht vorne und seitlich nur bis zur 2. Rippe und besitzt an der Grenze zum Unterlappen eine breite grau-weißliche Schwarte (siehe auch 1. Schnitt). Auch der rechte Oberlappen ist stark geschrumpft, seine Pleura ausgiebig schwartig verdickt, mit der Rippenpleura verklebt. Das Herz ist steil gestellt.

Bild 163   1. Schnitt:

Man sieht in das eröffnete rechte Herz, darüber die Pulmonalarterie und die (nicht eröffnete) Aorta; über dieser drüsige Reste des Thymus, darüber die linke Vena anonyma und in der Tiefe die Cava superior.

Die Ausflußbahn der rechten Kammer ist schmal und auffallend steil gestellt, die Muskulatur der Kammer stark hypertrophisch, die Pulmonalarterie sehr weit, die Wand verdickt; der rechte Vorhof ist erweitert.

Der linke Oberlappen ist oben eben noch angeschnitten, sein Gewebe vollkommen luftleer, gleichmäßig induriert, von kleinen verkästen Herdchen durchsetzt. Abwärts hiervon zeigt die Lunge überall guten Luftgehalt, überall sind reichlich kleinste, fibrös-anthrakotische Knötchen eingelagert. Die Gefäße sind auffallend weit.

Rechts ist eine sehr große, dem Oberlappen angehörige Kaverne weit eröffnet. Sie reicht bis zur hinteren Thoraxwand und besitzt ein ausgedehntes Balkenwerk. Das Zwischengewebe ist völlig induriert, luftleer. Abwärts der Höhle normales Lungengewebe mit kleinsten anthrakotisch-fibrösen (eben fühlbaren) Knötchen und weiten Gefäßen.

Bild 164   2. Schnitt:

Der linke Vorhof liegt vor; seitlich unterhalb davon gegen die rechte Lunge zu, beiderseits vom Gewebe des rechten Unterlappens eingeschlossen die Cava inferior; über dem Vorhof die rechte

Pulmonalarterie mit ihren Verzweigungen, daneben die linke, darüber die Teilung der Trachea und der Aortenbogen.

Der linke Oberlappen zeigt wiederum nur völlig induriertes Gewebe und seitlich eine nach hinten sich stark erweiternde, bis zur Spitze und an die hintere Thoraxwand reichende Höhle. Das indurierte Gewebe liegt dem Aortenbogen und der linken Pulmonalarterie streifenförmig nach abwärts an, enthält zahlreiche kleine verkäste Herdchen. Der linke Unterlappen zeigt eine abnorme Lappenbildung von der Zwerchfellseite her. Befund des Unterlappens im wesentlichen wie im ersten Schnitt.

Rechts oben ist die Kaverne des ersten Schnittes in ganzer Ausdehnung zu übersehen; sie nimmt den ganzen Oberlappen ein und schneidet horizontal mit fibrös-induriertem Gewebe an der Grenze zum Mittellappen ab. Auch medial der Kaverne vollkommen induriertes, von eingedicktem Käse durchsetztes Gewebe, welchem um die Äste der rechten Pulmonalarterie herum, entlang der Trachea vergrößerte anthrakotische Lymphknoten anliegen. Der rechte Mittel- und Unterlappen wie im 1. Schnitt.

Diagnose. Zirrhotische Phthise beider Oberlappen. Hochgradige Schrumpfung und Induration der Lappen mit großen Kavernen. Emphysem der anderen Lappen. Fibrös-anthrakotische Knötchen ebenda. Steilgestelltes, etwas nach rechts verlagertes Herz; Dilatation und Hypertrophie des rechten Herzens; Ektasie der Pulmonalarterien. Abnorme Lappenbildung des linken Unterlappens, Schwartenbildung mit Obliteration der oberen Brusthöhle beiderseits.

Kleines phthisisches Geschwür über dem linken Aryknorpel; große zirkuläre phthisische Geschwüre im Dickdarm; großer käsiger osteomyelitischer Herd der linken Tibia mit Fistelbildung zur Haut. Sehr großer Adenomknoten in der rechten Schilddrüse mit Druck auf die obere rechte Thoraxapertur.

Vergleichende Beurteilung. Ein Vergleich der verschiedenen anatomischen Schnitte zeigt, daß die große, von induriertem Gewebe umgebene Höhle in den oberen Teilen der rechten Lunge eine ganz ungleichmäßige Tiefenausdehnung hat. Auf dem 1. Schnitt sieht man, wie dichtes, induriertes Gewebe die Höhle nach vorne teilweise überdeckt, und als Kavernenbalken in sie hineinragen. Diese anatomische Struktur erklärt die Erscheinungen des Röntgenbildes, das keine große, gleichmäßig aufgehellte Zone in den oberen Teilen zeigt, sondern innerhalb der nur leicht aufgehellten Zone in den oberen Teilen des rechten Lungenfeldes verwaschene, fleckige und streifenförmige Schattenbildungen erkennen läßt. Die dichten, vom Hilus aus schräg seitlich zum Thoraxrande sich erstreckenden bandförmigen Schatten sind durch das die Kaverne nach unten hin abgrenzende indurierte Gewebe bedingt. In allen anatomischen Schnitten fällt die starke Erweiterung der Gefäße innerhalb des starken Emphysems der mittleren und basalen Teile der rechten Lunge auf. Zwischen den Gefäßen finden sich eine Anzahl fibrös-anthrakotischer Knötchen, die auf dem Röntgenbilde als kleine, dichte, gut umschriebene Schattenbildungen erkennbar sind.

Links oben sind die medialen und obersten Teile der Lungen vollständig luftleer und in induriertes Gewebe umgewandelt. Demgemäß sind diese Teile des Lungenfeldes dicht verschattet. Die erst auf dem zweiten Schnitte sichtbare Höhlenbildung reicht hinten oben bis zur Spitze. Sie kommt röntgenologisch deshalb nicht gut zur Darstellung, weil sie nach vorne durch dichtes, fast völlig induriertes Lungengewebe überlagert wird. Der auffallend dreieckig gestaltete Schatten, der dem Aortenschatten anliegt, ist durch induriertes Lungengewebe bedingt. Es erstreckt sich an der unteren Begrenzung des indurierten Gewebes entsprechend der Ober-Mittellappengrenze ein fibröser Streifen schräg nach oben zum Thoraxrande; so kommt die Ober-Mittellappengrenze auf dem Röntgenbilde deutlich zur Darstellung. Auch links fallen in den anatomischen Schnitten die klaffenden Gefäße auf; röntgenologisch sind die erweiterten Gefäße beiderseits in Gestalt der breiten, gerade verlaufenden streifenförmigen Schattenbildungen erkennbar. Die scharf umrandeten kleinen fleckigen Herdschatten in den basalen Teilen beider Lungenfelder, die mit den Gefäßschatten vielfach zur Deckung gelangen, entsprechen fibrös-anthrakotischen Knoten der unteren Lungenabschnitte. Sie werden auf dem Röntgenbilde mehrfach auf die Gefäßschatten projiziert, haben in ihrer Entstehung jedoch nichts mit den Gefäßen zu tun.

Fall 39.   **Bild 165—168.**

Lobulär- bzw. lobär-exsudative Phthise der linken Lunge; große Höhlenbildung in den oberen Teilen. Lobulär-exsudative Phthise der oberen Teile der rechten Lunge mit großer Höhlenbildung. Nodöse und nodös-indurierende Herde in den mittleren und unteren Teilen der rechten Lunge.

Aus der Krankengeschichte. B. L., 43 Jahre, m. Beginn der Erkrankung nach Angabe des Patienten 1 Jahr vor Aufnahme in die Klinik, am 12. März 1918. Klinische Beobachtung nur 10 Tage.

Beiderseits hinten oben Schallverkürzung mit auffallender Tympanie bis 4. Brustwirbel, vorne bis 3. Rippe. Links unterhalb davon deutliche Schallverkürzung bis zur Höhe des 8. Brustwirbeldorns, von da ab übervoller Schall. Vorne links relative Schallverkürzung in Herzdämpfung übergehend. Rechts anschließend an die schallverkürzte Zone Tympanie, relative Schallverkürzung, weiter nach unten voller Schall vorne und hinten. Hinten und vorne oben beiderseits Bronchialatmen, links hinten nach unten vesikobronchiales Atmen, weiter basalwärts verschärftes Atmen, ebenso rechts. Großblasige klingende Rasselgeräusche in den oberen Teilen beiderseits, links unten feinblasiges Rasseln, diffus, ebenso rechts. Temperatur anfänglich bis 38°, in den letzten Tagen nur bis 37°. Rascher Verfall der Kräfte. Gestorben am 21. März 1918.

Bild 165   **Röntgenbefund.** (R.-A. 347/18.) Die links seitige Brustkorbbegrenzung verläuft deutlich steiler als die rechte, die Rippen zeigen links einen stärker geneigten Verlauf.

In den oberen Teilen des linksseitigen Lungenfeldes liegt zwischen 1. und 3. Rippe nahe dem Thoraxrande eine medianwärts und unten gut umgrenzte, längsoval gestaltete aufgehellte Zone. Innerhalb dieser sieht man fleckige und streifenförmige Schattenbildungen. Nach oben hin ist die Aufhellung nicht scharf begrenzt, sondern sie geht hier in weniger aufgehellte Teile des Spitzenfeldes über. Medianwärts von der aufgehellten Zone finden sich dichte fleckige, ineinander überfließende Schattenbildungen. In den mittleren Teilen des linken Lungenfeldes liegen zahlreiche verwaschene fleckige, ineinander überfließende Schatten so dicht beieinander, daß sie den Eindruck einer einheitlichen Verschattung erwecken. Nach unten hin nimmt die Zahl und Dichtigkeit dieser fleckigen ineinander überfließenden Schattenbildungen ab und es liegen zwischen diesen da und dort aufgehellte Stellen.

In den oberen Teilen des rechten Lungenfeldes besteht eine auch das ganze Spitzenfeld einnehmende, gut aufgehellte Zone, die allseitig scharf begrenzt erscheint. Am stärksten aufgehellt ist der dem Spitzenteil angehörende Teil, weniger gut aufgehellt erscheint der unterhalb des Schlüsselbeinschattens liegende Anteil der Aufhellung. Hier sieht man innerhalb dieser verwaschene fleckige und auch streifenförmige Schattenbildungen. Mit dem Schlüsselbeinschatten sich deckend, verläuft eine streifenförmige Schattenbildung quer durch die Aufhellung zum Thoraxrande. Unterhalb der Aufhellung liegen zahlreiche verwaschen ineinander überfließende Schatten. In den seitlichen Teilen des Mittelfeldes und im Hilusbereich sind diese besonders dicht und zahlreich angeordnet; sie fließen hier vielfach ineinander über. Weiter herab sieht man in den mittleren und basalen Teilen des rechten Lungenfeldes eine Anzahl größerer und kleinerer, teilweise sehr dichter, teilweise weniger dichter, gut gegeneinander abgesetzter Herdschatten liegen.

Die rechtsseitige Zwerchfellhälfte steht auffallend hoch und ist scharf begrenzt. Die linke Zwerchfellhälfte verläuft sehr steil nach unten zum Thoraxrande und stellt infolge starker Luftfüllung des Magenfornix einen bandförmigen Schatten dar.

Das Herz erscheint steil gestellt. Der linke Herzrand ist nicht in ganzer Ausdehnung erkennbar, weil die beschriebenen fleckigen Schattenbildungen bis an den Herzrand reichen bzw. sich mit dem Herzschatten teilweise decken.

Zusammenfassung. Lobär-exsudative Phthise in den mittleren und lobulär-exsudative Herde in den unteren Teilen der linken Lunge. Große Höhle in den oberen und seitlichen Teilen. Ausgedehnte Höhle in den Spitzenteilen und in den oberen Teilen der rechten Lunge. Angrenzend lobulär-exsudative Herdbildungen in den mittleren Teilen. Nodöse und nodös-indurierende Herde in den mittleren und basalen Teilen der rechten Lunge. Zwerchfellhochstand rechts. Schrumpfung der linken Thoraxseite infolge Pleuraobliteration.

Anatomischer Befund. (S.-Nr. 175/18. Zeitintervall: 5 Tage.) Mittelgroßer, etwas flacher, ziemlich breiter Thorax. Zwerchfellstand links 7. Rippe, rechts 4. Rippe. Die rechte Brusthöhle über dem Oberlappen verwachsen, seitlich und hinten schwartig. Die linke Brusthöhle fast überall bindegewebig obliteriert, vorne und gegen das Zwerchfell zu fibrinös verklebt, z. T. mit beginnender Organisation. Das Herz groß.

1. Schnitt: Bild 166

Das rechte Herz mit der Ausflußbahn der Kammer ist freigelegt. Man sieht den vorderen Papillarmuskel mit der Trikuspidalis, die eröffnete Pulmonalarterie und Aorta. Über der Aorta Reste des Thymus, die linke Vena anonyma mit der Einmündung in die Kava.

Die ganze linke Lunge zeigt nur noch wenig lufthaltiges Gewebe, dieses liegt zwischen völlig luftleerem, fest infiltriertem Lungengewebe. Es bestehen gleichzeitig exsudative, zur Verkäsung neigende Prozesse, dazwischen Indurationen infolge ausgedehnter Verödung und bindegewebiger Umwandlung des Gewebes.

Im rechten Oberteil das gleiche Bild wie links, mit beginnender kleinkammeriger Kavernenbildung. Im kaudalen Abschnitt noch reichliches lufthaltiges Gewebe.

2. Schnitt: Bild 167

Man sieht in den linken Vorhof, darüber die Pulmonalarterie, den Aortenbogen mit der linken Karotis; die Cava superior ist ganz hinten mit der Einmündungsstelle der (erweiterten) Vena azygos getroffen; unten das Bett der Cava inferior mit dem medialen sog. Kavazipfel des rechten Unterlappens.

Die linke Lunge zeigt im wesentlichen das gleiche Bild wie im ersten Schnitt, vorwiegend exsudativ-käsige Prozesse mit beginnendem kleinkammerigem Zerfall, dazwischen induriertes Gewebe. Das spärliche, noch lufthaltige Gewebe zeigt Emphysem.

Der rechte Oberlappen ist deutlich geschrumpft. Gegen die Spitze zu findet sich eine noch mit Käse gefüllte Höhle; abwärts seitlich davon eine weit nach hinten reichende kleinapfelgroße Höhle. Medialwärts hiervon bis zur Spitze fibröses induriertes Gewebe, ebenfalls mit Verkäsungen und Zerfall. Die untere Kaverne reicht bis zur Grenze zum Mittellappen; in letzterem sowie im Unterlappen vorwiegend azinös-nodöse Herdbildungen. Besonders am rechten Lungenhilus und zwischen Trachea und rechtem Oberlappen, aber auch am linken Lungenhilus stark vergrößerte, frisch geschwollene Lymphknoten.

Bild 168   3. Schnitt:

Der Ösophagus ist oben und unten quer eröffnet, unten seitlich davon die Brustaorta. Über den Hauptbronchien einerseits die Vena azygos und rechte Pulmonalarterie, andererseits der Aortenbogen und die linke Pulmonalarterie; unterhalb der Bronchien die Pulmonalvenen.

Im linken Oberlappen ein System kommunizierender, bis zur hinteren Wand reichender Höhlen. Kaudalwärts völlig luftleeres, käsig infiltriertes Gewebe, ebenfalls wieder mit indurativen Prozessen. Das gleiche Bild im linken Unterlappen mit nur wenig Induration. Gegen die Wirbelsäule zu auch azinös-nodöse Herdbildungen.

Der rechte Oberlappen zeigt zwei größere, durch einen horizontal gestellten Balken voneinander getrennte Höhlen. Medialwärts sind diese Höhlen von fibrösem Gewebe und gegen den Hilus zu von geschwollenen Lymphknoten begrenzt. Im schmalen Streifen des Mittellappens, sowie im angrenzenden Teil des Unterlappens vorwiegend exsudativ-käsige Herde; abwärts davon azinös-nodöse Herde. Im Winkel der Bifurkation, ebenso an den Teilungsstellen der Bronchien und großen Gefäße zahlreiche stark geschwollene Lymphknoten.

Das Zwerchfell steht rechts bedeutend höher als links. Eine Ursache hierfür ist nicht festzustellen.

Diagnose. Große Kavernen in beiden Oberlappen; Schrumpfung besonders des rechten Oberlappens; vorwiegend exsudativ-käsige Herdbildungen besonders der linken Lunge, teilweise mit indurierenden Prozessen, azinös-nodöse Herdbildungen im rechten Unterlappen. Obliteration beider Brusthöhlen im Gebiet der Oberlappen, mit teilweiser Schwartenbildung. Fibrinöse Pleuritis links abwärts mit Organisation. Sehr starke Schwellung der Hiluslymphknoten. Zwerchfellhochstand rechts (angeboren?).

Phthisische Geschwüre an der Unterfläche der Epiglottis; phthisische Geschwüre des untersten Ileums und des Dickdarms. Milztumor. Miliare Tuberkel der Nieren, hämorrhagische Nephritis; Fettleber.

Vergleichende Beurteilung. Im Röntgenbilde fallen vor allem die großen Höhlenbildungen in den oberen Teilen beider Lungen auf. Die rechtsseitige Höhle hat in den Spitzenteilen ihren größten Tiefendurchmesser (Schnitt 3); deshalb erscheint das Spitzenfeld stark aufgehellt. Der nach unten und seitlich liegende Teil der Kaverne hat einen geringeren Tiefendurchmesser und ist von vorne her durch exsudative Herdbildungen enthaltendes Lungengewebe überlagert. Man sieht deshalb innerhalb der Aufhellung fleckige und streifenförmige Schattenbildungen. Medianwärts von der großen Höhlenbildung und unterhalb von ihr liegt zum Teil luftleeres induriertes Lungengewebe. In den vorderen Lungenabschnitten sind (Schnitt 1 und 2) vorwiegend lobulär-exsudative und käsige Veränderungen sichtbar. Auf dem Röntgenbilde erscheinen die lobulär-exsudativen und indurierten Herde in Gestalt der dichten, verwaschenen, ineinander überfließenden Schattenbildungen medianwärts und unterhalb der Kavernenaufhellung. In den mittleren und basalen Teilen der rechten Lunge finden sich in allen Schnitten azinös-nodöse und indurierte Herde. Diese treten im Röntgenbilde als teilweise dichte und weniger dichte, unregelmäßig gestaltete, gut gegeneinander abgesetzte Schattenbildungen zutage.

Die linksseitige Kaverne unterscheidet sich von der rechtsseitigen insbesondere dadurch, daß sie in den unteren und seitlichen Teilen ihre größte Tiefenausdehnung hat und in den oberen Teilen, wo sie auch bis zur Spitze reicht, nach vorne hin überlagert ist von indurativ verändertem Lungengewebe. Der untere Kavernenanteil ist deshalb im Röntgenbilde stark aufgehellt, der obere ist verschattet. In der Umgebung der Höhle und zwar medianwärts und nach unten hin finden sich indurative Vorgänge zwischen lobulär-exsudativen Herdbildungen (Schnitt 2 und 3). In den vorderen Abschnitten erscheint die ganze linke Lunge durchsetzt von ineinander überfließenden lobulär-exsudativen und in Verkäsung sich befindenden Herden. Besonders dicht stehen die lobulär-käsigen Herdbildungen in den mittleren Teilen der linken Lunge, die sich anatomisch als fast vollkommen luftleer erweisen. Aus dieser Tatsache erklärt sich die fast gleichmäßige Verschattung des linksseitigen Mittelfeldes. In den unteren Teilen der linken Lunge findet sich zwischen den lobulär-exsudativen und lobulär-käsigen Herdbildungen da und dort noch lufthaltiges Gewebe; im Röntgenbilde erkennt man dieses an den aufgehellten Stellen, die zwischen den verwaschenen ineinander überfließenden Schattenbildungen liegen.

Der linksseitige Herzrand ist im Röntgenbilde deshalb nicht erkennbar, weil das Herz von hinten und vorne umlagert wird von luftleerem Lungengewebe, das von lobulär-exsudativen Herdbildungen und von induriertem Gewebe durchsetzt ist. Der rechtsseitige Zwerchfellhochstand ist anatomisch lediglich aus der Kleinheit des rechten Unterlappens zu erklären.

Fall 40.   **Bild 169—171.**

Große, von fibrösem Gewebe umgebene Höhle in den oberen Teilen der rechten Lunge. Indurative Veränderungen in den vorderen und neben dem Herzen gelegenen Teilen der rechten Lunge. Kleine Höhle in der linken Lungenspitze. Indurative und zirrhotische Veränderungen in den oberen Teilen der linken Lunge. Frische exsudative Veränderungen in den basalen Teilen der linken Lunge.

Aus der Krankengeschichte. D. M., 40 Jahre, w. 1906 Lymphknotenschwellung am Halse. 1910 Rippenresektion an der 10. u. 11. Rippe rechts wegen Karies; Eröffnung eines subpleuralen Abszesses. Beginn der Lungenerkrankung angeblich im Jahre 1916, Husten mit Auswurf; seither Zunahme der Lungenerscheinungen. Arbeitsunfähig und bettlägerig 6 Wochen vor Aufnahme in die Klinik. Klinische Beobachtung nur 2 Tage vom 11. bis 13. Februar 1919.

Rechts hinten oben bis 4. Brustwirbeldorn, vorne bis 3. Rippe auffallende Tympanie mit Bronchialatmen. Unterhalb davon geringe relative Schallverkürzung, dann voller Schall. Untere Lungengrenze rechts 7. Brustwirbeldorn, kaum verschieblich, links 11. Brustwirbel wenig verschieblich. Links relative Schallverkürzung hinten paravertebral vom 2.—6. Brustwirbel, vorne geringe Schallabschwächung unterhalb des Schlüsselbeins bis zur 3. Rippe. Über der schallverkürzten Zone links vesiko-bronchiales Atmen, mittel- und großblasige klingende Rasselgeräusche. Rechts hinten oben amphorisches Atmen, großblasige metallische Rasselgeräusche. Gestorben 13. Februar 1919.

Bild 169   **Röntgenbefund.** (R.-A. 204/19.) Der Brustkorb ist unregelmäßig gestaltet; rechts oben besteht eine leichte Abflachung, links und rechts unten seitlich eine leichte Einziehung. Die Brustwirbelsäule zeigt in der Höhe des 3.—6. Brustwirbels eine geringe Linksverbiegung. Die obersten Teile des rechten Lungenfeldes sind stark aufgehellt bis zum Thoraxrande hin. Nach innen ist die Aufhellung begrenzt durch eine schmale, dichte, bandförmige Schattenbildung, die nach unten breiter wird und hier über den Hilus hin verläuft. Von unten ist die Aufhellung begrenzt durch einige unregelmäßig verzweigte, vom Hilus zum Thoraxrande verlaufende, streifenförmige Schattenbildungen. Unterhalb dieser quer verlaufenden streifenförmigen Schattenbildungen liegen in den unteren Teilen des Lungenfeldes einige sehr dichte kleine Herdschatten. Vom Hilus aus erstrecken sich auch einige schmale streifige Schattenbildungen nach unten entlang dem Herzrande zum Zwerchfell hin. Die Trachealaufhellung ist neben der das rechte Spitzenfeld medianwärts begrenzenden bandförmigen Schattenbildung gut erkennbar. Sie ist etwas nach rechts gelagert.

Das linke Spitzenfeld erscheint stark aufgehellt. Nach unten von dieser Aufhellung verlaufen einige schräg vom Hilusbereiche nach oben ziehende streifige Schattenbildungen. In den oberen und mittleren Teilen des linken Lungenfeldes liegen einige ziemlich dichte, herdförmige Schatten, dazwischen verlaufen einige unregelmäßig verzweigte streifenförmige Schattenbildungen. Etwa in der Mitte des linken Lungenfeldes liegt ein diffuser Schatten mit eingelagerten herd- und streifenförmigen Schattenbildungen. In den unteren Teilen des linken Lungenfeldes sieht man eine gabelförmig sich aufteilende, verwaschene, bandförmige Schattenbildung, innerhalb deren wieder dichtere herdförmige Schatten sichtbar sind. Das Herz erscheint steil gestellt und etwas nach links verzogen. Die linksseitige Herzbegrenzung ist im Bereich der unteren Hälfte gut erkennbar; in der Gegend des Herzgefäßwinkels liegt jedoch eine diffuse Schattenbildung mit eingelagerten herd- und streifenförmigen Schatten; von diesen verlaufen einige bogenförmig von oben nach unten und gehen da scheinbar in die Herzrandkontur über. Die rechte Zwerchfellhälfte steht erheblich höher als die linke und ist größtenteils gut begrenzt. Die linke Zwerchfellhälfte zeigt in der Mitte eine zipfelförmige Erhebung. Im Bereich des Zwerchfellrippenwinkels besteht links eine eben erkennbare diffuse Verschattung.

Zusammenfassung. Große, beinahe die obere Hälfte der rechten Lunge einnehmende, von induriertem Lungengewebe umgebene Höhlenbildung. Indurative und exsudative Herdbildungen in den mittleren und medial gelegenen unteren Teilen der rechten Lunge. Höhlenbildungen in der linken Lungenspitze und in den mittleren Teilen der linken Lunge. Vorwiegend exsudative Veränderungen in den mittleren und besonders in den unteren Teilen der linken Lunge. Pleuraobliteration mit Brustkorbschrumpfung, Zwerchfellhochstand, Zwerchfellpleuraschwarte rechts.

Anatomischer Befund. (S.-Nr. 75/19. Zeitintervall: 1 Tag.) Langer schmaler Thorax. Beide Brusthöhlen ziemlich fest bindegewebig verwachsen. Das Herz auffallend groß, von kugliger Gestalt. Das rechte Herz stark erweitert, besonders auch

die Kammer; die Pulmonalarterie besonders weit, dünnwandig, die rechte Kammer
kaum hypertrophiert. Die Aorta vielleicht etwas eng.

(Aus besonderen Gründen ist vor der Aufnahme der hintere Teil des Thorax mit der Wirbelsäule entfernt.)

1. Schnitt:

Bild 170

Man sieht in das weite rechte Herz. Über dem rechten Vorhof das Herzohr, über der rechten Kammer
die Pulmonalarterie; weiter oben die linke Vena anonyma. Die Rippen sind hinter dem Lungenschnitt
durchtrennt.

Der linke Oberlappen, in geringer Breite, weit vorne angeschnitten, zeigt feste
durch Granulationen bedingte Infiltration mit Exsudat; dazwischen kleinste Höhlenbildungen und indurierende Prozesse. Der Unterlappen gut lufthaltig.

Rechts sieht man in eine dicht an der seitlichen Pleura gelegene große Oberlappenkaverne. Auf dem Schnitt zeigt der Oberlappen völlig induriertes, wenig lufthaltiges
Gewebe mit kleinsten Höhlenbildungen. Entlang dem rechten Vorhof zieht ein breiter,
völlig luftleerer, fibröser Gewebsstreifen, welcher sich dann über dem Zwerchfell, vermischt mit exsudativ-käsigen Zerfallsprozessen bis zur seitlichen Brustwand hinzieht.
Die sonst der Brustwand anliegenden Teile des Unterlappens sind gut lufthaltig.

2. Schnitt:

Bild 171

(Aus besonderen Gründen ist die Wirbelsäule nach Abnahme des entsprechenden Thoraxteiles frontal
durchsägt worden. Das in der Mitte des rechten Vorhofes befindliche Loch ist Kunstprodukt.) Man sieht
über dem rechten Vorhof die Cava superior, neben der rechten Kammer die linke Kammer mit dem hinteren
Segel der Mitralis und der aufsteigenden Aorta bis zum Aortenbogen, sodann die Arteria anonyma. Im
Winkel der aufsteigenden Aorta die weite Pulmonalarterie.

Die linke Lunge zeigt im Gebiet des Oberlappens exsudativ-käsige Prozesse mit
zahlreichen Höhlenbildungen. Der Unterlappen ist frei. Nur im untersten, der seitlichen Brustwand anliegenden Teil des Unterlappens findet sich ein größerer, frischerer
exsudativ-pneumonischer Herd, welcher weit nach hinten reicht.

Der rechte Oberlappen ist durch eine sehr große, bis zur Spitze und zur hinteren
Wand reichende Höhle eingenommen. Er ist von mehreren quergestellten Balken
durchzogen. Die untere Begrenzung der Kaverne ist derb-fibrös. Dem rechten Vorhof angelagert finden sich wiederum indurierende und käsige Prozesse des Lungengewebes. Sonst ist der Unterlappen fast frei. Über der Pulmonalarterie, sowie an der
Cava superior frischgeschwollene Lymphknoten.

Weiter nach hinten gelegte Schnitte zeigen nur ganz geringe kleine Herdbildungen
in den kaudalen Teilen, sonst normalen Luftgehalt. Hinter und unter der großen
Kaverne des rechten Oberlappens findet sich eine bis an die schwartig verdickte
Pleura reichende, flache Kaverne in der Spitze des Unterlappens.

Diagnose. Große, den ganzen rechten Oberlappen einnehmende, von Balken
durchzogene Kaverne. Zweite dorsal-kaudalwärts davon gelegene Kaverne in der
Spitze des rechten Unterlappens. Große Kaverne im linken Oberlappen, kleinere
kaudalwärts davon. Exsudativ-käsige Prozesse im linken Oberlappen. Frische exsudative Pneumonie im linken untersten Lungenzipfel. Indurierende und käsige Prozesse
im rechten Unterlappen, dem Herzbeutel entlang und über dem Zwerchfell. Fast
völlige Obliteration beider Brusthöhlen, beiderseits oben mit Schwartenbildung.
Frische Schwellung der Hiluslymphknoten. Großes kugeliges Herz. Starke Dilatation
des rechten Herzens.

Schwere ulzeröse Phthise der Epiglottis, mit starken Granulationen, sowie der Aryknorpelschleimhaut.
Ausgedehnte ulzeröse Phthise des Dünn- und Dickdarms. Alte ausgedehnte Verwachsungen der Bauchorgane. Keine Tuberkel in Leber- und Milzschnitten.

Vergleichende Beurteilung. Im Röntgenbilde fällt vor allem die eigenartige längs-oval gestaltete und stark verbreiterte Herzsilhouette auf. Diese hat eine mehrfache Begründung. Sie ist in erster Linie bedingt durch Veränderungen des Lungengewebes in unmittelbarer Nähe des Herzens und zum geringsten Teil nur durch Vergrößerung des Herzens und Erweiterung der großen Gefäßstämme. Die im Röntgenbilde gut ausgeprägte große Höhlenbildung in den oberen Teilen der rechten Lunge wird, wie auf den verschiedenen anatomischen Schnitten ersichtlich ist, all-seitig von indurativem Lungengewebe umgeben. Sie hat ihre größte Aus-dehnung in der Nähe der hinteren Thoraxwand und sie verkleinert sich, wie sich aus der vergleichenden Betrachtung der 3 anatomischen Schnittbilder ergibt, allmäh-lich nach vorne und unten. Die Stelle, an der die Höhle die ganze Thorax-tiefe einnimmt, ist besonders gut erkennbar als rundliche, stark aufgehellte Zone innerhalb der gesamten Kavernenaufhellung. Von unten her wird die Höhlen-bildung begrenzt durch indurative Stränge, die von der Hilusgegend seitlich zum Thoraxrande sich erstrecken (Schnitt 2). Innerhalb der Höhle sind in den vorderen Abschnitten (Schnitt 2) Kavernenbalken erkennbar, die auf dem Röntgenbilde als verwaschene Schattenbildungen innerhalb der Kavernenaufhellung in die Erscheinung treten. Hinten reicht die Höhle bis zur Lungenspitze. Nach vorne ist sie aber be-sonders in den oberen Teilen von indurativ verändertem Lungengewebe überlagert; aus diesem Grunde ist sie im Bereich des Spitzenfeldes leicht verschattet. In der Umgebung des rechtsseitigen Herzrandes findet sich indurativ ver-ändertes Lungengewebe, das nahezu bis zum Zwerchfell reicht (Schnitt 1); hieraus erklärt sich die eigenartige Veränderung der rechtsseitigen Herzgefäßrand-kontur. Diese wird verdeckt durch die den Herzrand bzw. das Perikard um-gebende dichte Schattenbildung des indurierten Lungengewebes.

Die linksseitige Spitzenkaverne ist medianwärts und oben von induriertem Ge-webe umgrenzt. Nach unten schließen sich indurative und exsudative Herd-bildungen an. Durch diese sind die verwaschenen, ineinander überfließen-den Schatten in den oberen Teilen des linken Lungenfeldes bedingt. In der Höhe des linksseitigen Herzgefäßwinkels ist das Lungengewebe ebenfalls luft-leer und induriert (Schnitt 1 und 2). Hieraus erklären sich die Schattenbildungen in der Umgebung des linksseitigen Herzgefäßwinkels, dessen Konturen sich von jenen nicht abheben. Die mittleren und basalen Teile der linken Lunge sind größtenteils lufthaltig; es finden sich nur vereinzelte exsudative Herd-bildungen in den basalen Teilen. Auf dem Röntgenbilde sind diese erkennbar an den eigenartigen verwaschenen herd- und strangförmigen Schatten in den unteren Teilen des Lungenfeldes. Zwischen diesen Herdbildungen und dem Herzrande findet sich lufthaltiges Lungengewebe, so daß der Herzrand hier im Bereich der unteren Hälfte gut dargestellt ist.

Die rechtsseitige Brustkorbhälfte ist, wie Schnitt 1 und 2 erkennen lassen, merklich geschrumpft infolge ausgedehnter Pleuraobliteration. Das Zwerchfell ist durch schwartige Veränderungen (früher Rippenkaries der 10. und 11. Rippe mit subpleuraler abgeheilter Abszeßbildung) hochgezogen und mit der Lunge verwachsen. Auffallend ist die im 1. und 2. Schnitt zutage tretende Erweiterung der Pulmonal-arterie.

Fall 41. **Bild 172—176.**

Nodös-indurierende Phthise der ganzen rechten Lunge; Höhle in der Spitze. Große, über zwei Drittel der linken Lunge einnehmende Höhle der linken Lunge; Induration der basalen Lungenteile.

Aus der Krankengeschichte, W. H., 39 Jahre, w. Patientin wird in schwerem Krankheitszustand am 25. Oktober 1917 in Klinik aufgenommen. Sie ist hochgradig abgemagert, spricht mit sehr leiser und heiserer Stimme. Über zeitlichen Beginn der Erkrankung ist keine sichere Angabe zu erhalten.

Physikalischer Befund: Links hinten geringe Schallverkürzung mit lauter Tympanie bis 6. Brustwirbeldorn, vorne ebenfalls bis 3. Rippe, weiter herab vorne und hinten relative deutliche Schallabschwächung. Vorne und hinten oben amphorisches Atmen, unten vorne und hinten über den gedämpften Bezirken Bronchovesikuläratmen mit vereinzeltem mittelblasigem Rasseln. — Rechts hinten oben bis 3. Brustwirbeldorn und vorne bis 2. Rippe relative Schallverkürzung mit tympanitischem Beiklang. Über diesen Bezirken Bronchovesikuläratmen. Hinten vom 3.—6. Brustwirbeldorn deutliche Schallabschwächung, weiter unten übervoller Schall. Vorne unterhalb der 2. Rippe nur geringe Schallverkürzung, dann übervoller Schall. Zwischen 3. und 6. Brustwirbeldorn hinten Bronchovesikuläratmen mit mittelgroßblasigem Rasseln. Vorne unterhalb der 2. Rippe verschärftes Atmen, fein- und mittelblasiges Rasseln. Temperatur bei Aufnahme 39⁰, fällt am 2. Tag auf 36,3⁰. Am 3. Tag (27. Oktober 1917) gestorben.

Röntgenbefund. (R.-A. 1244.) Im r e c h t e n Spitzen- und in den oberen Teilen des rechten Lungenfeldes besteht eine etwas aufgehellte Zone, die nach unten hin durch verwaschene, streifenförmige Schattenbildungen begrenzt erscheint. Unterhalb der Aufhellung liegen zahlreiche verwaschene, sehr dichte, besonders in den seitlichen Teilen ineinander überfließende Schattenbildungen. Vom Hilus aus verlaufen einige streifenförmige Schattenbildungen nach oben und seitlich zu den verwaschenen, ineinander überfließenden Herdschatten hin. Weiter nach unten sieht man in den mittleren und unteren Teilen des Lungenfeldes zahlreiche kleine und auch größere, sehr dichte, gut begrenzte Herdschatten liegen. Nur der rechts unten seitlich im Bereich des Zwerchfellrippenwinkels liegende Teil des Lungenfeldes ist frei von Herden. Im rechten Hilusgebiet liegen einige besonders dichte, umgrenzte Schattenbildungen innerhalb einer diffusen Verschattung.

In den oberen und mittleren Teilen des l i n k e n Lungenfeldes besteht eine starke Aufhellung zwischen Herzgefäßschatten und Thoraxrand. Oberhalb der 1. Rippe im Bereiche des Spitzenfeldes ist die Aufhellung etwas verschattet. Die aufgehellte Zone reicht herab bis zur Höhe der 5. Rippe. Die obere Hälfte der Aufhellung läßt keinerlei Herde erkennen, nur im Bereich der unteren Hälfte sieht man verwaschene band- und streifenförmige Schatten in unregelmäßiger Anordnung liegen. Die aufgehellte Zone wird nach unten hin begrenzt durch einen nach oben konkaven, zum Brustkorbrande verlaufenden Schattenrand. An diesen schließt sich nach unten hin im medialen Teil des Lungenfeldes eine diffuse, ziemlich dichte Verschattung an, die sich gegen das Zwerchfell und nach der Seite hin allmählich aufhellt. Innerhalb dieser diffusen Verschattung kann man an einzelnen Stellen noch verwaschene herd- und streifenförmige Schattenbildungen erkennen. Links verlaufen die Rippen sichtlich stärker geneigt als rechts; die Thoraxbegrenzung erscheint oben und seitlich deutlich abgeflacht (Pleuraobliteration).

Im Zwerchfellrippenwinkel erscheint das Lungenfeld hell und frei von Herdschatten. Die linke Herzrandbegrenzung ist nicht erkennbar, weil die beschriebene diffuse Verschattung unmittelbar in den Herzschatten übergeht. Die Zwerchfellkontur erscheint beiderseits gut erkennbar.

Zusammenfassung. Die obere Hälfte der linken Lunge einnehmende große Höhlenbildung mit Kavernenbalken in den unteren Teilen. Diffuse Zirrhose, vielleicht auch
konfluierend lobulär-käsiger Prozeß (Differenzierung am Röntgenbild nicht sicher
möglich) in den basalen Teilen der linken Lunge. Nodös-zirrhotische und herdförmig
nodös-indurierende Phthise der rechten Lunge mit Höhlenbildung in den Oberteilen;
azinös-nodöse Herde in den die Kaverne vorne überlagernden kranialen Teilen der
rechten Lunge. Schrumpfung der linken Thoraxseite infolge Pleuraobliteration.

Anatomischer Befund. (S.-Nr. 432/17. Zeitintervall: 1 Tag.) Kleiner, ziemlich
gut gewölbter Thorax. Nach Abnahme der vorderen Brustwand:

Bild 173 Der Herzbeutel ist nach links verschoben, stark von Lunge überlagert und mit
dem linken Brustfell völlig derb-schwartig verwachsen. Die linke Lunge ist im ganzen
geschrumpft, die rechte übermäßig gedehnt. Die linke Brusthöhle völlig obliteriert,
die Pleura fast überall schwartig verdickt. Die rechte Brusthöhle im Oberlappen
ebenfalls größtenteils schwartig obliteriert. Mittel- und Unterlappen frei beweglich,
stellenweise von etwas Fibrin bedeckt. Bemerkenswert ist die Lage des rechten
Oberlappens zum Mittellappen. Es zeigt sich, daß die Berührungsfläche der beiden
Lungen fast vollkommen horizontal ist (siehe die Schnitte), so daß in der sagittalen
Projektion die Begrenzung als eine horizontal gestellte Linie erscheinen muß (siehe
vergleichende Beurteilung).

Bild 174 1. Schnitt:

Der rechte Vorhof ist weit eröffnet, mit Speckhaut gefüllt, ebenso die rechte Kammer und die weite
Pulmonalarterie; darüber sieht man die Reste des Thymus.

Die linke Lunge ist stark geschrumpft, von normalem Lungengewebe nichts
mehr vorhanden. Besonders in den oberen Teilen findet man ausgedehnte Höhlenbildungen (welche sich nach hinten zu einer großen Höhle vereinigen) und dazwischen
völlig luftleeres, derbes, induriertes Gewebe. Auch kaudal nur induriertes Gewebe
mit kleinen Verkäsungen.

Die rechte Lunge ist teilweise stark gebläht und dicht besetzt mit azinös-nodösen,
zur Induration neigenden Herden. (Die weißlichen Schleier im Ober- und Unterfeld
sind großenteils Kunstflecken.)

Bild 175 2. Schnitt:

Man sieht den linken Vorhof und die linke Kammer, daneben den rechten Vorhof mit der Cava
superior; über dem linken Vorhof die Teilung der Pulmonalarterie, die Arteria anonyma und die linke
Karotis.

Die linke Lunge zeigt, wie im ersten Schnitt, hochgradige Schrumpfung, völligen
Zerfall und in den Höhlen Balken. Im kaudalen Abschnitt (Unterlappen) nodös-
indurierte Herde. In der Mitte des Unterlappens sieht man einen vertikal gestellten
Streifen, welcher einem mit Käse gefüllten Bronchus (käsige Bronchitis) entspricht.

Die rechte Lunge zeigt im Oberlappen diffuse Induration mit Verkäsungen und
Anthrakose. Im Mittel- und Unterlappen azinös-nodöse, zur Induration neigende
Herde, nirgends exsudative Prozesse (vereinzelte Kunstflecke im Mittel- und Unterfeld). Zwischen Kava und Arteria anonyma leicht geschwollene Lymphknoten, ebenso
seitlich der linken Karotis.

Bild 176 3. Schnitt:

Man sieht die Trachea mit den Hauptbronchien, daneben den Aortenbogen und die linken Pulmonalarterien; unter den Bronchien die Pulmonalvenen; über der Wirbelsäule unten der Ösophagus und die
absteigende Aorta.

Der ganze linke Oberlappen ist von einer einzigen Höhle eingenommen, welche jedoch hier nicht mehr so weit herunterreicht wie in den vorigen Schnitten; nach unten schließt sie mit derbem, induriertem Gewebe ab. Im kaudalen Abschnitt azinöse Herde und wieder käsige Bronchitis.

In der rechten Spitze eine apfelgroße Höhle. Der Rest des Oberlappens ist völlig luftleer, induriert, z. T. mit kleinen käsigen Herden versehen. Im Mittel- und Unterlappen azinös-nodöse Herde, also vorwiegend produktiven Charakters. Am Hilus zahlreiche, ziemlich stark geschwollene Lymphknoten.

Diagnose. Azinös-nodöse, zur Induration neigende Phthise in beiden Lungen. Große Kaverne, den linken Oberlappen einnehmend; Kavernen im rechten Oberlappen. Starker Kollaps der linken Brustseite. Schwartenbildung der Pleura. Emphysem der rechten Lunge. Teilweise Obliteration und fibrinöse Pleuritis der rechten Pleurahöhle. Schwellung der Hiluslymphknoten.

Phthisische Geschwüre an den Stimmbändern und am Ösophagusmund. Phthisische Geschwüre im Dickdarm, käsige Ausscheidungsherde der Nieren; Tuberkel der Leber und Milz.

Vergleichende Beurteilung. Die im Röntgenbilde sichtbare, auffallend starke Aufhellung der oberen und mittleren Teile des linken Lungenfeldes erklärt sich aus der besonders großen Höhlenbildung in den oberen und mittleren Teilen der linken Lunge. Besonders auf den tiefer gelegenen Schnitten 2 und 3 ist die Höhen- und Tiefenausdehnung der Höhle gut erkennbar. In den oberen Abschnitten nimmt der Tiefendurchmesser der Höhle die ganze Thoraxtiefe ein. Nach oben hin reicht sie bis zur Spitze; im Bereich dieser ist sie nach vorne von indurativem Gewebe überlagert, wodurch die leichte Abschattung im linken Spitzenfeld entsteht. Auch zu beiden Seiten der Höhle sieht man besonders auf Schnitt 2 dichte Schwarten die Kavernenwand bilden. Auf dem Röntgenbilde treten diese als bandförmige Schattenbildungen zutage, die vom Spitzenfeld herab entlang dem Mittelschatten und seitlich entlang dem Thoraxrande nach unten verlaufen. An der unteren Hälfte der aufgehellten Zone sieht man verwaschene, streifenförmige Schattenbildungen, die dem im 2. Schnitt besonders deutlich sichtbaren Kavernenbalken entsprechen. Hinter dem unteren, weniger tief reichenden Teil der Kaverne liegt dichtes induriertes Lungengewebe, das zum Teil die Abschattung und die verwaschenen Schattenbildungen in den untersten Teilen der Kavernenaufhellung bedingt. In dem unterhalb der Kaverne gelegenen Lungenteil sind die ventralen Abschnitte vollständig kollabiert, luftleer und enthalten vorwiegend induriertes Gewebe. Diese vollständig luftleeren Lungenteile umgeben den Herzrand und bedingen so die auf dem Röntgenbilde sichtbare, vom Herzen nicht abgrenzbare dichte Verschattung. In den weiter dorsal gelegenen Teilen finden sich in Schnitt 2 exsudative und produktive Herde und mit käsigen Massen ausgefüllte Bronchien (käsige Bronchitis). Diese Veränderungen sind auf dem Röntgenbilde innerhalb der diffusen Verschattung in den basalen Teilen nicht erkennbar.

In den oberen Teilen der rechten Lunge finden sich zunächst ausgedehnte indurierende und nodöse Herdbildungen (1. Schnitt). In den oberen und seitlichen Teilen sind ausgedehnte Lungenabschnitte vollständig induriert und luftleer. Dadurch erklärt sich die dichte Verschattung in den oberen und seitlichen Teilen des rechten Lungenfeldes etwa in der Höhe der 2. und 3. Rippe. Medianwärts von diesen ineinander überfließenden Schattenbildungen liegen zahlreiche isolierte dichte Herd-

11*

schatten, die den in entsprechender Höhe auf den Schnitten zur Darstellung gelangenden indurierten und nodösen Herdbildungen entsprechen. Der oberste Teil des Lungenfeldes und das Spitzenfeld sind infolge der in diesen Teilen (3. Schnitt) nach hinten und oben gelagerten Höhlenbildung aufgehellt. Diese Höhle ist nach vorne von Lungengewebe überlagert, das von nodös-indurierenden Herden durchsetzt ist und so sieht man innerhalb der aufgehellten Zone rechts oben deutlich herdförmige Schattenbildungen liegen.

Auf Schnitt 1 sieht man neben dem Herzrande im Mittellappenbereich zahlreiche, nebeneinander liegende indurierte Herde. Diese sind auf der Platte als dichte, herdförmige Schattenbildungen innerhalb einer diffusen, neben dem Herzrand liegenden Verschattung zu erkennen. Seitlich von diesen ineinander überfließenden indurierten Herden liegen vereinzelte indurierte Herde innerhalb emphysematös veränderter Lunge. An entsprechender Stelle sind auf dem Röntgenbilde innerhalb des hier gut aufgehellten Lungenfeldes zahlreiche, gut abgegrenzte Herdschatten sichtbar. Unten und seitlich davon besteht wiederum eine diffuse Verschattung mit eingelagerten Herdschatten, die durch konfluierende Induration der seitlichen und unteren Lungenteile bedingt sind.

Die im Röntgenbilde sichtbare, von der rechten Hilusregion schräg seitlich nach oben verlaufende streifenförmige Schattenbildung entspricht etwa der Ober-Mittellappengrenze; schwartige Veränderungen in der interlobären Zone bewirken diese streifenförmige Schattenbildung auf dem Röntgenbilde.

Fall 42.   **Bild 177—178.**

Lobär- bzw. lobulär-exsudative Phthise der ganzen linken Lunge; große Höhlenbildungen in den oberen und mittleren Teilen. Schrumpfung der linken Thoraxseite infolge Pleuraobliteration. Nodös-indurierende Herde in den oberen Teilen, azinös-nodöse Herde in den mittleren Teilen der rechten Lunge.

Aus der Krankengeschichte. B. A., 30 Jahre, m. Beginn der Erkrankung 1912; damals Heilstättenbehandlung; auch 1914 mehrere Wochen Heilstätte. Aufnahme in die Klinik im Oktober 1917. Während klinischer Beobachtung vom 10. Oktober bis 11. Dezember 1917 dauernd schweres Krankheitsbild. Intermittierendes Fieber zwischen 37,5 und 40°.

Physikalischer Befund: Über die ganze linke Lunge ausgebreitete relative Schallverkürzung mit deutlicher Tympanie im oberen Drittel. Vorne und hinten mittel- und großblasige, teilweise metallisch klingende Rasselgeräusche. Rechts hinten oben und vorne bis zur 2. Rippe geringe relative Schallverkürzung, verschärftes Atmen, verlängertes Exspirium, vereinzelte feinblasige Rasselgeräusche. Erscheinungen von Darmphthise.

Gestorben 11. Dezember 1917.

Bild 177   **Röntgenbefund.** (R.-A. 1190; 1917.) Die linksseitige Thoraxbegrenzung erscheint abgeflacht und zeigt unten eine leichte Einziehung. Die Rippen sind links stärker geneigt als rechts.

In den mittleren und unteren Teilen des linken Lungenfeldes sieht man zahlreiche, meist große, aber auch kleine verwaschene, ineinander überfließende Schattenbildungen, die eine gegenseitige Abgrenzung nicht erkennen lassen. In den Oberteilen des Lungenfeldes besteht eine ausgedehnte aufgehellte Zone, die teilweise gut umgrenzt erscheint und von verwaschenen herdförmigen Schattenbildungen umlagert ist. Innerhalb dieser Aufhellung liegen einige fleckige, verwaschene, herd- und streifenförmige Schattenbildungen. Zwischen den beschriebenen, ineinander überfließenden Schattenbildungen des Mittelfeldes sieht man zahlreiche, vielfach ineinander übergehende, teils rundliche, teils mehr länglich gestaltete Aufhellungen liegen, die vermutlich Zerfallshöhlen entsprechen. In der Umgebung des Herzens sind die Schattenbildungen so dicht angeordnet, daß die Herzbegrenzung nicht erkennbar ist.

Im rechten Spitzenfeld besteht eine verwaschene Schattenbildung mit eingelagerten Herden. In den Oberteilen des rechten Lungenfeldes sieht man eine Anzahl kleiner und größerer, ziemlich dichter, gut begrenzter Herdschatten liegen. In den Mittel- und Unterteilen des Lungenfeldes sind nur vereinzelte, unregelmäßig gestaltete Herdschatten von mittlerer Dichtigkeit erkennbar.

Die rechte Zwerchfellhälfte ist scharf begrenzt, die linke hebt sich von den beschriebenen verwaschenen Schattenbildungen, die in die Aufhellung des Magengewölbes hineinreichen, nicht scharf ab.

Zusammenfassung. Über die ganze linke Lunge ausgebreitete, lobulär bzw. lobär-käsige Phthise mit ausgedehnten Höhlenbildungen in den oberen und mittleren Teilen der Lunge. Nodöse und azinös-nodöse Herdbildungen in den oberen und mittleren Teilen der rechten Lunge. Thoraxschrumpfung infolge Pleuraobliteration links.

Anatomischer Befund. (S.-Nr. 521/17. Zeitintervall: 1 Monat, 24 Tage.) Gut gewölbter Thorax. Der Herzbeutel nach rechts verlagert, mit der linken Pleura fest verlötet. Die linke Pleura zeigt überall Schwartenbildung, die linke Brusthöhle obliteriert. Rechts oben ebenfalls schwartige Pleuraverdickung.

1. Schnitt:

Man sieht den rechten Vorhof mit der Cava superior, die linke Kammer mit dem vorderen Segel der Mitralis, die aufsteigende Aorta mit der Arteria anonyma und linken Karotis, darüber die Trachea; über der linken Kammer das linke Herzohr und die Pulmonalarterie.

Bild 178 (stereoskopisch)

Die linke Lunge ist in eine einzige, den Ober- und Unterlappen einnehmende Höhle umgewandelt, welche besonders oben und medianwärts von reichlichen Kavernenbalken durchzogen ist. Die Wandungen sind käsig belegt. Die linke Brusthöhle ist etwas zusammengesunken.

Die rechte Lunge zeigt in sämtlichen Feldern azinös-nodöse Herde.

Auch in tieferen Schnitten das gleiche Bild; weiter dorsal findet sich jedoch rechts oben eine mittelgroße Kaverne.

Zwischen den großen Gefäßen oben frisch geschwollene Lymphknoten, besonders auch über der Cava superior. Das Herz ist nach rechts verlagert.

Diagnose. Völliger kavernöser Zerfall der linken Lunge. Obliteration und Schwartenbildung der Pleuren. Kaverne und azinös-nodöse Herdbildungen der rechten Lungenlappen. Verschiebung des Herzens nach rechts; frische Schwellung der paratrachealen Lymphknoten.

Ausgedehnte phthisische Geschwürsbildung besonders im Dünndarm, aber auch im Dickdarm. Konglomerattuberkel in beiden Nieren.

Vergleichende Beurteilung. Der relativ große Zeitraum (7 Wochen), der zwischen der Röntgenaufnahme und der Darstellung im anatomischen Präparat liegt, erklärt die Differenz der Erscheinungen beider. In den anatomischen Schnitten ist nahezu die ganze linke Lunge in eine große, von zahlreichen Kavernenbalken durchsetzte Höhle umgewandelt. Im Röntgenbilde ist ein System von großen Höhlenbildungen erkennbar an den aufgehellten Stellen in den oberen und mittleren Teilen des linken Lungenfeldes; besonders deutlich tritt eine ziemlich scharf umrandete, aufgehellte Zone in den oberen Teilen des Lungenfeldes in die Erscheinung. Innerhalb dieser liegen verwaschene herd- und streifenförmige Schattenbildungen, die den in der Höhlenbildung sich findenden Zerfallsmassen entsprechen. Zur Zeit der Röntgenaufnahme bestanden in den mittleren und basalen Teilen der linken Lunge noch vorwiegend exsudativ-käsige Veränderungen, durch deren Zerfall dann weiterhin die im anatomischen Bilde erkennbare große Höhle entstanden ist.

Rechts entsprechen die im anatomischen Schnitte sichtbaren größeren nodösen Herde den dichten, gut gegeneinander abgesetzten Schattenbildungen in den oberen Teilen des rechten Lungenfeldes. In den mittleren und unteren Teilen finden sich nur mehr vereinzelte, gut umgrenzte, unregelmäßig gestaltete Herdbildungen, die durch azinös-nodöse Herde bedingt sind, wie die anatomischen Schnitte erkennen lassen. Die im Röntgenbilde deutlich zum Ausdruck kommende Schrumpfung der linken Thoraxseite erklärt sich anatomisch aus der totalen schwartigen Obliteration der linken Pleura.

Fall 43. **Bild 179—182.**

Linksseitiger Pleuraerguß mit teilweiser Kompression der linken Lunge. Geringe Rechtsverdrängung des Herzens.

Aus der Krankengeschichte. B. Ch., 17 Jahre, m. Beginn der Erkrankung ca. 14 Tage vor Aufnahme in die Klinik, mit Fieber, Brustschmerzen, starkem Husten ohne Auswurf. Physikalischer Befund entsprechend dem 1. Röntgenbilde zeigt satte Dämpfung über der ganzen linken Seite bis zur Schulterblattgräte. Über der Lungenspitze ist der Schall hinten relativ verkürzt mit Tympanie. Auch vorne oberhalb des Schlüsselbeines gedämpft-tympanitischer Schall. Atmungsgeräusch im Bereiche der absoluten Dämpfung stark abgeschwächt, ebenso Stimmfremitus. Traubescher Raum gedämpft. Ausgeprägte paravertebrale Schallverkürzung rechts. Herz nach rechts verschoben. Mehrfach Punktionen, die anfangs seröses (spez. Gew. 1014—16, reichlich Lymphozyten), später hämorrhagisches Exsudat förderten. Nach Monaten Besserung des örtlichen Befundes über den Lungen, aber Erscheinungen von Darmphthise, an der Patient am 30. November 1917 starb.

Bild 179 **Röntgenbefund der 1. Aufnahme.** (2. III. 17 R.-A. 220/17.) Das ganze linke Lungenfeld ist stark gleichmäßig verschattet. Die Verschattung hellt sich links unten seitlich gegen den Thoraxrand hin und links oben im Bereich des Spitzenfeldes ein wenig auf. Irgendwelche Herderscheinungen sind innerhalb der gleichmäßigen Verschattung nicht erkennbar. Das rechte Lungenfeld ist infolge Rechtsverdrängung von Herz und Mediastinum verkleinert; man sieht in der Hilusgegend, seitlich vom Herzgefäßschatten einige unregelmäßig gestaltete, fleckige Schattenbildungen liegen.

Das Herz ist deutlich nach rechts verlagert.

Zusammenfassung. Großer, linksseitiger Pleuraerguß mit deutlicher Rechtsverschiebung von Herz und Mediastinum.

Röntgenbefund der 2. Aufnahme. Auf der 8 Monate später gemachten Auf-   Bild 180
nahme ist die intensive Schattenbildung nicht mehr über das ganze li n k e Lungenfeld
ausgebreitet. Es besteht jetzt im Bereich des Spitzenfeldes und in der Umgebung
des Lungenhilus eine aufgehellte Zone, die seitlich gut begrenzt erscheint durch eine
vom Herzrande schräg nach oben zum Thoraxrande verlaufende Linie. Innerhalb
dieser Aufhellung ist, besonders im Hilusgebiet, die Lungengefäßzeichnung gut erkennbar. Seitlich von der beschriebenen linienförmigen Begrenzung ist das Lungenfeld verschattet, und zwar besteht eine sehr dichte Verschattung zwischen Herz und
Thoraxrand, die links unten seitlich etwas aufgehellt erscheint. Im Bereich des
r e c h t e n Lungenfeldes sieht man nur seitlich vom Hilus und in den Unterteilen
vereinzelte kleine Schattenbildungen von mittlerer Dichtigkeit. Im übrigen ist das
rechte Lungenfeld frei von Herden.

Die Trachea erscheint bogenförmig nach links gelagert.

Die rechte Zwerchfellhälfte ist scharf begrenzt. Die linke Zwerchfellbegrenzung
ist von der beschriebenen Verschattung nicht abgrenzbar.

Das Herz ist im Vergleich zu der früheren Platte mehr nach links gerückt.

Die oberste Brustwirbelsäule zeigt in der Höhe des 1.—4. Brustwirbels eine deutliche Rechtsverbiegung. Die Rippen verlaufen links steiler als rechts. Die Rippenzwischenräume sind links kleiner.

Zusammenfassung. Großer Resterguß der linken Pleurahöhle mit Schwartenbildung und Schrumpfung der linken Thoraxseite. Teilweise Kompression des
Oberlappens. Emphysematöse Aufhellung der rechten Lunge.

Anatomischer Befund. (S.-Nr. 500/17. Zeitintervall: Bild 179: 9 Monate, Bild 180:
2 Monate.) Nach Abnahme des Sternums findet sich eine mehrere Millimeter dicke
Schwartenbildung des linken Rippenfells. Diese Schwarte überlagert auch das Herz.
Nach ihrer Entfernung findet sich in der linken Brusthöhle ein großes fibrinös-eitriges
Exsudat, so daß das Zwerchfell tief steht und die Lunge gegen den Hilus und infolge
der Spitzenverwachsungen nach dorthin gedrängt wird. Das Exsudat reicht hinter
der Lunge bis zur Wirbelsäule. Das Herz ist nach rechts verlagert und etwas um die
großen Gefäße gedreht. Die rechte Lunge ist überall bindegewebig fest verwachsen.

1. S c h n i t t (Betrachtung mit einem Auge!):   Bild 181

Der rechte Vorhof und die Kammer mit der Trikuspidalis liegen vor; darüber die Pulmonalarterie,
die Aorta und die Cava superior, sowie die Arteria anonyma; weiter oben die Vena thyreoidea ima.

Die l i n k e Brusthöhle ist z. T. leer, z. T. mit kompakten und membranartigen
Fibrinmassen angefüllt. Diese bedecken auch die komprimierte Lunge. Oben ist die
Lunge überlagert von einer dicken Schwarte, in welcher sich käsige Herde befinden.
Gegen die Pulmonalarterie zu liegen einige frisch geschwollene, phthisisch veränderte
Lymphknoten. In der r e c h t e n Lunge einige wenige azinöse Herde; sonst guter Luft-
gehalt. Am oberen Rand breite Schwartenbildung. Zwischen dieser Schwarte und
der Arteria anonyma zahlreiche, noch weit nach hinten reichende, geschwollene, ver-
käste Lymphknoten, welche die Cava superior auch weiter abwärts noch begleiten.

2. S c h n i t t: Bild 182

Der Schnitt liegt hinter der Bifurkation, jedoch ist die Trachea mit der Teilung geschont worden.
Unter der Bifurkation sieht man die Einmündung der rechten Lungenarterie, darunter den linken Vorhof
mit den Lungenvenen.

Die l i n k e Lunge ist gegen die Wirbelsäule fixiert, von der Seite her durch das
Exsudat komprimiert und nach außen hin von einer Schwarte überzogen; Herd-

bildungen finden sich im Bereiche der Lunge nicht. In der rechten Lunge ebenfalls keine Herde. Nur auf den interlobären Pleuren kleine bis hirsekorngroße, verkäsende Knötchen. (Im lateralen Teil des rechten Mittel- und Unterteiles ein großer weißlicher Kunstfleck.)

Die Trachea ist sehr stark verzogen, im Halsteil nach links, im Brustteil nach rechts. (Die Ursache dieser Verschiebung ist aus dem anatomischen Befund nicht sicher zu deuten, vielleicht kommt ein Druck von seiten der rechten, durch Knoten vergrößerten Schilddrüse in Frage.) Zwischen der Trachea und dem rechten Oberlappen einige verkäste Lymphknoten; daneben der schwartige Überzug des rechten Oberlappens. An der Bifurkation sowie an der Teilungsstelle der Bronchien zahlreiche vergrößerte, teils verkäste, teils anthrakotische Lymphknoten (einige weitere hinter der Bifurkation).

Diagnose. Großes serös-fibrinöses Exsudat der linken Brusthöhle mit Kompression der linken Lunge. Verwachsungen an der linken Spitze. Verdrängung des Herzens nach rechts mit Stieldrehung. Kompressionsatelektase der Lungen. Schrägstellung der Trachea. Geschwollene, verkäste Hilus- und peribronchiale und rechtsseitige paratracheale Lymphknoten. Geringe azinöse Herde der rechten Lunge. Schwartenbildung der linken Lungen- und rechten Oberlappenpleura. Totale Obliteration der rechten Brusthöhle.

Ausgedehnte phthisische Geschwürsbildungen im ganzen Dünn- und Dickdarm und Zökum; Perforation zweier Geschwüre im unteren Ileum; fibrinös-eitrige Peritonitis, 500 ccm Exsudat; ausgedehnte Schwellung und Verkäsung der mesenterialen Lymphknoten, Milztumor mit Amyloid, mäßige Fettleber, Tuberkel der Milz.

Vergleichende Beurteilung. Das lange Bestehen des linksseitigen Pleuraergusses erklärt die in allen anatomischen Schnitten sichtbaren Fibrinmassen im linksseitigen Pleuraraum. Zur Zeit der ersten Röntgenaufnahme war der linksseitige Pleuraerguß noch erheblich größer als später. Infolge der starken Druckwirkung auf das Mediastinum erscheint das Herz auf dem ersten Röntgenbilde stärker nach rechts verlagert als auf dem zweiten. Verwachsungen auf der Rückseite der linken Lunge, und zwar in den mittleren und in den Spitzenteilen verhinderten eine vollständige Kompression der linken Lunge. Der Erguß hat in den basalen Teilen des Pleuraraumes seine größte Breitenausdehnung und entfaltet hier seine stärkste Druckwirkung, verdrängt das Zwerchfell stark nach unten und reicht weit in den Pleurasinus hinein (nicht abgebildet). Dieser ist in den untersten Teilen mit Fibrin gefüllt und schwartig verwachsen. Die Lunge ist vom Zwerchfell vollständig abgedrängt, so daß die Herzspitze vorne und von der Rückseite her vom Erguß umspült wird. Die dichte Verschattung reicht deshalb auf dem Röntgenbilde vom Herzschatten bis zum Brustkorbrand. Oben hat der Erguß eine viel geringere Breitenausdehnung infolge der beschriebenen Verwachsung der linken Lunge in den mittleren und in den Spitzenteilen. Hier ist die Lunge noch relativ lufthaltig. Auf diese Weise erklärt sich die im Röntgenbilde sichtbare aufgehellte Zone medianwärts von dem Ergußschatten in den oberen Teilen des Lungenfeldes. Die Schrumpfung der linken Thoraxseite ist auf dem Röntgenbilde an der stärkeren Neigung der Rippen und an der Brustkorbabflachung leicht erkennbar.

In der rechten Lunge sind nur ganz vereinzelte azinös-nodöse Herde in den verschiedenen anatomischen Schnitten zu sehen. Auf dem Röntgenbilde sind diese nicht mit Sicherheit zu erkennen, da sie wohl erst in der letzten Zeit entstanden sind; es sind auf ihm nur die verkästen und anthrakotischen Hiluslymphknoten dargestellt.

Fall 44.   **Bild 183—187.**

Linksseitiger Pleuraerguß und Herzbeutelerguß.

Aus der Krankengeschichte. F. K., 23 Jahre, m. Beginn der Erkrankung angeblich 3 Monate vor Aufnahme in die Klinik mit Leibschmerzen und Auftreibung des Leibes. Späterhin starke Kurzluftigkeit, stechende Schmerzen in der linken Brustseite, Hustenreiz ohne Auswurf. Aufnahme in der Klinik 22. August 1917. Objektiverscheinungen eines großen Herzbeutelgusses mit beginnendem linksseitigen Pleuraerguß; später Hinzutreten von Aszites. Mehrfache Punktion der Bauchhöhle. Zweimalige Punktion des linksseitigen Pleura- und Perikardergusses. Tod 15. März 1918.

Röntgenbefund der 1. Aufnahme. (R.-A. 1341. 24. August 1917.) Herzschatten $\quad$ Bild 183
stark vergrößert, besonders nach links und nach rechts. Links reicht der Herzschatten bis nahe an den Brustkorbrand, so daß nahezu die untere Hälfte des linken Lungenfeldes von dem vergrößerten Herzschatten eingenommen wird. Links unten ist der Herzschatten nicht mehr abzugrenzen gegen die diffuse Verschattung in den unteren und seitlichen Teilen des linken Lungenfeldes. Die oberen Teile des linken Lungenfeldes sind gut aufgehellt und enthalten keine sicheren Herdschatten. Das rechtsseitige Lungenfeld ist ebenfalls frei von Herderscheinungen; es zeigt eine ausgeprägte Gefäßzeichnung.

Zusammenfassung. Großer Herzbeutelerguß mit starker Kompression der basalen Lungenteile links.

Röntgenbefund der 2. u. 3. Aufnahme. (14. u. 21. November 1917.) $\qquad$ Bild 184/185
Die linke Brustkorbbegrenzung erscheint etwas abgeflacht. Die Rippen verlaufen links stärker geneigt als rechts. Entlang dem Thoraxrande besteht eine vom Spitzenfeld bis zum Zwerchfell herabreichende, ziemlich gleichmäßige Verschattung, die medianwärts gut begrenzt erscheint. Der Herzschatten ist stark verbreitert, im ganzen aber deutlich kleiner als auf der 1. Aufnahme. Links unten reicht der Schatten des Herzens in die seitliche Verschattung des Lungenfeldes hinein. In der Umgebung des linken Lungenhilus besteht eine aufgehellte Zone, die nach innen begrenzt wird durch den Herzgefäßrand, nach außen durch die Begrenzungslinie der beschriebenen Randverschattung.

Das rechte Spitzenfeld ist hell und frei von Herden. In den mittleren Teilen des rechten Lungenfeldes liegen vereinzelte kleine, unregelmäßig gestaltete, gut begrenzte Herdschatten von mittlerer Dichtigkeit. Im rechten Hilusgebiet sind einige besonders dichte, scharf umgrenzte Herdschatten sichtbar.

Die rechte Zwerchfellhälfte ist, soweit auf der Platte sichtbar, scharf begrenzt.

Zusammenfassung. Durch großen Herzbeutelerguß bedingte Vergrößerung des Herzschattens. Großer, bis zur Lungenspitze reichender, randständiger, linksseitiger Pleuraerguß.

Anatomischer Befund. (S.-Nr. 166/18. Zeitintervall: Bild 183: 7 Monate, Bild 185: 3 Monate, 24 Tage.) Mittelgroßer, etwas flacher, nach oben sich stark erweiternder Thorax. Das linke Zwerchfell steht bedeutend tiefer wie das rechte.

Nach Abnahme des Sternums sieht man den Herzbeutel hochgradig vergrößert, $\quad$ Bild 186
fibrös verdickt. Die Lungen füllen beiderseits die Brusthöhlen bei weitem nicht aus. $\quad$ (stereo-skopisch)
Besonders die linke ist gegen den Hilus zu und nach oben gedrängt. In der linken Brusthöhle ein serös-fibrinöses Exsudat, in der rechten ein ebensolches kleineres.

1. Schnitt:

Das rechte Herz ist eröffnet, weiter oben die Cava superior und die Trachea.

Beide Lungenfelder sind übersät von miliaren Tuberkeln; in den kranialen Teilen ist es bereits zur Bildung (hämatogen entstandener) azinöser und kleiner azinös-nodöser Herdbildungen gekommen. (In dem linken Oberteil und den rechten Lungenteilen werden die Herdbildungen durch Kunstflecken etwas überdeckt.) In weiter dorsal gelegten Schnitten nehmen die Herde an Zahl und Größe ab.

Das Herz füllt den Herzbeutel nicht ganz aus, ist auch hinten vom Herzbeutel etwas abgedrängt. Der Herzbeutel ist angefüllt mit einer eingedickten käsigen Masse (welche auf dem Bild infolge der Eintrocknung zu bröckelig erscheint). Das viszerale Epikard zeigt ebenfalls käsigen Belag, jedoch in bereits vorgeschrittener Organisation.

Diagnose. Hämatogen-disseminierte, tuberkuläre Phthise (Miliartuberkulose) beider Lungen. Käsige Perikarditis mit starker Dehnung des Herzbeutels. Organisation des Fibrins auf dem viszeralen Epikard. Großes Herz, Dilatation des rechten Herzens. Großes, serös-fibrinöses Exsudat der linken Brusthöhle mit Kompression der Lunge, kleines Exsudat der rechten Brusthöhle.

Serös-fibrinöse Peritonitis (500 ccm Exsudat), Tuberkel der Milz, Nieren. Geschwüre der Magenschleimhaut und der Blase.

Vergleichende Beurteilung. Ein Vergleich der drei Röntgenbilder, von denen das erste 3 Monate früher gemacht ist, ergibt zunächst, daß zur Zeit der 1. Röntgenaufnahme der Herzbeutelerguß merklich größer war als später. In der Zwischenzeit ist außerdem ein großer linksseitiger Pleuraerguß hinzugekommen, der in den seitlichen Teilen des Brustraumes vom Zwerchfell bis zur Lungenspitze reicht. Auf den Röntgenbildern ist der Pleuraerguß erkennbar an der die seitlichen Teile des Lungenfeldes einnehmenden, medianwärts gut begrenzten Verschattung. Die Ausdehnung dieser Verschattung entspricht durchaus der auf dem anatomischen Bilde erkennbaren Abdrängung der linken Lunge von der Brustkorbwandung. In der Gegend des Lungenwurzelgebietes findet sich die zusammengedrückte, aber noch lufthaltige linke Lunge, die hier dem Herzen anliegt. Von der Rückseite her werden diese lufthaltigen Lungenteile vom Erguß umspült. Auf dem Röntgenbilde (184 u. 185) besteht in den Teilen stärkeren Luftgehaltes, d. h. in der Gegend des Lungenwurzelgebietes eine aufgehellte Zone. Dadurch wird der obere Teil des linksseitigen Herzrandes gut erkennbar. In den basalen und nach rückwärts gelegenen Teilen des Herzbeutels findet sich etwas Exsudat, das größtenteils in fibrös-käsige Massen umgewandelt ist. Das Herz wird dadurch vom Zwerchfell abgedrängt und nach oben verschoben. Aus diesen anatomischen Veränderungen heraus erklärt sich die Vergrößerung des Herzschattens im zweiten und dritten Röntgenbilde. In der Zeit zwischen der 3. Röntgenaufnahme und dem Tode (ca. 4 Monate) ist nach dem Ergebnis des anatomischen Präparates ein kleiner rechtsseitiger Pleuraerguß hinzugekommen. Auch haben sich in dieser Zeit in beiden Lungen durch hämatogene Ausbreitung miliare Herde entwickelt. Der rechtsseitige Erguß und die miliaren Herde sind auf den Röntgenbildern noch nicht zu erkennen.

Fall 45. **Bild 188—190.**

Großer linksseitiger Pleuraerguß. Rechtsverdrängung des Mediastinums. Vereinzelte nodöse und nodös-indurierende Herde in der rechten Lunge.

Aus der Krankengeschichte. E. D., 25 Jahre, m. Januar 1918 Lazarettbehandlung wegen linksseitiger Brustfellentzündung. Objektivbefund starke Kurzluftigkeit. Linke Brustseite im Vergleich zu rechts stark gewölbt, bleibt bei der Atmung zurück. Links über der ganzen Seite hinten Schallverkürzung, ebenso seitlich und vorne, so daß die linke Herzgrenze nicht bestimmbar ist. Atmungsgeräusch links hinten oben abgeschwächt, links unten aufgehoben. Rechts über der Spitze geringe Schallverkürzung mit Tympanie, sonst rechts überall voller Schall, verschärftes Atmen, keine Geräusche. Probepunktion ergibt helle seröse Flüssigkeit. Wegen starker Herzverdrängung und Kurzluftigkeit mehrfache Wegnahme von 2—3 Liter Flüssigkeit durch Punktion. Erguß wächst aber jeweils wieder rasch an. Großes Infiltrat auf der hinteren Larynxwand mit beginnendem Zerfall. Bei letzter Punktion ist Erguß hämorrhagisch geworden. Zunehmender Kräftezerfall. Tod 27. April 1918.

Röntgenbefund. (R.-A. 125/18.) Das ganze li n k e Lungenfeld ist stark verschattet; die Verschattung hellt sich links unten und seitlich in den Randzonen etwas auf. Bild 188

In den oberen Teilen des r e ch t e n Lungenfeldes liegen vereinzelte, unregelmäßig gestaltete, sehr dichte Herdschatten. Im Hilusbereiche sind einige sehr dichte, runde, scharf begrenzte Herdschatten sichtbar. Auch in den mittleren Teilen des rechten Lungenfeldes sieht man vereinzelte, gut gegeneinander abgesetzte Herdschatten. Im übrigen ist das rechte Lungenfeld frei von Herden.

Herz und Mediastinum, insbesondere die Trachea mit Bifurkation sind nach rechts verlagert.

Zusammenfassung. Ausgedehnter linksseitiger Pleuraerguß mit starker Rechtsverschiebung von Herz und Mediastinum. Vereinzelte nodöse und nodös-indurierende Herde in den oberen und mittleren Teilen der rechten Lunge.

Anatomischer Befund. (S.-Nr. 257/18. Zeitintervall: 3 Monate.) Schmaler, langer Thorax. Das linke Zwerchfell tritt unter dem Rippenbogen stark nach unten gewölbt hervor. In der linken Brusthöhle serös-eitrige Flüssigkeit. Die Brusthöhle ist hochgradig erweitert; durch das Exsudat ist die Lunge stark nach rechts gedrängt, fast völlig komprimiert, von einer sehr breiten, fibrösen Schwarte überzogen; die Lunge liegt vorwiegend über der Wirbelsäule. Mit der Lunge ist das Herz sehr stark nach rechts verlagert und zeigt die typische Drehung von der Basis aus, mit der relativen Abklemmung des Aortenbogens und geringer auch der Pulmonalarterie (s. 1. Schnitt).

1. S c h n i t t: Bild 189
(stereoskopisch
Das rechte Herz ist eröffnet, die Lungen sind etwas tiefer durchschnitten.

Die li n k e Brusthöhle ist hochgradig erweitert; die linke Lunge ist von Schwarte überzogen, gegen den Hilus retrahiert, völlig komprimiert und mäßig induriert, enthält auch verkäste Herde.

Die r e ch t e Lunge weist vereinzelte azinös-nodöse Herdchen auf.

2. S c h n i t t: Bild 190

Man sieht die Trachea mit dem linken Hauptbronchus; sie ist stark nach rechts verzogen. Unter der Trachea der linke Vorhof mit der Einmündung der Lungenvenen; darunter das Bett der Cava inferior mit dem median gelegenen sog. Kavazipfel.

Die Lungen bieten dasselbe Bild wie im vorigen Schnitt. Erwähnenswert sind noch die in der Bifurkation und seitlich zwischen den Bronchien gelegenen, ziemlich stark geschwollenen Lymphknoten. In einem äußeren bronchialen indurierten Lymphknoten, dem Unterlappen zugehörig, sieht man einen größeren Kreideherd. Auch hier ist der Aortenbogen eingeengt, das Lumen ist schlitzförmig.

Diagnose. Großes Empyem der linken Brusthöhle, hochgradige Erweiterung der Brusthöhle mit Kompression der linken Lunge. Indurierende und exsudativ-käsige Prozesse in der linken Lunge. Starke Schwartenbildung der Pleura. Azinös-nodöse Herdbildungen der rechten Lunge. Starke Verdrängung des Herzens nach rechts mit typischer Stieldrehung. Verlagerung der Trachea nach rechts. Schwellung und Induration der Hiluslymphknoten mit Kreideherd und Anthrakose. Starker Zwerchfelltiefstand links.

Schwere ulzeröse Phthise des Kehlkopfes und der Trachea. Starkes Glottisödem. Phthisische Dickdarmgeschwüre, Tuberkel der Leber.

Vergleichende Beurteilung. Die starke, nahezu gleichmäßige Verschattung des linken Lungenfeldes erklärt sich aus dem großen linksseitigen Pleuraerguß. Infolge der starken Druckwirkung ist das Zwerchfell nach unten vorgewölbt, die Lunge vollständig zusammengedrückt. Sie liegt als luftleeres Gebilde dem Mediastinum an. Auch dieses ist infolge der erheblichen Druckdifferenz zwischen linker und rechter Brusthöhle stark nach rechts verschoben. Im Röntgenbilde kommt die Verlagerung des Mediastinums zum Ausdruck in der erkennbaren Rechtsverlagerung des Herzschattens und der Trachea. Die anatomischen Bilder zeigen, daß nicht nur eine Rechtsverlagerung, sondern auch eine Drehung des Herzens besteht. Infolge der Druckwirkung auf den unteren Teil des Mediastinums und besonders auf die nach hinten gelegenen Teile ist das Herz um seine Achse so gedreht, daß der linke Ventrikel nach vorne gelagert wird. Durch die Verlagerung des Mediastinums ist auch die rechte Lunge etwas eingeengt; in ihr finden sich eine Anzahl nodöser und nodös-indurierender Herde. Die Einengung der rechten Lunge ist auf dem in Inspiration gemachten Röntgenbilde nicht deutlich erkennbar. Aus den in den oberen und mittleren Teilen sich findenden, gut gegeneinander abgesetzten kleinen Verdichtungsschatten lassen sich nodöse und nodös-indurierende Herde erschließen.

Fall 46. **Bild 191—195.**

Lobär-käsige Phthise (käsige Pneumonie) der ganzen linken Lunge. Zerfallshöhlen in den oberen und unteren Teilen der linken Lunge. Partieller Pneumothorax links mit Rechtsverdrängung des Herzens. Zahlreiche nodöse und nodös-indurierte Herde in den oberen und mittleren Teilen der rechten Lunge. Kleine Zerfallshöhle. Schrumpfung der linken Brustkorbseite.

Aus der Krankengeschichte. K. E., 23 Jahre, m. Beginn der Erkrankung im Februar 1917. Bis Aufnahme in die Klinik Lazarettbehandlung. Klinische Beobachtung vom 27. Juni bis 10. Juli 1917.
Schweres Krankheitsbild mit hohem intermittierendem Fieber. Links hinten Schallverkürzung bis 6. Brustwirbeldorn, nach unten hin voller Schall. Links vorne oben Schallverkürzung mit tympanitischem Beiklang bis zur 3. Rippe, weiter unten voller Schall. Rechts hinten oben und vorne geringe relative Schall-

verkürzung. Atemgeräusch links hinten über dem schallverkürzten Bezirk bronchovesikulär, zahlreiche fein- und mittelblasige klingende Rasselgeräusche, vorne bronchial, in der Höhe der 2. und 3. Rippe vorne metallisch klingendes Rasseln. Gestorben am 10. Juli 1917.

Röntgenbefund. (R.-A. 32/17.) Das linke Lungenfeld erscheint im ganzen Bild 191 kleiner. Die Rippen verlaufen links oben und in der Mitte seitlich steiler wie rechts, die Rippenzwischenräume sind wesentlich schmäler als rechts. Die oberste Brustwirbelsäule ist im Bereich des 1.—4. Brustwirbels nach links, daran anschließend nach rechts verbogen.

In den oberen, mittleren und unteren Teilen des linken Lungenfeldes finden sich ineinander überfließende verwaschene fleckige Schattenbildungen. An einzelnen Stellen sind diese Schattenbildungen etwas dichter. Im Bereich der oberen Hälfte des linken Lungenfeldes fließen die Schattenbildungen ineinander über und man sieht nur da und dort einige aufgehellte Stellen. Die untere Hälfte des linken Lungenfeldes ist in den seitlichen Teilen und in der Umgebung der Herzspitze deutlich aufgehellt. Die dem Brustkorbrand anliegende aufgehellte Zone ist nach innen hin gut begrenzt.

In den oberen und besonders in den mittleren Teilen des rechten Lungenfeldes liegen zahlreiche kleinere und größere, meist gut gegeneinander abgesetzte Verdichtungsschatten. Zwischen diesen finden sich auch eine Anzahl unregelmäßig gestalteter, sehr dichte, gut begrenzte Herdschatten. Unterhalb der 2. Rippe besteht seitlich vom Hilus eine unregelmäßig gestaltete aufgehellte Stelle (Höhlenbildung).

Herz und Mediastinum erscheinen etwas nach rechts verlagert.

Zusammenfassung. Über die ganze linke Lunge ausgebreitete lobär bzw. lobulärexsudative (käsige) Phthise mit vielfacher Kavernenbildung, besonders in den oberen und mittleren Teilen. Beginnender partieller Pneumothorax links. Nodöse und nodösindurierende Herde in den oberen und mittleren Teilen der rechten Lunge.

Anatomischer Befund. (S.-Nr. 271/17. Zeitintervall: 6 Tage.) Gut gewölbter, nach links etwas verbreiterter Thorax.

(Nach Abnahme des Sternums): Der Herzbeutel ist deutlich nach rechts ver- Bild 192 lagert; er ist mit der linken Pleura schwartig verbunden. Die linke Lunge ist im unteren Teil durch ein fibrinös-eitriges Exsudat von der Brustwand abgelöst; das Exsudat füllt die Höhle jedoch nicht ganz aus, es reicht an der Vorderseite der Lunge bis zum Herzbeutel heran. Auf der Lungenpleura sieht man membranartige, fibrinöse Beläge und an einzelnen Stellen linsen- bis pfennigstückgroße Nekrosen (unter welchen sich Kavernen mit verkästem Inhalt befinden). Eine solche weiter hinten gelegene Höhle ist nach der Brusthöhle zu perforiert (Ausgangsstelle des Pneumothorax). Im oberen Teil sind die Pleuren schwartig miteinander verlötet. Die rechte Lunge ist fast überall frei beweglich, nur vorne innig mit dem Herzbeutel verwachsen, die Pleura hier schwartig verdickt.

1. Schnitt: Bild 193

Der Schnitt eröffnet das mit Kruor gefüllte rechte Herz, in der eröffneten linken Kammer Speckhaut. Die Muskulatur der rechten Kammer schräg getroffen, darüber die Pulmonalarterie, nach innen davon schräg eröffnet die rechte Kranzarterie, nach außen davon die linken Kranzgefäße. Über dem Herzen Reste des Thymus.

Der linke Ober- und Unterlappen zeigt fast gleichmäßige exsudativ-käsige Infiltration; dabei zahlreiche, z. T. kommunizierende Höhlenbildungen. Rechts finden sich mehr azinös-nodöse Herde in sämtlichen Lungenteilen.

2. Schnitt:

Man sieht die Cava superior und inferior, daneben kruorgefüllt den linken Vorhof und den Rest des linken Herzohres. Unter diesem die Lungenarterien. Über dem Vorhof die Teilung der Pulmonalarterie, darüber der Aortenbogen und die linke Karotis. Unter dem Herzen der Ösophagus und die Aorta an der Zwerchfelldurchtrittsstelle.

Die linke Lunge zeigt den gleichen Befund wie im 1. Schnitt. Lobär-käsige Pneumonie mit zahlreichen Kavernenbildungen und drohenden Perforationen durch die Pleura.

Rechts ebenfalls wieder azinös-nodöse Herde [1]), im Mittelteil eine kirschgroße Höhle. Vor der Trachea und gegen die Cava sup. zu, sowie zwischen linker Karotis und Lungenspitze und abwärts davon bis zur linken Lungenarterie finden sich zahlreiche, frisch geschwollene, phthisisch veränderte Lymphknoten.

3. Schnitt:

Die Längsaorta ist eröffnet und über der Wirbelsäule der Ösophagus. Links sieht man den großen Bronchus des Unterlappens, darüber die mit Blutgerinnsel gefüllte Lungenarterie, darunter die Lungenvene. Rechts das Gleiche.

Die linke Lunge bietet dasselbe Bild wie in den vorigen Schnitten, nur findet sich im paravertebralen Abschnitt des Unterlappens noch lufthaltiges Gewebe mit lobulär-käsigen Herdchen. Am Hilus ein bohnengroßer, völlig verkreideter Lymphknoten.

Auch in weiteren Schnitten nach hinten zahlreiche kleine, lobulär-käsige Herde.

Die rechte Lunge zeigt azinös-nodöse, z. T. zentral verkäste Herde, im unteren Teil des Oberteils eine kleine Höhle (einige weitere in weiter dorsal gelegten Schnitten). Zwischen Ästen des Hauptbronchus und gegen den Ösophagus zu stark geschwollener Lymphknoten.

Diagnose. Lobär-käsige, ulzeröse Phthise der linken Lunge mit zahlreichen kleinen bis mittelgroßen Kavernen. Zahlreiche Pleuranekrosen; Perforation einer Kaverne in die linke Brusthöhle, Pyopneumothorax links mit Verschiebung des Herzens nach rechts.

Azinös-nodöse Phthise der rechten Lunge, kleine Kavernen im Oberlappen. Starke Schwellung der Bifurkations- und peribronchialen Lymphknoten beiderseits. Kalkherd in einem linken Hilusknoten.

Phthisische Ulzerationen der Stimmbänder; phthisische Ulzerationen im unteren Dünndarm. Verkäsung der linken Nebenniere; Fettleber; großer Milztumor.

Vergleichende Beurteilung. Aus den nahezu das ganze linke Lungenfeld einnehmenden, in den oberen Teilen vielfach ineinander überfließenden fleckigen verwaschenen Schattenbildungen ist der lobär bzw. lobulär-exsudative Prozeß leicht zu erschließen. Die ganze linke Lunge ist (Schnitt 1 und 2) käsig-pneumonisch umgewandelt. In den oberen Teilen sind zahlreiche, in den unteren Teilen vereinzelte Zerfallshöhlen entstanden (Schnitt 1 und 2). Diese letzten sind im Röntgenbilde nicht deutlich erkennbar. Sie können nur vermutet werden aus den zwischen den verwaschenen Schatten sich findenden aufgehellten Stellen. Infolge Durchbruchs einer in den basalen Teilen der linken Lunge liegenden Zerfallshöhle ist es zu einem partiellen Pneumothorax gekommen.

---

[1]) Mikroskopische Untersuchung: Die Herde zeigen manchmal zentrale Verkäsung, aber scharfe Abgrenzung gegen die lufthaltige Umgebung durch Granulationsgewebe.

Die damit verknüpfte Infektion der Pleurahöhle hat in den letzten Tagen zu einem
eitrigen Erguß geführt. Dieser ist erst nach dem Zeitpunkt der Röntgenaufnahme
entstanden und auf dieser infolgedessen nicht sichtbar. Dagegen kann der zur Zeit
der Röntgenaufnahme schon vorhandene partielle Pneumothorax aus der in
den Randteilen links unten sichtbaren aufgehellten Zone erschlossen werden.
Links oben ist die Lunge in ganzer Ausdehnung durch Pleuraobliteration mit der
Brustkorbwand verwachsen. Die Abflachung der Thoraxbegrenzung und der stärker
geneigte Verlauf der Rippen links oben verraten diesen Zustand.

In den oberen und besonders in den mittleren Teilen der rechten Lunge finden
sich zahlreiche, vorwiegend nodöse und nodös-indurierende Herde. Diese
entsprechen den in den mittleren Teilen des rechten Lungenfeldes
sichtbaren dichten und weniger dichten, gut gegeneinander abgesetzten
Herdschatten. Vereinzelte verwaschene Schattenbildungen werden durch exsudative Veränderungen bedingt. Im 3. Schnitt kommt rechts oben eine kleine
Höhlenbildung zur Darstellung, die im Röntgenbilde als unregelmäßig gestaltete aufgehellte Stelle unterhalb der 2. Rippe erkennbar ist. — Infolge
der durch den linksseitigen Pneumothorax bedingten stärkeren Druckdifferenz in
den basalen Teilen beider Pleuraräume ist das Herz etwas nach rechts verlagert.

Fall 47.   Bild 196—199.

**Linksseitige nodös-indurierende Phthise mit Spitzenkaverne. Rechtsseitiger Pyo-
pneumothorax.**

Aus der Krankengeschichte. St. A., 45 Jahre, m. 1903 Rippenfellentzündung, dann gesund und arbeitsfähig bis 1915 eine Lungenblutung auftrat. Seither Husten und Auswurf. In letzter Zeit starker Hustenreiz
mit massenhaft Auswurf, hohes Fieber, deshalb Aufnahme in Klinik am 16. Dezember 1918.

Physikalischer Befund: Rechte Brustkorbseite stark geschrumpft, nimmt wenig an Atmung teil.
Klopfschall rechts hinten oben verkürzt mit starkem tympanitischem Beiklang bis 4. Brustwirbeldorn.
Vorne starke Schallverkürzung mit geringer Tympanie bis 3. Rippe; hinten unten seitlich starke Schallverkürzung, die gegen die Wirbelsäule zu geringer wird. Atmungsgeräusch rechts hinten und vorne oben
bronchial, hinten unten abgeschwächt; in der Höhe des 7. Brustwirbeldorns großblasige klingende Rasselgeräusche. Links hinten oben und vorne deutliche Schallverkürzung mit geringer Tympanie, Atmungsgeräusch bronchovesikulär; hinten vom 2. bis 5. Brustwirbeldorn verschärftes Atmen mit fein- und mittelblasigem Rasseln. Auswurf eitrig und sehr reichlich. Temperatur in den ersten Wochen sehr unregelmäßig
remittierend bis 38,5°, später meist nur subfebrile Temperaturen und nur vereinzelte Zacken bis 39°. Der
physikalische Befund verändert sich wenig, nur insofern, als die klingenden Rasselgeräusche rechts bald
zahlreicher, bald weniger reichlich sind. Rechts hinten und vorne oben amphorisches Atmen. Schallverkürzung rechts hinten oben nimmt etwas zu. In den letzten Wochen treten starke Durchfälle auf.
Am 11. März 1919 Gesichtserysipel mit hohem Fieber. Gestorben 14. März 1919.

Röntgenbefund. (R.-A. 1739.) Der Brustkorb ist unregelmäßig gestaltet. Die   Bild 196
Brustwirbelsäule zeigt eine starke Linksverbiegung. Die Rippen verlaufen rechts
erheblich steiler als links. Die rechtsseitige Thoraxbegrenzung ist stärker geneigt und
zeigt rechts unten eine deutliche Einziehung. Entlang dem Thoraxrande verläuft
im Lungenfeld eine ziemlich dichte, bandförmige Schattenbildung von der Spitze bis
in den Zwerchfellrippenwinkel hinein. Das rechte Brustbeinschlüsselbeingelenk

erscheint in das rechte Lungenfeld hinein verlagert. Die Brustbeingelenkfläche ist stark verbreitert. Der Gelenkspalt ist deutlich verbreitert.

Im oberen Teile des rechten Lungenfeldes besteht nach innen von der Bandverschattung des Thoraxrandes eine schräg gelagerte, oval gestaltete, starke Aufhellung, die medianwärts begrenzt ist durch eine vom Hilus senkrecht zur Spitze hin verlaufende bandförmige Schattenbildung. Nach innen von dieser bandförmigen Schattenbildung liegt die streifenförmige Aufhellung der Trachea entlang dem rechtsseitigen Wirbelsäulenrand. Das stark verkleinerte Lungenfeld läßt nur im medial gelegenen mittleren und unteren Teile Lungenzeichnung erkennen. Es ist in diesem Bereiche leicht verschattet. Im Hilusgebiet besteht eine ziemlich dichte Verschattung. Die scharf umrandete aufgehellte Zone in den oberen Teilen des rechten Lungenfeldes wird durch ein breites Schattenband getrennt von einer aufgehellten Zone, die nahe dem Thoraxrande in den seitlichen Teilen des rechten Mittelfeldes liegt. Rechts unten besteht in den seitlichen Teilen des Lungenfeldes eine intensive gleichmäßige Verschattung, die oben nahezu horizontal begrenzt erscheint und medianwärts in das Lungenfeld hinein reicht.

Das linke Spitzenfeld ist leicht diffus getrübt. Innerhalb dieser Trübung ist eine quer oval gestaltete, von einer streifigen Schattenbildung umrandete aufgehellte Zone erkennbar (Kaverne). In den seitlichen und oberen Teilen des linken Lungenfeldes sind eine Anzahl kleiner, unregelmäßig gestalteter Herdschatten sichtbar, die azinös-nodösen Herden entsprechen. Die übrigen Teile des linken Lungenfeldes sind gut aufgehellt.

Das Herz erscheint nach links verschoben.

Zusammenfassung. Starke Schrumpfung der rechten Thoraxseite infolge ausgedehnter Pleuraobliteration. Rechtsseitiger Pneumothorax mit Erguß. Große Kaverne in den oberen Teilen der rechten Lunge. Nodös-indurierende Phthise in den oberen Teilen der linken Lunge mit Kaverne in der Spitze.

Anatomischer Befund. (S.-Nr. 124/19. Zeitintervall: 2 Monate, 24 Tage.) Großer, breiter, etwas flacher Thorax. Nach Abnahme der vorderen Brustwand sieht man die linke Brusthöhle überall ziemlich fest bindegewebig obliteriert. Rechterseits findet sich seitlich in der Höhe der 2. Rippe beginnend, bis zum Zwerchfell herunterreichend ein gegen 2 cm breites, wandständiges, serös-fibrinöses Exsudat. Nach hinten erweitert sich die Exsudathöhle beträchtlich und reicht medialwärts bis fast zur Wirbelsäule, die Lungen nach vorne drängend. Nach oben dehnt sich das Exsudat ebenfalls aus und steht dann fast in Höhe der 1. Rippe durch eine zweipfennigstückgroße (3. Schnitt) Öffnung mit der großen Spitzenkaverne in breiter Verbindung (Sonde als Verbindung der Kaverne und Exsudathöhle). Die Lunge ist durch dieses Exsudat nach innen und von hinten nach vorne gedrängt. Das Herz ist sehr groß, rechterseits erweitert, die Pulmonalarterie und Aorta auffallend weit.

Bemerkenswert ist der Einfluß des Kollapses der rechten Lunge und des Empyems auf die Lage und den Umbau der Rippe. Rechts berühren sich die Rippen und haben auf Querschnitten eine rund-ovale Form, links sind die Interkostalräume verhältnismäßig weit, die Rippenquerschnitte länglich-oval.

Bild 197   1. Schnitt:

Man sieht in den rechten Vorhof, in welchen eine von der Cava inferior aus eingelegte Sonde einmündet, zur besonderen Darstellung der stark ausgebildeten Valvula Eustachii. Über der rechten Kammer die Pulmonalarterie, daneben die aufsteigende Aorta. Weiter oben die linke Vena anonyma.

Das linke Lungenfeld zeigt ganz vereinzelte, azinöse, indurierte Herde. Rechts sieht man die komprimierte Lunge gegen das Exsudat zu von einer Schwarte überzogen. Das Lungengewebe enthält vereinzelte kleine, nodös indurierte Herde, ist sonst lufthaltig und weist einige ausgesprochen emphysematöse Partien auf.

2. Schnitt: Bild 198

Man sieht in den linken Vorhof mit der Einmündung der Lungenvene links. Schräg von unten kommt die Cava inferior, seitlich von Lebergewebe umgeben; über den Lungenvenen die Lungenarterien; neben der rechten Lungenarterie die hintere Wand der Cava superior mit der Einmündung der Vena azygos. Über den Pulmonalarterien der Aortenbogen, die Trachea und der Ösophagus.

In der linken Spitze eine große, weiter hinten sich noch etwas tiefer herabsenkende Höhle. Ihre untere seitliche Begrenzung ist ein größerer, nodös-indurierter Herd. Auch über dem Aortenbogen paravertebral induriertes, luftleeres Lungengewebe. Im Mittel- und Unterfeld nur vereinzelte nodös-indurierte Herdchen. Die Gefäße alle etwas weit, das Lungengewebe etwas gebläht.

Im rechten Oberlappen eine walnußgroße Höhle mit käsig belegter Wand (ohne Verbindung mit der hinteren Höhle des 3. Schnittes). Die komprimierte Lunge zeigt nur noch wenig lufthaltige Teile, ist stark von fibrösem Gewebe durchzogen; im Unterlappen auch azinöse Herdchen. Die Exsudathöhle ist hier schon weiter wie im 1. Schnitt. Neben der Cava superior und zwischen Aorta und linker Pulmonalarterie frischgeschwollene Lymphknoten, auch mit älteren Prozessen.

3. Schnitt: Bild 199

Die Lungen sind paravertebral durchschnitten, die Brustaorta in ganzer Länge eröffnet.

In der linken Spitze die Kaverne des vorigen Schnittes; auch hier wieder als untere Begrenzung der Kaverne ausgedehnte, nodös-indurierte Herdbildungen, manchmal auch mit kleinen Verkäsungen, den oberen Teil des Oberlappens einnehmend. Im Mittel- und Unterfeld so gut wie keine Herdbildungen.

In der rechten Spitze die große Höhle, welche in breiter Kommunikation mit der Exsudathöhle (Sonde) steht, von der letzteren nur durch einen quer ausgespannten Lungenzipfel geschieden. Die äußere und innere Wand der Kaverne ist derb-fibrös. Das Lungengewebe zeigt besonders in der Begrenzung des Exsudats Luftleere und Induration, auch hier und da kleinere Höhlenbildungen. Die Exsudathöhle zeigt hier noch größeren Umfang, entsprechend ihrer Erweiterung nach hinten. Über der linken Pulmonalarterie und dem Aortenbogen einige größere, frischgeschwollene Lymphknoten.

Diagnose. Große Kaverne im rechten Oberlappen mit breiter Kommunikation mit einer wandständigen Exsudathöhle. Kompression der rechten Lunge. Kollapsinduration der Randteile der Lunge, kleinere Herdbildungen im Unterlappen. Kaverne in der linken Spitze; exsudativ-käsige und nodös-indurierende Prozesse im Oberlappen; vereinzelte kleinere Herde im Unterlappen. Frische Schwellung der Hiluslymphknoten; totale Obliteration der linken Brusthöhle. Großes Herz. Emphysem der linken Lunge. Weite Interkostalräume links, sehr enge rechts mit Umbau der Rippen.

Phthisische Darmgeschwüre; eitrige Phlegmone des Wurmfortsatzes; Milztumor, frische Tuberkel der Leber.

Vergleichende Beurteilung. Ohne anatomische Analyse würde man nach dem Röntgenbilde einen rechtsseitigen, bis in das obere Thoraxgewölbe hineinreichenden

partiellen Pneumothorax mit kleinem Erguß annehmen. Die anatomischen Serien-
schnitte zeigen jedoch, daß die in den oberen Teilen des rechtsseitigen
Lungenfeldes bestehende, scharf umrandete aufgehellte Zone einer
von indurierten Massen umgebenen Kaverne entspricht. Die Induration des
Lungengewebes auf der medialen Seite der Kaverne kommt auf dem
Röntgenbilde zum Ausdruck in Gestalt des breiten, medianwärts von der
Kavernenaufhellung gelegenen Schattenbandes. Dieses grenzt weiter medial
an die streifige Aufhellung der nach rechts verlagerten Trachea und Bifurkation.
Die lateral-seitliche Kavernenwand ist ebenfalls indurativ verdickt
und seitlich von ihr liegt die schwartig verdichtete Pleura. So erklärt sich
das im Röntgenbilde sichtbare thoraxrandständige Schattenband. Diese
Kaverne hat sekundär durch Perforation in die Pleurahöhle zu dem unterhalb der
Kaverne liegenden Pneumothorax geführt. Die Durchbruchsstelle ist auf dem 3. Schnitt
durch eingeführte Sonde kenntlich gemacht. Kavernenhohlraum und Pneumothoraxraum werden durch Lunge getrennt, die im Bereich der Kaverne und unterhalb
davon mit der Thoraxwand verwachsen ist. So erklärt sich der breite
Streifenschatten, der zwischen der Kavernenaufhellung und der aufgehellten Zone des Pneumothorax liegt. Durch Verwachsung der vorderen
Teile des Mittel- und Unterlappens mit der Brustwand und der Pleura diaphragmatica hat der Pneumothorax vorne eine geringe Breitenausdehnung, während er
von der Rückseite her Mittel- und Unterlappen umgibt und bis nahe an die Wirbelsäule reicht. Auf diese Weise erklärt sich der eigenartige Ergußschatten des Pneumothorax, der sich teilweise mit der Schattenbildung der basalen Lungenteile deckt.
Es umspült der Erguß die vorne und unten verwachsenen basalen Lungenteile von
der Rückseite her. Seitlich reicht der Erguß bis zum Thoraxrande und in den Zwerch-
fellsinus hinein, soweit dieser nicht durch schwartige Veränderungen mit der Thoraxwand verlötet ist (1. Schnitt). Im 3. Schnittbilde sind die auf dem Röntgenbilde
sichtbaren Veränderungen der linken Lunge gut erkennbar. Man sieht hier die fast
gereinigte Höhle mit indurativ veränderter Kavernenwandung. Auf dem Röntgenbilde stellt sich die Kaverne als eine leicht aufgehellte, von unregelmäßig gestalteter
streifiger Schattenbildung umrandete Zone dar. In deren Umgebung und weiter in
den oberen Teilen des Lungenfeldes liegen eine Anzahl gut gegeneinander abgesetzter
Verdichtungsschatten, die den gleichfalls im 3. Schnitt besonders gut sichtbaren
nodösen und nodös-indurierten Herden entsprechen.

Die in den verschiedenen Schnitten sichtbaren außerordentlich dichten schwartigen
Veränderungen der rechtsseitigen Pleura bedingen die hochgradige Schrumpfung
der rechten Thoraxseite. Diese ist im Röntgenbild aus der starken Abflachung der
Thoraxbegrenzung, aus der seitlich sichtbaren Einziehung und aus der starken Neigung
der Rippen zu erschließen. Die Linksverbiegung der Wirbelsäule ist im Zusammenhang mit diesen Veränderungen als eine sekundäre Erscheinung zu beurteilen.

Fall 48.   Bild 200—203.

Rechtsseitiger Pyopneumothorax. Starke Linksverlagerung von Herz und Mediastinum.

Aus der Krankengeschichte. Z. M., 22 Jahre, m. Sommer 1917 wegen Lungenleidens Lazarettbehandlung. Am 16. September 1917 wegen Schüttelfrost, Temperaturanstieg und schwerer Dyspnoe Aufnahme in Klinik. Objektivbefund: guter Ernährungszustand, starke Dyspnoe. Rechte Brustkorbseite etwas stärker gewölbt, nimmt weniger an Atmung teil. Klopfschall: rechts hinten oben relative Schallverkürzung mit Tympanie bis etwa 5. Brustwirbeldorn, von da nach unten übervoller Schall. Vorne Dämpfung mit Tympanie bis 2. Rippe, von da bis Lebergrenze übervoller Schall. Atmungsgeräusch rechts hinten oben und vorne abgeschwächt, vesikobronchial, unterhalb der 3. Rippe vorne stark abgeschwächt, amphorisch im Exspirium, ebenso hinten unten. Über der linken Lunge hinten und vorne oben voller Schall, hinten und vorne unten übervoller Schall mit etwas tympanitischem Beiklang. Diffuse bronchitische Geräusche über der linken Lunge bei verschärftem Atmen über der ganzen linken Lunge. Herz stark nach links verlagert. Spitzenstoß in vorderer Axillarlinie im sechsten Zwischenrippenraume tastbar. Temperatur anfänglich bis 39°, fällt nach einigen Tagen ab und schwankt zwischen 37,0 und 38,0°. Es entwickelt sich in dem bestehenden rechtsseitigen Pneumothorax allmählich ein Erguß, der zunächst trüb serös ist und viele Leukozyten enthält. Im Auswurf dauernd Tuberkelbazillen nachweisbar. Erguß bleibt zunächst klein, steigt später an und wird rein eitrig. Am 7. 12. 1917 Wegnahme von 3 Liter des eitrigen Ergusses durch Punktion. Wegen erneuter Zunahme des Ergusses und starker Herzverdrängung 2. Punktion am 14. 1. 1918 und Entfernung von 1 Liter Eiter, der Staphylokokken enthält. Auswurf stets tuberkelbazillenhaltig. Starke Durchfälle, leichter Meteorismus weisen auf Darmtuberkulose hin. Gestorben am 14. Februar 1918.

Röntgenbefund der 1. Aufnahme. (10. Oktober 1917.) (R.-A. 1427.) Die mittleren [Bild 200] und unteren Teile des r e c h t e n Lungenfeldes sind seitlich stark aufgehellt. Diese aufgehellte Zone ist nach unten hin begrenzt durch eine dichte Verschattung, die auf dem Röntgenbilde keine scharfe Begrenzung erkennen läßt. Auf dem Durchleuchtungsschirm jedoch zeigte diese dichte Verschattung eine horizontale Begrenzung. Seitliche Neigung des Kranken ließ stets eine horizontale Begrenzungslinie erkennen und stoßweise Bewegungen erzeugten wellenförmige Bewegungserscheinungen (Flüssigkeitserguß). Medianwärts ist die aufgehellte Zone begrenzt durch eine breite bandförmige Schattenbildung. Von ihr aus erstreckt sich ein streifenförmiger Schatten quer durch die Aufhellung zum Thoraxrande hin. Die medial gelegene Bandverschattung geht nach oben hin über in eine breite Schattenzone, die vom Hilus aus bis zum Thoraxrande reicht. Diese Schattenzone zerfällt in zwei Teile. Der obere Teil erscheint zunächst dichter und ist von dem unteren etwas lichteren Anteil durch eine scharfe Linie getrennt. Der dichte Schattenanteil hellt sich jedoch im Spitzenfeldbereich deutlich auf. Die aufgehellte Stelle erscheint gut begrenzt (Höhlenbildung).

Das l i n k e Lungenfeld ist stark eingeengt infolge Linksverschiebung von Herz und Mediastinum. Man sieht im Bereich des linken Lungenfeldes, und zwar in den oberen und mittleren Teilen einzelne gut gegeneinander abgesetzte dichte Herdschatten (noḍöse Herde).

Die linke Zwerchfellkuppe ist scharf begrenzt, die rechtsseitige geht in der beschriebenen dichten Verschattung unter.

Zusammenfassung. Partieller rechtsseitiger Pneumothorax mit Flüssigkeitserguß. Teilweise Kompression des Unterlappens, der durch Verwachsungsstränge seitlich fixiert erscheint. Relative Kompression des Oberlappens, der seitlich infolge ausgedehnter Pleuraobliteration verwachsen ist. Große Höhlenbildung in den oberen Teilen der rechten Lunge.

Vereinzelte nodöse Herde in den oberen und mittleren Teilen der linken Lunge. Starke Linksverlagerung von Herz und Mediastinum.

Röntgenbefund der 2. Aufnahme. (15. Januar 1918.) Die aufgehellte Zone in den mittleren und unteren Teilen des rechten Lungenfeldes hat im Vergleich zur 1. Aufnahme an Höhen- und Breitenausdehnung zugenommen. Die dichte, dem freien Flüssigkeitserguß entsprechende Verschattung der basalen Teile reicht höher hinauf als auf dem ersten Bilde und zeigt jetzt eine horizontale Begrenzungslinie. Oberhalb dieser reicht die aufgehellte Zone vom Thoraxrande bis zum Herzrande hin. Nach oben hin verschmälert sie sich dadurch, daß hier in der Umgebung des Lungenhilus eine dichte Verschattung liegt, die sich in die Aufhellung hinein etwas vorwölbt (komprimierte luftleere Lunge). Von hier aus erstreckt sich eine breite, dichte Verschattung nach oben hin. Diese nimmt das Spitzenfeld und die oberen Teile des Lungenfeldes ein. Sie entspricht den relativ komprimierten und in den seitlichen Teilen offenbar mit der Thoraxwand verwachsenen Oberlappenteilen.

In den oberen, mittleren und unteren Teilen des linken Lungenfeldes sieht man jetzt in größerer Anzahl als auf der 1. Aufnahme herdförmige, gut gegeneinander abgesetzte dichte Schattenbildungen. Zwischen diesen besteht in den oberen Teilen des linken Lungenfeldes seitlich vom Aortenschatten eine von unregelmäßigen streifenförmigen Schattenbildungen umgebene Stelle, die als Höhlenbildung gedeutet werden kann. Herz und Mediastinum sind stark nach links verdrängt.

Zusammenfassung. Ausgedehnter rechtsseitiger Pneumothorax mit Flüssigkeitserguß. Vollständige Kompression der unteren und mittleren Lungenteile, teilweise Kompression der oberen Lungenteile, die seitlich verwachsen sind. Nodöse Herde in den oberen und mittleren Teilen der linken Lunge. Starke Linksverschiebung von Herz und Mediastinum.

Anatomischer Befund. (S.-Nr. 88/18. Zeitintervall: 4 Monate bzw. 1 Monat.) Großer Thorax, die rechte Seite deutlich gedehnt, nach außen und unten verbreitert. Zwerchfellstand rechts 10. Rippe (!), links 7. Rippe.

1. Schnitt: Die rechte Brusthöhle hochgradig erweitert. Das Herz ist sehr stark nach links gedrängt und berührt fast die linke seitliche Brustwand. Rechter Vorhof und Kammer, sowie die Segel der Trikuspidalis liegen vor. (Das fibrinös-eitrige Exsudat, welches die Brusthöhle zum geringeren Teile füllte, ist entfernt.) Die Wand ist von in Organisation befindlichen Fibrinmassen bedeckt. Die rechte Lunge ist nach hinten oben und hinten seitlich fixiert. Die Lichtung der Brusthöhle reicht noch — hinter der seitlich fixierten Lunge — weiter nach oben. Die Lunge war ferner mit einer gegen fünfmarkstückgroßen Fläche an der vorderen Brustwand in Hilushöhe fixiert, so daß ein säulenförmiger, nach vorne ziehender Stumpf besteht. Auf dem Schnitt sieht man das völlig luftleere indurierte Gewebe, mit der fibrinös belegten organisierten Randzone.

Die linke Lunge ist etwas komprimiert, enthält einige indurierte Herde, oben eine kleine Höhlenbildung.

2. Schnitt: Der Schnitt liegt in Höhe der linken Kammer. Man erkennt deutlich die Einwirkung des Exsudatdruckes auf das Herz und die Cavae. Die Cava superior und inferior münden in starkem Bogen in den rechten Vorhof. Die Folge muß eine

Knickung der Cava inferior sein am Zwerchfelldurchtritt, welche noch verstärkt wird durch den entgegengesetzt schrägen Verlauf der Bauchkava, bedingt durch ihre Lagerung in der rechts tiefgedrängten Leber. Die linke Kammer zeigt keine besondere Drehung; die Pulmonalarterie ist sehr weit.

Die rechte Brusthöhle zeigt im wesentlichen das gleiche Bild wie der erste Schnitt. Die linke Lunge ist etwas komprimiert und enthält vereinzelte kleine azinös-nodöse Herde.

(Im rechten Oberlappen weiter dorsal eine kranial-kaudal 10 cm lange Höhle [nicht abgebildet].)

Diagnose. Pyopneumothorax rechts, mit hochgradiger Erweiterung der rechten Brusthöhle. Kompressionsatelektase mit Induration der rechten Lunge. Große Kaverne im rechten Oberlappen. Feste Fixation der Lunge am Hilus oben und seitlich, sowie zapfenförmig vorne über dem Hilus der rechten Lunge. Relative Kompression der linken Lunge. Kleine azinös-nodöse Herde.

Starke Verlagerung des Herzens nach links, mit Knickung der Cavae, besonders der unteren. Zwerchfelltiefstand rechts. Bindegewebige Obliteration der linken Brusthöhle.

Lentikuläre Geschwüre an der Unterfläche der Epiglottis und dem rechten Aryknorpel. Vereinzelte phthisische Geschwüre im Dickdarm; miliare Tuberkel der Milz, Leber, Nieren, Meningen.

Vergleichende Beurteilung. Ein Vergleich der beiden Röntgenbilder ergibt zunächst, daß zur Zeit der 1. Röntgenaufnahme noch ein partieller Pneumothorax mit Erguß bestand. Die Kompression der rechten Lunge ist auf dem ersten Bilde noch keine sehr hochgradige. Der Unterlappen ist durch eine bandartige Verwachsung fixiert. In den obersten Teilen des Oberlappens ist eine große Höhlenbildung sichtbar, die auch späterhin im anatomischen Präparat (Schnitt 2) sich noch vorfand. In der Zwischenzeit zwischen den beiden Röntgenaufnahmen (3 Monate) hat die Ausdehnung des Pneumothorax zugenommen und in demselben Maße die Kompression der rechten Lunge und die Verlagerung des Mediastinums. Unter- und Mittellappen sind total komprimiert und es besteht ein luftleerer Lungenstumpf in der Umgebung des Hilus, der als dichter Schatten in die stark aufgehellte Zone des Pneumothoraxraumes hineinragt. In den beiden anatomischen Schnitten ist der Lungenstumpf als zapfenartiges, in den Hohlraum des Pneumothorax hineinragendes Gebilde gut erkennbar. Man sieht in den anatomischen Schnitten weiterhin, daß die oberen Teile des Oberlappens, besonders in den hinteren und seitlichen Teilen mit dem Brustkorb verwachsen sind. Sie erweisen sich anatomisch als großenteils luftleer und bedingen die im Röntgenbilde sichtbare dichte Verschattung in den oberen Teilen des rechten Lungenfeldes. Die Verschattung reicht auf dem Röntgenbilde, entsprechend dem Ausdehnungsbereich der komprimierten luftleeren Lunge im anatomischen Präparat, bis zum Hilus hin. Besonders klar tritt in den anatomischen Schnittbildern die infolge der starken Druckwirkung entstandene Linksverdrängung des Mediastinums zutage. Man sieht, wie die beiden Hohlvenen schräg von unten nach oben bzw. von oben nach unten in den rechten Vorhof einmünden und wie deren Lichtung eingeengt ist. Auch die Ausflußbahn der Aorta ist quer verengt infolge des Druckes, der auf dem Mediastinum lastet. Die rechte Zwerchfellhälfte ist durch den Flüssigkeitsdruck nach unten verdrängt. Sie ist aber infolge der starken Weitung der rechten Thoraxseite ausgespannt und nicht nach unten vorgewölbt.

Das Volumen der linken Lunge ist durch die Linksverlagerung des Mediastinums im ganzen etwas eingeengt. Anatomisch finden sich in der linken Lunge vereinzelte nodöse und indurierende Herde, die den beschriebenen isolierten Schattenbildungen des linken Lungenfeldes entsprechen. Im 1. anatomischen Schnitte ist in den vorderen Teilen des Oberlappens eine kleine Höhlenbildung getroffen, die röntgenologisch nicht deutlich zum Ausdruck kommt, jedoch aus den beschriebenen Veränderungen vermutet werden konnte.

Fall 49.   **Bild 204—206.**

Partieller linksseitiger Pneumothorax mit eitrigem Erguß. Rechtsverlagerung des Herzens.

Aus der Krankengeschichte. St. J., 23 Jahre, m. Mit 15 Jahren Lungenentzündung, mit 16 Jahren Unterleibstyphus gehabt. August 1917 wegen Lungenspitzenkatarrh Lazarettbehandlung. Starke Verschlimmerung des Leidens und hohes Fieber veranlaßten Verlegung in Klinik am 16. November 1917. Schweres Krankheitsbild. Fieber dauernd zwischen 38 u. 39,5⁰. Starker Hustenreiz ohne Auswurf; Kurzluftigkeit.

Physikalischer Befund: Linke Seite erscheint stärker gewölbt wie die rechte, beteiligt sich weniger an der Atmung. Untersuchung im Liegen ergibt links vorne parasternal unterhalb des Schlüsselbeins übervollen Schall, abgeschwächtes amphorisches Atmen. Bei Untersuchung im Sitzen reicht der übervolle Schall nur bis 5. Rippe, geht dann in absolut gedämpften Schall über, der auch seitlich in die Achselhöhle und hinten bis Höhe 7. Brustwirbeldorn reicht. Oberhalb dieser Schallverkürzung besteht übersonorer Schall, hinten tympanitisch klingender Schall, der nach oben hin in vollen Lungenschall übergeht. Über der Zone des tympanitisch klingenden Schalles hinten sind vereinzelte metallisch klingende Rasselgeräusche hörbar, oben vereinzelte feinblasige Rasselgeräusche und bronchitische Geräusche. Probepunktion ergibt milchig getrübte Flüssigkeit, die viel Eiterkörperchen und auch vereinzelte Tuberkelbazillen enthält. Wegen hochgradiger Kurzluftigkeit Wegnahme von 1 Liter seröseitriger Flüssigkeit durch Punktion. Nach kurzdauernder Besserung wieder Zunahme des Ergusses und Verschlechterung des Allgemeinbefindens.

Unter zunehmender Herzschwäche Tod 24. November 1917.

Bild 204   **Röntgenbefund.** (R.-A. 1342.) Im basalen Teile des linken Lungenfeldes besteht eine sehr dichte, nach oben hin horizontal begrenzte Verschattung, die vom Mittelschatten bis zum Thoraxrande hinreicht. Bei der Beobachtung hinter dem Schirme zeigt die obere Begrenzung der Verschattung deutlich der Herzpulsation entsprechende Wellenbewegung. Oberhalb der Verschattung sieht man eine dreieckig gestaltete, aufgehellte Zone, die, medianwärts durch den Mittelschatten, oben und seitlich durch eine vom Aortenschatten schräg nach unten gegen den Thoraxrand verlaufende Linie begrenzt ist. Diese Begrenzungslinie entspricht wohl dem Rande des durch den Luftdruck nach oben abgedrängten Oberlappens. Im seitlichen Teile der aufgehellten Zone ist eine kleinere, dreieckig gestaltete, noch stärker aufgehellte Stelle ausgespart. In den oberen und besonders auch in den mittleren und seitlichen Teilen des Lungenfeldes reicht die Lunge bis zum Brustkorbrande hin. Man sieht hier überall vom Hilus bis zum Thoraxrand deutliche Lungenzeichnung. An einzelnen Stellen seitlich vom Hilus liegen einige nicht sehr dichte, unregelmäßig gestaltete, kleine Herdschatten. Das linke Spitzenfeld ist gut aufgehellt. Rechtes Spitzenfeld und rechts Lungenfeld sind gleichfalls gut aufgehellt und zeigen normale Lungenzeichnung. Seitlich vom

Gefäßbandschatten liegen vereinzelte dichte, gut umschriebene Herdschatten (indurierte Lymphknoten?).

Herz und Mediastinum sind deutlich nach rechts verdrängt. Man kann deutlich den nach rechts verschobenen aufgehellten Streifen der Trachea erkennen.

Zusammenfassung. Partieller linksseitiger Pneumothorax mit Erguß. Einige Herde in den oberen Teilen der linken Lunge seitlich vom Hilus. Rechtsverschiebung von Herz und Mediastinum. Pleuraobliteration und Verwachsung der oberen und mittleren Teile der linken Lunge mit der Brustkorbwandung.

Anatomischer Befund. (S.-Nr. 484/17. Zeitintervall: 2 Tage.) Großer, langer Bild 205 Thorax (Betrachtung mit einem Auge).

Das linke Zwerchfell stark unter dem unteren Rippenbogen vorgebuchtet. Zwerchfellstand rechts 7. Rippe.

Die linke Brusthöhle ist hochgradig erweitert. Die linke Lunge nimmt nur den oberen Teil ein, reicht aber seitlich entlang den Rippen weiter herunter bis zur 7. Rippe. Die Lunge ist vorne und seitlich fest fixiert. Die Brusthöhle ist eingenommen durch ein vorwiegend serös-fibrinöses Exsudat und durch Luft. Die parietale Wand wenig fibrinös-eitrig belegt. Die Lungenpleura zeigt Schwartenbildung. Das Exsudat reicht hinter der Lunge bis zur Spitze.

(Die rechte Lunge künstlich von der Pleura parietalis abgehoben; kein Exsudat.)

1. Schnitt: Bild 206
(stereo-
skopisch)

Das Herz ist weiter vorne durchschnitten als die Lungen. Die rechte Kammer liegt vor mit der Ausflußbahn; oben die Pulmonalarterie, die aufsteigende Aorta mit der Arteria anonyma und der linken Karotis. Neben dem Aortenbogen gegen die rechte Lunge zu die Cava superior.

Die linke Lunge zeigt in den oberen Abschnitten meist guten Luftgehalt, nach abwärts zunehmende azinös-nodöse indurierte Herdbildungen. In dem ausgezogenen Zipfel entlang den Rippen konfluierende indurierte Herde mit kleiner Zerfallshöhle. Die rechte Lunge zeigt von der 4. bis zur 6. Rippe seitlich feste, strangförmige Verwachsungen. Auf dem Schnitt in sämtlichen Feldern einige wenige azinös-nodöse Herde.

Das Herz ist durch das linksseitige Exsudat stark nach rechts verlagert unter gleichzeitiger leichter Drehung des Herzens um die großen Gefäße derart, daß die linke Kammer weiter nach vorne und der rechte Vorhof weiter nach hinten zu liegen kommt.

Diagnose. Pyopneumothorax links mit hochgradiger Erweiterung der linken Brusthöhle und starkem Zwerchfelltiefstand. Fixation der linken Lunge im oberen Teil der Brusthöhle seitlich und vorne. Schwartenbildung der Lungenpleura. Vereinzelte azinös-nodöse Herde rechts, strangförmige Verwachsungen seitlich. Starke Verdrängung des Herzens nach rechts mit leichter Stieldrehung; Hypertrophie der rechten Kammer.

Vereinzelte Tuberkel der Leber, Milz; vorwiegend zentrale Verfettung der Leber.

Vergleichende Beurteilung. Der partielle Pneumothorax mit Flüssigkeitserguß ist auf dem Röntgenbilde an der horizontalen Begrenzungslinie der dem Erguß entsprechenden Verschattung, weiterhin an der aufgehellten Zone über dem Ergußspiegel erkennbar. Die Ausdehnung des Pneumothorax und das Verhalten der Lungen konnte aus den Schattenbildungen des Röntgenbildes zunächst nicht erschlossen werden. Erst das

Studium des anatomischen Präparates brachte Aufschluß darüber. Aus der im Röntgenbilde in den oberen Teilen deutlich sichtbaren Lungenzeichnung war eine Verwachsung des Oberlappens mit dem Brustkorb anzunehmen. Diese bestand jedoch nur in den vorderen und seitlichen Teilen des Oberlappens. Hinten reicht der Pneumothorax, wie das anatomische Präparat erkennen läßt, bis nahe zur Lungenspitze. Der Oberlappen ist von der hinteren Thoraxwand abgedrängt. Die vom Aortenschatten schräg seitlich nach unten gegen den Thoraxrand hin verlaufende streifenförmige Schattenbildung entspricht dem Lungenrande des Oberlappens bzw. dessen Verwachsungszone mit der vorderen Brustwand. Der Pneumothorax hat medianwärts und unterhalb dieser Begrenzungslinie einen verschiedenen Tiefendurchmesser; in den medialen Teilen hat er eine geringere Tiefenausdehnung. Er wird hier von hinten her umlagert durch den teilweise komprimierten Ober- und Unterlappen. Seitlich hat er die größte Tiefenausdehnung, d. h. er reicht von der vorderen bis zur hinteren Brustkorbwand. Aus dieser Tatsache erklärt sich die eigenartige, stark aufgehellte, dreieckige Zone über der Mitte des Ergußspiegels. Das anatomische Bild läßt erkennen, daß der obere Winkel des Dreiecks gebildet wird von den Rändern des komprimierten Oberlappens. Die beiden unteren Winkel werden mitgebildet durch die im anatomischen Schnitt nicht sichtbare Flüssigkeitsgrenze, die ihrer Höhe nach etwa der Mitte des Herzrandes entspricht.

Die im Röntgenbilde erkennbare starke Verdrängung des Herzens erklärt sich aus der stärkeren Druckwirkung des Pneumothorax in den basalen Teilen. In derselben Weise kommt die nur im anatomischen Bilde sichtbare Verdrängung des Zwerchfells nach unten zustande.

Fall 50.　　　　　　　　　　　　　　　　　　　　　　　　　**Bild 207—210.**

Lobär- bzw. lobulär-exsudative Phthise (käsige Pneumonie) in den oberen Teilen der linken Lunge mit kleinen Zerfallshöhlen in den Spitzenteilen. Vereinzelte nodös-indurierende Herde in den mittleren Teilen der rechten Lunge. Linksseitiger Pleuraerguß (auf dem Röntgenbilde nicht dargestellt).

Aus der Krankengeschichte. J. A., 33 Jahre, w. Beginn der akuten Lungenerkrankung einige Wochen vor Aufnahme in die Klinik am 19. April 1917. Dauernd remittierendes Fieber bis 39⁰. Pneumonische Erscheinungen des linken Oberlappens mit allmählicher Ausbreitung des Prozesses auf den Unterlappen. Auswurf reichlich eitrig, enthält massenhaft Tuberkelbazillen. Zunehmender Verfall der Körperkräfte. Wenige Tage vor dem Tode (12. Juli 1917) Erscheinungen eines linksseitigen Pleuraergusses.

Bild 207　　**Röntgenbefund.** (R.-A. 707/17.) Nahezu die obere Hälfte des linken Lungenfeldes ist stark verschattet. Die Verschattung setzt sich bei näherer Betrachtung aus verwaschenen, ineinander überfließenden Schattenbildungen zusammen und läßt in den mittleren Teilen des Lungenfeldes an einzelnen Stellen unscharf begrenzte, aufgehellte Bezirke erkennen (Höhlenbildungen). Nach unten hin geht die Verschattung in zahlreiche, unscharf begrenzte, fleckige Schattenbildungen über, zwischen denen aufgehellte Stellen sichtbar sind. In den unteren Teilen des Lungenfeldes besteht zwischen Herz und Thoraxrand eine sehr dichte, ziemlich gleichmäßige Verschattung, die medial in den Herzschatten übergeht und seitlich bis zum Thoraxrande reicht. Nach oben hellt sich die Verschattung allmählich auf, ebenso nach unten seitlich, so daß der Zwerchfellrippenwinkel aufgehellt erscheint. Zum Teil ist die Verschattung durch Strahlenabsorption der Mamma mitbedingt.

Von der linken Zwerchfellbegrenzung ist nur knapp das äußere Drittel erkennbar, während der mediale Teil in der beschriebenen Verschattung verschwindet.

Im r e c h t e n Spitzenfeld sind keine Herdschatten erkennbar. In den oberen und besonders in den mittleren Teilen des rechten Lungenfeldes sieht man einige größere und kleinere, unregelmäßig gestaltete, gut begrenzte Verdichtungsschatten liegen.

Die rechte Zwerchfellhälfte ist scharf begrenzt.

Der rechte Herzrand ist gut erkennbar, der linke hebt sich von der Verschattung der linksseitigen basalen Lungenteile nicht ab.

Zusammenfassung. Über die obere Hälfte der linken Lunge ausgebreitete lobär-exsudative Phthise mit kleinen Kavernen. Lobulär-exsudative Herde in den mittleren und basalen Teilen der linken Lunge.

Vereinzelte nodöse bzw. nodös-indurierende Herde in den mittleren Teilen der rechten Lunge.

Anatomischer Befund. (S.-Nr. 275/17. Zeitintervall: 15 Tage.) In der linken Brusthöhle ein Exsudat, welches seitlich bis zur 3. Rippe reicht, sowie Luft. Die linke Lunge ist mit dem Herzbeutel fest verwachsen, und zwar sowohl hier als auch im Gebiet des linken Oberlappens unter Schwartenbildung. Das Herz ist nach rechts verlagert, die rechte Lunge frei beweglich. Ungefähr in Höhe der 4. Rippe ziemlich weit hinten findet sich in der linken Lungenpleura ein kleinfingerkuppengroßes Loch, die Ausgangsstelle des Pyopneumothorax.

1. S c h n i t t: Bild 208

Man sieht den mit Kruor gefüllten rechten Vorhof mit der Einmündung der Cava inferior, den hinteren Teil der rechten Kammer sowie die linke Kammer mit dem linken Vorhof, darüber die Teilung der Lungenarterien, den Aortenbogen, die Trachea mit den Schilddrüsenlappen.

Die l i n k e Lunge ist sowohl von der Brustwand wie von dem Herzbeutel durch Luft und Exsudat abgedrängt und dementsprechend komprimiert. Im oberflächlichen Schnitt lobulär-käsige Herde, dazwischen partielle Atelektase.

R e c h t s finden sich im Mittelteil azinös-nodöse Herde. Zwischen Cava superior und Aortenbogen zahlreiche frisch geschwollene Lymphknoten.

2. S c h n i t t: Bild 209

Der l i n k e Vorhof mit dem hinteren Teil der linken Kammer liegt vor; unten sieht man noch den hintersten Teil der rechten Kammer, daneben den rechten Vorhof mit der Cava sup. und inferior. Über dem linken Vorhof liegt die Teilung der Pulmonalarterie und der Aortenbogen.

Die l i n k e Lunge auch von der seitlichen unteren Brustwand und dem Zwerchfell, sowie medialwärts von dem Herzbeutel durch das Exsudat abgedrängt. Das Lungengewebe komprimiert, voll von lobulär-käsigen Herdbildungen (histologisch geprüft).

Im r e c h t e n Mittelteil ein azinös-nodöser indurierter Knoten (histologisch geprüft). Sonst sind die rechten Lappen so gut wie frei von Herdbildungen und gut lufthaltig.

Rechts von der Trachea, nach innen und unten von der Cava superior, findet sich ein größeres Paket frisch geschwollener Lymphknoten.

Die Cavae sind infolge der Verschiebung des Herzens nach rechts gerade gestellt.

   3. Schnitt:

Über der Wirbelsäule sieht man den Ösophagus, daneben die absteigende Aorta. Am linken Hilus der Hauptbronchus und seine Teilung, darüber die Pulmonalarterie, darunter die Vene. Rechts ist der Hauptbronchus des Unterlappens getroffen, nach außen davon die Arterie, nach innen unten die Vene.

Die linke Lunge zeigt stark konfluierende, lobulär-käsige Herde und im Oberteil geringe Induration; dazwischen im linken Ober- und Mittelteil zahlreiche bis walnuß-große, z. T. kommunizierende Kavernen.

Rechts finden sich im Mittel- und Unterteil geringe azinös-nodöse Herdbildungen. Der rechte Oberlappen ist im Kopfteil völlig frei von Veränderungen.

Diagnose. Konfluierende, lobulär-käsige Phthise des linken Ober- und Unterlappens ventralwärts noch im Beginn. Vielfache Kavernenbildung im Oberlappen. Perforation einer Kaverne in die Brusthöhle, Pyopneumothorax mit teilweiser Kompression der Lunge und Verschiebung des Herzens nach rechts. Schwartige Obliteration der linken oberen Brusthöhle. Azinös-nodöse Herde in der rechten Lunge. Obliteration der Zwerchfellseite. Starke Schwellung der unteren praetrachealen Lymphknoten.

Vergleichende Beurteilung. Der nach dem Röntgenbilde und nach dem klinischen Verlauf angenommene lobär-exsudative bzw. pneumonische Charakter der Erkrankung in den linksseitigen oberen Lungenabschnitten findet anatomische Bestätigung. Es entspricht der käsig-pneumonischen Verdichtung der linken Lunge die dichte Verschattung in den oberen Teilen des linken Lungenfeldes. Besonders im 2. und 3. Schnitt sind die zahlreichen ineinander überfließenden exsudativen Herdbildungen der linken Lunge erkennbar. Im 3. Schnitt sieht man eine Anzahl Höhlenbildungen in den obersten Teilen, die auch röntgenologisch aus den innerhalb der dichten Verschattung liegenden, etwas aufgehellten Stellen erschlossen werden könnten. In den mittleren Teilen des Lungenfeldes sind die lobulär-exsudativen Herdbildungen weniger ineinander überfließend, sie stehen hier mehr vereinzelt (Schnitt 1 und 2). Demgemäß sind auch die verwaschenen Schattenbildungen in den mittleren Teilen des linken Lungenfeldes gut erkennbar. Der in allen anatomischen Schnitten besonders gut dargestellte linksseitige Pleuraerguß kommt auf dem Röntgenbilde nicht in derselben Weise zum Ausdruck. Die Möglichkeit besteht, daß ein Teil der dichten Schattenbildung in den basalen Teilen des linken Lungenfeldes auf den beginnenden Erguß zu beziehen ist; der größte Teil desselben ist jedoch in der Zeit zwischen Röntgenaufnahme und Tod entstanden.

Im rechtsseitigen Lungenfeld entsprechen die auf den verschiedenen Schnitten in der Mitte der rechten Lunge liegenden nodös-indurierenden Herdbildungen den ziemlich dichten, gut umgrenzten Herdschatten des Mittelfeldes. Der vom Hilus aus schräg nach unten sich erstreckende streifenförmige Schatten, der sich in unregelmäßig verzweigte streifenförmige Schattenbildungen auflöst, ist durch den großen Ast der Pulmonalarterie bedingt; auch seine Lage oberhalb des großen Stammbronchus spricht für diese Deutung.

Fall 51.   **Bild 211—213.**

Lobulär-exsudative Phthise der ganzen linken Lunge. Höhlenbildungen in den oberen Teilen. Vereinzelte lobulär-exsudative Herde in den Spitzenteilen und in den unteren Teilen der rechten Lunge. Große paratracheale Lymphknotenpakete.

Aus der Krankengeschichte. K. A., 18 Jahre, w. Beginn der Erkrankung etwa $\frac{1}{2}$ Jahr vor Eintritt in die Klinik. Während klinischer Beobachtung vom 10. Dezember 1917 bis 19. März 1918. Bei anfänglich kontinuierlichem hohem Fieber Erscheinungen einer käsigen Pneumonie in den oberen Teilen der linken Lunge. Später remittierendes Fieber und Zerfallserscheinungen in den oberen Teilen der linken Lunge; Fortschreiten der Erkrankung auf die basalen Teile. In den letzten beiden Monaten Erscheinungen von Darmphthise (Durchfälle mit Blut und Schleimabgang). Gestorben am 19. III. 1918.

Röntgenbefund. (R.-A. 1445.) In den mittleren Teilen des linken Lungenfeldes Bild 211 sieht man zahlreiche unscharf begrenzte, fleckige, verwaschene ineinander überfließende Verdichtungsschatten. Nach oben und unten nehmen Zahl und Dichtigkeit dieser Schattenbildungen, besonders in der Nähe des Thoraxrandes ab, während sie in der Umgebung des Herzrandes sehr dicht liegen bis zum Zwerchfell hin. Hier sieht man solche Schattenbildungen auch unterhalb der Zwerchfellkontur im Bereich der Aufhellung des Magengewölbes. Diese entsprechen in ihrer Lage den untersten Teilen des Unterlappens. In den Oberteilen des Lungenfeldes sieht man vereinzelte, fleckige Herdschatten. Auch verwaschene, unregelmäßig verzweigte streifenförmige Schattenbildungen, die aufgehellte Zonen ausschließen, sind hier sichtbar. (System von kleinen und großen Kavernen).

In den Oberteilen des rechten Lungenfeldes sind einige fleckige, unscharf begrenzte Herdschatten sichtbar. Ebensolche liegen vereinzelt auch in den basalen Teilen. Das Zwerchfell erscheint beiderseits gut begrenzt. Links ist die Kontur etwas weniger scharf ausgeprägt als rechts. Oberhalb des Hilus besteht beiderseits dem Mittelschatten angelagert, eine sehr dichte, bandförmige Schattenbildung, die seitlich gut begrenzt erscheint. Diese Schattenbildungen sind wohl bedingt durch paratracheal liegende Lymphknotenpakete. Das Herz ist nicht vergrößert. Innerhalb des Herzschattens sieht man beiderseits neben dem Schatten der Wirbelsäule je eine rundliche Schattenbildung. Vermutlich entsprechen diese hinter dem Herzen liegenden Lymphknotenpaketen.

Zusammenfassung. Über die ganze linke Lunge ausgebreitete lobulär-exsudative Phthise mit mehrfacher Kavernenbildung in den oberen Teilen. Lobulär-käsige Herde in den Spitzenteilen und in den basalen Teilen der rechten Lunge. Große paratracheale Lymphknotenpakete, vermutlich auch Lymphknotenpakete unterhalb der Bifurkation.

Anatomischer Befund. (S.-Nr. 172/18. Zeitintervall: 3 Monate, 4 Tage.) Nach Abnahme des Sternums sieht man den Herzbeutel mit dem Herzen etwas nach rechts verlagert. Das Perikard geht unmittelbar auf die linke Pleura über. Diese ist gleichmäßig von in Organisation befindlichem Fibrin bedeckt. Die linke Lunge ist durch ein bis zur Höhe der 3. Rippe und hinten bis zur Wirbelsäule reichendes Exsudat von der Brustwand abgedrängt. Eine Perforationsstelle einer Kaverne ist nirgends mit Sicherheit festzustellen. Die rechte Lunge zeigt bindegewebig verdickte Pleura; im Spitzenfeld bestehen Verwachsungen, sonst ist die Lunge frei.

Bild 212   1. Schnitt:

Der rechte Vorhof, die linke Kammer mit der aufsteigenden Aorta, daneben die Pulmonalarterie und das linke Herzohr liegen breit eröffnet vor; darüber die linke Vena anonyma.

Die linke Lunge ist fast völlig luftleer. Es besteht fast gleichmäßige exsudative Infiltration, welche mehrfach zur völligen Verkäsung geführt hat. Im Oberlappen findet sich starker Zerfall mit Höhlenbildung. In der rechten Lunge zwischen noch lufthaltigem Gewebe ausgedehnte lobulär-käsige Herdbildungen. Zu beiden Seiten der aufsteigenden Aorta sieht man sehr große, völlig verkäste Lymphknoten.

Bild 213   2. Schnitt:

Der Schnitt liegt hinter dem Herzen. Man sieht den Abgang der Pulmonalvenen, -arterien und den linken Hauptbronchus, darüber den Aortenbogen.

Die linke Lunge zeigt im Oberlappen wiederum exsudativ-käsige Pneumonie; hier besteht noch stärkerer Zerfall im obersten Teil, die Kaverne reicht bis zur hinteren Pleurawand. Im linken Unterlappen und rechts in sämtlichen Feldern lobulär-käsige Herdbildungen, im Oberlappen an vereinzelten Stellen beginnende Kavernenbildung.

Im Winkel der Bifurkation, unter- und oberhalb der Teilungsstelle der Hauptbronchien, sowie besonders auch rechts der Trachea (vor und hinter der Cava superior) große Pakete völlig verkäster Lymphknoten. Ein sehr großer, frisch geschwollener, in beginnender Verkäsung befindlicher Lymphknoten findet sich neben dem Ösophagus, über dessen Zwerchfelldurchtritt gegen die rechte Lunge zu.

(Auf tieferen Schnitten findet sich im rechten Oberlappen exsudativ-käsige Pneumonie, sowie mehrfacher Zerfall der lobulär-käsigen Herde auch in den anderen Teilen.)

Diagnose. Lobäre und lobulär-käsige, ulzeröse Phthise beider Lungen mit vielkammeriger Kavernenbildung; große Kaverne in der linken Spitze. Serös-fibrinöses Exsudat der linken Brusthöhle mit teilweiser Kompression der Lunge. Flächenhafte Verwachsungen an der linken Spitze, sehr zahlreiche verkäste Lymphknoten am Lungenhilus und paratracheal rechts.

Lentikuläre Geschwüre des Kehlkopfs und der Trachea; ulzeröse Phthise des Darms, phthisische Peritonitis, käsige Pyosalpinx beiderseits, zahlreiche Tuberkel der Leber, Milz, Nieren.

Vergleichende Beurteilung. Der Vergleichswert zwischen anatomischen Bildern und dem Röntgenbilde wird wesentlich eingeschränkt durch den langen Zeitraum (3 Monate), der zwischen Röntgenaufnahme und dem Tode der Patientin lag. Nach der Art der Schattenbildungen auf der Röntgenplatte mußte eine vorwiegend lobulär-exsudative Erkrankungsform angenommen werden. Eine solche lag auch in der Tat vor, nach den Ergebnissen der anatomischen Schnitte. Der exsudative Charakter der Erkrankung läßt die rasch fortschreitende Entwicklung in wenigen Monaten verständlich erscheinen. Aus den lobulär-exsudativen Herdbildungen der linken Lunge zur Zeit der Röntgenaufnahme ist ein lobär-exsudativer Krankheitsprozeß geworden; die kleinen Höhlenbildungen in den Spitzenteilen sind in große Kavernen umgewandelt. Auf der linken Seite ist ein großer Pleuraerguß hinzugekommen, von dem im Röntgenbilde noch nichts zu sehen ist. Auch die lobulär-exsudativen und -käsigen Herde der rechten Lunge sind in den anatomischen Schnitten erheblich zahlreicher. Zur Zeit der Röntgenaufnahme waren nur vereinzelte lobulär-exsudative Herdbildungen in den Spitzenteilen und oberen Teilen der Lunge vorhanden. Deutlich ausgeprägt sind schon auf dem Röntgenbilde die großen verkästen paratrachealen Lymphknotenpakete (Schnitt 1 und 2). Die dichten Schattenbänder, die beiderseits neben dem Mittelschatten oberhalb des Hilus liegen, sind durch diese bedingt.

Der prognostisch ungünstige Verlauf des Falles konnte aus dem Röntgenbilde insofern erschlossen werden, als aus der Art der Schattenbildungen eine fast ausschließlich lobulär-exsudative Erkrankung der ganzen linken Lunge angenommen werden mußte.

Fall 52.   **Bild 214—221.**

Käsige Phthise der ganzen rechten Lunge. Großes System von Zerfallshöhlen in den oberen Teilen der rechten Lunge. Zerfallshöhle in den Spitzenteilen der linken Lunge. Nodöse Herde in den oberen, mittleren und unteren Teilen der linken Lunge. Primärkomplex links.

Aus der Krankengeschichte. B. L., 20 Jahre, w. Erste Erscheinungen seitens der Lunge Herbst 1916. Husten mit Auswurf, Stechen auf Brust, Nachtschweiße. Klinische Beobachtung 9. März bis 13. August 1917. Dauernd unregelmäßig remittierendes Fieber.

Physikalischer Befund zur Zeit der 1. Röntgenaufnahme: Rechts hinten oben Schallverkürzung bis 4. Brustwirbeldorn, vorne bis 2. Rippe. Atmungsgeräusch bronchovesikulär, zahlreiche fein- und mittelblasige Rasselgeräusche über gedämpftem Bezirke, weiter abwärts vorne und hinten übervoller Schall, vereinzelte feinblasige Rasselgeräusche. Rechts vorne oberhalb des Schlüsselbeins und hinten bis 2. Brustwirbeldorn relative Schallverkürzung, verschärftes Atmen und feinblasiges Rasseln. Bei geringer Veränderung des Lungenleidens wird Allgemeinbefinden durch Erscheinungen von Darmphthise stark geschwächt. Schließlich auch Verschlimmerung des Lungenleidens in den letzten 4 Wochen bei dauernd hohem Fieber. Auswurf wird reichlich, enthält elastische Fasern und massenhaft Bazillen. Auch physikalische Erscheinungen nehmen besonders rechts deutlich zu. Starker Verfall der Körperkräfte. Gestorben 13. 8. 1917.

Röntgenbefund der 1. Aufnahme. (12. März 1917, R.-A. 262/17.) Die Rippen verlaufen rechts oben seitlich etwas steiler als links. Die Rippenzwischenräume erscheinen hier etwas verkleinert. Die Thoraxbegrenzung zeigt rechts eine leichte Einziehung. Das rechte Spitzenfeld und die oberen Teile des rechten Lungenfeldes bis nahe zur Höhe der 2. Rippe sind diffus verschattet. Innerhalb dieser Verschattung liegen oberhalb der 1. Rippe drei sehr dichte Herdschatten. In der Höhe der 1. Rippe und unterhalb dieser besteht insbesondere da, wo der Schatten der 1. Rippe und der des Schlüsselbeins sich decken, eine unregelmäßig gestaltete, von streifigen Schattenbildungen umgrenzte aufgehellte Stelle. Unterhalb dieser liegen in den oberen Teilen des rechten Lungenfeldes eine Anzahl kleiner und größerer, unregelmäßig gestalteter, gut begrenzter Verdichtungsschatten von mittlerer Dichtigkeit. Diese Schatten nehmen nach unten hin sichtlich an Zahl ab. In den mittleren und unteren Teilen des rechten Lungenfeldes sind nur vereinzelte, gut gegeneinander abgesetzte Verdichtungsschatten sichtbar.

Innerhalb des linken Spitzenfeldes sieht man einige sehr kleine, dichte, gut umschriebene Herdschatten liegen. In den oberen Teilen des linken Lungenfeldes sind vereinzelte größere und kleinere, weniger dichte, unregelmäßig gestaltete Herdschatten sichtbar. In den unteren Teilen des linken Lungenfeldes liegt ein nicht ganz pfennigstückgroßer, sehr dichter Herd, der einem Kreideherd entspricht. Im linken

Hilusgebiet liegen einige kleine und größere, sehr dichte Herdschatten (verkreidete Lymphknoten).

Zwerchfell ist beiderseits scharf begrenzt. Das Herz erscheint wenig nach links vergrößert. Die Trachea ist etwas nach rechts verlagert.

Zusammenfassung. Vorwiegend exsudative Phthise in den Spitzenteilen der rechten Lunge. Große, im Zerfall sich befindende Höhlenbildung, nodöse und nodös-indurierende Herde in den oberen Teilen der rechten Lunge. Vereinzelte nodöse Herde in den mittleren und unteren Teilen der rechten Lunge. Kreideherde und nodöse Herde in den Spitzenteilen der linken Lunge. Kreideherd in den unteren Teilen der linken Lunge und verkreidete Hiluslymphknoten (Primärkomplex).

Bild 215　　**Röntgenbefund der 2. Aufnahme** (1 Stunde nach dem Tode gemacht). Wegen schweren Krankheitsbildes ist in den letzten Wochen keine Röntgenaufnahme mehr gemacht worden. Deshalb wurde eine zweite Röntgenaufnahme unmittelbar nach dem Tode angefertigt.

Das rechte Lungenfeld zeigt eine besonders in den basalen Teilen deutlich ausgedehnte verwaschene Verschattung, die an einzelnen Stellen dichter erscheint, an anderen wieder etwas lichter sich zeigt. In den oberen Teilen des rechten Lungenfeldes sieht man innerhalb der diffusen Verschattung einige große, gut umrandete, aufgehellte Stellen liegen, die Höhlenbildungen entsprechen. Der Herzrand ist rechts von der diffusen Verschattung nicht differenzierbar.

Im linken Spitzenfeld besteht eine von bandförmiger Schattenbildung umgebene aufgehellte Zone. In deren Umgebung zeigt das Spitzenfeld besonders seitlich eine verwaschene Verschattung, die oben seitlich nahe bis zur 2. Rippe reicht. In den oberen und besonders in den mittleren und unteren Teilen der linken Lunge sieht man eine Anzahl kleiner und größerer, unregelmäßig gestalteter, gut begrenzter Herdschatten. In den basalen Teilen ist die Zahl der Herdbildungen größer, sie liegen hier innerhalb einer vom Herz bis zum Brustkorbrand reichenden diffusen Verschattung. Etwa in der Mitte des linken Lungenfeldes liegt ein sehr dichter, scharf begrenzter Herd, im linken Hilusgebiet eine Anzahl rundlicher, sehr dichter Herdschatten. Linksseits ist das Herz scharf begrenzt. Die Zwerchfellkontur ist beiderseits scharf begrenzt erkennbar.

Zusammenfassung. System von großen Höhlenbildungen in den oberen Teilen der rechten Lunge. Ausgedehnte lobulär- bzw. lobär-exsudative Phthise der ganzen rechten Lunge. Vermutlich agonales Ödem in den basalen Teilen rechts. Exsudative Veränderungen in den linksseitigen Lungenspitzenteilen mit Höhlenbildung. Zahlreiche nodös produktive Herde in den oberen, mittleren und unteren Teilen der linken Lunge. Kreideherde in den mittleren Teilen. Verkreidete Lymphknoten links.

Anatomischer Befund. (S.-Nr. 311/17. Zeitintervall: Bild 214: 5 Monate, 5 Tage; Bild 215: Leichenplatte.) Langer, flacher, breitgedrückter Thorax. Nach Abnahme des Sternums und Freilegung des rechten Herzens sieht man:

Bild 216　　Die Lungenränder überdecken nur wenig den Herzbeutel. Der linke Oberlappen reicht bis herab zum Zwerchfell. Die linke Brusthöhle ist fast überall frei, nur an der Spitze hinten Verwachsungen.

Der rechte Oberlappen ist mit dem Mittellappen fest verwachsen; vorn seitlich und hinten ist er flächenhaft mit der parietalen Pleura verwachsen, z. T. unter

Schwartenbildung, besonders im Spitzenteil und seitlich. Der Mittellappen reicht bis zum Zwerchfell, so daß der Unterlappen die vordere Brustwand nirgends berührt.

1. Schnitt (linke Lunge):   Bild 217

Dieser Schnitt ist wichtig wegen der im Mittelfeld gelegenen Kreideherde von Erbsen- und Kirschkerngröße (Primärinfekt der ganzen Lungenaffektion). Im linken Oberlappen einige, zur Abkapselung neigende, zentral z. T. verkäsende Herde (histologisch geprüft).

2. Schnitt: Bild 218

Das rechte Herz ist in ganzer Ausdehnung eröffnet; es ragt über die Schnittebene der Lunge vor (Betrachtung mit einem Auge!). Sehr deutlich ist im rechten Vorhof die Valvula Eustachii zu erkennen. Rechts oben vom Herzbeutel sieht man die Vena cava superior mit der (infolge der Injektion erweiterten) Einmündungsstelle der Vena azygos.

Die linke Lunge zeigt in sämtlichen Feldern azinös-nodöse Herdbildungen mäßiger Ausdehnung. Das Lungengewebe sonst ist gut lufthaltig. Die rechte Lunge (im Schnitt etwas höher getroffen als die linke) zeigt im Oberfeld eine (nach hinten sich bedeutend vergrößernde) Kaverne, mit unregelmäßig gebuckelter, käsig belegter Wand und geringer Balkenbildung. Unterhalb dieser Kaverne einige kleinere Höhlen derselben Art, sämtliche dem Oberlappen angehörig. Das Gewebe zwischen diesen Höhlen ist luftleer, exsudativ-käsig infiltriert. Kaudal davon einige exsudativ-lobuläre Herdbildungen (histologisch geprüft) und seitlich des rechten Vorhofs nochmals eine kleinere Höhle mit käsiger Umgebung. Die Pleura zeigt hier in ganzer Ausdehnung, besonders aber im oberen Teil Schwartenbildung, welche sich bis nach hinten fortsetzt und auch den ventralen Teil des Lungenfeldes betrifft.

Außerhalb des Herzbeutels, dicht über der Aorta und unter der linken Vena anonyma findet sich ein stark anthrakotischer, phthisisch veränderter, derber Lymphknoten. Links davon (im Schnitt nicht getroffen) über der Pulmonalarterie einige weitere, tiefer gelegene Lymphknoten, hyalin induriert. Weiter abwärts davon gegen den Lungenhilus zu folgen in verschiedenen Ebenen weitere derartige Lymphknoten, z. T. mit Kreideherden und mit Kalkkörnchen versehen.

3. Schnitt: Bild 219

Auf dem Schnitt sieht man den rechten Vorhof, daneben die linke Kammer mit der aufsteigenden Aorta, sodann die Pulmonalarterie, unter dieser das linke Herzohr. Die Schnitte durch die Lungen liegen 2 Finger breit hinter dem Herzen.

Links sieht man in der Spitze eine kleine Höhle mit käsig zerfallender Wand. In sämtlichen Feldern azinöse und nodöse Herdbildungen von geringer Ausdehnung. Im Hilusgebiet sieht man zwischen den eröffneten Ästen der linken Lungenvene lobulär-käsige Herdbildungen mit Neigung zur Induration, und dazwischen mehrere hyalin-anthrakotische Lymphknoten, davon einer mit einem größeren Kreideherd. Rechts findet sich die schon im 2. Schnitt getroffene Kaverne des Oberfeldes in ganzer Ausdehnung; nach innen davon Kollapsinduration. Noch weiter innen sieht man die etwas nach rechts verzogene Trachea und den rechten Hauptbronchus mit seinen Ästen. Zwischen diesen, besonders zwischen den unteren Ästen sehr große, frisch geschwollene, teilweise in frischer Verkäsung befindliche Lymphknoten. Im Mittel- und Unterfeld lobulär-käsige Herdbildungen.

4. Schnitt (linke Lunge):   Bild 220

Der Befund ist im wesentlichen derselbe wie der des vorigen Schnittes. Sehr deutlich ist aber hier ein der Spitzenkaverne zuziehender (gelber) Streifen zu erkennen, welcher einem verkästen Bronchus entspricht. Ferner sieht man am Hilus in 2 Lymphknoten je einen (der besseren Sichtbarkeit wegen weiß gefärbten) größeren Kreideherd (Primäraffektion).

Bild 221   5. Schnitt (paravertebral):

Die linke Lunge zeigt im Oberlappen, der hier noch ungefähr bis zur 3. Rippe reicht, den hintersten Teil der Spitzenkaverne mit käsig zerfallender Wand. In der Umgebung der kleinen Höhlenbildungen lobulär-käsige Herde, z. T. auch indurierende Prozesse. Im Mittel- und Unterteil finden sich dem Unterlappen entsprechend vereinzelte azinös-exsudative, jedenfalls ganz frische Herdbildungen.

Die rechte Lunge zeigt zwischen Ober- und Unterlappen schwartige Verwachsung. Der Mittellappen ist auf diesem Schnitt nicht mehr getroffen. Die Grenze des Ober- und Unterlappens ist dorsal die 2. Rippe, im Schnitt ungefähr die 3. Rippe.

In der Spitze sieht man die hintere Wand der großen Kaverne der vorigen Schnitte. Der Rest des Oberlappens zeigt völlige Luftleere, Buhlsche Desquamationspneumonie, aber auch ausgedehnte Induration des Gewebes. Der Unterlappen enthält zahlreiche kleinere, unregelmäßig gestaltete Zerfallshöhlen in lobulär-käsigem Gewebe. (Ausnahmsweise ist der ganze hintere Abschnitt der rechten Lunge von der Wirbelsäule bis zur Brustwand erkrankt und erscheint fast als lobäre ulzeröse Pneumonie.) Zwischen diesen exsudativen Prozessen auch geringe Induration. Zwischen Pleura und Zwerchfell ein kleiner, freier Spaltraum, ebenso zwischen dem untersten medialen Zipfel und der Wirbelsäule. Hier hat sich ein kleines, serös-fibrinöses Exsudat gebildet.

Diagnose. Lobulär-käsige Herdbildungen in beiden Lungen, gleichzeitig mit indurierenden Prozessen; lobäre exsudativ-käsige Pneumonie rechts hinten. Große Kaverne im rechten Oberlappen, kleinere kaudalwärts davon, sowie im rechten Unterlappen und in der linken Spitze. Zwei verkreidete Herde (Primärinfekt) im linken Oberlappen. Zahlreiche Kreideherde in den linken Hiluslymphknoten. Starke frische Schwellung und beginnende Verkäsung der rechten Hiluslymphknoten. Ausgedehnte Obliteration und Schwartenbildung der rechten Pleuren. Kleines Exsudat rechts hinten unten.

Zahlreiche phthisische Geschwüre des ganzen Dünn- und Dickdarms.

Vergleichende Beurteilung. Aus dem Vergleich der beiden Röntgenbilder, die mit einem Zwischenraum von 5 Monaten gemacht sind, ist die starke Zunahme des Krankheitsprozesses innerhalb dieser Zeit klar ersichtlich. Der Vergleichswert der beiden Röntgenaufnahmen wird jedoch dadurch eingeschränkt, daß die 1. Aufnahme während des Lebens und die 2. nach dem Tode gemacht ist. Diese letzte stellt also gewissermaßen die in Exspiration erstarrte Topographie der Organveränderungen dar, während die Aufnahme während des Lebens in maximaler Inspirationsstellung erfolgte. Der Vergleich der nach dem Tode gefertigten Röntgenplatte mit dem anatomischen Befunde erfährt dadurch eine Einschränkung, daß agonal entstandenes Lungenödem und postmortale Veränderungen die Beurteilung der durch phthisische Lungenveränderungen bedingten Schattenbildungen erheblich erschweren oder auch unmöglich machen. Aus dieser Tatsache heraus erklärt sich im vorliegenden Falle die Unmöglichkeit einer anatomischen Differenzierung der Schattenbildungen des rechten Lungenfeldes aus dem Leichenbilde. Zur Zeit der 1. Röntgenaufnahme bestand in den oberen Teilen der rechten Lunge ein vorwiegend exsudativer Prozeß mit deutlich ausgeprägter Zerfallshöhle. Die verwaschene Verschattung mit aufgehellten Stellen in den oberen Teilen des rechten Lungenfeldes verraten diese Veränderungen. In den übrigen Teilen der rechten Lunge waren nur die Erscheinungen nodös-produktiver Herdbildungen nachzuweisen. Im linken Spitzenfeld lagen einige nodöse und verkreidete Herde. Gut ausgeprägt ist auf dem 1. Röntgenbilde der in der linken Lunge vorhandene Primärkomplex, bestehend aus einigen Kreideherden in den mittleren Teilen der linken Lunge und aus einer Anzahl verkreideter Lymphknoten. Dieser Primärkomplex ist auf der nach dem Tode gemachten Platte in derselben Weise erkennbar, und er entspricht den im 1. und 2. anatomischen Schnitt sichtbaren Kreideherden der linken Lunge und weiterhin den im 4. und 5. Schnitt erst zutage tretenden verkreideten Lymphknoten. Die Erkrankung hat in der Zeit zwischen der 1. und 2. Aufnahme in beiden Lungen erhebliche Fortschritte gemacht. Auf dem postmortalen Röntgenbilde sieht man im Bereich der linken Lungenspitze eine ausgeprägte Höhlenbildung, die von verwaschenen Schatten und bandartigen Schatten, also exsudativem und indurativem Gewebe umgeben ist. Diese Höhle ist im 2. und 3. anatomischen Schnitte gut dargestellt. Auch die nach dem Röntgenbilde anzunehmenden, vorwiegend nodösen Herdbildungen in den oberen, mittleren und unteren Teilen der linken Lunge sind im 1. und 2. anatomischen Schnitte in entsprechender Ausdehnung sichtbar.

Besonders schwere Veränderungen haben sich auf der rechten Seite in der Zeit zwischen 1. und 2. Röntgenaufnahme ausgebildet. Zunächst ist aus der kleinen Höhlenbildung zur Zeit der 1. Aufnahme ein System von großen Höhlen geworden, das auf der 2. Aufnahme nicht gut erkennbar ist. Fleckige, ineinander überfließende, da und dort aber eine gute, zuweilen scharfe Umrandung zeigende aufgehellte Stellen verraten das System der Höhlenbildungen. Die Aufhellungen der Kavernenbildung sind deshalb nicht so deutlich, weil das ganze Kavernensystem, das erst auf dem 2., 3. und 4. Schnitt erkennbar wird, nach vorne überlagert ist von verkästem und induriertem Gewebe. Außerdem besteht in den oberen Teilen der rechten Lunge eine diese allseitig umgebende dicke Pleuraschwarte, die auf dem 1. anatomischen Schnitt gut zur Darstellung gelangt. Eine anatomische Differenzierung der in den mittleren und basalen Teilen der rechten Lunge sichtbaren verwaschenen, ineinander überfließenden Schattenbildungen des 2. Röntgenbildes (nach dem Tode) ist nicht mehr möglich. Die Summe dieser Schattenbildungen entsteht einmal durch agonale und postmortale Veränderungen in den unteren Teilen der rechten Lunge und weiterhin durch die auf bronchogenem Wege in den basalen Teilen entstandenen exsudativ-käsigen Herdbildungen.

VIII. Die Röntgendiagnostik der Lungenphthise.

Inhaltsverzeichnis.

A. Die Schattengebilde der Lungenzeichnung.

a) Die normale Lungenzeichnung.

Das normale Röntgenbild der Brustorgane läßt in beiden Lungenfeldern eine unregelmäßig verzweigte streifige Schattenbildung erkennen, die im Lungenwurzelgebiet beiderseits beginnt und hier ihre stärkste Ausprägung hat. Sie erstreckt sich vom Lungenhilus aus in die Lungenfelder hinein, löst sich nach dem Zwerchfell und nach dem Brustkorbrande hin in feinste Verästelungen auf und nimmt so an Deutlichkeit immer mehr ab. Diese Schattenverzweigung wurde von Holzknecht „normale Lungenzeichnung" genannt. Damit ist schon zum Ausdruck gebracht, daß alle vom Lungenwurzelgebiet ausgehenden, in die Lungen sich einsenkenden anatomischen Gebilde entsprechend ihrer Fähigkeit, Strahlen zu absorbieren, an dieser Schattenzeichnung teilzunehmen vermögen. In der Hauptsache allerdings führt Holzknecht die Entstehung der Lungenzeichnung auf die Gefäßverzweigung zurück, wobei er voraussetzt, daß die soliden Gebilde der blutgefüllten Gefäße mehr Strahlung zu absorbieren imstande sind, als die luftumschließenden Wandungen der Bronchien.

Diese lediglich auf die Verschiedenartigkeit der Strahlenabsorption sich stützende Annahme hat auch späterhin durch Untersuchungen und Beobachtungen an der entbluteten und künstlich durchbluteten Leichenlunge und im Tierexperiment Bestätigung gefunden. Daß an sich beide Verzweigungssysteme, sowohl Bronchial- wie Gefäßsystem befähigt sind, Strahlen zu absorbieren und schattengebend zu wirken, wurde experimentell mehrfach bewiesen (Aßmann, Hasselwander und Bruegel, Küpferle). Das Röntgenbild der durch Auswaschen der Gefäße blutleer gemachten menschlichen Leichenlunge und auch die blutleere Tierlunge (Hasselwander und Bruegel, Küpferle, Aßmann) zeigt eine deutliche, feinstreifige Schattenverzweigung. Man sieht auf solchen Bildern besonders im Lungenwurzelgebiet eine feinlinige Schattenzeichnung, deren auf kurze Wegstrecken erkennbare parallele Verlaufsrichtung mehr oder weniger breite streifige Aufhellungen umschließen. Die feine Streifenzeichnung entspricht der Bronchialwandung. Bei starker Luftblähung der Leichenlungen treten die durch den Luftgehalt der Bronchien bedingten aufgehellten Streifenzonen besonders deutlich hervor (Fraenkel und Lorey, Chaul). Bringt man in die Blutgefäße Blut hinein, dann entsteht im Röntgenbilde eine stark ausgeprägte streifige Schattenverzweigung, die das feinstreifige Schattengezweige der Bronchialwandungen an Massigkeit und Dichte weit übertrifft und deshalb vollständig in sich aufnimmt. „Es darf hieraus gefolgert werden, daß blutgefüllte Gefäße in den Lungen schattenproduzierend wirken, und zwar um so mehr, je mehr Blut in ihnen enthalten ist" (Küpferle). Zu denselben Ergebnissen kam Aßmann durch den Tierversuch. Das in Zwischenpausen von einigen Minuten durchgeführte Abklemmen der Lungenvenen und Lungenarterien führt zur Blutüberfüllung der einen und zur relativen Blutleere der anderen Lunge. Das Röntgenbild der stark blutgefüllten Tierlunge zeigt eine stark ausgeprägte, der Gefäßverzweigung entsprechende Schattenzeichnung, während die entblutete Lunge nur das feinstreifige Gezweige der Bronchialwandung erkennen läßt. Wir folgern also, daß beide Systeme, sowohl die Gefäßverzweigung der Lungen, als auch die Wandung der Bronchialverzweigung an der Schattenbildung der Lungenzeichnung teilnehmen. Der Hauptanteil der normalen Lungenzeichnung wird jedoch durch das reich verzweigte Gefäßsystem der Lungen gebildet. Die feinstreifige Schattenbildung der Bronchialwandung kommt nur im Sinne der Summationswirkung in Betracht. Im normalen Röntgenbilde ist sie wegen der anatomischen Lage der Gefäße zu den Bronchien als differenziertes Schattengebilde nur selten erkennbar.

Für die Frage, in welcher Weise sich die anatomischen Gebilde der Gefäß- und Bronchialverzweigung an der Gestaltung der Lungenzeichnung beteiligen, muß auch die anatomische Lagebeziehung der beiden Systeme berücksichtigt werden. Außer dem Studium anatomischer Präparate haben in dieser Richtung Röntgenbilder, die durch Injektion von schattenspendenden Massen in das Bronchialsystem, bzw. in das Verzweigungsgebiet der Lungenarterien und -Venen gewonnen wurden, unsere Kenntnisse wesentlich gefördert (Brünings, Weingärtner, Hasselwander und Bruegel, Chaul und Stierlin).

Untersuchungen an Gefrierserienschnitten der Brustorgane geben gleichfalls einen Einblick in die Lagebeziehung der Bronchial- und Gefäßverzweigung im Lungenwurzelgebiet (de la Camp). Die zahlreichen Untersuchungen, die wir an unseren Frontalserienschnitten formolfixierter Brustorgane zum Studium phthisischer Lungenveränderungen angestellt haben, boten uns vielfach Gelegenheit, diesen anatomischen Beziehungen Beachtung zu schenken. Es ist dieser Untersuchungsmethode jedoch

nur die topographische Beurteilung der im Bereiche des Lungenwurzelgebietes liegenden Gebilde zugänglich, weil nur hier Bronchial- und Gefäßverzweigung auf kurze
Wegstrecken in einer Frontalebene nebeneinander liegen.

Fall 1 u. 4, Bild 20 u. 29Den beiden Hauptästen der Stammbronchien ist oben je ein Hauptast der Lungenarterie, unten und innen ein größerer Ast der Lungenvenen angelagert. Für die
Schattenwirkung im Röntgenbilde ergibt sich aus dieser Tatsache zunächst, daß
Licht- und Schattenstreifen im Hilusgebiet wechselnd nebeneinander liegen müssen.
Der beiderseits oberhalb des Stammbronchus liegende Ast der Lungenarterie tritt auf
dem Röntgenbilde zunächst als dichtes Schattenband in die Erscheinung, das seitlich
vom Herzschatten schräg nach unten verläuft und den wesentlichen Anteil des Hilusschattens ausmacht. Aus dem verschiedenartigen Verhalten der Bronchial- und
Lungenarterienverzweigung ergibt sich ein allerdings nicht immer deutlich ausgeprägter Unterschied der beiden Hilusschatten. Der kurze, weite rechte Stammbronchus gibt alsbald den Bronchus eparteriosus ab, dem oben ein kleiner Ast der
Pulmonalarterie anliegt. Dem steil nach unten verlaufenden Hauptast des Stammbronchus ist nach außen hin der große Ast der Pulmonalis angelagert. Medianwärts
vom Schattengebilde der rechten Pulmonalarterie liegt deshalb die aufgehellte Zone
des Stammbronchus. Nach oben schließt sich eine eben erkennbare, durch den
eparteriellen Bronchus bedingte Aufhellung an, und über dieser liegt der weniger deutlich ausgeprägte Schatten des kleinen Astes der Pulmonalarterie. Links bedingt der
länger und weiter nach links ausladende Bronchus eine höhere Lage des Hauptastes
der Pulmonalarterie; deren Schattengebilde liegt deshalb links etwas höher und ragt
als Begleitschatten der medianliegenden bronchialen Aufhellung etwas weiter in das
Fall 1, Bild 20linke Lungenfeld hinein. Eine isolierte Schattendarstellung der Bronchialwandung
wird auch hier beiderseits durch die angelagerten Gefäße meist verhindert. Oft hebt
sich ein in sagittaler Richtung abgehender Bronchus als ringförmiges Schattengebilde
innerhalb des Hilusschattens deutlich ab. Auf beiden Seiten liegen medianwärts von
den bandförmig aufgehellten Zonen der Stammbronchien die durch die Bronchialvenen
bedingten Schattenverzweigungen. Der aus der beschriebenen topographischen Lage
von Gefäßen und Bronchien sich ergebende Wechsel von Licht- und Schattenstreifen
bildet zusammen mit den durch verdichtete Lymphknoten entstehenden herdförmigen
Schattenbildungen das Gepräge der sogenannten Lungenwurzel- oder Hiluszeichnung. Seitlich und unterhalb vom Lungenwurzelgebiet senken sich Gefäß-
und Bronchialverzweigungen nach allen Richtungen in die Lungen hinein und es
muß auf dem Röntgenbilde zu einer vielfachen Überlagerung und Überkreuzung
der durch jene Gebilde entstehenden Schattenverzweigungen kommen. Am
reichsten und deutlichsten ausgeprägt ist diese Lungenzeichnung in den Teilen,
wo die Lunge ihren größten Tiefendurchmesser hat, und wo die Zahl der vielfach
sich überkreuzenden, in verschiedenen Tiefen der Lungen hintereinanderliegenden
Gefäßverzweigungen am größten ist. Die Schattenverzweigung der Lungenzeichnung ist deshalb auch auf weniger differenzierten Bildern am stärksten ausgeprägt
in den medialen und basalen Teilen beider Lungenfelder. Nach oben und nach der
Seite hin nehmen diese Schattenbildungen entsprechend dem hier geringeren Tiefendurchmesser der Lunge merklich ab. Auch hier lagern sich die Arterien den Bronchien
im allgemeinen so an, daß sie diese auf der oberen Seite begleiten. Bei abwärts ge-
richtetem Verlauf kommen sie vielfach auf die laterale Seite zu liegen, und an Gabe-
lungsstellen sind Überkreuzungen die Folge. In den nach hinten gelegenen Verzwei-
gungsgebieten der Bronchien verlaufen die Arterien vielfach spiralig um diese herum.

Die Lungenvenen begleiten die Bronchien fast durchweg auf der den Bronchien gegenüberliegenden Seite. Aus dieser Lagebeziehung der Bronchialverzweigung und der sie begleitenden Gefäße ergibt sich ohne weiteres, daß eine isolierte Schattendarstellung der Bronchien auch in den seitlichen Teilen des Röntgenbildes nicht erfolgen kann. Die experimentell erwiesene feinstreifige Schattenverzweigung der Bronchialwandungen geht in der anatomisch meist gleichsinnig verlaufenden Gefäßschattenbildung unter.

Die topographische Lage der Lungengefäße zu den Bronchien, die im anatomischen Bau der Bronchien und in der Dichtigkeit der blutgefüllten Gefäße begründete Strahlenabsorptionsfähigkeit berechtigen weiterhin zu der Auffassung, daß die Lungenzeichnung in erster Linie und vorwiegend durch die blutgefüllten Gefäße bedingt wird. Diese Tatsache erhält auch eine weitere Stütze dadurch, daß starke Blutfüllung der Lungengefäße unter normalen Bedingungen eine Verstärkung der Lungenzeichnung hervorruft.

So sehen wir bei der Beobachtung hinter dem Fluoreszens-Schirme Schwankungen in der Deutlichkeit der Gefäßzeichnung abhängig von der Funktion der Atmung auftreten. Bei der Inspiration tritt nach Zuntz und Lichtheim eine Erweiterung, bei der Exspiration eine Verengerung der Lungengefäße ein. In den Lungenarterien sinkt bei der Inspiration der Druck, sie erweitern sich und die Strömungsgeschwindigkeit nimmt zu. Aus dieser physiologischen Tatsache wäre schon das Deutlicherwerden der Gefäßschatten im Stadium der Inspiration erklärbar. Dabei ist aber in Betracht zu ziehen, daß die Stärke der Luftfüllung der Lunge im Zustand der Inspiration eine bessere Differenzierung intrapulmonaler Schattengebilde gestattet. Der stark aufgehellte Untergrund des in Inspirationsstellung gemachten Bildes läßt die Schattenverzweigung der Lungenzeichnung deutlicher in die Erscheinung treten. Auch die Hilusschatten lassen eine mit der Atmung im Zusammenhang stehende Form- und Lageveränderung erkennen. Inwieweit diese mit der inspiratorischen Weitung, Streckung und Blutfüllung der Gefäße im Zusammenhang steht, ist schwer zu entscheiden, denn es tritt bei der Inspiration eine gesetzmäßige Verschiebung des Hilus nach unten und vorne ein (Weingärtner). Diese respiratorischen Lageveränderungen stehen zum Teil in Zusammenhang mit der Zwerchfellbewegung und mit der respiratorischen Dehnung der basalen Lungenteile. Die sorgfältige Beobachtung der Hilusgebilde hinter dem Röntgenschirme läßt erkennen, daß deren untere Anteile während der Inspiration etwas nach unten und außen sich bewegen, während die oberen Teile etwas nach oben und außen abzuweichen scheinen. Diese Tatsache erklärt sich wohl am besten aus der inspiratorischen Dehnungsfähigkeit der den Lungenhilus umgebenden Lungenteile, wobei zweifellos die Zwerchfellbewegung und auch die Thoraxhebung eine Rolle spielen (Weingärtner).

Die Darstellbarkeit der Lungenzeichnung auf der Röntgenplatte ist in hohem Maße von technisch-physikalischen Bedingungen abhängig. Ausreichende Intensität vorausgesetzt, wird durch ein weiches Strahlengemisch bei tunlichster Ausschaltung der Sekundärstrahlenwirkung die beste Differenzierung intrapulmonaler Schattengebilde erreicht. Das allzuweiche Röntgenbild führt zu einer die Beurteilung feiner pathologischer Veränderungen oft störenden Verstärkung der Lungenzeichnung. Das harte Bild unterdrückt in entgegengesetztem Sinne die Schattengebilde der Lungenzeichnung und läßt diese nur da in die Erscheinung treten, wo sie ihre stärkste Ausprägung hat, und zwar in den medialen und basalen Teilen der Lungen.

b) Die verstärkte Gefäßzeichnung.

Aus dem geschilderten Zusammenhang zwischen Lungenzeichnung und Gefäßverzweigung ergibt sich, daß mit zunehmender Blutfülle der Gefäße oder wachsender Erweiterung der Gefäßbahn eine Verstärkung der Lungenzeichnung eintreten muß. So sehen wir in der Tat beim Zustande der sog. Stauungslunge zunächst eine Verstärkung der Gefäßschatten und eine Zunahme dieser in den Randzonen der Lungenfelder auftreten. Da bei der Stauungslunge der Abfluß des Blutes aus den Lungenvenen behindert ist, wird eine Erweiterung der venösen Gefäßbezirke die Folge sein, und die Verstärkung der Gefäßzeichnung ist in solchen Fällen auf die Erweiterung und vermehrte Blutfüllung der Lungenvenen zu beziehen. Längerdauernde oder hochgradige Behinderung des Blutabflusses aus den Lungenvenen aber bedingt Exsudation in die Alveolen, und diese ruft eine mehr oder weniger ausgeprägte diffuse Verschattung umgrenzter oder größerer Bezirke der Lungenfelder hervor. Eine Vermehrung des Widerstandes in den Lungenkapillaren führt zu einem Druckzuwachs im Verzweigungsgebiet der Art. pulmonalis und hat eine Erweiterung dieser Gefäßbezirke im Gefolge. Besonders hochgradige Erweiterungen der Pulmonalgefäße beobachtet man bei dem mit Obliteration und Schwund von Lungenkapillaren einhergehenden Lungenemphysem. Auch das kompensatorische oder vikariierende Emphysem, das vielfach ein Begleitsymptom der chronisch-zirrhotischen Lungenphthise darstellt, führt zu starker Erweiterung der Gefäße und damit zu einer verstärkten Gefäßzeichnung der Lungen. Man sieht in solchen Fällen innerhalb der durch Emphysem stark aufgehellten basalen Lungenfelder eine auffallend deutliche Gefäßzeichnung. Die Gefäßschatten der Pulmonalverzweigung sind stark ausgeprägt und haben einen eigenartig geraden, gestreckten Verlauf. Die mit der vergrößerten Mittelkapazität im Zusammenhang stehende starke Aufhellung der emphysematös veränderten Lungenteile läßt die vermehrte Streifenzeichnung der erweiterten Gefäße besonders deutlich hervortreten. Der auffallend gestreckte Verlauf dieser Gefäße hängt wohl mit der in der Pathogenese des Emphysems begründeten Überdehnung der Lungen zusammen.

Fall 12, 37,
38, Bild 61,
158, 162

c) Die verstärkte Bronchialzeichnung.

Unter normalen Bedingungen ist die feinstreifige Schattenzeichnung der Bronchialverzweigung von der viel stärker ausgeprägten Schattendarstellung der Gefäßverzweigung nicht unterscheidbar; sie summiert sich mit dieser zur einheitlichen Schattendarstellung. Eine Verstärkung der Schattengebilde des Luftröhrensystems kann einmal eintreten durch eine Verdickung der Wandung, und weiterhin dadurch, daß die lufthaltigen Hohlräume mit mehr oder weniger dichtem Sekret gefüllt sind. Eine verstärkte Bronchialwandzeichnung findet sich bei Veränderungen der knorpligen Anteile der Bronchialwandung; besonders deutlich wird sie, wenn im Gebiet der gröberen Bronchien Verknöcherungszonen in den Knorpeln auftreten. Bei der fortschreitenden Lungenphthise kommt es sehr häufig zu einer Sekretstauung in den feineren und mittleren Luftwegen. Die sekretgefüllten Bronchien stellen sich dann als unregelmäßig verzweigte, dichte Schattengebilde dar. Sie unterscheiden sich in ihrem Charakter nicht merklich von den streifigen Schattengebilden der Gefäße, und es ist deshalb meist schwierig oder unmöglich, bestimmte Schattenstreifen als sekretgefüllte Bronchien anzusprechen. Ausgeprägte Erscheinungen macht eine mit Zerfallserscheinungen einhergehende käsige Bronchitis. Man sieht bei dieser vielfach dichte, breite Schatten-

streifen in unmittelbarer Nähe einer kleineren oder größeren Zerfallshöhle. Diese
auf käsige Bronchitis zu beziehenden Schattenstreifen finden sich deshalb meistens
in den oberen Teilen der Lungenfelder und verlaufen von irgendeinem Zerfallsherd   Fall 19,
Bild 84
in den oberen Teilen der Lungen schräg hinab zum Lungenwurzelgebiet. Ohne anatomische Vergleichsgrundlagen wird es aber im Einzelfalle sehr schwer sein, solche
streifige Schattenbildungen mit Sicherheit auf das Bestehen einer käsigen Bronchitis
zu beziehen. Man wird aber solche Streifenschatten als durch käsige Bronchitis bedingt
ansehen dürfen, welche in topographischer Beziehung stehen zu exsudativ-käsigen
Herdbildungen oder zu Kavernen.

B. Die Einzelerscheinungen phthisischer Lungenveränderungen.

Die vielgestaltigen Schattenerscheinungen, die uns das Röntgenbild der bronchial
fortschreitenden Lungenphthise liefert, und auch die mehr gleichförmigen Schatten-
bilder der hämatogen sich ausbreitenden disseminierten Lungenphthise (Miliartuberkulose) sind nur dann zu verstehen, wenn man von der auch im Röntgenbilde erkennbaren Verschiedenartigkeit der anatomischen Grundformen ausgeht. Es ist
zunächst eine Unterscheidung der vorwiegend produktiven und der vorwiegend exsudativen Herdbildungen auch auf dem Röntgenbilde anzustreben. Weiterhin sind zu betrachten die röntgenologischen Merkmale der Bindegewebsentwicklung und der Induration einerseits und die Erscheinungen der Verkäsung und des Zerfalls andererseits. Der verschiedenartige histologische Aufbau
dieser anatomischen Veränderungen bedingt eine verschiedene Strahlenabsorption
und eine verschiedenartige Schattenprojektion, die in einer verschiedenen Dichtigkeit,
Größe, Form, Umgrenzung und Stellungsdichte der Schattengebilde ihren Ausdruck
finden. Der Gegensatz zwischen dem Röntgenbilde eines von azinös-nodösen Herden
befallenen Lungenteiles und eines anderen von lobulären exsudativ-käsigen Herden
durchsetzten Lungenabschnittes wird bei vergleichender Betrachtung auch dem im
Lesen von Röntgenbildern weniger Geübten einprägsam erscheinen. Wenn man
nach dem Vorschlage Aßmanns diese wichtigste, aus dem Röntgenbilde zu erschließende anatomische Erkenntnis ablehnt, so bedeutet dies den Verzicht auf
prognostisch und therapeutisch wertvollste Erkenntnistatsachen vergleichend röntgenologisch-anatomischer Untersuchungen.

a) Die exsudative (lobuläre) Herdbildung.

Der exsudative Herd besteht aus seröser mehr weniger eiweißhaltiger Flüssigkeit,
der bewegliche und abgestoßene Zellen in wechselnder Zahl beigemischt sind. Er
ergreift, in den Azini beginnend, rasch größere Teile eines Lungenläppchens, und
man spricht deshalb anatomisch von einem lobulär-exsudativen Herd, im Gegensatz
zum azinös-nodösen produktiven Herd. Der lobulär-exsudative Herd ist deshalb
schon im Beginn im allgemeinen größer als der nodös-produktive Herd, und er ist
gegen die Nachbarschaft nicht so gut abgesetzt, weil sein Flüssigkeitsgehalt nach der
Peripherie hin ganz allmählich abnimmt. In einem von lobulär-exsudativen Herdbildungen befallenen Lungenabschnitt fließen die lobulär-exsudativen Herde meist ohne
scharfe Grenze ineinander über. Diesem grundsätzlich verschiedenen anatomischen   Bild 2
Verhalten eines lobulär-exsudativen Herdes gegenüber dem azinös-nodösen Herd
entspricht auch die ganz anders geartete Schattendarstellung auf dem Röntgenbilde.
Es sind hier bei annähernd gleicher Stellungsdichte innerhalb eines Lungenabschnittes

zahlreiche, entsprechend der Zerfließlichkeit der anatomischen Herde ineinander überfließende Schattenbildungen zu sehen. Wohl sind an den Stellen, wo die Herdbildungen mehr einzeln stehen, zwischen den befallenen Lungenläppchen auch aufgehellte Stellen erkennbar. Die einzelnen, durch lobulär-exsudative Herde bedingten Schattengebilde sind aber gegenüber den nicht erkrankten Lungenteilen nicht gut abgesetzt. Vielmehr findet ein ganz allmähliches Abklingen der Schattendichtigkeit vom dichten Zentrum nach der Peripherie hin statt. Der Zerfließlichkeit der lobulär-exsudativen Herdbildung entspricht auch die zerfließliche Schattenerscheinung auf dem Röntgenbilde. Das mehr oder weniger deutlich ausgeprägte dichte Schattenzentrum der lobulär-exsudativen Schattenbildung entspricht dem meist in der Verkäsung vorangehenden zentral gelegenen Teile des Herdes. Sind größere Lungenabschnitte von lobulär-exsudativen und -käsigen Herden durchsetzt, dann kommt es zu einem besonders deutlich ausgeprägten Zusammenfließen der durch die Exsudate verdichteter Lungenteile bedingten Schattenerscheinungen auf dem Röntgenbilde. Fleckige, vielfach ineinander überfließende Schattengebilde mit massigen, dichten Schattenzentren breiten sich über größere Teile der Lungenfelder aus.

Fall 4 u. 31,
Bild 27, 135

Ergreift die exsudative Gewebsreaktion infolge stärkerer Ausdehnung des Infektes kleinere oder größere Lappenteile, dann kommt es zur exsudativen Verdichtung massiger Lungenteile. Diese lobär-exsudative phthisische Gewebsreaktion macht ganz ähnliche Bilder, wie die akut entstehenden entzündlichen Erkrankungen eines Lungenlappens oder Teile eines solchen. Auf dem Röntgenbilde entstehen dann ausgedehnte Verschattungen, die größere Teile eines Lungenfeldes, zuweilen ein halbes, oder auch ein ganzes Lungenfeld ausfüllen.

Fall 34, 36,
Bild 144 u.
154

b) Die produktive (azinös-nodöse) Herdbildung.

Die azinösen und die durch das Befallensein mehrerer benachbarter Azini entstehenden azinös-nodösen Herde stellen sich im Lungenschnitt dar als mehr oder weniger deutlich gegeneinander abgesetzte, aus produktivem Gewebe bestehende, Rosetten- oder Kleeblattform zeigende, verhältnismäßig fester gefügte Herde.

Bild 6

Auch wenn zahlreiche azinös-nodöse Herde auf einem Schnitt ziemlich dicht beieinander stehen, sind sie fast immer gut gegeneinander abgesetzt und durch dazwischenliegendes noch gesundes Lungengewebe voneinander abgegrenzt. Auf dem Röntgenbilde müssen die mit produktivem Gewebe erfüllten kleinen Lungenteilchen, zwischen denen gut lufthaltiges Gewebe liegt, als Schattengebilde zutage treten, die in bezug auf Größe, Form und Stellungsdichte den anatomischen Herdbildungen entsprechen. Und so sehen wir in der Tat im Röntgenbilde eines von azinös-nodösen Herden befallenen Lungenabschnittes entsprechend der Zahl und Größe der Herdbildungen mehr oder weniger zahlreiche, unregelmäßig gestaltete, gut gegeneinander abgesetzte herdförmige Verdichtungsschatten von verschiedener Größe. Auch da, wo die Herde ziemlich dicht stehen, sind die den Herden zugehörigen Schattenbildungen durch das dazwischenliegende lufthaltige Lungengewebe gut gegeneinander abgegrenzt. Im anatomischen Präparat ist der einzeln stehende azinösproduktive Herd in der Regel schon makroskopisch deutlich zu erkennen. Im Röntgenbilde ist der einzelne azinös-produktive Herd meist nicht als solcher anzusprechen. Es ergibt sich auf diesem das charakteristische Gepräge nodös-produktiver Herdbildungen weniger aus dem Verhalten des einzelnen Schattengebildes, als aus dem Gesamtbild mehr oder weniger zahlreicher gleichgearteter, nebeneinander liegender

Bild 5

Verdichtungsschatten. Die einzelnen, durch nodöse Herde bedingten Verdichtungsschatten haben keine gleichmäßige Dichtigkeit, sondern sie zeigen ein dichtes Zentrum
und hellen sich in der Peripherie etwas auf. Der dichte Schattenkern entspricht entweder dem verkästen oder auch dem in Induration übergegangenen Anteile des produktiven Herdes. Eine Entscheidung darüber ist natürlich auf Grund des Röntgenbildes nicht möglich. Trotzdem das Schattengebilde des azinös-nodösen Herdes auch
keine vollkommen scharfe Umgrenzung zeigt und auch wegen seiner anatomischen
Struktur nicht zeigen kann, findet selbst bei erheblicher Stellungsdichte der Herde
kein Ineinanderüberfließen der durch die Herde bedingten Schattenbildungen
statt. Diese Erscheinung findet ihre Erklärung darin, daß infolge des zwischen den
einzelnen Herden liegenden lufthaltigen Lungengewebes eine genügende Aufhellung
auch zwischen den einzelnen Schattenbildungen eintritt.

Die Größe der Schattenbildungen entspricht im allgemeinen der Größe anatomischer Herdveränderungen. Die kleinsten Herde produktiver, besonders hämatogener
Bildung, stellen die aus Epitheloidzellen sich zusammensetzenden miliaren Tuberkel
dar. Auch diese werden als einzelne Gebilde nur dann auf der Röntgenplatte zu sehen
sein, wenn besonders günstige Bedingungen der Differenzierung bestehen. (Platten-
nahe Lage, geringste Sekundärstrahlenwirkung.) Ein Erkennen dieser durch miliare
Tuberkel bedingten Schattenbildung wird meist erst ermöglicht und kommt auch
praktisch nur in Betracht, wenn größere Lungenabschnitte von zahlreichen Knötchen
durchsetzt sind. Dann sieht man auf dem Röntgenbilde zahlreiche, außer- Fall 14,
ordentlich kleine, gut gegeneinander abgesetzte, mehr rundliche Ver- Bild 67
dichtungsschatten. Die Größe der durch vorwiegend bronchogene produktive
Herdbildungen erzeugten Verdichtungsschatten steht in engster Beziehung zu dem
Alter der Entwicklung der Herde. Relativ frische azinös-nodöse Herde machen
kleinere, unregelmäßig gestaltete, gut umgrenzte Herdschatten. Je größer die pro- Fall 8,
duktiven Herde sind, desto größer werden auch die entsprechenden Schattenerschei- Bild 43, 44,
nungen auf dem Röntgenbilde sein. Das zunehmende Wachstum nodös-produktiver 45
Herde ist besonders gut erkennbar aus dem Vergleiche der drei Röntgenbilder.

Auch bei erheblicher Stellungsdichte der Herde im anatomischen Präparat in
verschiedensten Tiefenlagen der Lungen zeichnen sich die einzelnen Herdschatten auf
dem Röntgenbilde als gut umgrenzte und gegeneinander abgesetzte Schattengebilde ab. Fall 1 u. 3,
Bild 18, 25

c) Ausheilungsvorgänge, Induration und Zirrhose.

Das Schicksal der beschriebenen produktiven und exsudativen Herdbildungen
kann sich verschieden gestalten. Aus der produktiven Gewebsreaktion kann durch
weitere Umwandlungen ein narbiger Herd entstehen, der sog. indurierte Herd. Dieser
ist außerordentlich saftarm und fühlt sich derb an. Der hyalin-fibrös umgewandelte nodöse Herd absorbiert wegen seiner starken Dichtigkeit mehr Strahlen
und erscheint deshalb auf der Röntgenplatte als besonders dichtes Schattengebilde; auch ist er im allgemeinen noch schärfer gegen die Umgebung abgesetzt als der nodös-produktive Herd. Eine Anzahl nahe beieinanderliegender indurierter Herde führen zu einem sekundären Kollaps und zur Atelektase des dazwischen-
liegenden Lungengewebes, und es kommt so zur Verhärtung mehr oder weniger
ausgedehnter Lungenteile. Der gesamte Vorgang der Gewebsumwandlung wird dann,
wenn ausgedehnte indurative Veränderungen zu einer Schrumpfung und Verzerrung
des Lungengewebes geführt haben, als Zirrhose bezeichnet. Zwischen den

einzelnen indurativ-zirrhotischen Herden bildet sich Lungenemphysem aus. Auf dem Röntgenbilde stellt sich diese Zirrhose in besonders charakteristischer Weise dar durch einen Komplex von Erscheinungen, der sich meist aus vier besonderen Merkmalen zusammensetzt. Der aus hyalinisiertem Bindegewebe bestehende indurierte Herd absorbiert viel Strahlen und stellt deshalb ein dichtes Schattengebilde dar. Das luftleere Lungengewebe in der Nachbarschaft mehrerer indurierter Herde bewirkt eine fleckige, unscharf begrenzte Verschattung. Diese enthält die mehr oder weniger dichten, durch indurierte Herde bedingten Schattengebilde. An der Peripherie der fleckigen Schattenbildung sieht man zuweilen unregelmäßig verzweigte, streifige Schatten, die fibrösem Gewebe entsprechen. Zwischen den Schattenkomplexen indurativ-zirrhotischer Herde finden sich vielfach gut auf-

Bild 8 u. 9 gehellte Stellen. Diese entstehen durch emphysematöses Lungengewebe, das in der Nachbarschaft der indurativ veränderten Lungenteile sich ausgebildet hat. Der Erscheinungskomplex der Zirrhose ist auf dem Röntgenbilde so charakteristisch, daß er kaum mit anderen Veränderungen verwechselt werden kann. Liegen in einem Lungenabschnitt eine größere Anzahl indurativ-zirrhotischer Herdbildungen bei-einander, dann lassen sich die hier skizzierten Einzelerscheinungen der Induration und Zirrhose in jedem einzelnen Herd besonders deutlich erkennen, wenn sich zwischen den einzelnen, durch Induration bedingten Schattenbildungen stark aufgehellte Zonen

Fall 7 u. 25, Bild 39 u. 110 emphysematösen Lungengewebes befinden. Kommt es zu einem Zusammenfließen indurativ-zirrhotischer Veränderungen und werden dadurch größere Lungen-teile nahezu oder völlig luftleer, dann entsteht eine intensiv ausgedehnte

Bild 110 Schattenbildung von ganz erheblicher Dichtigkeit. Häufig ist die Anord-nung ineinander übergehender indurativer Vorgänge derart, daß auf dem Röntgen-bilde mehr oder weniger breite bandförmige Schattenbildungen entstehen.

Fall 27 u. 29, Bild 118 u. 126 Diese Form der Induration bildet sich häufig in der Nachbarschaft und in unmittel-barer Umgebung von Zerfallshöhlen aus (Bild 61 u. 169).

d) Zerfallserscheinungen — Kaverne.

Eine der häufigsten und für Prognose und Therapie der Phthise mit am wichtigsten Komplikationsformen ist die Erweichung und die an diese sich anschließende Höhlen-bildung. Erweichung und Zerfall können sich an die exsudative und produktive Reaktionsform der Phthise anschließen, wofern nur eine Verkäsung des erkrankten Gewebes eingetreten ist. Weitaus am häufigsten kommt Verkäsung mit Zerfallserschei-nungen bei der exsudativen Form vor. Die stärksten Grade des Zerfalls und der Höhlen-bildung finden sich bei der rein exsudativen Phthise. Aber auch bei jenen Krank-heitsformen, bei denen der produktive Charakter im Vordergrunde steht, entwickelt sich Erweichung und Höhlenbildung fast ausschließlich im Anschluß an eine voraus-gegangene mit Exsudation verbundene Verkäsung. Eine Höhlenbildung entsteht viel-leicht schon dadurch, daß verkäste Massen zur Resorption gelangen, in der Regel aber dadurch, daß jene auf bronchogenem Wege ausgestoßen werden. Diese Erschei-nungen des Zerfalls bergen eine große Gefahr in sich, insofern mit der Aus-stoßung von käsigen Zerfallsmassen von dem Zerfallsherde aus auf broncho-genem Wege eine Ausbreitung des Krankheitsvorganges zu jeder Zeit erfolgen kann. In dieser Ausbreitungsgefahr liegt auch die ganz andere prognostische Einschätzung begründet, die eine mit Zerfallserscheinungen einhergehende Phthise erfordert gegenüber einer anderen, die noch keine merklichen Höhlenbildungen zeigt. Als weitere Gefahrmomente einer Kaverne sind die meist aus aneurysmatischen

Gefäßveränderungen entstehenden Blutungen und der aus dem Durchbruch einer Höhle in den Pleuraspalt sich entwickelnde Pyopneumothorax zu nennen.

Dem diagnostischen Nachweis einer Höhlenbildung kommt deshalb eine große prognostische Bedeutung zu. Aus dieser wiederum ergeben sich vielfach therapeutisch wichtige Gesichtspunkte. Das frühzeitige Erkennen einer Kaverne wird bei richtiger Einschätzung von Art und Ausbreitung der phthisischen Herdveränderungen bei geeigneten Fällen zur Anwendung einer mechanischen Behandlungsmethode zum Zwecke einer Beseitigung der Kavernengefahr führen. Es ist deshalb eine bedeutsame Aufgabe diagnostischen Könnens, möglichst frühzeitig die Kavernengefahr festzustellen und Sitz und Ausdehnung einer Zerfallshöhle zu bestimmen.

Die optische Dichtigkeitsdifferenzierung des Röntgenbildes ist in dieser Richtung der akustischen bzw. perkussorischen Dichtigkeitsbestimmung weit überlegen. Die aus den Ergebnissen der Auskultation und Perkussion mit Sicherheit zu erschließende Höhlenbildung hat meistens schon eine ganz erhebliche Größenausdehnung. Auch muß sie, um diesen Untersuchungsmethoden zugänglich zu sein, der vorderen oder hinteren Brustkorbwand möglichst naheliegen. Kleinste Höhlenbildungen sind diesen Untersuchungsmethoden nicht zugänglich. Dagegen lassen sich bei kritischer Beurteilung röntgenologischer Kavernenmerkmale vielfach auch kleine Zerfallshöhlen nach Sitz und Ausdehnung genau bestimmen.

Die Darstellbarkeit und Erkennbarkeit einer Kaverne im Röntgenbilde hängt einmal von dem anatomischen Verhalten der Kaverne selbst und zu zweit von dem Zustande der die Höhlenbildung umgebenden Lunge und Lungenoberfläche ab. Eine Höhlenbildung wird sich entsprechend dem mehr oder weniger reichlichen Luftinhalt im allgemeinen als aufgehellte Zone von den umgebenden Lungenteilen im Lungenfelde abheben. Der Grad der Aufhellung wird zunächst abhängig sein von dem Luftvolumen der Kaverne bzw. von dem Ausmaße des bereits eingetretenen Gewebszerfalls. Durch Gewebseinschmelzung entstandene Inhaltsmassen können in jedem Falle die Aufhellungsfähigkeit in merklichem Maße einschränken. Weiterhin wird auch das eine Höhlenbildung überdeckende krankhaft veränderte Lungengewebe Einfluß gewinnen können auf die Aufhellungsfähigkeit einer Kaverne. Da Zerfallshöhlen so gut wie immer inmitten erheblicher Gewebsveränderungen liegen, so wird der Grad ihrer Aufhellungsfähigkeit in erster Linie von Licht- und Schattenwirkung des Höhlengebildes und der es umgebenden Gewebsveränderungen abhängig sein. Die auf vermehrter Strahlendurchlässigkeit beruhende Aufhellung einer Kaverne kann vermindert oder aufgehoben werden durch dichte, sie umgebende Gewebsmassen. Es wird die Erkennbarkeit der Kavernenaufhellung demnach bestimmt durch den Wechsel von Licht- und Schattenwirkung der Kaverne selbst und der sie umgebenden Gewebsveränderungen. Flache Höhlenbildungen von geringem Tiefendurchmesser werden weniger aufgehellt erscheinen als solche, die einen großen Tiefendurchmesser haben. Sie entgehen leicht der Darstellung auf dem Röntgenbilde, besonders wenn auch ein zweites wichtiges Kavernenmerkmal, die eine Aufhellung ganz oder teilweise umgebende Ring- oder Bandverschattung fehlt. Das geht aus dem Vergleiche der anatomischen Bilder mit dem zugehörigen Röntgenbilde Fall 9, Bild 50—53 hervor. Die hier in den hintersten und obersten Abschnitten liegende außerordentlich flache Höhle, die vorne und hinten von Lungengewebe überlagert ist, läßt sich im Vergleiche mit dem anatomischen Schnitte auf dem Röntgenbilde auffinden. Ohne den Vergleich mit jenem wäre die kaum durch ihre geringe Aufhellung von der Umgebung sich abhebende Höhle nicht mit Bestimmtheit aus dem Röntgenbilde zu erschließen.

Vielfach kann die Anwesenheit einer Kaverne nicht aus der durch sie bedingte Helligkeit bestimmt werden. Eine mit dem anatomischen Verhalten der Kavernenwand in Zusammenhang stehende Ring- oder Streifenschattenbildung weist dann auf das Bestehen einer Höhle hin. Verkäste Massen können, wenn der übrige Kaverneninhalt ausgestoßen ist, dichte, unscharf begrenzte Wandveränderungen erzeugen. Diese Streifenschatten umgeben meist nicht den ganzen Hohlraum, sondern Teile desselben und stellen so Teile eines ringförmigen oder elliptisch gestalteten Streifenschattens dar. Aus der vergleichenden Betrachtung der Bilder wird dies leicht verständlich. Man sieht hier im 3. anatomischen Schnittbild auf der äußeren Kavernenwandung dichte Käsemassen liegen, die in ihrer topographischen Lage sich mit der oberhalb der zweiten Rippe schräg nach oben verlaufenden streifigen Schattenbildung des Röntgenbildes decken. Besonders deutliche Ring- und Bänderschatten aber werden durch Ausheilungsvorgänge der Kavernenwand, insbesondere durch das aus Granulationsgewebe hervorgehende fibröse und hyalinisierte Gewebe infolge merklicher Strahlenabsorption entstehen können.

Da die durch Reinfektion entstehende Phthise des Erwachsenen fast gesetzmäßig in den oberen Lungenteilen beginnt und von da allmählich auf die weiter herabliegenden Lungenteile fortschreitet, findet man die Erscheinungen der Höhlenbildungen in der überwiegenden Mehrzahl der Fälle in den oberen Lungenabschnitten. Seltener finden sich Höhlen in den mittleren oder gar in den basalen Abschnitten der Lungen. Selbstverständlich kann auch ein in diesen Lungenteilen lokalisierter Prozeß zur Verkäsung mit Zerfall und Höhlenbildung führen. Im allgemeinen finden sich aber die frühesten und ältesten Zerfallserscheinungen in den apikalen Lungenabschnitten. Fast regelmäßig beginnt die Höhlenbildung in den hinteren und oberen Teilen und schreitet allmählich nach vorne und unten hin fort. Am schwierigsten gestaltet sich das Erkennen kleiner Höhlenbildungen in den frühesten Stadien phthisischer Herdveränderungen, insbesondere dann, wenn diese in den Lungenspitzen ihren Sitz haben. Zuweilen sieht man in solchen Fällen innerhalb einer mehr oder weniger gleichmäßigen oder aus fleckigen Schatten sich zusammensetzenden Verschattung eine unregelmäßig begrenzte aufgehellte Stelle, die aus der dichten Verschattung sich gut heraushebt. Das Luftvolumen der Höhle selbst und die Dichtigkeit der sie umgebenden Lungenteile, die exsudativ oder indurativ verändert sein können, bestimmen das Ausmaß der Kavernenaufhellung. Solche kleine Höhlenbildungen zeigen nur sehr selten, im Frühstadium beinahe nie eine streifenförmige Umgrenzung. Diese wird erst dann auftreten können, wenn die Kavernenwandung Ausheilungsvorgänge aufweist. Kleine Spitzenkavernen lassen sich deshalb im Frühstadium lediglich aus der Schattendifferenz zwischen der Aufhellung und der Schattenzeichnung der Umgebung erkennen.

Treten Ausheilungsvorgänge in der Kavernenwand hinzu, dann kann es zu einer stärkeren Ausprägung der Höhle im Röntgenbilde kommen. Bleibt die phthisische Erkrankung auf die Spitze beschränkt und entwickeln sich in der Umgebung der Höhle Induration mit Schrumpfung, dann kann die vorher sichtbare Höhlenerscheinung auf dem Röntgenbilde wieder verschwinden, ohne daß aber damit sichergestellt wäre, daß das Kavernenlumen sich gänzlich geschlossen hätte.

Entwicklung und Verlauf von Erweichungsvorgängen mit Kavernenbildung und deren Schattenerscheinungen im Röntgenbilde stehen im engsten Zusammenhang mit dem Grundcharakter der phthisischen Erkrankung. Die im Verlaufe einer vorwiegend produktiven Phthise sich entwickelnden Höhlenbildungen entstehen langsam und erreichen meist nur eine geringere Ausdehnung als die Zerfallshöhlen der rein exsudativen Phthise. Häufig bleibt die im Verlaufe der vorwiegend produktiven Phthise zur Ausbildung gelangende Kaverne in einem bestimmten Entwicklungsstadium stehen und zeigt dann Ausheilungsvorgänge im Bereiche der Kavernenwandung. Man findet deshalb die schon beschriebene durch die Kavernenwandung bedingte Ring- oder Bandverschattung besonders häufig bei der Kaverne der produktiven Phthise. Solche Kavernen haben dann vielfach keinen sehr großen Tiefendurchmesser und fallen nicht durch eine besondere Aufhellung auf. Sie werden fast immer beiderseits von Lungengewebe überlagert. Wenn innerhalb dieser überlagernden Lungenabschnitte sich produktive Herdveränderungen befinden, dann werden die durch sie bedingten Herdschatten in das Kavernenlumen projiziert. Diese Tatsache erhellt besonders deutlich aus dem Vergleiche der anatomischen Schnittbilder von Fall 2 und 10 mit den zugehörenden Röntgenbildern. Bei beiden Fällen wird die [Bild 22 u. 54] in den oberen Lungenabschnitten sich befindende große Höhlenbildung von vorne durch Lungengewebe überlagert, das zahlreich nodös-produktive Herdbildungen enthält. Die relativ großen Höhlen erzeugen hier keine merkliche Aufhellung im Lungenfeld und sind nur zu erschließen aus der deutlich ausgeprägten streifenförmigen Schattenumrandung. Aus dieser läßt sich annähernd auch die Ausdehnung der Höhle bestimmen.

Die stärksten Kavernenveränderungen finden sich bei den ausgesprochenen Fällen von exsudativer Phthise. Hier sind wieder jene Formen gesondert zu betrachten, bei denen der Zerfall im Innern einer lobär-käsigen Pneumonie auftritt, und jene, die sich an einen lobulär-exsudativen Prozeß der Spitzenteile anschließen und allmählich nach vorne und unten fortschreiten. Der Zerfall verkäster Lungenteile beginnt bei der käsigen Pneumonie an irgendwelchen Stellen der käsigen Verdichtung des betreffenden Lungenabschnittes. So kommt es, daß bei solchen Fällen auch große Zerfallshöhlen, die rings von käsig-verdichtetem Lungengewebe umgeben sind, der Strahlendifferenzierung auf dem Röntgenbilde vollständig entgehen. Die Zerfallshöhle der käsigen Pneumonie kann sehr groß sein und trotzdem keinerlei Erscheinungen auf dem Röntgenbilde machen. Es zeigen die anatomischen Bilder von Fall 33 große, von käsigen Zerfallsmassen teilweise noch erfüllte Höhlen, die sich im Röntgenbilde aus der durch die pneumonische Verdichtung bedingten Verschattung nicht herausheben. Erst wenn stärkerer Zerfall eingetreten ist, derart, daß [Fall 33 u. 35, Bild 141 u. 148] große Teile eines Lappens durch käsige Umwandlung vollständig zugrunde gegangen sind, lassen aufgehellte Stellen innerhalb dichter ausgedehnter Verschattungen eine Höhlenbildung vermuten. Der an verschiedenen Stellen der käsig-pneumonischen Verdichtung sich abspielende Zerfall führt zu mehrfachen Höhlenbildungen, die bei weiterem Zerfall ineinander übergehen und dann eine mehrkammerige Höhle darstellen. Ausgedehnte, aus verkästen Massen bestehende Gewebsfetzen trennen die Höhlen in einzelne Teile und ragen als Gewebsbrücken in die mehr oder weniger ausgedehnte Lichtung der einzelnen Höhlen hinein. Auf dem Röntgenbilde sieht man [Fall 32 u. 42, Bild 138 u. 177] an den Stellen, wo der Zerfall am weitesten fortgeschritten ist, vielfache fleckige, aufgehellte Stellen, die durch unscharf begrenzte Herd- und bandförmige Schattengebilde voneinander getrennt sind. Da wo größere Höhlenbildungen vorliegen, machen die in diesen liegenden Zerfallsmassen unscharf begrenzte herd- und bandartige Schattenbildungen innerhalb der durch die Höhle bedingten aufgehellten [Fall 11, Bild 58] Stellen.

Ähnlich wie die innerhalb käsig-pneumonischer Verdichtung liegende Höhle kann auch eine von induriertem Lungengewebe umlagerte Höhle der Dichtigkeitsdifferenzierung auf dem Röntgenbilde entgehen; durch Entwicklung phthisischen Granulationsgewebes, durch fibröse Umwandlung desselben kommt es zur indurativen Umgrenzung der Höhle. Im allgemeinen reicht die Spitzenkaverne in den rückwärts gelegenen Abschnitten am weitesten nach oben und hat hier ihren größten Tiefendurchmesser. Nach vorne und unten hin nimmt ihre Lichtung gewöhnlich ab. Von vorne her wird sie durch mehr oder weniger indurativ verdichtetes Lungengewebe überlagert. Eine unregelmäßige und vielbuchtige Gestaltung der Kaverne bedingt eine verschiedene Strahlendurchlässigkeit, die noch vermindert wird durch das überlagernde verdichtete Lungengewebe. Auf dem Röntgenbilde sieht man deshalb innerhalb der durch ausgedehnte Indurationen bedingten dichten Verschattung un scharf begrenzte fleckig aufgehellte Stellen mit verwaschenem Untergrund. Man kann aus diesen Erscheinungen wohl das Bestehen von Höhlenbildungen vermuten, aber nicht mit Sicherheit feststellen.

Eine mit der indurierend-zirrhotischen Phthise häufig einhergehende Pleuraverdichtung und Schwartenbildung vermindert noch mehr das Entstehen einer Kavernenaufhellung. Diese wird so zweifach ausgelöscht durch die Verschattung der Schwarte und durch die Schattenbildungen des die Höhle überlagernden verdichteten Lungengewebes. Hat das innerhalb ausgedehnter Indurationen sich befindende buchtige Höhlengebilde eine große Tiefenausdehnung, dann tritt es auf dem Röntgenbilde als gut aufgehellte Zone in die Erscheinung, die von breiten durch dichte Induration bedingte Schattenbänder umrahmt ist. Tiefreichende Kavernenteile machen stärkere Aufhellungen innerhalb der Gesamtaufhellung. Stehengebliebene und verkäste bzw. indurativ veränderte Gewebsbalken bedingen ungleichmäßige Verschattungen innerhalb der Aufhellung.

Weitaus am häufigsten finden sich ausgeprägte Höhlenbildungen in den obersten Lungenabschnitten. Die vielgestaltigen Bilder, die durch solche Höhlenbildungen entstehen, haben ihre Begründung in dem der Höhlenbildung vorausgehenden und an diese sich weiterhin anschließenden pathologisch-anatomischen Gewebsveränderungen. Die Ausdehnung der Höhle hängt von der Ausdehnung des an die Verkäsung sich anschließenden Erweichungsvorganges ab. Wenn eine teilweise gereinigte Höhle einen großen Tiefendurchmesser hat, tritt sie als stark aufgehellte Zone in die Erscheinung. Bindegewebige Umwandlung der Kavernenwand oder käsiger Wandbelag bedingen dann oft dichte bandförmige Verschattungen, die von unten und innen die Höhle umgrenzen. Fast immer finden sich in gereinigten Kavernen noch zapfenförmig in den Hohlraum hineinragende oder balkenartig ihn durchziehende Gewebsreste, die in der Regel aus derb-fibrösem Gewebe bestehen. Diese Gebilde bedingen auf dem Röntgenbilde unregelmäßig verzweigte, mehr oder weniger dichte Schattenbildungen innerhalb der Kavernenaufhellung.

Ein etwas anderes Bild entsteht durch Höhlenbildungen, die noch im Zerfall begriffen sind, und in deren Umgebung sich mehr oder weniger ausgedehnte lobulärexsudative Herderscheinungen finden. Auch bei großen, tiefreichenden Höhlen ist dann die durch sie bedingte Aufhellung nicht so deutlich ausgeprägt. An der unteren Begrenzung entstehen in dem Gebiet der lobulär-exsudativ fortschreitenden Lungenerkrankung ineinander überfließende fleckige Schattenbildungen. Auch innerhalb der Höhlenaufhellung sieht man unscharf begrenzte, herd- und streifenförmige Schatten, die den in der Höhle liegenden Zerfallsmassen entsprechen.

Die Gegensätzlichkeit einer gereinigten und einer noch im Zerfall begriffenen Kaverne ergibt sich aus der Betrachtung des Röntgenbildes, das auf der linken Seite die charakteristischen Erscheinungen einer von indurativem Gewebe umgrenzten gereinigten Höhle zeigt, während auf der rechten Seite eine kleinere, noch im Zerfall sich befindende Höhle besteht, an deren unteren Begrenzung frische lobulär-exsudative Herdbildungen zu sehen sind.

Es ist von Wichtigkeit, auf diese in der Umgebung von Kavernen liegenden Schattenveränderungen zu achten und sie richtig zu deuten. **Verwaschene fleckige Schattenbildungen an der unteren Begrenzung einer Kaverne sprechen für das Fortschreiten des Krankheitsvorganges** (Fall 12, rechte Seite). Die Ausbildung von **mehr oder weniger breiten und dichten bandförmigen Schattenbildungen deuten auf das Überwiegen von Ausheilungsvorgängen in der Kavernenwand durch Indurationen hin** (Fall 12 linke Seite). Die auf Bild 162 u. 163 dargestellte Zerfallshöhle ist noch nicht vollständig gereinigt. Es haben sich aber in deren Umgebung ausgedehnte, beiderseits indurative Vorgänge angeschlossen. Rechts ist eine größere Zerfallshöhle schon entstanden, links hat sich an der unteren Umgebung der Zerfallshöhle fibrös-induriertes Gewebe ausgebildet. Dadurch erklären sich die dichten Bandverschattungen an der unteren Begrenzung der Kaverne. Es befinden sich aber zwischen dem indurierten Gewebe noch verkäsende Lungenteile, die auf dem Röntgenbilde nicht differenziert sind. Die fortschreitende Entwicklung einer Höhlenbildung von den hinteren oberen Abschnitten nach vorne und unten hin ergibt vielfach im Röntgenbilde eine charakteristische Schattendarstellung insbesondere dann, wenn das Fortschreiten langsam erfolgt und fibröse Umwandlung der Höhlenwandung eingetreten ist. So sieht man auf Bild 154 links oben etwa in der Höhe der 2. Rippe eine deutliche ringförmige Schattenbildung. An diese schließt sich nach unten hin eine parabolisch gestaltete streifenförmige Schattenbildung an. Die ringförmige Schattenbildung umschließt eine mehr aufgehellte Zone, die dem tiefreichenden Kavernenanteil entspricht. Die ihr unten anliegende parabolisch begrenzte Stelle des Röntgenbildes entspricht dem nach vorne und unten hin sich abflachenden Kavernenteile, wie der anatomische Schnitt 2 zeigt.

Durch Weiterschreiten des käsigen Zerfalls kommt es zuweilen zu großen, auf einen ganzen oder auch auf Teile zweier Lappen sich erstreckenden Höhlenbildungen. Nach Ausstoßung der käsigen Massen und bindegewebiger Umwandlung der Kavernenwandung stellt sich eine solche große Kaverne als stark aufgehellte große Teile eines Lungenfeldes einnehmende Zone dar. Verkäste oder indurativ umgewandelte Gewebsmassen an der unteren Begrenzung der Kaverne bedingen hier unregelmäßig verzweigte Schattenbildungen. Diese gehen dann nach unten hin in eine dichte Verschattung über, die dem vollständig indurativ umgewandelten unteren Lungenabschnitt entspricht.

Sehr ausgedehnte Aufhellungen können zuweilen zu **diagnostischen Irrtümern** Veranlassung geben, insoferne eine sehr große Kaverne ein ähnliches Bild zeigt wie der partielle Pneumothorax. Für die Entscheidung dieser Frage ist zunächst zu beachten, daß mit der Höhlenbildung meist eine Verkleinerung der betreffenden Brustkorbseite verbunden ist, die in einem steilen Verlauf der Rippen und in einer merklichen Abflachung der Brustkorbbegrenzung ihren Ausdruck findet. Der Kavernenhohlraum wird auch bei der gereinigten Kaverne von der bindegewebigen oder indurativ umgewandelten Kavernenwandung umschlossen. Diese macht eine allseitige Randverschattung, die bei großen Kavernen entlang dem Brustkorbrande verläuft, die obersten Teile des Spitzenfeldes verschattet und medianwärts als Bandverschattung den Schattenbildungen der Gefäße und der Hilusgebilde anliegt. Der partielle Pneumothorax erzeugt eine bis hart an den Brustkorbrand reichende stark aufgehellte Zone, die medianwärts begrenzt wird von der durch die mehr oder weniger komprimierte Lunge bedingten Schattenbildung. Diese ist bei geringer Kompression und noch bestehenden Pleuraverwachsungen nicht sehr dicht und läßt Lungenzeichnung und wohl auch durch Herdveränderungen bedingte Schattenbildungen erkennen. Liegt die Lunge als luftleeres Gebilde dem Lungenwurzelgebiet an, dann entsteht hier eine meist sehr dichte, unregelmäßig gestaltete Schattenbildung, die als ungleichmäßiges, zapfenförmiges Gebilde in die Aufhellung des Pneumothorax hineinragt.

Fall 48.
Bild 201

Die Feststellung einer, wenn auch kleinen Höhlenbildung in den oberen Teilen einer Lunge gestaltet die Prognose der phthisischen Erkrankung auf jeden Fall ernster. Die weitere Entwicklung des Krankheitsvorganges ist dann in erster Linie von der Art der Erkrankung abhängig, an die sich die Höhlenbildung angeschlossen hat. Eine kleine, aus produktiver Phthise hervorgegangene Höhlenbildung ist schon wegen der an sich gutartigen Verlaufsform der produktiven Phthise günstiger einzuschätzen. Spontanheilungen kleiner Höhlenbildungen sind bei dieser Phthiseform mehrfach beschrieben (Turban).

Wesentlich anders gestaltet sich die Prognose, wenn deutlich zunehmende Zerfallserscheinungen in und in der Umgebung der Höhle vorliegen, und wenn diese im Zusammenhang mit einem zunächst vorwiegend lobulär-exsudativen Prozeß entstanden ist. Im Verlaufe der Entwicklung der Kaverne kann es dann leicht auf bronchogenem Wege zu einer Ausbreitung des Krankheitsvorganges aus der Kaverne auf die basalen Lungenteile derselben und auch der anderen Seite kommen. Klinisch findet man dann ein Fortschreiten der Erkrankung, das auch in einer Zunahme physikalisch feststellbarer Symptome sich äußert. Eine besonders klare, oft geradezu plastische Darstellung von dem Weiterschreiten des Krankheitsvorganges aus der Kaverne auf bronchogenem Wege ergibt sich aus den Vergleichen mehrerer, mit Zwischenpausen von vielen Wochen oder Monaten aufgenommenen Röntgenbildern. Solche Bilderserien lassen dann den zunehmenden Zerfall einer Höhle und die damit im Zusammenhang stehende Ausbreitung der Erkrankung auf die mittleren und unteren Abschnitte aus der in den oberen Abschnitten befindlichen Höhle aufs Deutlichste erkennen. Die Serienbilder dieser Fälle zeigen die bronchogene Aussaat aus einer rechtsseitigen, in den oberen Lungenabschnitten liegenden Höhle. Besonders bemerkenswert ist die verschiedene Art der Herdbildungen, die auf den beiden Seiten im Laufe der Erkrankung entstanden sind. Auf der Seite der Kaverne ist es zur vorwiegend exsudativen Gewebsreaktion gekommen. Es finden sich auf dieser Seite zahlreiche exsudativ-käsige und vereinzelte nodösproduktive Herde. In den mittleren und basalen Teilen der anderen Lunge haben sich ausschließlich nodös-produktive Herde entwickelt. Ob die Verschiedenheit der Gewebsreaktion, die sich an die, wohl aus derselben Quelle stammende Infektion anschloß, mit der Masse der Infektionserreger oder auch mit örtlichen immunisatorischen Vorgängen im Zusammenhang steht, entzieht sich der Beurteilung. Auf die Bedeutung allgemeiner und örtlicher immunobiologischer Reaktionen und deren Beziehungen zur phthisischen Gewebsreaktion hat neuerdings insbesondere v. Hayeck hingewiesen.

Die im Röntgenbilde festgestellte Höhlenbildung, ihr Sitz, ihre Ausdehnung und ihre Beziehungen zu der Art des anatomischen Krankheitsvorganges schafft vielfach die Grundlage zur Einleitung des heutigen Tages bis zu einem hohen Maße der Vollendung ausgebildeten Kollapsverfahrens (Forlanini, Brauer). Nur dadurch oder durch eine ähnliche mechanische Behandlung, die eine Verkleinerung der Höhlenbildung möglichst bis zum vollständigen Kollaps anstrebt, kann bei ausgeprägten, zur Verkäsung neigenden Höhlenbildungen die drohende Gefahr einer weiteren Ausbreitung der Erkrankung von der Kaverne aus mit dauerndem Erfolg beseitigt werden.

e) Lymphknoten und Primärkomplex.

Die Erkrankung der Lymphknoten hat bei der Phthise des Erwachsenen nicht die Bedeutung, die ihr bei der kindlichen Phthise zukommt. Bei dieser steht bekanntlich die Beteiligung der Lymphknoten vielfach im Vordergrunde des Krankheitsbildes. Trotzdem ist auch bei der kindlichen Phthise die Mitbeteiligung der Lymphknoten immer als ein sekundäres Geschehen zu betrachten, das sich an die stets primäre Erkrankung der Lunge anschließt. Die im Kindesalter zu beobachtende primäre phthisische Lungenerkrankung hat, wie wir heute wissen, eine ganz charakteristische pathologisch-anatomische Verlaufsart. Ohne auf histologische Merkmale einzugehen, mag hier hervorgehoben werden, daß ihr die exsudative Gewebsreaktion eigen ist, die entweder rasch sich ausbreitet (Generalisation) oder in Verkäsung und Verkreidung übergeht. Dabei kommt es zu einer mächtigen Mitbeteiligung der zugehörenden Lymphknoten, deren im histologischen Bilde zu verfolgender Krankheitsablauf ebenfalls mit Verkäsung und Verkreidung enden kann. Im Stadium der akuten Lymphknotenschwellung lassen sich die Lymphknoten zuweilen als nicht sehr dichte und nicht gut begrenzte Schattenbildungen im Lungenwurzelgebiet nachweisen. Merklich dichtere Schattenbildungen entstehen dann, wenn die Lymphknoten in Verkäsung übergegangen sind. Der Endzustand dieses als Primärkomplex bezeichneten Krankheitsvorganges ist röntgenologisch später vielfach an ganz bestimmten Erscheinungen nachweisbar. Man sieht im Röntgenbilde entsprechend dem ganz verschiedenen Sitze des primären Herdes in der Lunge unregelmäßig gestaltete, sehr dichte Schattenbildungen, die dem verkalkten Primärherd entsprechen. Im Bereiche der bronchopulmonalen Lymphknoten sieht man dann meistens mehrere, ebenfalls sehr dichte, unregelmäßig gestaltete Herdbildungen, die den verkalkten Anteilen dieser bronchopulmonalen Lymphknoten entsprechen. Der primäre Lungenherd kann vereinzelt sein, oder multipel auftreten. Im Lungenwurzelgebiet finden sich meistens bei Vorhandensein eines und auch mehrerer primärer Lungenherde eine Anzahl von dichten Schattenbildungen, die für eine Beteiligung mehrerer Lymphknoten bei dem Krankheitsvorgange sprechen.

Auffallend dichte, unregelmäßig zackig begrenzte, meist scharf umrandete Schattenbildungen im Lungenwurzelgebiet mit zugehörendem Primärherd im Lungenfeld, sind als Primärkomplex zu deuten. Auch wenn solche Erscheinungen bei einer ausgeprägten oder fortschreitenden Phthise auf dem Röntgenbilde beobachtet werden, haben sie keine unmittelbaren anatomischen Beziehungen zu den anatomischen Veränderungen der späteren Phthiseerkrankung. Wohl aber besteht eine immunobiologische Beziehung, insoferne das Überstehen des primären Infektes mehr oder weniger starken und verschieden lange dauernden Schutz gegenüber späteren Reinfektionen verleiht. In diesem Zusammenhang erklärt sich auch die Tatsache, daß bei der durch ein- oder mehrmalige Reinfektion entstehenden Phthise des Erwachsenen die Reaktion der Lymphknoten viel weniger stürmisch verläuft und im Rahmen des gesamten Krankheitsgeschehens eine untergeordnete Rolle

Fall 52,
Bild 214

spielt. Für die diagnostische Beurteilung der phthisischen Herderscheinungen der Lungen hat deshalb der Nachweis von Lymphknotenveränderungen im Röntgenbilde auch nur eine untergeordnete Bedeutung.

Die Darstellbarkeit krankhaft veränderter Lymphknoten im Röntgenbilde steht einmal im Zusammenhang mit der anatomischen Lage der Lymphknoten und zu zweit mit der durch die anatomischen Gewebsveränderungen bedingten Strahlenabsorption. Die trachealen und paratrachealen Lymphknoten sind einer Darstellung im Röntgenbilde wohl zugänglich, wenn sie ausreichend groß sind. Ebenso können auch entsprechend dichte, krankhaft veränderte bronchopulmonale Lymphknoten im beiderseitigen Lungenwurzelgebiet auf der Röntgenplatte zur Darstellung gelangen.

Größeren Schwierigkeiten begegnet das Erkennen der auch stark veränderten Bifurkationslymphknoten. Auf dem ventrodorsalen Bilde geht ihre Schattenwirkung meist in dem dichten Mittelschatten unter. Im allgemeinen kommen die sehr kleinen trachealen und auch bronchopulmonalen Lymphknoten, die keine krankhaften Veränderungen zeigen, auf dem Röntgenbilde nicht zur Darstellung (de la Camp, Köhler). Dagegen stellen sich im Röntgenbilde die in Verkäsung übergegangenen Lymphknoten und die mit Induration und Verkreidung einhergehenden Vorgänge als deutliche Schattenerscheinungen dar. Verkäste Lymphknoten werden bei der Phthise des Erwachsenen nicht so häufig beobachtet. Sie sind eine regelmäßige Begleiterscheinung der kindlichen Phthise. Verkäste paratracheale Lymphknoten treten, wenn sie eine merkliche Größe erreicht haben, als dichte bandartige Schattenbildungen in Erscheinung, die der Trachealwand anliegend, vom Hilus aus bis zum Schlüsselbeinschatten hinreichen. Die einzelnen Lymphknoten sind meist nicht als umschriebene Schatten zu erkennen, sondern es kommt hierbei offenbar zu einer Summationswirkung mit dem Gefäßschatten der Vena jugularis und anderen Schattengebilden.

Verkäste Bifurkationslymphknoten sind auch dann, wenn sie eine ganz erhebliche Ausdehnung erreicht haben, so daß sie als Lymphknotenpaket bezeichnet werden können, auf dem dorsoventralen Bild innerhalb des Mittelschattens nicht erkennbar. Nehmen an dem Verkäsungsvorgang auch die in der Umgebung der großen Stammbronchien liegenden Lymphknoten in großer Anzahl teil, dann sieht man zuweilen sehr dichte Schattenbildungen im Verzweigungsgebiet des großen Pulmonalarterienastes liegen. Der Schatten des Hauptastes der Pulmonalarterie wird dann von dem durch die verkästen Lymphknoten bedingten Schattenbildungen über- und umlagert und stellt mit ihnen eine einheitliche, zuweilen auffallend dichte bandartige Schattenbildung im Hilusgebiet dar, die an einzelnen Stellen dichtere Schattenzentren erkennen läßt. Vereinzelte, frische geschwollene Hiluslymphknoten mit verkästem oder hyalinisiertem Kern können im Röntgenbilde nur dann sichtbar werden, wenn sie nicht durch verdichtetes Lungengewebe überlagert werden. Man sieht vielfach im Verzweigungsgebiet der Pulmonalis, und zwar innerhalb des Pulmonalisschattens rundliche, sehr dichte Herdschatten liegen, die dem indurierten oder verkästen Zentrum geschwollener Lymphknoten entsprechen. Der Lymphknoten ist dann nicht in seiner ganzen Ausdehnung sichtbar. Das Schattengebilde entspricht nur dem indurierten oder verkästen Anteil des Lymphknotens.

Sehr häufig werden solche, durch verkäste oder indurierte Lymphknoten bedingte Schattenbildungen durch indurativ oder sonstwie verändertes Lungengewebe überdeckt und kommen dann nicht zur Darstellung. Zuweilen liegen vereinzelte indurierte oder auch verkreidete Lymphknoten nicht im Verzweigungsgebiet des Hilus, sondern weiter nach vorne seitlich von der Umbiegungsstelle der Pulmonalis oder der Aorta. Man sieht dann auf dem Röntgenbilde neben dem Schatten der Pulmonalis und Aorta einen scharf umschriebenen dichten Herdschatten liegen, der in seiner größten Ausdehnung ungefähr der Ausdehnung des indurierten oder verkreideten Lymphknotenanteiles entspricht. Zuweilen treten verkreidete Lymphknotenherde innerhalb des Schattens der Aorta als länglich gestaltete, aus kleinen dichten Schattenflecken sich zusammensetzende Schattengebilde in die Erscheinung. Solche Schattenbildungen können irrtümlich als innerhalb der Aortenwandung liegende Verkalkung aufgefaßt werden.

Fall 11,
Bild 58

Auch auf Röntgenbildern, die keine mit Sicherheit nachweisbare phthisische Herdveränderungen zeigen, sieht man vielfach im Hilusgebiet außer den durch die Gefäß- und Bronchialverzweigung bedingten streifigen Schattenbildungen mehr oder weniger dichte, gut umgrenzte herdförmige Schatten liegen. Diese können nach dem, was wir über die Darstellbarkeit anatomisch veränderter Lymphknoten wissen, bedingt sein durch **fibröse oder hyalinisierte Umwandlungen anthrakotischer Lymphknoten.** Sie brauchen mit phthisischen Lungenveränderungen keine Beziehung zu haben. Wenn jedoch innerhalb der Lungenfelder besonders in den oberen Teilen ausgeprägte kleine Herdschatten sich finden, die im Zusammenhang mit anderen klinischen Symptomen als Ausdruck einer phthisischen Erkrankung betrachtet werden dürfen, dann können auch die im Hilusgebiet liegenden verdichteten Lymphknoten in Beziehung zu den Schattenbildungen des Lungenfeldes als hyalinisierte Lymphknoten im Sinne sekundären Reaktionsgeschehens im Zusammenhang mit jenen Herdveränderungen ihre Erklärung finden und auf jene bezogen werden. Sie können auch als Ausdruck einer Lymphknotenbeteiligung eines abgeheilten, phthisischen Reinfektes der Lungen betrachtet werden. **Der röntgenologische Nachweis von mehr oder weniger verdichteten Lymphknoten beim Erwachsenen darf ohne nachweisbare Herdschattenerscheinung in den Lungenfeldern und insbesondere bei dem Fehlen sonstwie klinisch begründeter Anhaltspunkte für das Bestehen einer Phthiseerkrankung nicht als Ausdruck einer Lymphknotenphthise betrachtet werden.**

C. Die bronchogenen Formen der Lungenphthise.

Die bunten Bilder der bronchogenen (bronchogen beginnenden und bronchial fortschreitenden) Lungenphthise des Erwachsenen finden ihre Begründung in der Vielgestaltigkeit pathologisch-anatomischen Geschehens, und dieses wiederum bedingt die außerordentlich wechselvollen Schattenerscheinungen des Röntgenbildes der fortschreitenden und fortgeschrittenen Lungenphthise.

Während der Herd des meist im Kindesalter auftretenden Primärinfektes sich an beliebigen Stellen der Lungen findet, beginnt die vorwiegend auf dem Wege der exogenen Reinfektion entstehende Spätform der Phthise fast gesetzmäßig in den oberen Lungenabschnitten und schreitet von diesen allmählich auf die unteren Lungenteile fort.

Zur Erklärung dieser Tatsache hat man von jeher dispositionelle Momente herangezogen, und die individuelle Spitzendisposition einer generellen gegenübergestellt. Die von W. A. Freund begründete, durch Hart, Harras und Bacmeister weiterhin ausgebaute Theorie von der mechanischen Spitzendisposition im Sinne einer Verengerung der oberen Thoraxapertur durch Verknöcherungsvorgänge der ersten Rippe,

14*

scheint neuerdings durch die Arbeiten von W. A. Schultze, W. Neumann u. a. wesentlich erschüttert zu sein. Jedenfalls kommt dieser individuellen Disposition gegenüber der von Tendeloo insbesondere in den Vordergrund gestellten generellen Disposition eine untergeordnete Bedeutung zu. Die geringe respiratorische Volum- und Druckschwankung der suprathorakalen und paravertebralen Lungenteile im Gegensatz zu den starken Schwankungen der basalen und seitlichen Lungenabschnitte bedingt in erster Linie eine Verminderung der Luftstromenergie, mit der auch eine Verlangsamung der Blut- und Lymphbewegung verknüpft ist. Diesen allen Menschen zukommende generelle Disposition der oberen Lungenabschnitte macht diese besonders geeignet für das Haftenbleiben von kleinsten Staubteilchen und von Infektionserregern. Das Eindringen des Kochschen Bazillus in die oberen Lungenteile bedingt jedoch nicht immer eine Erkrankung. Diese tritt beim Erwachsenen nur bei bestehender Krankheitsbereitschaft durch den erfolgreichen Reinfekt ein.

Die weitere Entwicklung des erfolgreichen Reinfektes ist dann abhängig von der Wechselwirkung, die sich aus der durch den überstandenen Primärinfekt erworbenen Immunität aus Art und Massigkeit der Infektion und aus anderen Momenten verminderter Widerstandskraft gegenüber dem eingedrungenen Infektionserreger ergibt. Es wird im Einzelfalle schwierig sein zu entscheiden, in welcher Weise es durch die Auswirkung der genannten Momente von Infektion und Abwehrfähigkeit des Organismus einmal mehr zu der produktiven, ein anderes Mal zu der exsudativen Form der Gewebsreaktion kommt. Für die prognostische Beurteilung der Erkrankung ist es aber von größtem Wert, schon im Beginne und auch bei der fortgeschrittenen Erkrankung den Charakter der Gewebsreaktion aus der Gesamtheit klinisch erkennbarer Krankheitserscheinungen festzustellen.

Im Rahmen klinischer Untersuchungsergebnisse der physikalischen Untersuchungsmethoden, der Temperaturbeobachtung, Sputumuntersuchung, ist es insbesondere die optische Dichtigkeitsdifferenzierung, die uns Aufschluß gibt über die vielfach komplizierten anatomischen Veränderungen der Lungen. Die vielfach bunten Bilder setzen sich zusammen aus den oben beschriebenen anatomisch voneinander getrennten und im Röntgenbilde erkennbaren Teilerscheinungen. Bleibt das Bild der produktiven Herdreaktion auch bei weiterschreitender Erkrankung erhalten, dann entsteht die vorwiegend nodös-produktive Phthise. Durch narbige Umwandlung nodöser Herdbildungen kann es zu nodös-indurierender Phthise kommen. Aus dieser kann durch Zunahme der indurativen Herdveränderungen und Schrumpfung des Lungengewebes die indurativ-zirrhotische Phthise entstehen.

Schließt sich an eine lobulär-exsudative Herdreaktion auch weiterhin eine Ausbreitung exsudativer Herdveränderungen mit Verkäsung und Zerfall an, dann spricht man von einer lobulär-exsudativen Phthise. Kommen produktive und exsudative Vorgänge in zeitlich wechselnder Reihenfolge in derselben Lunge oder auch wechselnd in beiden Lungen vor, dann kann man von Mischformen sprechen. Im allgemeinen steht aber nach röntgenologischen Beobachtungen immer die eine der beiden genannten Reaktionsformen im Vordergrunde, so daß eine Bezeichnung der Erkrankung nach dieser überwiegenden Art der bestehenden Herderscheinungen gerechtfertigt erscheint.

Oft wird die Vielgestaltigkeit anatomischer Veränderungen besonders bei fortgeschrittenen Fällen eine Eingliederung in die eine oder andere der hier genannten Hauptgruppen nicht ohne weiteres gestatten und zu einer Rücksichtnahme auf pathologisch-anatomische Einzelveränderungen zwingen. In solchen Fällen wird die anatomische Deutung des Röntgenbildes eine gesonderte Beurteilung der einzelnen Lungenabschnitte beider Lungen erfordern. Die Gesamtbeurteilung eines Röntgenbefundes gestaltet sich dann in der Weise, daß man die Beschreibung der aus den Schattenerscheinungen zu erschließenden anatomischen Veränderungen in den oberen, mittleren und unteren Teilen beider Lungen getrennt vornimmt, wobei die am deutlichsten ausgeprägten Herdveränderungen in den Vordergrund zu stellen sind. In dieser Weise ist die anatomische Gesamtbeurteilung der Röntgenbilder bei den in den Einzelergebnissen mitgeteilten Fällen vorgenommen worden. Im folgenden sollen zunächst die typischen Bilder vorwiegend exsudativer und vorwiegend produktiver Phthise und diejenigen indurativ-zirrhotischer Phthise Besprechung finden. Einige charakteristische Bilder von Mischformen sind im Rahmen dieser großen Einzelgruppen mitbeschrieben.

a) Die vorwiegend lobulär-exsudativen Formen der Phthise.

Unter lobulär-exsudativen Formen sollen hier zunächst jene Verlaufsarten der Phthise verstanden und beschrieben werden, die ausschließlich oder vorwiegend das Krankheitsbild einer rasch fortschreitenden Erkrankung zeigen. Klinisch verlaufen solche Formen, wenigstens in den ersten Wochen und Monaten, meist mit hohem remittierendem Fieber. Der physikalische Befund stellt mehr oder weniger ausgedehnte Verdichtungen und das für Fortschreiten und Zerfall charakteristische bunte Klangbild katarrhalischer Geräuscherscheinungen fest, worauf hier nicht näher einzugehen ist. Lassen schon akuter Beginn, klinischer Verlauf und die Gesamtheit klinischer Beobachtungen den rasch fortschreitenden, zum Zerfall neigenden Krankheitsvorgang vermuten, so schafft das Röntgenbild weitere Klarheit, insoferne es uns eine Vorstellung vermittelt von Sitz, Ausdehnung und Form der bestehenden Herderscheinungen.

Das Röntgenbild der rein lobulär-exsudativen, schon weiter fortgeschrittenen Lungenphthise zeigt entsprechend dem Sitz mehr oder weniger ausgedehnte, fleckige ineinander überfließende Schattenbildungen, die an Zahl und Größe den über die Lunge ausgebreiteten lobulär-exsudativen Herdbildungen entsprechen. In den ersten Anfängen unterscheidet sich die lobulär-exsudative Herdbildung kaum merklich von sogenannten bronchopneumonischen Herden nicht phthisischen Charakters. Auch jene stellen größere oder kleinere fleckige, zerfließliche Schattenbildungen dar, deren Schattendichtigkeit in den Randteilen ganz allmählich abklingt. Im weiteren Verlauf allerdings zeigt der lobulär-exsudativ-phthisische Herd fast regelmäßig ein in Verkäsung übergehendes Zentrum, das sich auf dem Röntgenbilde als dichter Schattenanteil innerhalb des verwaschenen zerfließlichen Schattengebildes zu erkennen gibt. Bei multiplem Beginn oder rasch fortschreitender bronchogener Aussaat finden sich die beschriebenen Schattenerscheinungen über größere Teile eines oder beider Lungenfelder ausgebreitet. In den obersten Lungenabschnitten sind dann fast immer schon die Erscheinungen des Zerfalls nachweisbar. Diese sind vielfach auch im Röntgenbilde zu erkennen an den beschriebenen charakteristischen Schattenerscheinungen bzw. Wechselerscheinungen von Schattenbildung und Aufhellung, wie sie der Kavernenbildung eigen sind. Fall 4 u. 51, Bild 27 und 211

Kommt es zu einem Zusammenfließen von lobulär-exsudativen Herdbildungen mit starker Verkäsung innerhalb begrenzter Lungenteile, dann entstehen auf dem Röntgenbilde große fleckige Herdschatten, die als Ausdruck ausgedehnter Verkäsung größere dichte Schattenzentren zeigen. Fall 31, Bild 135

Die Erkrankung kann in der Weise über beide Lungen ausgedehnt sein, daß deren Schattenbildungen in ungleichmäßiger Anordnung über beide Lungenfelder ausgebreitet erscheinen. Häufiger wohl kommt es vor, daß von einer auf die oberen Teile einer Lunge beschränkten, mehr oder weniger ausgedehnten exsudativen Erkrankung aus zunächst eine Ausbreitung auf dieselbe Seite stattfindet; in solchen Fällen findet man dann in den oberen Teilen des entsprechenden Lungenfeldes die Erscheinungen der Kavernenbildung, in den mittleren und unteren Teilen als Ausdruck einer über diese Teile ausgedehnten exsudativ-käsigen Erkrankung ineinander überfließende Schattenbildungen. Man kann in solchen Fällen von käsig-pneumonischen Veränderungen sprechen, wenn die Herde sehr zahlreich sind und so dicht stehen, daß die durch sie bedingten Schattenbildungen vollkommen ineinander überfließen.

Infolge der die Lunge durchsetzenden exsudativ-käsigen Herdbildungen ist der Luftgehalt dieser Lungenteile merklich eingeschränkt, und es kommt so zu einem Zusammenfließen der fleckigen, zerfließlichen Schattenbildung in den mittleren und basalen Anteilen des Lungenfeldes. Aufgehellte Zonen in den oberen Teilen sprechen für die Anwesenheit von Höhlenbildungen, die aber meistens eine größere Ausdehnung zeigen, als das Röntgenbild vermuten läßt. Es können sogar innerhalb käsig-pneumonischer Veränderungen in den mittleren und basalen Teilen der Lunge starke Zerfallserscheinungen anatomisch schon bestehen, ohne daß auf dem Röntgenbilde sichere Kavernensymptome nachweisbar sind. Kommt es zur totalen Verkäsung eines ganzen Lappens oder von Teilen eines solchen, dann entsteht auf dem Röntgenbilde eine der Ausdehnung der Verkäsung entsprechende dichte Verschattung größerer Teile eines Lungenfeldes.

Ist es in den oberen Lungenabschnitten zu raschem Zerfall und zur Ausstoßung der Zerfallsmassen mit starker Kavernenbildung gekommen, dann sieht man zuweilen in diesen Teilen des Lungenfeldes ausgeprägte Kavernensymptome, die sich als stark aufgehellte Zonen auf dem Röntgenbilde abheben. Diesen schließen sich nach unten hin entsprechend der Ausdehnung der exsudativ-käsigen Verdichtung mehr oder weniger ausgedehnte dichte Verschattungen in den mittleren Teilen eines oder auch beider Lungenfelder an. Das bronchiale Fortschreiten der Erkrankung aus der Zerfallshöhle auf die weiter herabliegenden Lungenabschnitte ist dann aus dem Röntgenbilde deutlich herauszulesen.

Die Ausdehnung der Verschattung entspricht der Ausdehnung der käsig-exsudativen Gewebsveränderungen. Bei einseitiger Erkrankung und Freibleiben der basalen Teile gewinnt man u. U. aus dem Röntgenbilde infolge der in die mittleren Lungenteile seitlich vom Lungenwurzelgebiet gelagerten Schattenbildungen den Eindruck, als ob die Erkrankung vom Lungenwurzelgebiet ihre Ausbreitung genommen habe. Diese rein spekulative Deutung der Schattenerscheinungen des Röntgenbildes ohne anatomische Vergleichsgrundlage hat mit zu der irrtümlichen Auffassung von der sog. Hilusausbreitung geführt. Nur eine unzureichende Vorstellung pathologisch-anatomischer Vorgänge und röntgenologisch-anatomischer Vergleichswerte läßt die Zähigkeit, mit der auch heute noch vielfach an diesem Begriff der Hilusausbreitung festgehalten wird, verständlich erscheinen.

Der auf die oberen Teile einer oder beider Lungen ausgedehnte lobulär-exsudative Krankheitsvorgang kann auf diese Teile beschränkt werden dadurch, daß sich nach unten hin sekundär-indurative Vorgänge anschließen. Diese bilden sich dann vielfach an der unteren Begrenzung von Zerfallshöhlen aus. Das Röntgenbild erhält durch solche, auf die oberen Lungenabschnitte beschränkten exsudativen, mit Zerfallserscheinungen einhergehenden Phthiseveränderungen und anschließende Induration ein charakteristisches Gepräge. Es finden sich in den Spitzenteilen oder auch über die obersten Teile des Lungenfeldes ausgedehnt die Erscheinungen der Höhlenbildung. Nach unten hin an der unteren Begrenzung der Höhlenbildung sieht man als Ausdruck dichter indurativer Gewebsveränderungen dichte, bandartige Schattenbildungen. In solchen Fällen ist es dann zu einem vorübergehenden Stillstand der Erkrankung und zu Ausheilungszuständen gekommen. Aus den Höhlenbildungen in den oberen Lungenabschnitten kann jedoch während des Reinigungsvorganges der Kavernen ein- oder beiderseitig eine Ausbreitung auf die basalen Teile erfolgen. Dann findet man in den mittleren und vereinzelt auch in den basalen Teilen der Lungenfelder mehr oder weniger zahlreiche Schattenbildungen, die teils exsudativ-käsige oder auch indurativ veränderte produktive Herdveränderungen darstellen.

Eine mehr oder weniger umschriebene, in den oberen Teilen einer Lunge liegende exsudativ-käsige Herdbildung mit Zerfallserscheinungen kann durch bronchogene Ausbreitung auch zu einer gemischten Phthise führen. Die aus der Zerfallshöhle in die mittleren und basalen Teile der Lungen gelangten Zerfallsmassen können hier ein- oder beiderseitig eine verschiedenartige Gewebsreaktion veranlassen. Man sieht dann zuweilen, daß auf der Seite der Zerfallshöhle vorwiegend exsudative Herdbildungen entstehen, während die aus derselben Infektionsquelle auf bronchogenem Wege infizierte andere Lunge rein produktive Herdbildungen zeigt.

In dieser Weise kann sich eine gemischte lobulär-exsudative und nodös-produktive Phthise entwickeln. Das Röntgenbild läßt in solchen Fällen nicht nur Sitz und Ausdehnung der Erkrankung, sondern auch die verschiedenartige Gewebsreaktion der verschiedenen Lungenabschnitte meist ohne Schwierigkeiten erkennen. Die zusammenfassende Beurteilung des Röntgenbildes gestaltet sich dann so, daß die Herderscheinungen beider Lungen einer getrennten anatomischen Bewertung unterliegen, wobei dann die einzelnen Lungenabschnitte nach Art und Ausdehnung der Erkrankung zu beurteilen sind. Man wird dann beispielsweise von einer auf die oberen, mittleren und unteren Teile der rechten Lunge lokalisierten exsudativen Phthise und auf eine auf die mittleren und unteren Teile beschränkten produktiven Phthise der linken Lunge sprechen können. Dieser Fall zeigt natürlich nur eine Möglichkeit von den zahlreichen Kombinationen, wie sie sich aus dem gleichzeitigen Vorkommen von exsudativen und produktiven Herdveränderungen in einer oder beiden Lungen ergeben können.

b) Die vorwiegend nodös-produktiven Formen der Phthise.

Die azinös-nodöse oder auch nodös-produktive Form der Phthise kann als solche beginnen oder sich an eine zunächst exsudativ verlaufende Reaktion des Reinfektes weiterhin anschließen. Daß auch bei der nodös-produktiven Herdreaktion eine sog. perifokale Exsudation in mehr oder weniger ausgeprägtem Maße vorkommt, ist im anatomischen Teile schon gesagt. Klinisch sind wohl jene langsam und schleichend beginnenden Krankheitsfälle, die mit subfebrilen Temperaturen, kaum merklichen Allgemeinsymptomen und ohne ausgeprägten physikalisch feststellbaren Befund verlaufen, den nodös-produktiven Formen zuzurechnen. Der phthisische Reinfekt wird im Sinne einer günstigeren Abwehrfunktion nicht exsudativ, sondern produktiv beantwortet. Man kann sich wohl vorstellen, daß die von vornherein günstiger verlaufende Form der produktiven Phthise bei weniger heftigem Infekt und geringerer Gewebsempfindlichkeit und stark ausgeprägter allgemeiner Giftfestigkeit entstehen wird. Im einzelnen allerdings sind wir noch sehr wenig darüber unterrichtet, weshalb einmal durch Reinfektion die mehr produktive, ein anderes Mal die exsudative Form der Gewebsreaktion eintritt. Anatomisch ist die produktive Gewebsreaktion, wie wir seit den Arbeiten Nicols wissen, an die Einheit des Lungenazinus geknüpft. Das produktive Gewebe erfüllt vom Bronchiolus respiratorius aus den Azinus und durch Erkrankung mehrerer Azini entstehen die bekannten gruppenförmigen Knötchenbildungen, die nodös-produktiven Herde. Vielfach werden diese in ihrer Entstehungsweise jetzt vollkommen geklärten azinös-nodösen Herdbildungen noch als peribronchitische Herde (Aßmann) bezeichnet. Daß dieser im klinischen und röntgenologischen Sprachgebrauche noch stark verbreiteten Ausdrucksweise eine irrtümliche pathologisch-anatomische Vorstellung zugrunde liegt, hat Aschoff in seinen neuesten Arbeiten über die Lungenphthise mehrfach hervorgehoben. Es wäre wünschenswert, daß diese pathologisch-anatomisch nicht begründete und klinisch irreführende Bezeichnung der Peribronchitis aus der Nomenklatur der Phthise endgültig ausgemerzt werde.

In der ersten Zeit der Erkrankung begegnet der diagnostische Nachweis der oft auf eng umgrenzte Teile oberer Lungenabschnitte beschränkten Herderscheinungen der produktiven Phthise den größten Schwierigkeiten. Nur unter Heranziehung aller in Betracht kommenden klinischen Untersuchungsmethoden, d. h. mehrfacher sorgfältiger physikalischer Untersuchung, Temperaturmessung und optischer Dichtigkeitsdifferenzierung gelingt es, unter Vermeidung sog. spezifisch diagnostischer Hilfsmittel (Tuberkulin) in den ersten Anfängen dieser Erkrankungsform der nodös-produktiven Phthise eine klare Vorstellung zu gewinnen über Sitz, Art und Ausdehnung des Krankheitsvorganges. Das technisch einwandfreie, kritisch beurteilte Röntgenbild schafft in vielen Fällen von klinisch vermuteter Spitzenphthise volle Klarheit, insoferne es Art, Sitz und Ausdehnung der Herderscheinungen nachzuweisen vermag. Vereinzelte, oder auch mehrere herdförmige, gut gegeneinander abgesetzte Verdichtungsschatten im Spitzenfelde oder in den oberen Teilen des Lungenfeldes lassen, wenn andere klinische Feststellungen auf eine Spitzenphthise hinweisen, mit Sicherheit das Bestehen von nodös-produktiven Herdbildungen annehmen. Die schon beschriebenen charakteristischen Schattenerscheinungen sprechen für die Anwesenheit nodös-produktiver Herdbildungen. Die Herde haben meist ungleiche Größe, ungleiche Schattendichtigkeit, sie können gruppenweise beieinander stehen oder auch ganz vereinzelt liegen. Daß die im Bilde nebeneinander liegenden Herderscheinungen verschiedenen Tiefen der Lungen zugehören, braucht hier kaum erwähnt zu werden. Das Röntgenbild ergänzt also das Ergebnis der klinischen Untersuchung, insoferne es nicht nur Sitz und Ausdehnung der Erkrankung aufdeckt, sondern insbesondere auch den anatomischen Charakter meist mit voller Deutlichkeit erkennen läßt. Es liegt in dem Verfahren der Dichtigkeitsdifferenzierung begründet, daß feinste Herdveränderungen besonders dann, wenn sie für die Schattendifferenzierung ungünstig liegen, der Schattendarstellung auf dem Röntgenbilde entgehen können. Und so gibt es zweifellos Fälle, bei denen das Röntgenbild versagt, trotzdem aus anderen klinischen Feststellungen die Anwesenheit einer Spitzenphthise angenommen werden muß. Ungleich viel häufiger aber zeigt das Röntgenbild Erscheinungen, die untrüglich für das Bestehen einer nodös-produktiven herdförmigen Phthise sprechen, die vorher nur vermutet werden konnte. Sind nur vereinzelte, besonders dichte, scharf umschriebene Herde nachweisbar, dann kann schon aus dieser Tatsache auf eine Induration bzw. Ausheilung der nodösen Herde geschlossen werden. Häufig besteht dabei auch eine mehr oder weniger ausgeprägte diffuse Spitzenfeldtrübung als Ausdruck einer vorhandenen Pleuraobliteration. Ob der Infekt völlig zur Ruhe gekommen ist, und ob es sich um eine sog. stationäre Form handelt, das ist nur nach sorgfältiger Beobachtung aus dem Fehlen von Temperatur, katarrhalischen Erscheinungen und aus dem Fehlen anderer, für ein Fortschreiten der Erkrankung sprechenden Anzeichen zu erschließen.

Findet man im Röntgenbilde vereinzelte oder mehrere dichte Herdschatten im Spitzenfeld oder im oberen Teil des Lungenfeldes, und sind auf derselben Seite einige Schatten indurierter Lymphknoten nachweisbar, dann dürfen diese Schattenerscheinungen beim Fehlen sonstiger klinischer Krankheitssymptome als Ausdruck eines abgeheilten phthisischen Reinfektes betrachtet werden. Es wäre fehlerhaft, aus einem derartigen Röntgenbefunde bei dem Fehlen anderer klinisch feststellbarer Merkmale auf das Bestehen einer behandlungsbedürftigen Phthiseerkrankung zu schließen. Der an sich gutartige Charakter der nodös-produktiven Herdreaktion bringt es mit sich, daß diese sehr häufig in den ersten Anfängen zum Stillstand kommt und durch Induration und Bindegewebsentwicklung zur Ausheilung gelangt. Ein Fortschreiten der Erkrankung findet dann statt, wenn im Zentrum der produktiven Herde eine Verkäsung eintritt, die schließlich zu Zerfall führt. Im allgemeinen aber entwickeln sich Zerfallserscheinungen häufiger, wenn außer den produktiven Veränderungen auch exsudative Herdbildungen vorhanden sind, wenn also eine Mischform vorliegt. Der zeitliche Ablauf gestaltet sich dann meist in der Weise, daß an die zunächst exsudative Herderkrankung mit Zerfall weiterhin nodös-produktive Herderscheinungen sich anschließen. Man sieht dann vielfach in den Lungenspitzenteilen als Ausdruck exsudativer Veränderungen ineinander überfließende fleckige Schattenbildungen innerhalb einer diffusen Verschattung liegen. Zuweilen machen sich auch schon die Anzeichen des Zerfalls bemerkbar, und man sieht da und dort mehr oder weniger scharf umrandete aufgehellte Stellen, die die Anwesenheit einer Zerfallshöhle verraten. Im weiteren Verlaufe der Erkrankung kann es dann zu einem bronchialen Fortschreiten auf die weiter herabliegenden Lungenteile mit einer vorwiegend nodös-produktiven Herdreaktion kommen. Man sieht dann in den oberen Teilen der Lungenfelder mehr oder weniger zahlreiche, gut gegeneinander abgesetzte Verdichtungsschatten liegen. Ist [Fall 19, Bild 84] die Erkrankung nur auf die oberen Teile einer Lunge beschränkt, dann gestaltet sich die Prognose günstiger, insoferne die Möglichkeit einer Ausschaltung der Kavernengefahr durch mechanische Behandlung (Pneumothorax) gegeben ist. Bei beiderseitiger Erkrankung mit Kavernenbildung in beiden Spitzen ist die Prognose wesentlich ungünstiger, auch wenn sich an den ursprünglich exsudativen Vorgang mit Zerfall bei weiterer Ausbreitung lediglich nodös-produktive Herde ausbilden. In solchen Fällen sieht man dann, daß mit zunehmender Reinigung der in den Spitzenteilen liegenden Höhlenbildungen die Zahl der nodös-produktiven Herdbildungen in den oberen und mittleren Lungenteilen immer mehr zunimmt. Die Höhlenwandung kann eine fibröse Umwandlung erfahren und tritt dann auf dem Röntgenbilde als ringbandförmige Schattenbildung deutlich zutage. In den oberen und mittleren Teilen des Lungenfeldes [Fall 2. Bild 22] liegen größere und kleinere, unregelmäßig begrenzte, teilweise sehr dichte, teils weniger dichte Herdschatten, die den in diesen Lungenteilen liegenden nodösen und nodös-indurierenden Herdbildungen entsprechen. Wo es zur Induration gekommen ist, sind die Herdschatten im Röntgenbilde besonders dicht und gut umgrenzt. Die mehr lichten, unregelmäßig gestalteten Verdichtungsschatten entsprechen den nodösen Herden.

Es kann der nodös-produktive Charakter erhalten bleiben, auch wenn es im Laufe längerer Zeit zu immer neuen Herdbildungen durch bronchogene Aussaat aus den Spitzenkavernen gekommen ist. In Fall 2 sind z. B. im Laufe der Zeit zahlreiche, über beide Lungen ausgebreitete nodös-produktive Herdbildungen entstanden. Aus der Art der Schattenerscheinungen des 5 Monate vor dem Tode gemachten Röntgenbildes mußte ein ausschließlich nodös-produktiver, zur Induration neigender Charakter der Erkrankung angenommen werden. Die Serienschnittbilder zeigen in der Tat ausschließlich nodös-produktive und zur Induration neigende Herde. Auch die in der Zwischenzeit hinzugekommenen Herdbildungen haben einen rein produktiven Charakter. Häufiger allerdings kommt es vor, daß aus einem zunächst mit Zerfall einhergehenden exsudativen Prozeß auf bronchogenem Wege bald lobulär-exsudative bald nodös-produktive Herdbildungen in der einen oder in beiden Lungen entstehen. Es können sich offenbar dann, wenn eine verminderte Gewebsempfindlichkeit und eine noch stärkere allgemeine Giftresistenz besteht, zunächst produktive Herde ausbilden. Im weiteren Verlaufe der Erkrankung kann es zu einem Umschlag derart kommen, daß neu hinzutretende Herderscheinungen, die aus derselben Kaverne auf bronchialem Wege in den unteren Lungenabschnitten sich ausbilden, einen vorwiegend lobulär-exsudativen Charakter haben. Schließlich kann es durch bronchiale Aussaat aus einer Höhle zur gemischten Herdveränderung der einen Seite und zur Ausbildung rein produktiver Herderscheinungen auf der anderen Seite kommen. Man sieht dann auf der Seite der Höhlenbildung mehr oder weniger zahlreiche, fleckige, zerfließliche Herdschatten und außerdem vereinzelte, dichte, gut umgrenzte Schattenbildungen liegen. Die rein nodös-produktiven Herdbildungen der anderen Seite sind auf dem Röntgenbilde aus den gut gegeneinander abgesetzten, mehr oder weniger dichten Herdschatten erkennbar. Die fortschreitende Entwicklung einer Phthise läßt sich an Hand von Serienbildern, die mit Zwischenräumen von Wochen oder Monaten während des Krankheitsablaufes gemacht sind, nach Art und Ausbreitung der Krankheit aufs Deutlichste verfolgen. (Fall 8 und 21.)

Fall 22, Bild 97

Fall 8, Bild 43, 44, 45

c) Ausheilungsvorgänge, nodös-indurierende und indurierend-zirrhotische Formen der Phthise.

Ausheilungsvorgänge können sich an beide hier geschilderten Formen der Lungenphthise, an die vorwiegend exsudative und an die vorwiegend produktive Form in jedem Stadium des Krankheitsablaufes anschließen. Nodös-produktive Herdbildungen können durch narbige Umwandlung, durch Induration und Verkreidung eines etwa vorhandenen verkästen Zentrums zur Abheilung gelangen. Exsudativ-käsige Vorgänge können zum Stillstand kommen. Es bildet sich in der Umgebung phthisisches Granulationsgewebe und aus diesem kann wiederum eine bindegewebige Abkapselung des exsudativ-käsigen Herdes erfolgen. Die histologische Entwicklung dieser Vorgänge ist im anatomischen Teil dargelegt. Bei sorgfältiger klinischer Beobachtung werden sich schon aus dem Ergebnis mehrfacher physikalischer Untersuchung und anderer Feststellungen während des Krankheitsablaufes Ausheilungsvorgänge erkennen lassen. Absinken der Temperaturen, Abnehmen katarrhalischer Erscheinungen, Veränderungen des Atmungsgeräusches (verschärftes Bläschenatmen, unvollständiges Bronchialatmen, verlängertes Exspirium) sind in diesem Sinne zu deuten. Ungleich viel wertvoller als diese, aus indirekten Symptomen zu erschließenden Änderungen anatomischen Geschehens sind die auf dem Wege der optischen Dichtigkeitsdifferenzierung aus dem Röntgenbilde unmittelbar zu erschließenden Anzeichen der Induration und fibrösen Umwandlung. Aus dem Vergleiche mehrerer, in länger dauernden, zeitlichen Zwischenräumen gemachten Röntgenaufnahmen lassen sich solche Ausheilungsvorgänge deutlich ablesen.

Schon die fibröse Umwandlung nodös-produktiver Herde ist auf dem Röntgenbilde vielfach erkennbar. Kleineren und auch größeren Herden entsprechende Schattenerscheinungen werden infolge bindegewebiger Umwandlung dichter, und schärfer umgrenzt. Liegen zahlreich nodöse Herde innerhalb eines eng begrenzten Lungenabschnittes, dann führt die Induration und Bindegewebsumwandlung zur Kompression und Atelektase des zwischen den einzelnen Herden liegenden Gewebes. Es kommt schließlich zur Schrumpfung dieser Lungenteile und zur Ausbildung des indurativ-zirrhotischen Herdes. Zuweilen auch sieht man zwischen den durch indurative Umwandlung entstandenen dichten Schattengebilden unregelmäßig verzweigte, streifige Schattenbildungen liegen, die fibrösem Gewebe entsprechen. Die Ausbildung solcher streifigen Schattenbildungen, die zunehmende Verdichtung vorher weniger dichter Herderscheinungen im Röntgenbilde, weisen auf Ausheilungsvorgänge hin.

Ist eine nodös-produktive Erkrankung über größere Teile beider Lungen ausgedehnt, so kann es auf der einen Seite zur Entwicklung von Ausheilungsvorgängen und zur Induration kommen, während die andere Seite noch das reine Bild der nodös-produktiven Phthise zeigt. Der Unterschied der Schattenerscheinungen beiderseits ist unverkennbar. Die lediglich von nodös-produktiven Herden durchsetzte Lunge erzeugt auf dem Röntgenbilde überall gut gegeneinander abgesetzte Verdichtungsschatten von verschiedener Größe und Dichtigkeit. Die andere Seite, auf der es schon zur Induration und Zirrhose gekommen ist, läßt neben den für nodöse Herde charakteristischen Schattenbildungen auch die beschriebenen Schattenerscheinungen der Zirrhose und Induration erkennen.

Aus einer Serie von Röntgenbildern, die innerhalb eines längeren Zeitabschnittes während des Krankheitsablaufes gemacht sind, lassen sich die mit der Ausheilung verknüpften pathologisch-anatomischen Umwandlungen der Induration und Zirrhose ohne weiteres ablesen. In diesem Sinne gliedert sich das mehrfache Ergebnis der Röntgenuntersuchung als für die Prognose des Einzelfalles unentbehrliches Glied in den Rahmen der durch andere klinische Untersuchungsmethoden gewonnenen Erkenntnisse ein. Charakteristische Bilder entstehen dann, wenn aus irgendeinem Zerfallsherd in den oberen Lungenabschnitten ein über längere Zeit hin sich erstreckender Krankheitsablauf entwickelt. Die Ausbreitung der Erkrankung kann von einem Zerfallsherd in den obersten Teilen einer Lunge ausgehen und von da aus in ungleichmäßiger Weise über beide Lungen erfolgen. Gewöhnlich schreitet dann die Erkrankung auf der Seite des Zerfallsherdes rascher vorwärts und man findet auf dieser Seite stärker ausgeprägte Herderscheinungen als auf der anderen. Schließt sich an die meist gemischte lobulär-exsudative und nodös-produktive Aussaat bindegewebige Umwandlung an, dann finden sich auf der stärker befallenen Seite eine größere Anzahl indurierend-zirrhotischer Herdbildungen. Auf diese Weise entstehen die außerordentlich charakteristischen Bilder der indurativ-zirrhotischen Phthise. Auf der stärker befallenen Seite finden sich in großer Anzahl die beschriebenen Schattenerscheinungen indurativ-zirrhotischer Vorgänge, zwischen denen durch Emphysem aufgehelltes Lungengewebe liegt. Auf der anderen Seite ist die Zahl dieser indurativen Herderscheinungen geringer. Man findet sie bei bronchogener Ausbreitung aus der entgegengesetzten Seite vielfach in den vorderen unteren Abschnitten des Oberlappens, oder auch in den oberen hinteren Abschnitten des Unterlappens. Die Schattengebilde der Induration und Zirrhose sind dann zuweilen so im Mittelfeld gelagert, daß sie dem Lungenwurzelgebiet sehr nahe liegen. Wenn die oberen und unteren Lungenabschnitte keine Herde enthalten und wenn die entsprechenden Teile des Lungenfeldes aufgehellt erscheinen, erweckt die Anordnung der Schattenerscheinungen im Röntgenbilde den Eindruck, als ob der Krankheitsvorgang vom Lungenwurzelgebiet seine Ausbreitung nehme. In der Tat sind die Herderscheinungen durch bronchogene Infektion von der anderen Seite entstanden. Ihre Lokalisation in die vorderen und unteren Abschnitte des Oberlappens bedingt eine in die Hilusregion fallende Schattenprojektion, die eine Ausbreitung vom Hilus aus vortäuschen kann.

Fall 6,
Bild 35

Indurative Veränderungen können sich auch an lobulär-exsudative Vorgänge mit Verkäsung und Zerfall anschließen. Gewöhnlich finden sich dann in den obersten Lungenabschnitten die Erscheinungen des Zerfalls mit Höhlenbildung ein- oder beiderseits. In der Umgebung der auf bronchogenem Wege entstandenen lobulär-exsudativen Herde entwickelt sich phthisisches Granulationsgewebe, durch dessen bindegewebige Umwandlung es zur Abkapselung exsudativ-käsiger Herde kommen kann. Es können dann im Röntgenbilde ganz ähnliche Schattenerscheinungen entstehen wie sie bei der aus produktiven Vorgängen sich entwickelnden indurativ-zirrhotischen Phthise beobachtet werden. Ein Unterschied dieser fibrös-abgekapselten exsudativen Herde gegenüber den indurativ-zirrhotischen Herderscheinungen besteht insoferne, als die Schattengebilde fibrös-abgekapselter käsiger Herde größere, außerordentlich dichte Schattengebilde darstellen, in deren Umgebung unregelmäßig verzweigte, streifige Schattenbildungen sich finden. Die einzelnen Herde werden auch hier durch emphysematös verändertes Lungengewebe voneinander getrennt, so daß auf dem Röntgenbilde zwischen den großen dichten Schattenflecken stark aufgehellte Stellen liegen.

Fall 28 u. 37,
Bild 121,
158, 159

Sind größere Lungenabschnitte von fibrös-abgekapselten Käseherden durchsetzt, dann ist eine Schattendifferenzierung auf dem Röntgenbilde in den Teilen, wo die Schattenbildungen durch Schattensummation ineinander überfließen, nicht mehr möglich. Nur da, wo durch Emphysem eine genügende Aufhellung sich ausgebildet hat, kommt es zu einer differenzierten Darstellung der einzelnen Schattengebilde fibrös-abgekapselter Käseherde.

Fall 30,
Bild 130, 131

Wenn ausgedehnte Lungenteile einer indurativen Umwandlung unterliegen und völlig luftleer werden, dann entstehen ausgedehnte und dichte Verschattungen größerer Teile eines Lungenfeldes. Diese Verschattungen setzen sich aus größeren, dichten Schattenkomplexen mit eingelagerten dichten Schattenzentren zusammen. An einzelnen Stellen sind immer noch fleckige Aufhellungen erkennbar, die dazwischen liegendes Emphysem verraten.

Fall 25 u. 29,
Bild 110, 126

Nicht selten erzeugen zusammenfließende indurative Vorgänge auf dem Röntgenbilde eigenartige, mehr oder weniger breite, bandförmige Schattenbildungen, die quer das Lungenfeld durchziehen oder auch in vertikaler Richtung verlaufen. Hat sich die Induration an vorausgegangene Zerfallserscheinungen angeschlossen, dann können solche dichte indurative Massen auch eine Zerfallshöhle umschließen. Diese kann bei ausreichender Differenzierungsmöglichkeit als aufgehellte Zone hervortreten (Fall 25). Ihre aufhellende Wirkung kann aber auch verloren gehen, wenn vor oder hinter der Höhle durch Induration verändertes stark verdichtetes Lungengewebe liegt. Die aufhellende Wirkung einer Höhlenbildung kann noch weiter ausgelöscht werden durch mehr oder weniger starke Pleuraverdichtungen, die sehr häufig die indurativ-zirrhotische Phthise begleiten. Ausgedehnte Pleuraobliterationen und Verwachsungen der Pleurablätter bedingen dann im Zusammenhang mit den durch die Induration verknüpften Verdichtungen der Lunge eine Schrumpfung der befallenen Brustkorbseite. Diese Brustkorbschrumpfung ist ein häufiges, aber nicht ausschlaggebendes

Fall 26 u. 30,
Bild 114,
130, 131

Teilsymptom der zirrhotischen Phthise. Das maßgebende Merkmal des indurativ-zirrhotischen Vorgangs ist die auch im Röntgenbilde zum Ausdruck kommende Lungenschrumpfung, nicht aber die vorwiegend durch Pleuraobliteration bedingte Verkleinerung der Brustkorbhälfte, die bei allen Formen der Lungenphthise beobachtet wird.

D. Die hämatogen-disseminierten Formen der Lungenphthise (Miliartuberkulose).

Die disseminierte Ausbreitung phthisischer Herdveränderungen in den Lungen stellt fast immer eine Teilerscheinung einer allgemeinen Erkrankung dar, an der auch andere Organe und auch die serösen Häute teilnehmen können. Die Klinik spricht von einer pulmonalen Form der „Miliartuberkulose" dann, wenn klinisch nachweisbare Symptome seitens der Lungen im Vordergrunde stehen. Diese Erscheinungen der Dyspnoe, Zyanose, des Katarrhs und der Lungenblähung sind jedoch nicht bei allen Formen disseminierter Ausbreitung phthisischer Herdveränderungen in den Lungen in gleicher Weise nachweisbar.

Grundsätzlich können auch hier zwei Reaktionsformen auseinandergehalten werden, und zwar die mehr produktive und die mehr exsudative Form. Die Verschiedenheit örtlicher Gewebsreaktion hängt auch hier wohl mit der Virulenz, der Massigkeit der Infektion und mit der mehr oder weniger stark ausgeprägten Toxinwirkung zusammen. Bei den mit exsudativen Vorgängen einhergehenden Formen der miliaren Lungenphthise werden die Krankheitserscheinungen seitens der Lungen mehr in den Vordergrund treten. Vor Jahren schon hat Krehl darauf hingewiesen, daß die Anzeichen der Dyspnoe, Zyanose und Lungenblähung besonders bei den mit Exsudation in die Alveolen einhergehenden Formen vorzukommen pflegen. Im allgemeinen verlaufen diese mit exsudativen Vorgängen in die Alveolen verbundenen Formen der miliaren Lungenphthise schwerer und stürmischer als andere, die mit vorwiegend produktiven Herdbildungen einhergehen. Es besteht demnach zweifellos ein Zusammenhang zwischen der Schwere des Krankheitsbildes und der pathologisch-anatomischen Erscheinungsform bzw. der Art der Herdbildungen in den Lungen. Die Pathologie unterscheidet nach der im Abschnitt V gegebenen Darstellung verschiedene Formen der miliaren Phthise, und zwar die hämatogen-disseminierte tuberkuläre Phthise, die gekennzeichnet ist durch das Auftreten interstitieller Tuberkel. Eine sekundäre, infolge Bakterientoxinwirkung oder sonstwie bedingte exsudative Reaktion in die Alveolen hinein kann im Anschluß an jene Form die hämatogen-disseminierte, tuberkulär-exsudative Phthise herbeiführen. Die Ausscheidung der Bazillen kann auch primär in die Alveolen bzw. in den Azinus erfolgen, und es kann sich eine produktive und eine exsudative Reaktionsform anschließen. Man spricht dann von einer hämatogen-disseminierten produktiven und von einer hämatogen-disseminierten azinös-exsudativen Phthise. Der Charakter der Herdbildungen ist also bei den hier genannten einzelnen Formen entsprechend der verschiedenen Entstehungsweise ein ganz verschiedener. Es fragt sich nur, ob es gelingt, auch klinisch diese Formen bis zu einem gewissen Grade auseinander zu halten. Eine Unterscheidung ist ohne Heranziehung der optischen Dichtigkeitsdifferenzierung des Röntgenbildes nur insoferne möglich, als die beiden mit Exsudation einhergehenden Formen ausgeprägtere Lungenerscheinungen aufweisen. Bei ihnen finden sich zuweilen außer den Anzeichen der Dyspnoe, Zyanose auch deutliche Erscheinungen von Katarrh, während die Perkussion meist nur eine Veränderung des Klopfschalles im Sinne einer mehr oder weniger ausgeprägten Tympanie erkennen läßt. Dieser Befund läßt wohl den Charakter pathologisch-anatomischer Veränderungen vermuten, aber nicht mit Sicherheit erkennen.

In dieser Richtung vermittelt das Röntgenbild durch seine unmittelbare Beziehung zur Gestaltung und Ausdehnung intrapulmonaler Herderscheinungen die beste Vorstellung anatomischer Veränderungen bei der miliaren Phthise. Kommt es zur Ausscheidung zahlreicher Bakterien in die Azini mit exsudativer Reaktion, dann entstehen die azinös-exsudativen Herdbildungen. Das Röntgenbild der disseminierten azinös-exsudativen Phthise zeigt zahlreiche kleine, fleckige unscharf begrenzte, ineinander überfließende Verdichtungsschatten, die über beide Lungenfelder in großer Anzahl verstreut sind und in den Teilen der Lungenfelder ihre größte Stellungsdichte haben, wo die Herde in den Lungen am dichtesten stehen. Das trifft im allgemeinen nach den Ergebnissen anatomischer Serienschnittuntersuchungen auf die oberen, mittleren und vorderen Lungenabschnitte zu. In den untersten Lungenabschnitten sind die Herdbildungen bei fast allen Formen disseminierter Phthise am wenigsten dicht und zahlreich angeordnet. Diese Lungenabschnitte haben nach Tendeloo die größten Druck- und Volumenschwankungen. In ihnen ist die Bewegungsenergie des Luft-, Lymph- und Blutstromes merklich stärker als in den mittleren und oberen Lungenabschnitten. In den Lungenteilen, die außerordentlich dicht von Herdbildungen durchsetzt sind, muß es, auch wenn zwischen den einzelnen Herden noch lufthaltiges Lungengewebe liegt, zu einer Überlagerung und somit zu einer Summationswirkung der auf dem Röntgenbilde in eine Ebene projizierten Schattenerscheinungen kommen. Und so sehen wir in der Tat bei Fall 5, daß die Herdschatten in den mittleren Teilen beider Lungenfelder außerordentlich dicht beieinander liegen und vielfach ineinander übergehen. Ein Blick auf die zugehörigen anatomischen Serienbilder läßt erkennen, daß die exsudativ-käsigen Herdbildungen in den nach vorne gelegenen mittleren Lungenabschnitten am zahlreichsten sind und am dichtesten stehen, und daß sie nach unten hin wieder an Zahl abnehmen. Auch sind in den weiter rückwärts gelegenen Lungenteilen im allgemeinen die Herde erheblich weniger dicht angeordnet. Auf dem Röntgenbilde ist die Zerfließlichkeit der einzelnen Schattenbildungen in den unteren Teilen der Lungenfelder, wo die Herdschatten entsprechend der geringeren Stellungsdichte weniger zahlreich sind, besonders gut zu erkennen.

Eine Exsudation in die Alveolen kann sich auch an eine primäre interstitielle Tuberkelbildung anschließen. In solchen Fällen liegt dann zunächst die reinste Form der produktiven Phthise vor in Gestalt einer über beiden Lungen disseminierten interstitiellen Tuberkelbildung. Es stellt sich aber alsbald eine mehr oder weniger stark ausgeprägte Exsudation ein, die zu einem starken Hervortreten auch klinisch feststellbarer Lungensymptome Veranlassung gibt. Der grundsätzlich verschiedene anatomische Charakter dieser Erscheinungsformen verleiht auch dem Röntgenbilde ein ganz anderes Gepräge. Die Lungenfelder zeigen ein feingeflecktes marmoriertes Aussehen, bei allgemein verminderter Helligkeit (Klieneberger). Das marmorierte Aussehen der Lungenfelder entsteht durch die Übereinanderlagerung der Schattenbildungen der in den verschiedensten Tiefen liegenden kleinen interstitiellen Tuberkel. Die allgemeine Veränderung der Helligkeit, die in einer diffusen Trübung der Lungenfelder ihren Ausdruck findet, entsteht durch die intraalveoläre Exsudation. Das wird ohne weiteres verständlich, wenn man die anatomischen Lungenschnittbilder

der mit Exsudation einhergehenden interstitiellen Tuberkelbildung betrachtet. Man erkennt dabei sofort, daß die Tuberkel in den exsudaterfüllten Lungenteilen erheblich weniger deutlich hervortreten, als in den von Exsudat freigebliebenen Lungenabschnitten (Fall 13). Die von Klieneberger beschriebene „felderartige Marmorierung der Lungenfelder bei allgemein veränderter Helligkeit" besteht für diese Form der miliaren Phthise zu Recht und erklärt sich aus dem anatomischen Befunde. Ganz andere Bilder entstehen, wie wir sahen, bei der oben beschriebenen hämatogen-disseminierten azinös-exsudativen Form. Der merkliche Unterschied, den die Röntgenbilder dieser beiden Formen zeigen, steht im engsten Zusammenhang mit den grundverschiedenen anatomischen Herdveränderungen der Lunge.

Ungleich viel deutlicher noch ist der Unterschied, der zwischen den Röntgenbildern dieser exsudativen Formen der hämatogen-disseminierten Phthise und den Bildern der hämatogen-disseminierten produktiven Phthise besteht. Hier ist zunächst die hämatogen-disseminierte tuberkuläre Form zu nennen, die mit der Bildung interstitieller Tuberkel einhergeht. Aus dieser kann durch Einbruch in die Alveolen die azinös-produktive Form hervorgehen. Eine primäre Ausscheidung von Bazillen in die Azini kann diese Form wohl ebenfalls hervorrufen. Die Entstehungsweise dieser wichtigsten und häufigsten Form der hämatogen-disseminierten azinös-produktiven Phthise läßt sich weder durch klinische Feststellungen noch durch das Röntgenbild ermitteln. Diese Form liefert aber ohne Rücksicht darauf, ob sie primär entstanden ist, oder ob sie sich sekundär an eine interstitielle Tuberkelbildung angeschlossen hat, ungemein charakteristische Schattenerscheinungen auf dem Röntgenbilde. Sie kommt zumeist beim Erwachsenen vor und verläuft klinisch im Gegensatz zu der exsudativen Form mehr subakut und macht viel weniger deutlich in die Erscheinung tretende Symptome seitens der Lungen. Der ausgeprägte Lungenbefund wird dabei häufig erst durch das Röntgenbild aufgedeckt, und es besteht ein auffallender Gegensatz zwischen dem Fehlen klinischer Lungensymptome und dem Röntgenbilde, das eine von azinös-produktiven Herden dicht durchsetzte Lunge erkennen läßt. Beide Lungenfelder sind dann ziemlich gleichmäßig übersät von größeren und kleineren, gut gegeneinander abgesetzten, unregelmäßig begrenzten Verdichtungsschatten von azinösem bzw. azinös-nodösem Typus. Die Stellungsdichte der Herdschatten ist abhängig von der Anzahl der die Lungen durchsetzenden azinösen und auch schon azinös-nodösen Herdbildungen. Nicht selten stehen in solchen Fällen Symptome einer Erkrankung anderer Organe, z. B. zerebrale Symptome, im Vordergrund des Krankheitsbildes (Bäumler), und lassen zunächst ^{Fall 1 u. 15,} gar nicht an das Bestehen einer miliaren Aussaat in den Lungen denken. Die Erscheinungen seitens der Lungen können bis zum Tode so geringgradig sein, daß die Kranken keinerlei Störungen seitens der Atmungsorgane empfinden.

Auch eine Erkrankung der serösen Häute, z. B. eine Pericarditis exsudativa, kann das Krankheitsbild beherrschen, wenn die miliare Aussaat in den Lungen erst nach der Erkrankung der serösen Häute entstanden ist. Das Röntgenbild zeigt dann als auffallendste Erscheinung die durch den Erguß in den Herzbeutelraum bedingte Verbreiterung der Herzschattenfigur mit Verstrichensein der beiderseitigen Herzgefäßwinkel. Zuweilen sieht man den Herzschatten als dichteres Schattengebilde innerhalb des Ergußschattens liegen. In den beiden Lungenfeldern finden sich ziemlich gleichmäßig verstreut zahlreiche kleine, gut gegeneinander abgesetzte kleinste Herdschatten, deren disseminierte Anordnung die miliare Aussaat azinös-produktiver Herdbildungen verrät.

Wenn nicht phthisische Veränderungen lebenswichtiger Organe das Leben vernichten, dann können sich diese disseminiert azinösen Herdbildungen allmählich zu nodösen Herden auswachsen, und es hängt die Größe der Herde nur mehr von der Zeitdauer der Krankheit ab. Besteht diese, was allerdings sehr selten vorkommt, mehrere Monate, dann kommt es zur Ausbildung großknotiger Herdbildungen, deren hämatogene Entstehung aus der disseminierten Anordnung der Schattenbildungen im Röntgenbilde erschlossen werden kann.

Fall 3,
Bild 25

Die auf hämatogenem Wege entstehenden Formen der Phthise sind auf den Röntgenbildern durch zweierlei Erscheinungen gekennzeichnet. Zunächst läßt die annähernde Gleichmäßigkeit der Herdanordnung, bzw. Herdschatten in den Lungenfeldern an eine hämatogene Ausbreitung denken. Man spricht hier mit Recht von einer Dissemination der Herde, im Gegensatz zu der mehr gruppenweisen Anordnung der Herde bei den bronchialen Ausbreitungsformen. In zweiter Linie fällt das vorwiegend gleichartige Verhalten der einzelnen Herde, bzw. Schattenbildungen auf. Im allgemeinen sind die Schattenbildungen in den Lungenfeldern ziemlich gleichmäßig verteilt; zuweilen allerdings ist die Zahl der Herde in den oberen und in den mittleren Abschnitten etwas größer, und es finden sich dann in den entsprechenden Teilen der Lungenfelder auch dichter angeordnete Herdschatten. In den basalen Teilen der Lungen ist die Stellungsdichte der Herde meistens am geringsten.

Ausgedehnte Exsudation in die Lungenalveolen bedingt eine diffuse Verschattung. Azinös-exsudative Herde erzeugen kleine, unscharf begrenzte, ineinander überfließende Schattenerscheinungen. Das Bestehen von disseminierten interstitiellen Tuberkeln bedingt punktförmige oder außerordentlich kleinfleckige Schattenbildungen (Haudeck, Aßmann). Azinös-produktive und nodös-produktive Herde machen kleinere und größere, gut gegeneinander abgesetzte Herdschatten. Man darf jedoch auch hier nicht von einer peribronchitischen Form (Aßmann) der disseminierten Phthise sprechen, da eine Peribronchitis im anatomischen Sinne hierbei gar nicht vorkommt. Es gibt nur den interstitiellen Tuberkel und die intraalveoläre oder azinöse Form der produktiven Phthise bei der hämatogen entstandenen disseminierten Aussaat.

Die Möglichkeit einer Differenzierung der verschiedenen Formen hämatogen-disseminierter Phthise ergibt sich demnach aus der Form, Größe, Stellungsdichte und Umgrenzung der einzelnen Schattenbildungen und aus der annähernden Gleichmäßigkeit der Schattenanordnung in den Lungenfeldern. Es ist von durchaus untergeordneter Bedeutung, ob der einzelne Herd als schattenmachendes Gebilde wirkt, oder ob die Schattendarstellung mehr als Summationswirkung aufzufassen ist. Beides ist aus physikalischen Gründen möglich und in Betracht zu ziehen. Das Wesen der Erscheinungsform ergibt sich aber nicht aus der Beurteilung des einzelnen Herdschattens, sondern aus der Summe der oben genannten Schattenerscheinungen. Es ist also für die klinisch-diagnostische Bewertung der Schattenbildungen des Röntgenbildes im anatomischen Sinne praktisch vollkommen belanglos, ob ein einzelner Herd zur Darstellung gelangen kann, und wie groß er sein muß, um im einzelnen Falle einen Schatten zu erzeugen. Den Bestrebungen, diese Frage auf experimentellem Wege zu lösen, kommt deshalb keinerlei röntgendiagnostische Bedeutung zu.

Ungleich viel wichtiger ist es, die typischen Röntgenbilder der miliaren Phthise im Rahmen der anderen klinischen Untersuchungsergebnisse richtig zu deuten und zu bewerten. Es ergibt sich aus dem röntgenologischen Nachweis einer exsudativen Form im Zusammenhang mit den dann

auch deutlicher ausgeprägten klinischen Lungensymptomen eine ungünstige Prognose
für den Krankheitsablauf. Finden sich auf dem Röntgenbilde die Erscheinungen
einer disseminierten azinös-produktiven Herdbildung, dann ist mit einer mehr
langsam verlaufenden, hie und da sich sehr lange hinziehenden und in Ausnahme-
fällen auch zu einer Ausheilung gelangenden Erkrankung zu rechnen. Eine Ausheilung wird naturgemäß nur dann eintreten können, wenn an anderen Organen
keine oder nur geringgradige miliare Herdbildungen bestehen. Daß Ausheilungsvorgänge sich an eine hämatogen disseminierte produktive Form anschließen können,
scheint außer Zweifel zu sein. Solche Fälle sind gerade durch sorgfältige Kontrolle
des Röntgenbildes in jüngster Zeit mehrfach beobachtet worden. Man sieht dann
auf Serienröntgenbildern, die mit Zwischenpausen von vielen Wochen gewonnen sind,
die Zahl der Herdbildungen in den Lungen allmählich abnehmen, und an den verschiedensten Stellen eine indurative Umwandlung der einzelnen produktiven Herdbildungen sich ausbilden. Die Beurteilung des Röntgenbildes muß aber in solchen
Fällen mit der größten Vorsicht und im engsten Zusammenhang mit einer sorgfältigen
klinischen Beobachtung erfolgen, um diagnostische Irrtümer zu vermeiden.

E. Die Erkrankungen der Pleura.

Eine entzündliche Erkrankung der Pleura kann bei jeder Form der Lungenphthise
zu jeder Zeit des Krankheitsablaufes sich einstellen. Die ersten Erscheinungen einer
Epithelläsion mit feinen Fibrinauflagerungen auf die Serosa machen wohl das charakteristische, der Auskultation zugängliche Reibegeräusch. Röntgenologisch ist um diese
Zeit das Bestehen der Pleuraerkrankung direkt nicht nachweisbar. Sie kann aber aus
der mit dem entzündlichen Vorgang der Pleura verknüpften Funktionsstörung der
Minderatmung indirekt erschlossen werden. Man sieht dann auf dem Schirme eine
geringere Aufhellung der infolge der Minderatmung weniger durchlüfteten Lungenteile
und gleichzeitig vielfach eine reflektorisch bedingte Herabsetzung der Zwerchfellbewegung. Frische Auflagerungen können durch Resorption verschwinden und die
Verschieblichkeit der Pleurablätter kann erhalten bleiben. Häufig aber kommt es zu
umschriebener oder flächenhafter Verwachsung der beiden Pleurablätter. Durch narbige Umwandlung des Granulationsgewebes entstehen mehr
oder weniger ausgedehnte flächenhafte dichte Schwartenbildungen. Da die phthisische
Erkrankung mit großer Regelmäßigkeit in den oberen Lungenabschnitten beginnt,
und in diesen bei fortschreitender Phthise die ältesten Veränderungen sich vorfinden,
so sind auch Pleuraverwachsungen im Bereiche der oberen Lungenabschnitte am
häufigsten. Bleibt die Lungenerkrankung auf die Lungenspitzenteile beschränkt, dann
entsteht vielfach aus der begleitenden Spitzenpleuritis im weiteren Verlaufe der
Erkrankung eine strangförmige oder flächenhafte Verwachsung der beiden Pleurablätter. Infolge der außerordentlich geringen Verschieblichkeit der Lungenspitzenteile wird sich gerade hier eine Verklebung der entzündlich veränderten Pleurablätter
besonders leicht einstellen. Auf dem Röntgenbilde macht sich diese Pleuraverwachsung
zuweilen bemerkbar in einer mehr oder weniger leichten Verschattung des
Spitzenfeldes. Verminderte Spitzendurchlüftung und vermehrte
Strahlenabsorption der verdichteten Pleurablätter rufen diese Erscheinung hervor. Besteht die Erkrankung längere Zeit und kommt es zu einer
flächenhaften Verlötung mit mehr oder weniger starken Verdichtungen der beiden
Pleurablätter, dann ist das Bestehen der Pleuraobliteration meist deutlich erkennbar

an den Folgeerscheinungen, die sich aus der Verwachsung der beiden Pleurablätter einerseits und aus der durch die Lungenerkrankung bedingten Verminderung der Atmungsfunktion andererseits für die Gestaltung der Brustkorbwandung ergeben.

Man sieht dann im Bereiche der erkrankten Lungenteile entsprechend der Ausdehnung der bestehenden Pleuraobliteration Veränderungen der Brustkorbform auftreten, die bei vergleichender Betrachtung der beiden Brustkorbhälften in einem steileren Verlaufe der Rippen, einer Verkleinerung der Zwischenrippenräume und in einer Abflachung der Brustkorbbegrenzung auf der erkrankten Seite ihren Ausdruck finden. Die Anzeichen der Pleuraobliteration mit Brustkorbschrumpfung kommen bei allen Formen der Lungenphthise vor, und zwar bei den exsudativen, die mit ausgedehnter Verkäsung verlaufen und bei den produktiven, die im weiteren Verlauf zu den Vorgängen der Induration und Zirrhose führen.

Fall 31 u. 33, Bild 135 u. 141 Ausgedehnte Pleuraverdichtungen finden sich zuweilen bei der lobulär-exsudativen und auch bei der lobär-exsudativen Phthise. Auch bei diesen Formen kann man auf dem Röntgenbilde vielfach einen steileren Verlauf der Rippen im Bereiche der Lungen- und Pleuraerkrankung beobachten; dabei besteht zuweilen auch eine deutliche Einengung des Lungenfeldes, die als eine Folge der verminderten Atmungsfunktion der erkrankten Seite zu betrachten ist.

Sitz und Ausdehnung der Brustkorbschrumpfung hängt im allgemeinen von der Intensität und Ausdehnung der Pleuraobliteration ab. Diese wiederum steht in engster Beziehung zu Sitz und Ausdehnung der Lungenerkrankung. Ist diese nur über die oberen Lungenabschnitte ausgedehnt, dann finden sich die Erscheinungen der Brustkorbschrumpfung gewöhnlich auf die oberen Teile des Brustkorbes beschränkt. Bei den langsam fortschreitenden produktiven, in Induration und Zirrhose übergehenden Formen der Phthise kommt es vielfach zu ausgedehnten Verdichtungen und Verwachsungen der beiden Pleurablätter. Man sieht dann nach Ablösen der Brustkorbwandung im anatomischen Präparat, flächenhafte bindegewebige oder schwartige Verdich- *Fall 6, 24, Bild 36, 106* tungen der Pleura. Die stärksten Erscheinungen der Brustkorbschrumpfung werden bei den über viele Jahre hin verlaufenden Formen der indurativ-zirrhotischen Phthise beobachtet. Im Röntgenbilde ist dann auf der stärker erkrankten Seite außer den durch die indurativen Vorgänge bedingten Schattenerscheinungen eine mehr oder weniger ausgeprägte Verkleinerung des Lungenfeldes zu erkennen, die mit einer mehr oder weniger deutlich sichtbaren Verlagerung der mediastinalen Organe nach der *Fall 6, 23, 25, Bild 35, 101, 110* erkrankten Seite hin einhergeht. Diese Verlagerung des Mediastinums erklärt sich in der Weise, daß die stärker erkrankte Seite infolge der Pleuraobliteration und der verminderten Lungenlüftung weniger an der Atmung teilnimmt, während die relativ gesunde Seite infolge des kompensatorischen Emphysems eine stärkere Weitung erfährt und dadurch das Mediastinum nach der erkrankten Seite hin abdrängt.

Daß die Verlagerung des Mediastinums weniger durch Minderatmung der erkrankten als durch Mehratmung der realtiv gesunden Seite bedingt wird, ergibt sich auch aus der Tatsache, daß im anatomischen Präparate eine auf der Röntgenaufnahme sehr stark ausgeprägte Verlagerung viel weniger deutlich zum Ausdruck *Bild 105 bis 109, Bild 110 bis 113* kommt. Eine vergleichende Betrachtung der anatomischen Bilder der Fälle 24 und 25 mit den zugehörigen Röntgenbildern läßt diese Erscheinung auf das Deutlichste erkennen. Das in tiefster Inspiration gemachte Röntgenbild zeigt die Verlagerung des Mediastinums nach der weniger atmenden Seite hin infolge vermehrter inspiratorischer Weitung der weniger erkrankten Seite. Weitaus am

häufigsten findet sich die Verlagerung des Mediastinums mit hochgradiger Brustkorbschrumpfung bei der indurativ-zirrhotischen Form der Lungenphthise. Diese Erscheinung ist ein wichtiges Begleitsymptom der indurativ-zirrhotischen Phthise, sie
ist aber nicht das wesentlichste Merkmal dieser Erkrankungsform, wie manche
Autoren meinen (Büttner-Wobst).

Die indurativ-zirrhotische Phthise ist gekennzeichnet durch die
Lungenschrumpfung mit den typischen Schattenerscheinungen im Röntgenbilde.
Die durch Pleuraobliteration bedingte Brustkorbschrumpfung mit Verlagerung
des Mediastinums und Verbiegung der Wirbelsäule nach der geschrumpften Seite hin
stellen häufige und bemerkenswerte, aber nicht ausschlaggebende Begleiterschei-
nungen der indurativ-zirrhotischen Phthise dar. Die ursächliche Beziehung der
Brustkorbschrumpfung und Verbiegung der Wirbelsäule wird vielfach in Frage
gestellt durch primäre Verbiegungen, die infolge Rachitis oder krankhaft veränderter
Statik entstanden sind. Man muß deshalb in der Beurteilung einer bei Pleuraobliteration
mit Brustkorbschrumpfung vorkommenden Skoliose Vorsicht walten lassen. Es kann
der Komplex der Lungenschrumpfung mit Brustkorbeinengung und Skoliose auch bei
primär statisch bedingten Skoliosen der Brustwirbelsäule vorkommen.

Nicht selten beteiligt sich auch ohne vorausgehende Ergußbildung die Pleura
diaphragmatica an den entzündlichen Vorgängen und es kommt zu einer flächenhaften oder umschriebenen Verwachsung der beiden Pleurablätter über dem Zwerchfell.
Auf dem Röntgenbilde machen sich diese Veränderungen in zweierlei Weise bemerkbar.
Die flächenförmigen Verwachsungen treten vielfach als wellenförmige Erhebungen
in die Erscheinung, während durch umschriebene strang- oder bandförmige Verwachsungen häufig zelt- oder zipfelförmige Erhebungen umschriebener Stellen der Zwerchfellkuppe entstehen können. Bei der Beobachtung auf dem Röntgenschirme nimmt
das Zwerchfell im Bereiche der flächenhaften oder eng umgrenzten Verwachsungs-
stelle weniger an der Atmung teil; es macht an den Stellen, wo Verwachsungen bestehen,
eine weniger ausgiebige inspiratorische Abwärtsbewegung. Flächenhafte und umschriebene Verwachsungen finden sich ungleich viel häufiger auf der rechten Seite als
auf der linken. Diese Tatsache hängt wohl mit der auch physiologisch etwas geringeren
Bewegungsfunktion der rechten Zwerchfellhälfte zusammen, die mit einer geringen
Verschiebung der beiden Pleurablätter besonders im medial gelegenen Anteile der
rechten Zwerchfellhälfte verbunden ist. So können sich in diesen medialen Anteilen
der rechten Zwerchfellhälfte leicht Verklebungen der Pleurablätter an entzündliche
Vorgänge anschließen. Besteht auf der rechten Seite bei ausgedehnter indurativ-
zirrhotischer Phthise eine mehr oder weniger ausgedehnte Induration in den basalen
Lungenteilen, dann schließt sich wohl infolge der Ausschaltung dieser Lungenteile
aus dem Atmungsgeschäft durch entzündliche Vorgänge der Zwerchfellpleura eine
breite derbe und flächenförmige Verwachsung an, die auf dem Röntgenbilde als ausgeprägte wellenförmige Erhebung in die Erscheinung tritt. Der
seitliche Zwerchfellanteil fällt dann meist auffallend steil gegen den Zwerchfellrippenwinkel hin ab. Umschriebene bandförmige Verwachsungen stehen oft in Beziehung
zu einem umschriebenen indurierten Herd in den basalen Lungenabschnitten. Auf
dem Bilde reicht dann gewöhnlich die zelt- oder zipfelförmige Erhebung bis zu der
herdförmigen, durch Induration bedingten Schattenbildung hin. Man sieht häufig
solche dichte Herdschatten an der Spitze der zipfelförmigen Erhebung liegen; nicht
selten auch besteht eine Gruppe von herdförmig dichten Schattenbildungen innerhalb
oder in der Umgebung der zeltförmigen Schattebildunng.

15*

Nicht immer liegt jedoch diesem Symptome der zeltförmigen Erhebung eine Verwachsung zugrunde. Die vergleichenden anatomischen Untersuchungen haben mehrfach gezeigt, daß eine aus dem Bestehen einer umschriebenen Zwerchfellerhebung angenommene Verwachsung im anatomischen Präparat sich nicht vorfand. Die auf Schirm und Bild nachweisbare Zwerchfellerhebung kann dann nur in der Weise erklärt werden, daß das Zwerchfell an umschriebener Stelle infolge narbiger Einziehung an der Lungenunterfläche während der Inspiration der narbigen Vertiefung sich anpaßt, und gewissermaßen in dieser emporgesaugt wird, während die umgebenden Teile eine inspiratorische Abwärtsbewegung machen. In allen Fällen aber steht eine Zwerchfellerhebung, ob sie in umschriebener oder wellenförmiger Gestalt in die Erscheinung tritt, in Beziehung zu einem indurativen Herd. Ob lediglich eine Funktionsungleichheit des Zwerchfells oder eine Verwachsung vorliegt, wird im Einzelfälle nicht immer zu entscheiden sein.

Fall 9 u. 27, Bild 50 u. 118

Der entzündliche Pleuraerguß kann nach Sitz und Ausdehnung verschiedenartige Schattenerscheinungen auf dem Röntgenbilde erzeugen. Man kann zunächst freie und abgekapselte Ergüsse unterscheiden. Wird die Lunge durch einen frei sich entwickelnden Erguß nur in geringem Ausmaße von der Brustkorbwand abgedrängt, und bleibt die Beweglichkeit des Zwerchfells erhalten, dann kann der Erguß dem röntgenologischen Nachweise entgehen (Zadeck). Man sieht dann auf Schirm und Platte vielleicht eine geringe Trübung des Lungenfeldes in den Randzonen; auch kann der im Bereiche des Zwerchfellrippenwinkels liegende Teil des Lungenfeldes leicht getrübt sein. Eine deutliche Schattenbildung kann aber fehlen.

Sammeln sich im Verlaufe einer entzündlichen Pleuraerkrankung große Flüssigkeitsmengen im Pleuraraum an, dann ist die Ausdehnungsrichtung des Ergusses abhängig von der Retraktionskraft und Retraktionsfähigkeit der Lungen. Diese letzten werden unter normalen Bedingungen in Spannung gehalten durch die Druckdifferenz, die zwischen Thoraxaußendruck und Lungeninnendruck besteht. Es ergibt sich daraus im Zusammenhang mit der Wechselwirkung elastischer Kräfte der Thoraxwand und der Lungen der sog. negative Druck im Pleuraraum, der erst bemerkbar wird, wenn Luft oder Flüssigkeit zwischen die beiden Pleurablätter gelangt.

Das Aneinanderliegen der Pleurablätter erfolgt aber nicht ausschließlich durch den negativen Druck, sondern durch molekulare Kräfte der Adhäsion (Brauer). Der negative Druck ist nicht an allen Stellen der Pleuraspalten gleich. Er hat seine größten Werte an den Stellen, wo die elastische Kraft der Lungen am stärksten beansprucht wird, d. h. in den basalen Anteilen der Lungen. Bildet sich ein Erguß aus, dann wird dieser zunächst dahin sich ausbreiten, wo er den geringsten Widerstand findet. Da der negative Druck in den basalen und seitlichen Teilen mit am größten ist und die Lunge in diesen Teilen am stärksten gedehnt wird, hat sie hier auch ihre größte Retraktionskraft. Ein in den basalen Teilen des Pleuraraumes sich entwickelnder Erguß wird entsprechend der starken elastischen Beanspruchung der Lungenunterlappen zunächst zu einer Verdrängung und Kompression der Unterlappen führen. Diese ziehen sich ihrer Retraktionskraft folgend zusammen, und der Erguß dehnt sich deshalb zunächst in den hinteren und seitlichen Abschnitten des Pleuraraumes aus. Anatomische Serienschnitte lassen erkennen, daß die Breiten- und Höhenausmaße einer Ergußhöhle nach hinten immer mehr zunehmen, und in den dorsalwärts gelegenen Schnitten die größten Werte zeigen. Die durch den Erguß bewirkte Schattenerscheinung im Röntgenbilde entspricht der Ausdehnung des Ergusses in den dorsalen Abschnitten des Pleura-

Fall 22, Bild 97 u. 100

raumes. Da der Erguß in den seitlichen Abschnitten seine größte Höhenausdehnung hat, zeigt der Ergußschatten im Röntgenbilde seine größten Höhenwerte in den Randzonen entlang dem Brustkorbrande. Die obere Begrenzung des Ergußschattens verläuft entsprechend der geringeren Höhenausdehnung des Ergusses in den medialen Teilen schräg vom Brustkorbrande herab zum Schatten des Herzrandes hin. Die obere Ergußbegrenzung erscheint jedoch auf dem Röntgenbilde nur selten scharflinig gegen das Lungenfeld hin abgesetzt. Ungleich viel häufiger findet eine allmähliche Aufhellung des Ergußschattens nach dem Lungenfelde hin statt. Diese Erscheinung erklärt sich einmal daraus, daß der Erguß nach vorne hin noch von lufthaltiger Lunge überlagert wird, und insbesondere aber aus der mehr oder weniger starken Atelektase der vor und oberhalb des Ergusses liegenden komprimierten Lungenteile.

Die Schattendarstellung des typischen kleinen und mittelgroßen Ergusses steht durchaus im Einklang mit den Ergebnissen der akustischen Dichtigkeitsdifferenzierung, der Perkussion. Den Teilen größter Schattentiefe im Röntgenbilde entspricht die absolute Dämpfung über dem hinten und seitlich brustkorbwandständigen Ergusse. Die obere Begrenzungslinie des Ergußschattens kommt der parabolisch von hinten medianwärts nach oben seitlich verlaufenden Begrenzungslinie absoluter Dämpfung gleich. Über dem Ergusse liegende komprimierte Lungenteile erzeugen auf dem Röntgenbilde eine relative Verschattung, die in der relativen Dämpfung mit tympanitischem Beiklang über diesen Lungenteilen ihr Analogon finden.

Die Ergebnisse der optischen und akustischen Dichtigkeitsdifferenzierung verhalten sich also durchaus gleichsinnig. Über der Zone dichtester Verschattung besteht absolute Dämpfung. Das Atmungsgeräusch ist hier aufgehoben oder abgeschwächt und ebenso der Stimmfremitus. Die oberhalb des Ergusses liegenden komprimierten Lungenteile bedingen eine relative Verschattung. Über ihnen besteht relativ verkürzter Schall mit Tympanie, verstärkter Stimmfremitus und verändertes Atmungsgeräusch, das verschärft oder auch vesikobronchial sein kann. Mit wachsendem Ergusse wächst natürlich auch die Ausdehnung des Ergußschattens. Die Lunge wird immer mehr von der Brustkorbwand abgedrängt und befindet sich als mehr oder weniger luftleeres Gebilde in der Umgebung des Hilus, wenn nicht Flächen- oder Strangverwachsungen die Retraktion an irgendeiner Stelle verhindern.

Flächenhafte Verwachsungen werden weitgehenden Einfluß gewinnen können auf die Ausdehnungsrichtung eines sich entwickelnden Ergusses. So kann es auch bei der am häufigsten vorkommenden, hier geschilderten Art der Ergußentwicklung schon frühzeitig infolge Minderatmung zu einer Verklebung der beiden Pleurablätter im Sinusgebiet kommen. Der Erguß wird sich in solchen Fällen deshalb nicht in die tiefsten Teile des Sinus einsenken können. Er wird sich deshalb in der Richtung des geringsten Widerstandes nach oben hin ausdehnen. Neuerdings hat Aschoff darauf hingewiesen, daß die Obliteration des Pleurasinus eine sehr häufige Begleiterscheinung der entzündlichen Pleuraerkrankungen darstellt. Nach seinen Untersuchungen erweisen sich bei der in den untersten Abschnitten sich entwickelnden Pleuritis exsudativa die tiefsten Teile der Pleurasinus so gut wie immer durch Verwachsungen verschlossen, so daß sich der Erguß nicht in diese tiefsten Teile ausbreiten kann. Kommt es zu einer frühzeitigen Verklebung der beiden Pleurablätter an der Lungenbasis, dann kann sich der Erguß nicht zwischen Zwerchfell und Lunge einschieben. Der Erguß steigt dann meist in den Randteilen entlang dem Brustkorbrande in die Höhe, drängt die Lunge von der Brustkorbwandung ab und umgibt sie zuweilen mantelförmig von der Rückseite her. Das Röntgenbild zeigt dann eine der

Fall 10,
Bild 54
bis 57

größten Breitenausdehnung des Ergusses entsprechende Verschattung, die entlang dem Brustkorbrande emporsteigt, und an Breite und Ausdehnung nach oben hin abnimmt. Bestehen in den basalen Teilen umschriebene Verwachsungen, wodurch die Lunge an einer Stelle fest gehalten wird, dann kann sich der Erguß in der Umgebung des verwachsenen Lungenabschnittes ausbilden und diese umspülen. Auf dem Röntgenbilde wird dann nur der Teil des Ergusses schattenmachend wirken, der eine ausreichend große Tiefenausdehnung hat. Flächenförmige Verwachsungen der beiden Pleurablätter können in mannigfacher Weise die Ausdehnung und Gestaltung des Brustfellergusses beeinflussen. So kann es zu brustkorbrandständigen abgesackten Ergüssen kommen, die nur eine geringe Tiefenausdehnung haben. Auch können sich abgekapselte Ergüsse zwischen der Pleura mediastinalis und visceralis entwickeln oder auch zwischen die serösen Überzüge zweier Lungenlappen sich einschieben. Der zwischen Lungenpleura und Pleura mediastinalis sich entwickelnde Erguß hat meist in den basalen Teilen seine größte Tiefen- und Breitenausdehnung. Er stellt sich auf dem Röntgenbilde zuweilen als dreieckig gestaltete, zum Teil innerhalb des Herzschattens liegende oder auch diesen seitlich begleitende Schattenbildung dar. Der interlobäre Erguß kann entsprechend seiner Lage und Ausdehnung vielgestaltige Schattenerscheinungen im Röntgenbilde erzeugen (Dietlen). Die nach der Resorption solcher interlobären Ergüsse sich einstellenden Verwachsungen und Schattenbildungen machen eigenartig dichte streifige Schattenerscheinungen, die meist schräg vom Herzrand das Lungenfeld durchquerend nach oben seitlich sich erstrecken. Ausdehnung und Dichtigkeit dieser Strangschattenbildung wird durch die Dichtigkeit der Schwartenbildung bestimmt.

Mittelgroße und große Pleuraergüsse können je nach ihrer Lage und Ausdehnungsrichtung Einfluß gewinnen auf das Mediastinum und auf die mediastinalen Organe. Wenn sich ein Erguß rasch entwickelt, die Lunge allseitig vom Zwerchfell und von der Brustkorbwandung abdrängt, dann kann es zu einer starken Druckwirkung auf Zwerchfell und Mediastinum kommen. Nach Untersuchungen Gerhardts ist der Druck an verschiedenen Stellen des Ergusses ganz verschieden. An der Grenze zwischen Erguß und Lunge herrscht meist ein negativer Druck. In den tiefstgelegenen Teilen des Ergusses besteht fast immer ein positiver Druck, dessen Wert mit der Größe des Ergusses und dem dadurch anwachsenden hydrostatischen Druckwerte ansteigt. Infolge dieser starken Druckwirkung in den basalen Teilen findet sich in solchen Fällen, bei denen die Lunge in den basalen Teilen keine Verwachsungen zeigt, eine starke Verdrängung des Mediastinums und der mediastinalen Organe. Auf dem Röntgenbilde sind diese Erscheinungen zunächst an der Verlagerung des Herzens nach der gesunden Seite hin erkennbar. Die stärksten Verlagerungen des Mediastinums werden sich einstellen, wenn der Erguß den größten Teil des Pleuraraumes einnimmt und die Lunge vollständig von der Brustkorbwandung abgedrängt hat. Jene liegt dann als luftleeres Gebilde im Lungenwurzelgebiet dem Mediastinum an. Es kommt so infolge der allseitig starken Druckwirkung auf die mediastinalen Organe zu einer erheblichen Verlagerung nach der gesunden Seite hin. An dieser Verlagerung nehmen das Herz und die Gefäßstämme, die Trachea und in geringerem Ausmaße zuweilen auch der Ösophagus teil. Das Herz kann bei linksseitigem Erguß sogar eine Drehung erfahren derart, daß der linke Ventrikel nach vorne gelagert erscheint. Das Röntgenbild eines großen Ergusses zeigt eine totale Verschattung des entsprechenden Lungenfeldes. Die Verschattung geht ohne Aufhellung in den Mittelschatten über. Der Herzschatten ragt infolge der starken Verlagerung des Mediastinums merklich in das Lungenfeld der gesunden Seite hinein; zuweilen ist auch die aufgehellte Zone der Trachea nicht über dem Schatten der Wirbelsäule, sondern seitlich von dieser erkennbar.

Wird der Erguß nur langsam resorbiert und kommt es zu ausgedehnter Fibrinentwicklung im Pleuraraum, das diesen in Gestalt von dichten Fibrinmassen mehr oder weniger ausfüllt, so wird die spätere Ausdehnung der Lunge mehr oder weniger stark behindert. Fall 43
Bild 179
u. 180

Durch Organisation des Fibrins bilden sich schließlich mehr oder weniger dichte Schwarten aus, die zu sekundären Schrumpfungsvorgängen führen. Die Pleuraschwarte macht entsprechend ihrer Dichtigkeit und Ausdehnung eine merkliche Verschattung im Röntgenbilde, die sich vielfach nicht erheblich von der Dichtigkeit eines Ergußschattens unterscheidet. Im allgemeinen deutet die aus der stärkeren Neigung der Rippen und Verkleinerung der Zwischenrippenräume zu erschließende Brustkorbschrumpfung auf eine Schwartenbildung hin. Das Bestehen eines Restergusses innerhalb schwartig veränderter Pleurablätter ist auf dem Röntgenbilde nicht mit Sicherheit zu erkennen.

F. Der Pneumothorax.

Die Entwicklung eines Pneumothorax kommt gelegentlich schon bei der beginnenden Lungenphthise vor. Ungleich viel häufiger wird ein Spontanpneumothorax bei den fortgeschrittenen Fällen von Lungenphthise beobachtet. Liegt bei sonst gesunder Lunge ein umschriebener Krankheitsherd unmittelbar unter der Pleura, dann kann sich unter dem Einfluß einer verstärkten Atmung gelegentlich einer körperlichen Anstrengung akut ein Pneumothorax ausbilden. In solchen Fällen kommt es gewöhnlich zu einem sog. totalen Pneumothorax. Es dringt aus der Lungenwunde bei jeder Inspiration Luft in den Pleuraraum ein, wobei die Lunge allmählich von der Brustkorbwandung abgedrängt wird. Dieser Vorgang dauert so lange an, bis die Inspiration keine Luft mehr anzusaugen vermag. Aus dem anfänglichen Ventilpneumothorax wird durch Verklebung der Wunde meist ein geschlossener Pneumothorax. Das akute Entstehen eines Pneumothorax führt zunächst zu Atemstörungen, zu mehr oder weniger hochgradiger Dyspnoe und Pulsbeschleunigung. Wenn der Vorgang sich nicht zu rasch abspielt, stellt sich der Organismus ohne merkliche Atmungsund Kreislaufstörung auf die veränderten Druckverhältnisse der beiden Pleuraräume ein. Infolge des Druckzuwachses kommt es zu einer Weitung der befallenen Brustkorbseite. Diese wird, wie D. Gerhardt gezeigt hat, noch verstärkt durch eine kompensatorische Hebung des Brustkorbes, die zu einer vermehrten inspiratorischen Weitung nicht nur der erkrankten, sondern auch der gesunden Brustkorbseite führt. Auf dem Röntgenbilde ist der totale Pneumothorax zunächst erkennbar an der starken Aufhellung, die die luftgefüllte Brustkorbhöhle zeigt im Gegensatz zu der anderen Seite, auf der eine stärkere Strahlenabsorption durch Lungengewebe der atmenden Lunge stattfindet. Es fehlt auf der befallenen Seite im Bereiche der Luftausbreitung im Pleuraraume jede Lungenzeichnung, die auf der anderen Seite infolge vermehrter Gefäßfüllung der Lunge in verstärktem Maße in die Erscheinung tritt. Die mehr oder weniger zusammengepreßte luftleere Lunge ragt als unregelmäßig umrandete, flügelförmige, meist gut erkennbare Schattenbildung in die Aufhellung des Pneumothorax hinein. Die Rippenschatten heben sich von der durch den Pneumothorax bedingten Aufhellung besonders deutlich ab. Je mehr Luft in den Brustraum eingedrungen ist, um so deutlicher wird dessen Weitung und um so stärker die Kollapswirkung auf die druckbelastete Lunge sein. Es kommt zu einer merklichen Druckdifferenz zwischen den beiden Pleurasinus, die weiterhin zu einer Verlagerung der mediastinalen Organe nach der gesunden Seite hin und zu einer Senkung der Zwerchfellhälfte auf der Pneumothoraxseite führt. Das Ausmaß der Organverdrängung ist ein wechselndes je nach der Größe der Druckdifferenz, die zwischen den beiden Pleuraräumen besteht. Beim totalen Pneumothorax mit nahezu vollständiger Kompression der zugehörigen Lunge kommt es zu einer erheblichen Verdrängung der Mediastinalorgane nach der gesunden Seite hin. Außer der Druckdifferenz zwischen Pneumothoraxraum und normalem Pleurasinus wirkt der elastische Zug der nicht komprimierten Lunge von der gesunden Seite her auf das Mediastinum ein (Brauer).

Das Zwerchfell der vom Pneumothorax befallenen Seite zeigt vielfach eine paradoxe Bewegung, insoferne es bei der Inspiration eine geringe Aufwärtsbewegung, bei der Exspiration eine Abwärtsbewegung auf dem Durchleuchtungsschirm erkennen läßt. Diese Erscheinung ist nicht lediglich aus der Wirkung des intraabdominellen Druckes auf das entspannte Zwerchfell erklärbar. Vielmehr wird man annehmen müssen, daß bei der inspiratorischen Weitung der Pneumothoraxseite eine Luftverdünnung eintritt, die eine inspiratorische Ansaugung des immer mehr oder weniger erschlafften Zwerchfells im Gefolge hat. In derselben Weise erklärt sich auch die auf dem Durchleuchtungschirme zuweilen erkennbare inspiratorische Ansaugung des Mediastinums nach der Pneumothoraxseite hin beim totalen Pneumothorax. Anders liegen die Verhältnisse, wenn infolge Pleuraadhäsionen auch die Lunge der Pneumothoraxseite noch merklich an der Atmung teilnimmt. Kommt es infolge flächenhafter Pleuraverwachsung zur inspiratorischen Weitung des Unterlappens, dann findet auch vielfach eine Abwärtsbewegung des Zwerchfells auf der Pneumothoraxseite statt. Das Ausmaß der Bewegungsfunktion des Zwerchfells ist dann auf der Seite des Pneumothorax merklich kleiner als auf der gesunden Seite.

Ungleich viel häufiger als der totale Pneumothorax ist der bei einer fortschreitenden Lungenphthise gelegentlich sich entwickelnde partielle Pneumothorax. Mehr oder weniger ausgedehnte Verwachsungen der beiden Pleurablätter verhindern bei der fortgeschrittenen Phthise den vollständigen Lungenkollaps. Die aus der Lungenöffnung eintretende Luft wird sich zunächst dahin ausbreiten, wo sie den geringsten Widerstand findet. Auf dem Röntgenbilde wird die erkennbare Aufhellung einmal durch die Ausdehnungsrichtung des Pneumothorax und weiterhin durch die Menge der eingedrungenen Luft bestimmt. Die aufgehellte Zone des Pneumothorax kann die Lunge von der Spitze bis zum Zwerchfell hin schalenförmig umgeben, sie kann auch als unregelmäßig gestaltete aufgehellte Fläche von verschiedener Höhen- und Breitenausdehnung in den oberen, mittleren und auch in den unteren Abschnitten des Lungenfeldes bemerkbar werden. Ist die Lunge in den seitlichen brustkorbwandständigen Teilen nicht ausreichend von der Thoraxwandung abgedrängt, dann ist die Aufhellung nicht sehr hochgradig und der Pneumothorax ist vielfach nur an der durch die abgedrängte Lunge bedingten streifigen Umgrenzungslinie erkennbar.

Fall 46,
Bild 191

Die wechselvollen Bilder des partiellen Pneumothorax ergeben sich aus den verschiedenartigen Verwachsungszuständen der erkrankten Lunge. Denn sowohl die Ausdehnungsfähigkeit des Pneumothorax als auch die Fähigkeit der Lunge, sich zusammenzuziehen werden durch jene erheblich beeinflußt. Außerordentlich häufig findet sich entsprechend dem Vorkommen der ältesten Lungenveränderungen in den obersten Lungenabschnitten eine mehr oder weniger ausgedehnte Verwachsung dieser

Lungenteile mit der Brustkorbwandung. Es besteht in den oberen Teilen des Lungenfeldes eine durch die noch ausgedehnte Lunge bedingte Verschattung, die zuweilen auch anatomische Veränderungen der Verdichtung und Höhlenbildung erkennen läßt. Der Pneumothorax kann, wie in diesem Falle (47) durch Perforation einer Kaverne in den Pleuraraum entstehen. Sind die oberen Lungenabschnitte in größerer Ausdehnung vorne mit der Brustkorbwandung verwachsen, dann kann das Lungenfeld in diesem Bereiche noch Lungenzeichnung aufweisen, trotzdem der Pneumothorax hinter den lufthaltigen Lungenteilen bis in die obersten Teile der Thoraxkuppel reicht. *(Fall 47, Bild 196)*

Die unteren Lungenabschnitte können im medialen Anteil mit dem Zwerchfell verwachsen sein und auch durch bandförmige Verwachsungsstränge, die zur Brustkorbwandung reichen, teilweise in Spannung gehalten werden (Fall 47 und 48). Ist diese Verwachsung durch mehr oder weniger dichte Pleuraschwarten bedingt, dann wird sie bestehenbleiben, auch wenn der Druck im Pneumothoraxraum etwa durch Entwicklung eines Ergusses zunimmt. Da sich flächenhafte Verwachsungen auch häufig in den vorderen und unteren Abschnitten entwickeln, umgreift der Pneumothorax zuweilen von der Rückseite her die Lunge und hat in den dorsalen Abschnitten seinen größten Querdurchmesser. Gesellt sich ein Erguß hinzu, dann wird die Lunge von der Rückseite her von Flüssigkeit und Luft umgeben. *(Fall 49, Bild 204)* *(Fall 47, Bild 196)*

Band- und strangförmige Verwachsungen treten als mehr oder weniger breite, quer- oder schräggestellte bandförmige Schattenbildungen innerhalb der aufgehellten Zone des Pneumothorax in die Erscheinung. Nimmt der Druck im Pneumothorax durch weiteres Eindringen von Luft oder durch die Entwicklung eines Ergusses zu, so kann es zu einer Lostrennung solcher Verwachsungsbänder kommen. Die zuvor nur teilweise komprimierte Lunge wird nunmehr durch den starken Druck vollständig zusammengepreßt, und es nimmt damit auch der auf dem Mediastinum lastende Druck zu. Die Luft dringt nach dem Mediastinum hin an den Stellen des geringsten Widerstandes vor. Man beobachtet dann zuweilen, daß sie an den beiden schwachen Stellen des Mediastinums (Brauer), und zwar hinten unten zwischen Aorta und Wirbelsäule oder auch vorne oben in der Höhe der 2.—3. Rippe hinter dem Sternum als aufgehellte Zone innerhalb des Mittelschattens auf dem Röntgenbilde erkennbar wird. *(Fall 48, Bild 200 u. 201)* *(Fall 48, Bild 201)*

Die Verdrängung des Mediastinums wird auf dem Röntgenbilde besonders deutlich erkennbar durch die Verlagerung des Herzens und der übrigen Organe des Mittelfellraumes nach der gesunden Seite hin. Die Wirkung des auf dem Mediastinum lastenden Druckes auf die mediastinalen Organe, insbesondere auf das Herz und die großen Gefäße wird sich anders gestalten bei rechtsseitigem Pneumothorax, als wenn sich ein solcher auf der linken Seite entwickelt. Das auch unter normalen topographischen Bedingungen schon mehr nach links gelagerte Herz wird dem von rechts her wirkenden Drucke leichter nachgeben, ohne daß es zu einer Drehung des Organes kommt. Und so finden wir in der Tat bei hochgradigem rechtsseitigem Pneumothorax eine auffallende Verlagerung des Herzschattens nach links im Röntgenbilde. An dieser Verlagerung nehmen auch die großen Gefäße teil. Die beiden Hohlvenen können aus ihrer Verlaufsrichtung abgedrängt und in ihrem Lumen eingeengt werden. Die Nachgiebigkeit der Venenwand verhindert wohl in der Mehrzahl der Fälle eine Abklemmung des Gefäßes. Unter besonders ungünstigen Bedingungen wird es aber gelegentlich zu einer Abklemmung der unteren Hohlvene kommen können. Dies wird insbesondere dann eintreten, wenn der rechte Unterlappen durch einen hinzugekommenen Flüssigkeitserguß vollständig vom Zwerchfell und Mediastinum abgedrängt ist. Bei linksseitigem Pneumothorax werden Herz und Mediastinum mehr *(Fall 48, Bild 201 u. 203)*

oder weniger stark nach rechts abgedrängt, und es treten dann Herz- und Gefäßschatten im rechten Lungenfeld auffallend stark zutage. Das Herz pflegt dabei meist
derart gedreht zu werden, daß die Spitze des linken Ventrikels etwas nach vorne
gelagert wird; die Cavae werden hierbei gerade gestellt oder in ihrem Verlaufe wenig
nach rechts verschoben. Durch mehr oder weniger ausgiebige Verwachsungen der
Lungen in den basalen Teilen und in den Spitzenteilen kann eine Entlastung des
Mediastinums eintreten. Auch hohe Druckwerte im Pneumothoraxraume können dann
keine so hochgradige Verlagerung der mediastinalen Organe im Gefolge haben. Diese
Tatsache gewinnt besondere Bedeutung für die Anlegung eines künstlichen Pneumothorax zum Zwecke der Herbeiführung eines ausgiebigen Lungenkollapses. Ist das
Mediastinum durch Lungenverwachsungen an Spitze und Basis gesteift, dann können
ohne Gefahr für Herz und große Gefäße größere Druckwerte Anwendung finden, um
den Lungenkollaps zu fördern.

Die Erscheinungen des geschlossenen Pneumothorax können sich durch Resorption der Luft restlos zurückbilden. Häufiger aber kommt es vor, daß sich zu dem
Spontan-Pneumothorax ein Erguß hinzugesellt, der serofibrinös, eitrig oder hämorrhagisch sein kann. Das statische Verhalten des freien Pneumothoraxergusses unterscheidet sich wesentlich von dem des entzündlichen Ergusses. Dieser folgt gewissermaßen der sich retrahierenden Lunge im Pleuraraum; er wird in der Richtung des
geringsten Widerstandes angesaugt. Der im Pneumothorax sich entwickelnde Erguß
hat freie Ausdehnungsmöglichkeit, je nach der Größe des Pneumothoraxraumes.
Das gleichzeitige Vorhandensein von Luft und Flüssigkeit verleiht dem Pneumothorax-
erguß ein charakteristisches Gepräge auf dem Röntgenbilde. Bei gleichzeitiger
Anwesenheit von Luft und Flüssigkeit im Pleuraraume zeigt der Ergußschatten nach oben hin stets eine horizontale Begrenzungslinie. Bei jedem
Wechsel der Körperhaltung stellt sich der Ergußspiegel auf die Horizontale ein. Die
pulsatorische Herzbewegung kann sich dem linksseitigen Erguß mitteilen und man
sieht dann auf dem Röntgenschirme eine rhythmische Wellenbewegung an der oberen
Ergußbegrenzung auftreten. Die durch Schütteln des Körpers erzeugte, der Auskultation
zugängliche Succussio Hippokratis, zeigt sich auf dem Röntgenschirme in Gestalt einer
deutlichen Wellenbewegung, deren Intensität nicht nur von der Stärke der Schüttel-
bewegung, sondern auch von der spezifischen Schwere der Flüssigkeit abhängt.
Seröse und serös-hämorrhagische Ergüsse weisen eine rasche und mehr feinschlägige
Wellenbewegung auf. Der eitrige Erguß zeigt einen mehr trägen, langsamen Be-
wegungsablauf der Wellenerscheinungen. Ein jeder Erguß steigert noch die in den
basalen Pneumothoraxteilen bestehende Druckwirkung auf Brustkorbwandung,
Mediastinum und Zwerchfell. Besteht keine Verwachsung der Lungen im Bereiche
des Zwerchfells, dann kann dieses unter dem starken Flüssigkeitsdrucke nach unten
vorgewölbt oder nur herabgedrückt und stark gedehnt werden.

Das aus dem Röntgenbilde zu erschließende anatomische Verhalten
von Lunge, Mediastinum und Zwerchfell bei Anwesenheit von Luft im
Pleuraspalt bildet eine der wichtigsten Grundlagen für die therapeutische Anwendung des Pneumothorax. Die Ausdehnungsrichtung der ein-
geführten Luftmenge, deren Druckwirkung auf Lunge und Mediastinum lassen sich
aus dem Röntgenbilde in klarer Weise erkennen. Eine fortlaufende röntgenologische
Beobachtung während der Durchführung einer Pneumothoraxbehandlung unterrichtet
über die angestrebte Kollapswirkung der in verschieden großen Zwischenräumen ein-
geführten Luftmengen.

Literaturverzeichnis zu Abschnitt VIII.

1. Aschoff, L.: Über die natürlichen Heilungsvorgänge bei der Lungenphthise. Wiesbaden: J. F. Bergmann 1921.
2. Derselbe: Über gewisse Gesetzmäßigkeiten bei den Pleuraverwachsungen. Dtsch. med. Wochenschr. Nr. 8. 1922.
3. Derselbe: Zur Nomenklatur der Lungenphthise. Zeitschr. f. Tuberkul. 1917, Bd. 27.
4. Albrecht, E.: Eine neue Einteilung der Lungentuberkulose. Wien. klin. Wochenschr. 1912/13.
5. Arnsperger: Die Röntgenuntersuchung der Brustorgane. Leipzig: Vogels Verlag 1909.
6. Aßmann, H.: Erfahrungen über die Röntgenuntersuchungen der Lungen. Arb. a. d. med. Klinik zu Leipzig. Jena: G. Fischer 1914.
7. Derselbe: Das anatomische Substrat der normalen Schatten im Röntgenbilde. Fortschr. a. d. Geb. d. Röntgenstr. Bd. 17.
8. Derselbe: Verhandlungsbericht der Deutschen Röntgengesellschaft 1911.
9. Bacmeister: Die Freundsche Lehre und der heutige Stand der lokalen Disposition der Lungenphthise. Beitr. z. Klin. d. Tuberkul. Bd. 28, H. 1. 1913.
10. Derselbe: Mitt. a. d. Grenzgeb. d. Med. u. Chirurg. Bd. 23. 1911.
11. Bäumler: Über einen eigentümlichen Einfluß von Gehirnkrankheiten auf den Verlauf der Lungenphthise. Wanderversammlung der Südwestdeutschen Neurologen und Irrenärzte 1880.
12. Brauer, L.: Jahreskurse f. ärztl. Fortbild. München: Lehmanns Verlag 1910.
13. Derselbe: Erfahrungen und Überlegungen zur Lungenkollapstherapie. Beitr. z. Klin. d. Tuberkul. Bd. 2, H. 1.
14. Brünings: Die direkte Laryngoskopie und Bronchoskopie. Stuttgart: Ferd. Enke 1910.
15. Camp, de la: Die prognostische Bedeutung der Kaverne bei der Lungenphthise. Beitr. z. Klin. d. Tuberkul. Bd. 50. 1922.
16. Derselbe: Das anatomische Substrat der sog. Hiluszeichnung im Röntgenbilde. Physikal. med. Monatsh. H. 7. 1904.
17. Chaoul: Untersuchungen zur Frage der Lungenzeichnung. Münch. med. Wochenschr. Nr. 50. 1919.
18. Derselbe und Stierlin: Klinische Röntgendiagnostik der Brustorgane. In F. Sauerbruch: Chirurgie der Brustorgane. 2. Aufl. 1920.
19. v. Dehn: Zur Frage der tuberkulösen Lungenaffektionen im Röntgenbilde und ihrer anatomischen Grundlage. Fortschr. a. d. Geb. d. Röntgenstr. Bd. 16. 1910/11.
20. Dietlen, H.: Über interlobäre Pleuritis. Ergebn. d. inn. Med. u. Kinderheilk. Bd. 12. Berlin: Julius Springer 1913.
21. Fränkel, A.: Über die Einteilung der chronischen Lungentuberkulose. Verhandl. d. dtsch. Kongr. f. inn. Med. Wiesbaden 1912/13.
22. Fränkel, E. und Lorey: Das anatomische Substrat der Hiluszeichnung im Röntgenbilde. Fortschr. a. d. Geb. d. Röntgenstr. Bd. 14. 1909.
23. Gerhardt, D.: Arch. f. exp. Pathol. u. Pharmakol. 1908.
24. Gräff, S.: Über den Situs von Herz und großen Gefäßen bei einseitiger Druckerhöhung im Pleuraraum. Mitt. a. d. Grenzgeb. d. Med. u. Chirurg. Bd. 33, H. 1/2.
25. Derselbe und L. Küpferle: Die Bedeutung des Röntgenverfahrens für die Diagnostik der Lungenphthise auf Grund vergleichender röntgenologisch-anatomischer Untersuchungsergebnisse. Beitr. z. Klin. d. Tuberkul. Bd. 44, H. 3/4.
26. Groedel: Grundriß und Atlas der Röntgendiagnostik in der inneren Medizin und den Grenzgebieten. Lehmanns med. Atlanten Bd. 7. 1921.
27. Hart, C.: Die mechanische Disposition der Lungenspitzen zur tuberkulösen Phthise. Stuttgart: Enke 1906.
28. Derselbe und Harras, P.: Der Thorax Phthisikus, eine anatomisch-physiologische Studie. Stuttgart: Enke 1908.

29. **Hasselwander und Bruegel:** Anatomische Beiträge zur Frage nach der Lungenstruktur im Röntgenbilde. Fortschr. a. d. Geb. d. Röntgenstr. Bd. 17, H. 1.
30. **Haudeck:** Verhandlungsbericht der Deutschen Röntgengesellschaft 1911.
31. **v. Hayeck:** Das Tuberkuloseproblem. Berlin: Julius Springer 1921.
32. **Derselbe und Peters:** Pathologisch-anatomische (röntgenologische) und biologische Differenzierung tuberkulöser Lungenerkrankungen. Beitr. z. Klin. d. Tuberkul. Bd. 49. 1921.
33. **Holzknecht:** Die röntgenologische Diagnostik der Brusteingeweide. Hamburg: Lucas-Gräfe und Sillem 1901.
34. **Klieneberger:** Über Miliartuberkulose im Röntgenbilde. Verhandl. d. dtsch. Röntgenges. Bd. 4. 1908.
35. **Köhler, Alban:** Zur Röntgendiagnostik der kindlichen Lungendrüsentuberkulose. Hamburg: Lucas-Gräfe und Sillem 1906.
36. **Kraus, Fr.:** Die Röntgenuntersuchung von Pleura und Zwerchfell in **Rieder-Rosenthal**, Lehrbuch der Röntgenkunde.
37. **Krehl:** Zur Diagnose der Miliartuberkulose. Naturhistor. med. Ver. Heidelberg, Juli 1911.
38. **Küpferle:** Das anatomische Substrat der sog. Hiluszeichnung im Röntgenbilde. Fortschr. a. d. Geb. d. Röntgenstr. Bd. 17, H. 2.
39. **Derselbe:** Demonstration betr. das anatomische Substrat der Hiluszeichnung im Röntgenbilde. Verhandl. d. dtsch. Röntgenges. Bd. 7. 1911.
40. **Meißen, E.:** Die klinischen Formen der Tuberkulose. Handb. d. Tuberkul. Bd. 4. 1922.
41. **Neumann, W.:** Über die mechanischen Ursachen der Disposition der Lungenspitzen zur tuberkulösen Phthise. Beitr. z. Klin. d. Tuberkul. Bd. 40. 1919.
42. **Nicol:** Die Entwicklung und Einteilung der Lungenphthise. Pathologisch-anatomische Betrachtungen. Beitr. z. Klin. d. Tuberkul. Bd. 30. 1914.
43. **Puhl, Hugo:** Über phthisische Primär- und Reinfektionen in der Lunge. Beitr. z. Klin. d. Tuberkul. Bd. 52. 1922.
44. **Rieder, H.:** Kavernen bei beginnender und bei vorgeschrittener Lungentuberkulose. Fortschr. a. d. Geb. d. Röntgenstr. Bd. 16.
45. **v. Romberg, E.:** Über den örtlichen Befund und die Allgemeinreaktion, besonders über das weiße Blutbild bei den verschiedenen Arten der chronischen Lungentuberkulose. Zeitschr. f. Tuberkul. Bd. 34, H. 3 u. 4.
46. **Schellenberg:** Die normale und pathologische Lungenzeichnung im Röntgenbilde bei sagittaler Durchstrahlungsrichtung. Zeitschr. f. Tuberkul. Bd. 11, H. 6.
47. **Schut, H.:** Die Lungentuberkulose im Röntgenbilde. Beitr. z. Klin. d. Tuberkul. Bd. 24. 1912.
48. **Turban:** Verhandl. d. dtsch. Röntgenges. Hamburg: Verlag Lucas, Gräfe und Sillem 1908.
49. **Weingärtner, M.:** Physiologische und topographische Studie am Tracheobronchialbaum des lebenden Menschen. Arch. f. Laryngol. u. Rhinol. Bd. 32, H. 1.
50. **Zadeck:** Grenzen der röntgenologischen Diagnostik von Pleuraergüssen. Med. Klinik Nr. 3. 1920.
51. **Ziegler und Krause:** Röntgenatlas der Lungentuberkulose. Brauers Beitr. z. Klin. d. Tuberkul. 1910. Erg.-Bd.
52. **Zuntz und Lichtheim:** R. Tigerstedt, Der kleine Kreislauf. Ergebn. d. Physiol. Asher u. Spiro 1903.

Neuere Literatur zur pathologischen Anatomie der Lungenphthise.

1. Aschoff, L., Zur Nomenklatur der Phthise. Zeitschr. f. Tuberkul. Bd. 27.
2. Derselbe, Über die natürlichen Heilungsvorgänge bei der Lungenphthise. Verhandl. d. XXXIII. dtsch. Kongr. f. inn. Med. 1921.
3. Baumgarten P. v., Über das Verhältnis der käsigen Pneumonie zum miliaren Lungentuberkel. Dtsch. Arch. f. klin. Med. Bd. 73.
4. Derselbe, Über den Beginn und das Fortschreiten des tuberkulösen Prozesses bei der Lungenphthise. Beitr. z. pathol. Anat. u. z. allg. Pathol. Bd. 69.
5. Beitzke, H., Respirationsorgane in Aschoffs Lehrbuch der pathol. Anatomie.
6. Fraenkel, A. und Gräff, S., Ein Schema zur prognostischen Einteilung der bronchogenen Lungentuberkulose auf pathologisch-anatomischer Grundlage. Münch. med. Wochenschr. 1921.
7. Ghon, Der primäre Lungenherd bei der Tuberkulose an Kinder. Urban und Schwarzenberg 1912.
8. Gonnermann, R., Inaug.-Diss. Freiburg i. Br. 1922.
9. Gräff, S. und Küpferle, L., Die Bedeutung des Röntgenverfahrens für die Diagnostik der Lungenphthise auf Grund vergleichender röntgenologisch-anatomischer Untersuchungsergebnisse. Beitr. z. Klin. d. Tuberkul. Bd. 44.
10. Gräff, S., Pathologische Anatomie und klinische Forschung der Lungenphthise. Zeitschr. f. Tuberkul. Bd. 34.
11. Herxheimer, G., in Schmaus-Herxheimer, Grundriß der pathologischen Anatomie. Bergmann.
12. Husten, K., Über den Lungenazinus und den Sitz der azinösen phthisischen Prozesse. Beitr. z. pathol. Anat. u. z. allg. Pathol. Bd. 68.
13. Loeschke, H., Die Morphologie des normalen und emphysematösen Azinus der Lunge. Beitr. z. pathol. Anat. u. z. allg. Pathol. Bd. 68.
14. Lubarsch, Zeitschr. f. ärztl. Fortbild. Bd. 1917.
15. Nissl, K., Die Entwicklung und Einteilung der Lungenphthise. Beitr. z. Klin. d. Tuberkul. Bd. 30.
16. Orsos, F., Physiologisches und Pathologisches über den Bronchialbaum. Verhandl. d. dtsch. pathol. Ges. 1913, Bd. 16.
17. Orth, Pathologisch-anatomische Diagnostik. In.-Diss. Freiburg i. Br. 1922.
18. Puhl, H.: Über phthisischen Primär- und Reinfekt in der Lunge. Beitr. z. Klin. d. Tuberkul. Bd. 52. 1922.
19. Ranke, K. E., Primäraffekt, sekundäre und tertiäre Stadien der Lungentuberkulose. Dtsch. Arch. f. klin. Med. Bd. 119 u. 129.
20. Derselbe, Die Entwicklungsformen der menschlichen Tuberkulose. Ber. ü. d. X. Vers. d. Tuberkul.-Ärzte.
21. Ribbert, H.: Über die Einteilung der Lungentuberkulose. Dtsch. med. Wochenschr. 44. Jahrg. 1918.
22. Tendeloo, N. Ph.: Pathologische Anatomie der Tuberkulose im Handb. d. Tuberkul. von L. Brauer, G. Schröder, F. Blumenfeld 1914, Ambr. Barth.

Das Tuberkulose - Problem. Von Privatdozent Dr. med. et phil. **Hermann v. Hayek** in Innsbruck. Dritte, neubearbeitete Auflage. Mit etwa 48 Textabbildungen.

Erscheint im Sommer 1923

Immunbiologie — Dispositions- und Konstitutionsforschung — Tuberkulose. Von Dr. **Hermann v. Hayek** in Innsbruck. 1921. GZ. 1,8

Lungentuberkulose. Von Dr. O. **Amrein**, Chefarzt am Sanatorium Altein, Arosa. Zweite, umgearbeitete und erweiterte Auflage der „Klinik der Lungentuberkulose". Mit 26 Textabbildungen. 1923. GZ. 6; gebunden GZ. 7,5

Die Entstehung der menschlichen Lungenphthise. Von Privatdozent Dr. **A. Bacmeister**, Assistent der Medizinischen Universitätsklinik zu Freiburg i. Br. 1914.

GZ. 2,4; gebunden GZ. 4,4

Tuberkulose, ihre verschiedenen Erscheinungsformen und Stadien sowie ihre Bekämpfung. Von Dr. **G. Liebermeister**, leitender Arzt der Inneren Abteilung des Städtischen Krankenhauses Düren. Mit 16 zum Teil farbigen Textabbildungen. 1921. GZ. 11,5

Praktisches Lehrbuch der Tuberkulose. Von Professor Dr. **G. Deycke**, Hauptarzt der Inneren Abteilung und Direktor des Allgemeinen Krankenhauses in Lübeck. Zweite Auflage. Mit 2 Textabbildungen. (Fachbücher für Ärzte, Band V.) 1922. Gebunden GZ. 7

Die Bezieher der „Klinischen Wochenschrift" haben das Recht, die „Fachbücher für Ärzte" zu einem dem Ladenpreise gegenüber um 10 % ermäßigten Vorzugspreis zu beziehen.

Die Chirurgie der Brustorgane. Von F. **Sauerbruch**. Zugleich zweite Auflage der „Technik der Thoraxchirurgie" von F. **Sauerbruch** und E. D. **Schumacher**.
Erster Band: Die Erkrankungen der Lunge. Unter Mitarbeit von W. Felix, L. Spengler, L. v. Muralt (†), E. Stierlin (†), H. Chaoul. Mit 637, darunter zahlreichen farbigen Abbildungen. 1920. Gebunden GZ. 40
Zweiter Band. In Vorbereitung

Der künstliche Pneumothorax. Von **Ludwig v. Muralt** †. Zweite Auflage. Ergänzt durch kritische Erörterung und weitere Erfahrungen von Dr. Karl Ernst Ranke, Professor für innere Medizin an der Universität München. Mit 53 Textabbildungen. 1922.

GZ. 7,5; gebunden GZ. 11

Das Sputum. Von Professor Dr. **H. v. Hoeßlin** in Berlin. Mit 66 größtenteils farbigen Textfiguren. 1921. GZ. 15

Leitfaden der Mikroparasitologie und Serologie. Mit besonderer Berücksichtigung der in den bakteriologischen Kursen gelehrten Untersuchungsmethoden. Ein Hilfsbuch für Studierende, praktische und beamtete Ärzte. Von Professor Dr. **E. Gotschlich**, Direktor des Hygienischen Instituts der Universität Gießen und Professor Dr. **W. Schürmann**, Privatdozent der Hygiene und Abteilungsvorstand am Hygienischen Institut der Universität Halle a. d. S. Mit 213 meist farbigen Abbildungen. 1920. GZ. 9,4; gebunden GZ. 12